U0193808

2014 第四届深基础工程发展论坛论文集

中国建筑业协会深基础施工分会　王新杰
山东鑫国基础工程有限公司　　　　　　　　主编
山东鑫国重机科技有限公司　　　王庆军

内容提要

本文涉及深基坑工程、桩基础工程、桩工机械与设备、地基处理、边坡工程以及古建筑基础等内容，几乎涵盖了深基础工程领域的各个方面，是深基础工程领域实践与发展的一次全面总结。文章对新形势下深基础工程技术、工法、设备以及相关方面等提出许多新思路、新观点、新方法，有较高的学术与应用价值，对深基础工程持续健康发展以及行业进步有一定的指导和参考作用。

责任编辑：徐家春　**责任出版**：刘译文

图书在版编目(CIP)数据

2014第四届深基础工程发展论坛论文集/王新杰，王庆军主编.
—北京：知识产权出版社，2014.3
ISBN 978-7-5130-2614-7

Ⅰ.①2…　Ⅱ.①王…②王…　Ⅲ.①深基础—工程施工—文集
Ⅳ.①TU473.2-53

中国版本图书馆CIP数据核字(2014)第039231号

2014第四届深基础工程发展论坛论文集

中国建筑业协会深基础施工分会　王新杰
山东鑫国基础工程有限公司
山东鑫国重机科技有限公司　王庆军　主编

出版发行：知识产权出版社有限责任公司

社　址：	北京市海淀区马甸南村1号	邮　编：	100088
网　址：	http://www.ipph.cn	邮　箱：	bjb@cnipr.com
发行电话：	010－82000893	传　真：	010－82000860转8240
责编电话：	010－82000860转8573	责编邮箱：	xujiachun625@163.com
印　刷：	知识产权出版社电子制印中心	经　销：	新华书店及相关销售网点
开　本：	787mm×1092mm　1/16	印　张：	23.5
版　次：	2014年3月第1版	印　次：	2014年3月第1次印刷
字　数：	548千字	定　价：	82.00元

ISBN 978-7-5130-2614-7

第四届深基础工程发展论坛组织委员会

第四届深基础工程发展论坛学术委员会

序言

继前三届全国深基础工程发展论坛分别在威海、重庆、西安成功举办后，第四届论坛将于2014年3月在广州举行。本次会议云集了业界众多专家学者、行业名流与精英，以“创新、安全、高效与可持续发展”为主题，综合深基础工程、桩工机械研制与设计、施工全方位技术发展成果，为深基础工程领域学术暨专利的高水平展示平台，是一次承前启后的行业盛会。

本次论坛也是在国家抓改革、调结构、转方式的前提下，在国家经济稳中求进、发展步伐放缓形势下的一次有关行业如何应对新形势挑战的研讨会。大家一致认为，基础工程行业也要尽快由过去以数量的扩张转到以提高质量为目标的方向上。目前，我国基础设施建设发展依然向好，2013年前三季度，铁路、公路、水利累计完成固定资产投资14274亿元，同比增长8.4%。众多基本建设项目获得国家批准，城市轨道建设、高铁建设、海洋建设仍保持着较强的发展势头。其中，地下、水下工程仍有许许多多要研究开发的新课题。因此，深入研究新形势下深基础工程安全、优质发展，是行业重要的课题和任务。

许多专家学者、工程技术人员，结合学术研究和实践体会，为本次论坛撰写了多篇文章进行交流。论文共征集68篇，专利技术28项，经学术委员会严格筛选后，将46篇论文与12项专利技术汇编入本次大会论文集。文章涉及深基坑工程、桩基础工程、桩工机械与设备、地基处理、边坡工程以及古建筑基础等内容，几乎涵盖了深基础工程领域的各个方面，是深基础工程领域实践与发展的一次全面总结。文章对新形势下深基础工程技术、工法、设备以及相关方面等提出许多新思路、新观点、新方法，有着较高的学术与应用价值，对深基础工程持续健康发展以及行业进步有一定的指导和参考作用。

最后，预祝大会圆满成功！

中国建筑业协会深基础施工分会首席顾问

2014年2月

目 录

深基坑工程

三维可视化模拟超大规模深基坑开挖施工技术 …………………………… 吉明军(3)
悬挂式隔水帷幕基坑地下水渗流特性研究 …………………………… 张邦芾(15)
地下连续墙施工的废弃泥浆脱水处理试验 …………………………… 黄均龙(21)
万科钻石广场深基坑工程支护设计、施工与监测 ………………………………
……………………………………………… 李 明 陈启春 岳大昌 苏子将(27)
杭州某临钱塘江深大基坑地下连续墙围护工程实践 ……… 虞兴福 张苗忠 周 翔(33)
地连墙深基础的设计施工与应用 ……………………………………………… 丛蔼森(42)
北京CBD核心区基坑土护降工程一体化施工相关问题研究 ……………………
…………………………………………………… 仲建军 李红军 赵雪峰(57)
地下连续墙施工过程中锁口管被埋处理措施 ………………… 陈兴华 梁艳文 黄文龙(67)
密集深嵌岩基础钻孔灌注桩特殊技术问题研究 … 高明巧 周佳奇 冯志军 苟永平(73)
液压铣削深搅水泥土地连墙施工工法 … 陈福坤 徐 杨 王 拓 邵天宁 刘利花(82)

桩基础工程

某高层建筑事故的加卸载和变刚度桩基综合处理 ………………………………
…………………… 秋仁东 刘金砺 邱明兵 郑文华 高文生 殷 瑞 郭金雪(97)
植入预制钢筋混凝土工字形围护桩墙技术 ……………………………………… 严 平(107)
MJS工法桩对高架桩基的隔离保护效果 ……………………………………… 周 挺(124)
复式挤扩桩成套技术 ………………………… 彭桂皎 王凤良 杨小林 龙鹏飞(131)
逆作法竖向支承桩柱关键施工技术 ……………………… 吴洁妹 张国磊 郭宏斌(136)
深厚填石层 Φ 800mm 大直径、超深预应力管桩综合施工技术 ……………………………
……………………………………… 尚增弟 宋明智 雷 斌 叶 绅 杨 静(143)
旋挖扩底施工工艺在天津于家堡南北地下车库项目中的应用 ……… 郝沛涛 吴江斌(150)
《建筑基桩自平衡静载试验技术规程》编制构想 ………………………………… 龚维明(158)
高性能混凝土组合桩在滨海地区应用探讨 ……………………… 黄朝俊 熊月金 李长征(165)
冲孔桩在海南岛地区高层建筑中应用 ………………………………… 叶世建 孙旭旧(169)
浅谈管桩施工质量问题及预防 ……………………………………………… 王晓军(173)
盾安DTR全套管全回转钻机成孔与高精度无偏差钢立柱植入施工工法 ………………
……………………………………… 陈 卫 魏垂勇 陈小青 刘 金 沈秉南(179)

盾安 DTR 全套管全回转钻机喀斯特地层大直径灌注桩施工工法 …………………………………………………………………… 陈　卫　沈保汉　魏垂勇　李景峰　王忠态(187)

桩工机械与设备

一种新型地下连续墙施工设备 TRD-D 工法机 …………………… 张　鹏　吴阎松(199)
CHUY3600 型履带式强夯机介绍 …… 杨喜晶　梁守军　吴　慧　高维良　王顺顺(206)
TAR12 型液压锚杆钻机进给机构设计 …………………… 李洪伍　吕后仓　庞恩敬(212)
UMR-6 多功能微型桩钻机液压系统设计 ……………………………………… 李　游(220)
方桩截桩机在预制钢筋混凝土方桩截除中的应用 …………………… 辛　鹏　周　辉(228)
旋挖钻机桅杆部分液压节能技术 ……………………………………… 张小宾　徐丽丽(233)
旋挖钻机在回填地层施工工法研究 ………………………… 傅文森　密启欣　扈宝元(236)
旋挖钻机智能化控制技术概述 ……………………………… 谷杨心　牛慧峰　冀　翼(239)
驱动旋挖钻斗正反转交替冲击甩土的危害和解决钻斗顺利倒卸渣土的方法 ……………………………………………………………………… 于庆达　李小丰　王禄春(241)
旋挖钻机在大直径硬岩地层施工工艺的研究 ……………… 张继光　罗　菊　刘永光(249)
中小型旋挖钻机入岩探讨 ……………………………………………… 辛　鹏　张小园(253)
关于液压挖掘机底盘应用于旋挖钻机制造的技术改造——辅助泵篇 ………… 薛　岩(257)
伸缩臂挖掘机在基坑工程中的应用 …………………………………… 辛　鹏　沈春燕(261)
大型旋挖钻机桁架式桅杆结构设计分析 ……………………………… 刘鑫鹏　张进平(266)
行走工程机械液压油箱的设计 ………………………………………… 徐丽丽　张小宾(274)
新型螺旋钻机浅成孔施工技术 ………………………………………… 辛　鹏　张小园(278)
电气自动控制系统在桩机设备上的应用 ……………………………… 欧新勤　李素俊(281)

地基处理

液化闸基地基处理方案剖析 …………………………………………… 刘光华　许厚材(285)
崛起世上的中国护珠斜塔——“上海比萨斜塔” ……………………… 赵锡宏　陈德坤(292)
护珠塔与中国古塔歪而未倒之谜初探 …………… 陈德坤　赵锡宏　汤永净　袁聚云(297)

边坡工程

广州某超高陡边坡治理支护方案选型分析 ……………………………… 唐　仁　林本海(315)
某高边坡桩基立柱锚拉式挡土墙设计 ………………………………… 薛丽影　杨文生(323)

其他

国际工程汇率风险管理 ………………………………………………………… 李方顺(333)

专利展示

一种自备马达挖掘机成孔作业装置 …………………………………………………… 辛　鹏(343)

联合化学溶液注入电渗法处理软土地基及其施工方法 ………………………… 孔纲强(344)

可回收锚筋的基坑支护锚杆 ……………………………………………………… 丁仕辉(347)

混合搅拌壁式地下连续墙施工用组合刀具 ………………… 刘忠池　姚海明　黄文龙(349)

机械破岩试验平台 …………………………………………… 王起新　龚秋明　李　真(350)

机械破岩试验平台围压装置 ………………………………… 王起新　龚秋明　李　真(352)

机械破岩试验平台旋转破岩装置 …………………………… 王起新　龚秋明　李　真(354)

两驱双向重管深搅地连墙机 ……………………………………………………………

……… 孙　刚　陈福坤　李大进　刘利花　薛玉文　徐春荣　钱冬冬　吴德源(356)

一种多头等厚深层搅拌钻 ……………… 翟浩辉　陈福坤　吴　平　孙　刚　薛　峰(358)

一种液压铣削深搅地连墙机 ……………………………………………………………

…………………………… 孙　刚　陈福坤　吴　平　薛　峰　李卫进　李大进(360)

具有防止旋挖钻机的钻具落入桩孔的安全保险装置 …………………………… 于庆达(362)

可安装多种规格和型式钻杆的旋挖钻机动力头 ………………………………… 于庆达(365)

深基坑工程

三维可视化模拟超大规模深基坑开挖施工技术

吉明军

（中铁建工集团有限公司　上海　200331）

摘　要：南京紫金（建邺）科技创业特别社区一期项目A、B地块深基坑施工，采用PCMW工法双层挡土墙支护，存在着基坑平面面积大、基坑超深、地质条件多样、栈桥布置复杂等特点，为保证基坑安全和开挖的有序进行，采用了三维可视化模拟开挖技术对深基坑施工过程进行模拟分析，确定了合理的施工部署、开挖流程和方案，确保了基坑安全和施工进度。

关键词：深基坑；三维；可视化；施工模拟；分层；支撑

随着经济的发展，高层、超高层和综合体地下结构、城市地下空间的开发，都导致我国深基坑工程向超深、超大规模的方向发展，且多处于城市核心地带，由于地质条件和地理环境的差别，深基坑开挖工艺越来越复杂，基坑开挖的安全风险越来越大，为了更好地确定深基坑开挖的技术条件，便于深基坑开挖的有序管理，本文通过一个工程的实践，介绍了一种利用三维可视化技术模拟基坑土方开挖过程的施工方法。

1　工程及地质概况

南京紫金（建邺）科技创业特别社区一期项目A、B地块工程，位于南京市建邺区西城路以西、牡丹江路以北、云龙山路以东、向阳河以南，工程总建筑面积454022m²，其中地下三层，建筑面积155843m²，地上建筑面积298179m²，如图1所示。

1.1　基坑简介

A、B地块工程自然地坪相对标高约为＋0.60m，设计坡顶标高为－1.00m。基坑平面形状为矩形，平面尺寸为166m×358m，面积约5.95万平方米，板底标高－14.25m，局部坑中坑开挖面标高为－15.85m、－19.90m，平均开挖深度为13.25m，基坑总开挖量为84.2万立方米。

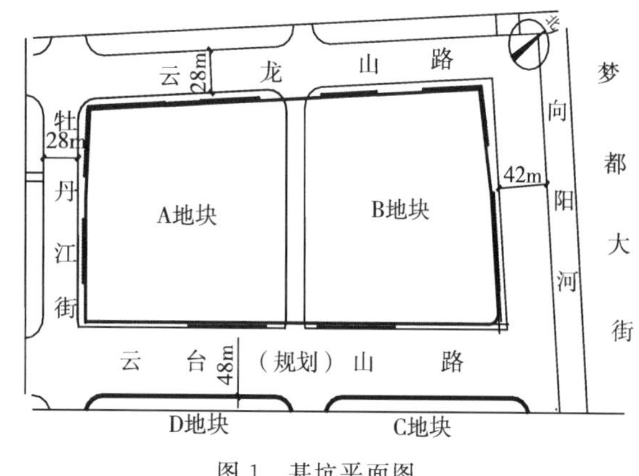

图1　基坑平面图

1.2　基坑地质条件

场地范围内各层土从上至下分布情况如图 2 所示：

①-1 松散～稍密杂填土：整个场地均有分布，厚度为 0.9～4.1m 不等。

①-2 可～软塑素填土：局部区域分布，层厚为 0.3～3.6m 不等。

①-2a 流塑淤泥质填土：局部区域分布，分布于填（暗）塘范围，层厚为 0.4～1.1m。

②-1 软～可塑黏土：部分区域分布，厚度为 0.4～3.1m。

②-2 流塑淤泥质粉质黏土（局部为软～流塑粉质黏土）：整个场地均有分布，分布稳定，厚度较大，层厚为 18.6～23.3m。

②-3 流～软塑淤泥质粉质黏土、粉质黏土：整个场地均有分布，分布较稳定，层厚为 5.6～18.5m。

②-4 软～流塑粉质黏土、淤泥质粉质黏土：分布不连续，厚度变化大，层厚为0.8～8.3m。

②-5 密实（层顶局部中密）粉细砂：整个场地均有分布，但厚度变化大，层厚为 1.5～19.9m不等。

②-5a 软～流塑粉质黏土，局部为淤泥质粉质黏土：呈透镜体分布于②-5 粉细砂层中，层厚为 1.0～4.3m。

④粉细砂混卵砾石：局部区域分布于基岩面上，厚度小，层厚 0.3～1.2m。

⑤-1 强风化泥岩、泥质粉砂岩：岩面较平缓，层顶面埋深 48.6～54.4m，厚度为0.5～4.0m。

⑤-2 中风化泥岩、泥质粉砂岩：岩面较平缓，层顶面埋深 49.8～56.8m。

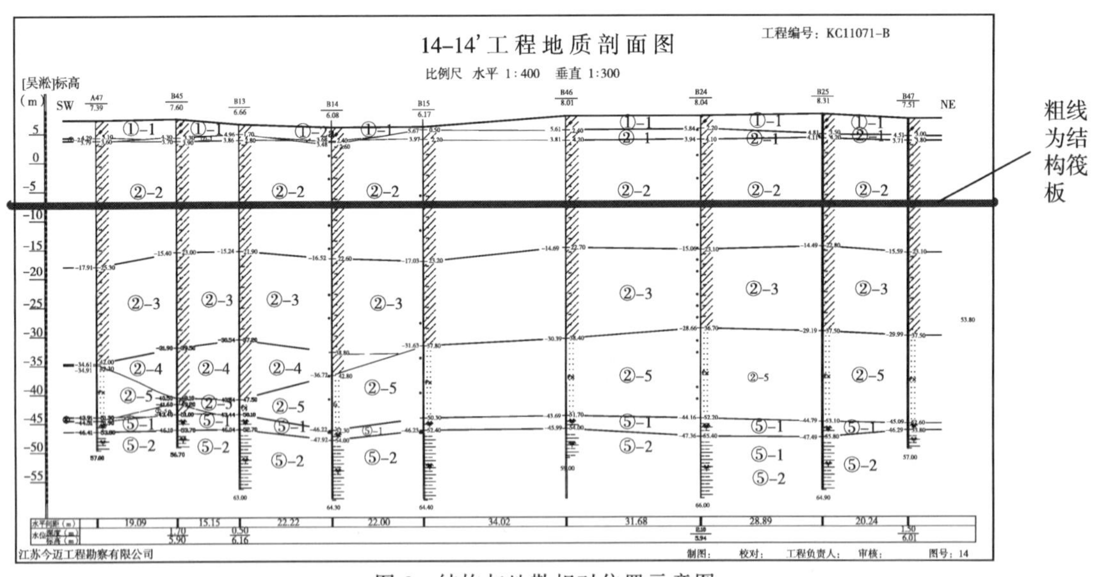

图 2　结构与地勘相对位置示意图

2　工程特点与难点

（1）本工程外运土方只有西侧道路（云龙山路）往南出土，交通压力大。

（2）场地巨大，全面开挖后支撑施工、截桩、截降水管、地下室底板结构施工、材料水平或垂直运输、塔吊基础施工及安装等，施工组织复杂。

（3）首层栈桥面积大，占基坑面积的一半，需进行大量的水平开挖，基坑内的格构柱、降水井井管、地源热泵井的成品保护难控制。

（4）除首层土外，其余三层以下均为淤泥质粉质黏土，流塑性较大，土方须经过多次倒运，开挖、运土难度大。

（5）由于基坑面积超大、超深，水平、竖向土方开挖组织复杂，难以用常规的方法对开挖流程进行详细部署。

3 深基坑支护体系

基坑采用 PCMW 工法复合挡土墙＋三道混凝土水平支撑，三轴深层搅拌桩止水；根据基坑深浅采用双排 PCMW 工法复合挡土墙或前排钻孔灌注桩后排 PCMW 工法复合挡土墙支护；深度小于 1.5m 的坑中坑，采用砖墙挡土；主楼电梯井等坑中坑采用 Φ800@1000 钻孔灌注桩加一道钢支撑支护，详见图 3～图 5。

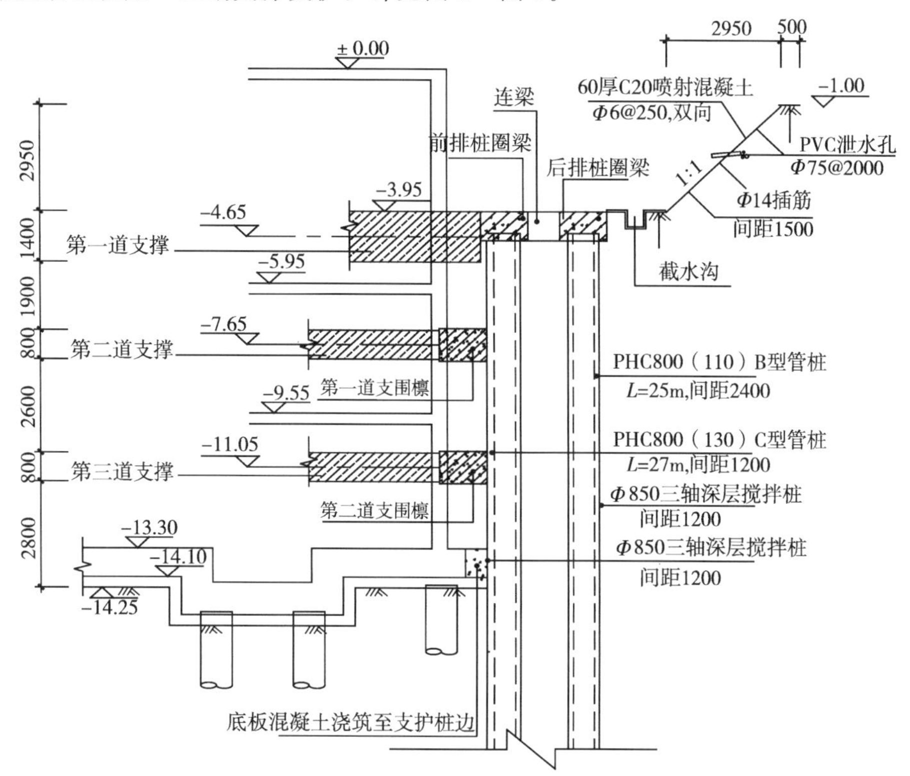

图 3　PCMW 工法复合挡土墙支护系统断面图

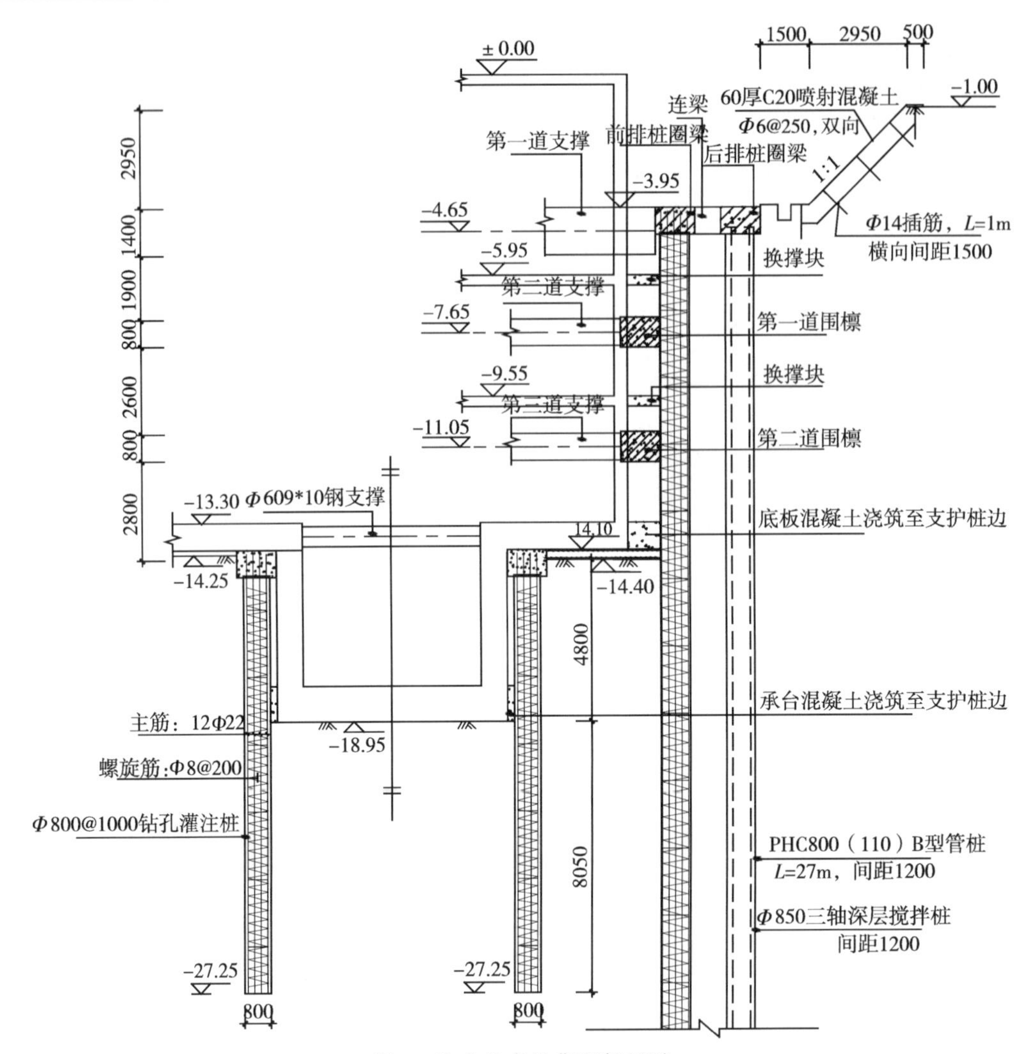

图 4　坑中坑支护典型断面图

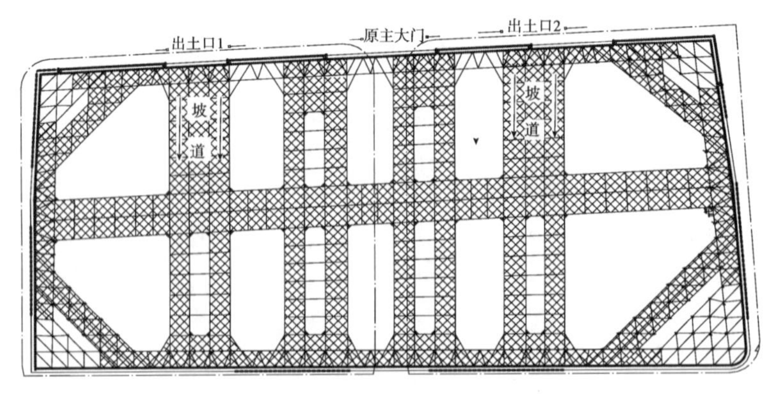

图 5　基坑首层支撑及栈桥平面布置图

4 土方开挖施工技术

按照“时空效应”理论，遵循盆式开挖原理，严格实行“分层、分段、分块、留土护壁、限时对称平衡开挖支撑，先撑后挖，严禁超挖”的原则，将基坑开挖对周边设施的变形影响控制在允许的范围内。

4.1 土方开挖施工部署

（1）开挖流程：第一层土方（－1.00～－5.35m）开挖→冠梁、栈桥施工及第一道支撑施工→第二层土方（－5.35～－8.05m）开挖→第二道围檩及支撑施工→第三层土方（－8.05～－11.45m）开挖→第三道围檩及支撑施工→第四层土方（－11.45～－14.25m）开挖→局部坑土方开挖及支撑制作→A、B地块地下结构施工。土方开挖分层示意图如图6所示。

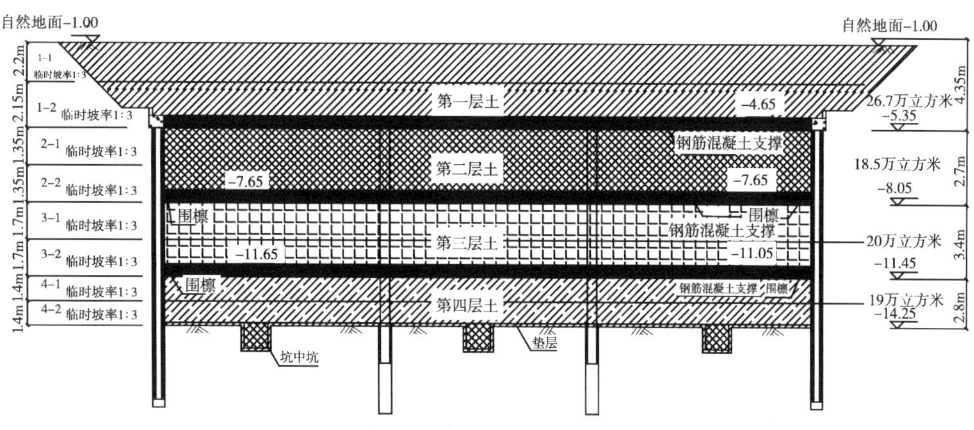

图6 土方开挖分层示意图

（2）土方开挖方量分析（见表1）

表1 土方开挖方量

开挖部位	土方开挖深度	土方量	每日土方开挖量
第一层土方开挖	－1.00～－5.35m＝4.35m	26.7万立方米（含放坡开挖）	8000m^3
第二层土方开挖	－5.35～－8.05m＝2.7m	18.5万立方米	6000m^3
第三层土方开挖	－8.05～－11.45m＝3.4m	20万立方米	6000m^3
第四层土方开挖	－11.45～－14.25m＝2.8m	19万立方米（含坑中坑）	5000m^3
合计	13.25m	84.2m^3	

（3）土方开挖交通疏解

根据现场实际情况，在A、B地块基坑土方开挖时设置2个出土口，每个出土口大门正对栈桥设置，以方便土方车运土及泵车浇筑混凝土，图7为A、B地块基坑土方开挖交通流向图。

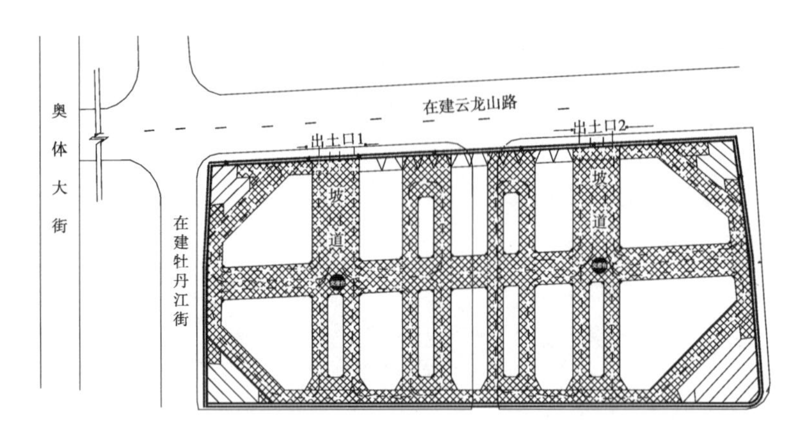

图7 土方开挖交通流向疏解示意

4.2 土方分层开挖三维施工模拟

4.2.1 第一层土方开挖及支撑施工

（1）将基坑分为6个对称区域，6个区按数字序号从小到大的顺序分两次先后开挖，挖土深度为4.35m，第一次开挖至－3.2m标高，第二次开挖至第一道支撑梁底，先施工区域①的栈桥、冠梁及第一道混凝土支撑；再分两次开挖区域②的第一层土方，挖至第一道支撑底，进行栈桥、冠梁及第一道混凝土支撑施工，如图8所示。

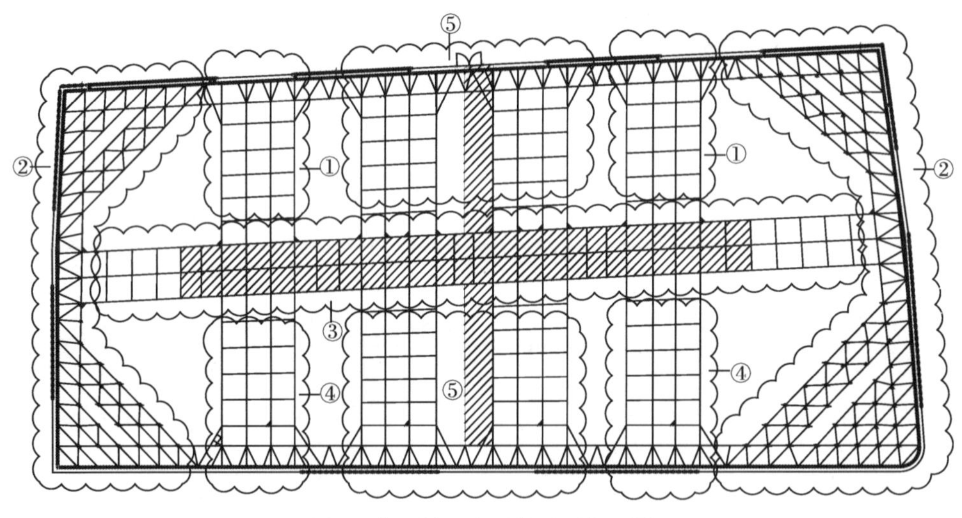

图8 第一层土方开挖平面分区图

（2）第一层土方开挖三维可视化模拟开挖流程（图 9～图 14）。

图 9　①号区域土方开挖

图 10　②号区域土方开挖及出土口坡道施工

图 11　③号区域土方开挖②号区域支撑施工

图 12　④号区域土方开挖③号区域支撑施工

图 13　⑤号区域土方开挖④号区域支撑施工

图 14　⑤号区域支撑施工

4.2.2　第二层土方开挖及支撑施工

（1）第二层土方开挖对应第一道支撑施工顺序，综合考虑支撑的设计强度，先行施工的支撑下土方先行开挖；第二层土－5.35～－8.05m，挖深 2.7m，分两次进行，第一次开挖至－6.7m，第二次开挖至第二道支撑梁底；A、B 地块基坑第二层土方开挖平面示意图如图 15 所示（按数字序号从小到大的顺序开挖）。

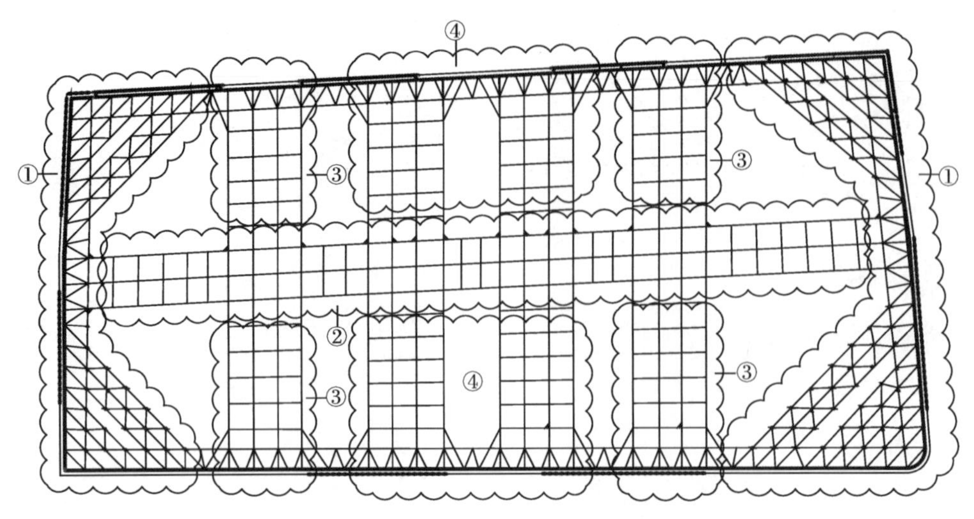

图 15　第二层土方开挖分区示意图

(2) 第二层土方开挖三维可视化模拟开挖流程（图 16～图 20）。

图 16　①号区域土方开挖

图 17　②号区域土方开挖及①号区域支撑施工

图 18　③号区域土方开挖及②号区域支撑施工

图 19　④号区域土方开挖及③号区域支撑施工

图 20　④号区域支撑施工

4.2.3　第三层土方开挖及支撑施工

（1）第二道先行施工的对撑达到设计强度后，开挖第三层土－8.05～－11.45m，共3.4m，分二次开挖，每次挖土深度均为1.7m，挖土和浇筑围檩及第三道混凝土支撑分区如图21所示。

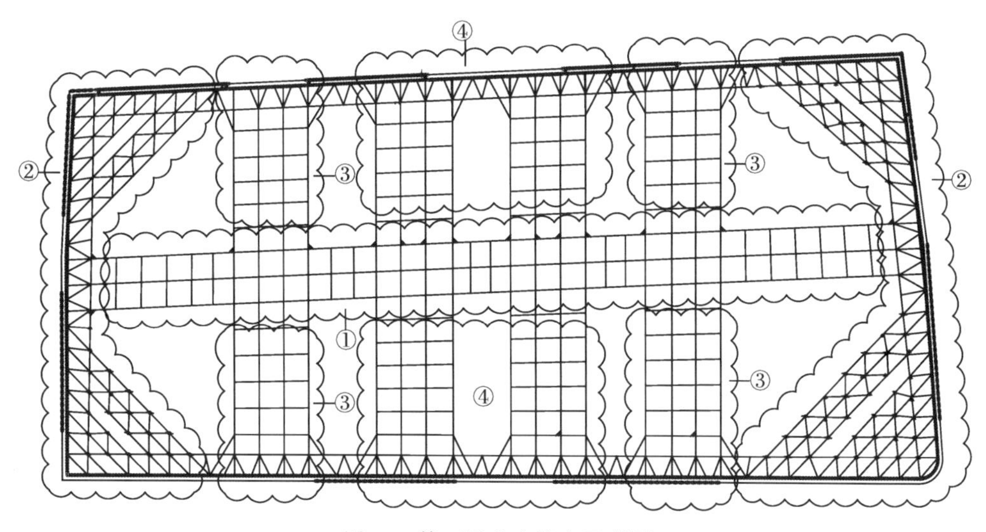

图 21　第三层土方挖土示意图

（2）第三层土方开挖分区流程如图22～图26所示。

图 22　①号区域土方开挖

图 23　②号区域土方开挖及①号区域支撑施工

图 24　③号区域土方开挖及②号区域支撑施工

图 25　④号区域土方开挖及③号区域支撑施工

图 26　④号区域支撑施工

4.2.4　第四层土方开挖及支撑施工

(1) 第三道对撑达到设计强度后，分两次开挖第四层土－11.45～－14.25m，挖深2.8m；第一次开挖至－12.85m 标高，第二次人工配合开挖至大底板垫层底；坑中坑土方在挖到大底板垫层底时另派挖土机单独开挖，第四层土方开挖分区流程如图 27 所示（按数字序号从小到大的顺序开挖）。

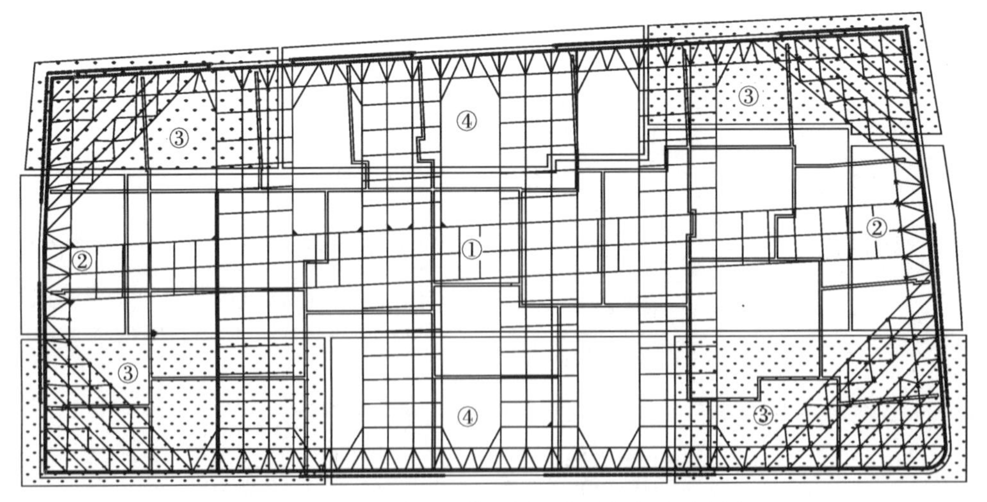

图 27　A、B 地块基坑第四层土方开挖分区示意图

（2）土方开挖完成后，尽快浇筑完成垫层，然后开挖地源热泵沟槽，及时施工混凝土底板，以便形成底板对撑，施工顺序如图 28 所示。

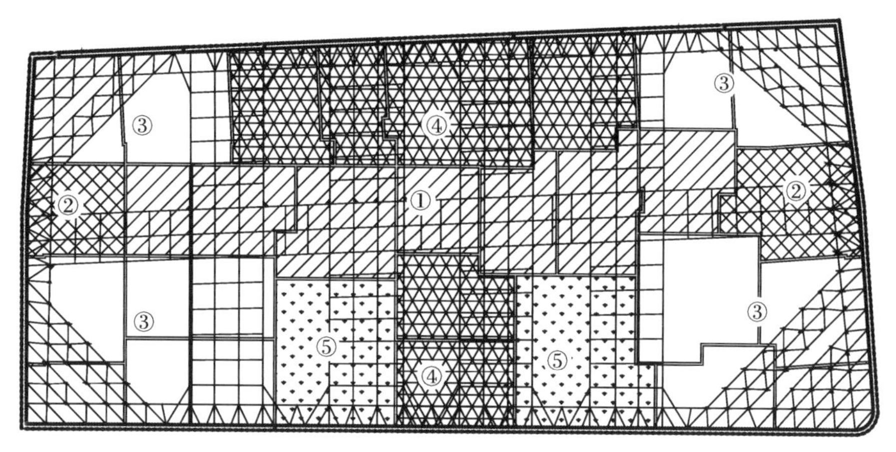

图 28　A、B 块基础底板浇筑完成示意图

（3）第四层土方开挖及底板形成流程图（图 29～图 34）。

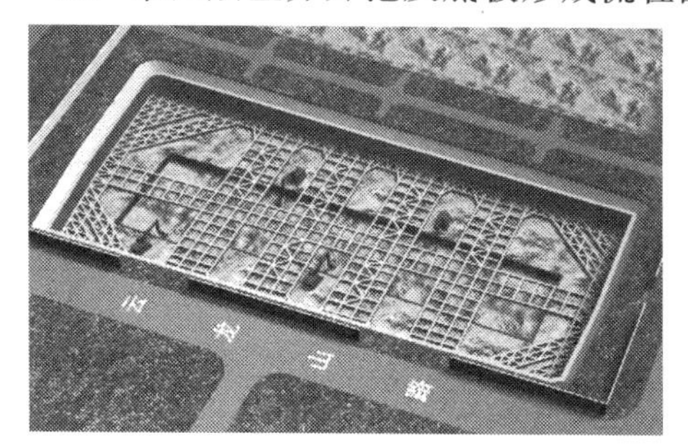

图 29　①号区域土方开挖

图 30　②号区域土方开挖①号区域部分底板施工

图 31　③号区域土方开挖②号区域底板施工

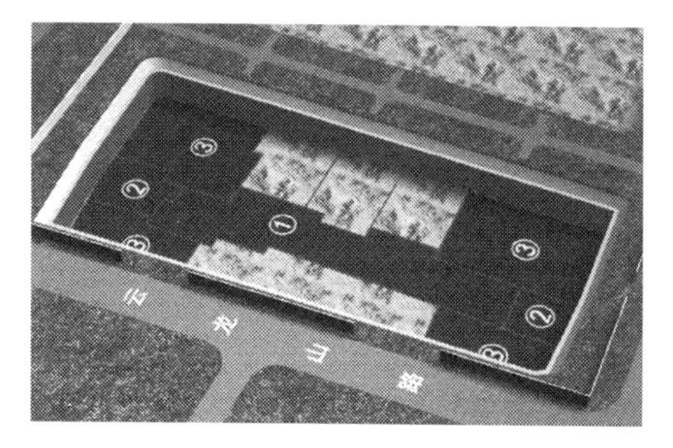

图 32　④号区域土方开挖③号区域底板施工

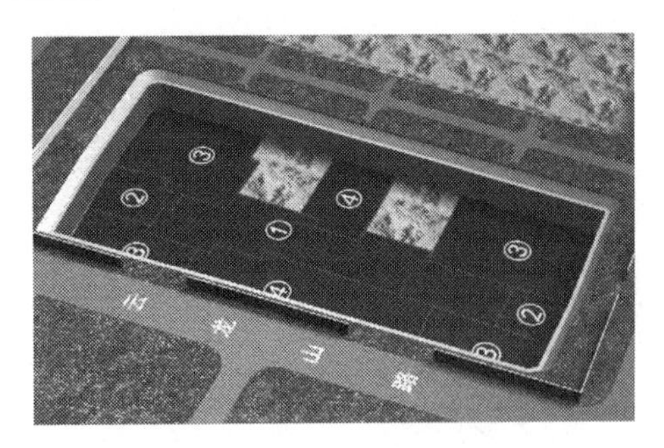

图33　④号区域底板施工

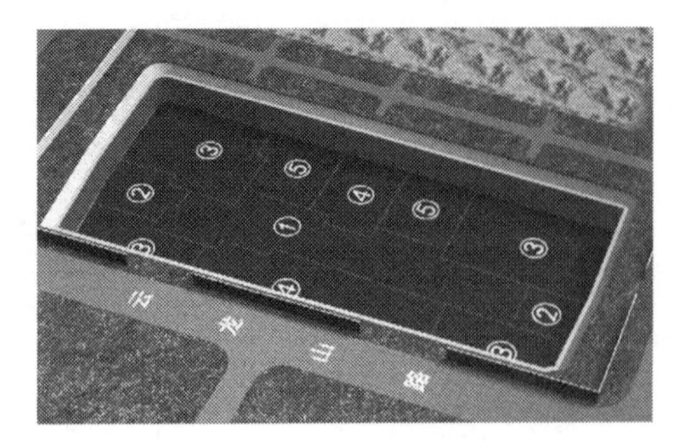

图34　⑤号区域底板施工

(4) 坑中坑开挖。

基坑挖到大底板垫层底，先浇筑垫层，然后挖出坑中坑支护桩，施工圈梁并预埋钢支撑连接埋件，待圈梁达到规定强度后，安装钢支撑，圈梁混凝土达到设计强度的80%后进行坑中坑土方开挖。

5　结论

在南京紫金（建邺）科技创业特别社区一期项目A、B地块深基坑施工中，通过有针对性地采取三维可视化模拟深基坑开挖施工，将本工程深基坑施工的风险控制在最小的限度。

(1) 通过制定合理的开挖流向和作业方式，充分利用时空效应，采取分层分段分区开挖的方式，及时形成对撑，缩短了基坑暴露的时间，有效地控制了基坑变形。

(2) 采取三维可视化开挖模拟施工，很好地解决了深基坑开挖实施的形象进度和施工组织设计问题，并通过合理的施工组织，尽快完成支撑体系和底板施工，确保了84.2万立方米地下室土方的快速开挖完成。

悬挂式隔水帷幕基坑地下水渗流特性研究

张邦芾

（中国建筑科学研究院地基所　北京　100013）

摘　要：基坑开挖面临深厚含水层时，从技术及经济方面考虑选用悬挂式隔水帷幕，帷幕插入深度的大小会对坑外水位降深产生影响。针对室内模型试验，采用二维有限元分析悬挂式隔水帷幕基坑地下水渗流场，分别讨论帷幕插入深度、坑内外水头差和帷幕下端过水断面大小三者对坑外地下水位降深的影响规律，并分析相同坑内外水头差情况下，帷幕插入深度对坑外地下水位降深的影响。

关键词：悬挂式隔水帷幕；渗流；有限元

1　引言

地下水渗流控制技术是基坑工程中的一项重要安全控制技术。该项技术用于解决基坑开挖时流土、管涌等渗透破坏问题，并保证施工作业面干燥，防止周边建筑物地面沉降。基坑地下水控制不当可能引起基坑失稳、流土、管涌、地面和周边建筑物沉降等事故[1]。据统计，基坑、地铁隧道垮塌等安全事故，80％以上与地下水控制不当有关。

基坑开挖时，为防止基坑渗流的破坏，使基坑开挖不积水，施工方便，消除地下水头对建筑物的顶托力，防止流砂涌砂以及稳定边坡，需对地下水进行控制，控制措施从两方面进行，分为堵水措施和降排水措施，出于安全考虑，常把堵水措施和降排水措施结合使用[2]。当基坑所处含水层较深，不宜采用落地式隔水帷幕，一方面当地质条件复杂含有块石等不利条件时，施工机械无法穿过不利地层将隔水帷幕打入隔水层；另一方面采用落地式隔水帷幕会使工程造价提高很多，不满足经济性要求。采用悬挂式隔水帷幕，基坑内外地下水未能隔断，使得坑外地下水位降低，若基坑周围有建筑物，需考虑地下水位降低造成地层沉降对周围建筑的影响。

目前的基坑降水设计，悬挂式隔水帷幕的插入深度没有确切的计算公式，《建筑基坑支护技术规程》JGJ120－2012针对悬挂式隔水帷幕插入深度的设计，对均质含水层，是根据地下水渗流流土稳定性计算判断，对于非均质含水层则需采用数值方法分析判断。坑外水位降深目前是采用大井法近似计算，未考虑有悬挂式隔水帷幕时帷幕对地下水的隔断作用，其计算结果往往偏高。有限单元法因可成功处理土的非均质各向异性及复杂边界条件问题而在岩土工程领域得到广泛应用。本文根据二维有限元数值计算结果，得到均值含水层中基坑隔水帷幕插入深度、坑内外水头差和过水断面的大小对坑外地下水位降深的影响规律，并讨论同一基坑帷幕插入深度对水位降深的影响。

2 渗流计算的有限元方法

根据达西定律，非均质各向异性土体稳定渗流微分方程的边值问题[3]为：

$$\begin{cases}\dfrac{\partial}{\partial x}\left(K_x\dfrac{\partial H}{\partial z}\right)+\dfrac{\partial}{\partial z}\left(K_z\dfrac{\partial H}{\partial z}\right)+w=0\\ H(x,\ z)\mid_{\Gamma 1}=\varphi(x,\ z)\\ K_x\dfrac{\partial H}{\partial x}\cos(n,\ x)+K_z\dfrac{\partial H}{\partial z}\cos(n,\ z)\mid_{\Gamma 2}=q\end{cases} \tag{1}$$

式中 $H(x, z)$ ——水头函数；

K_x、K_z——x、z 主方向上的渗透系数；

W——入渗或蒸发水量；

Ω——渗流区域，即区域 Γ_1 和区域 Γ_2 所围区域；

q——边界上单位面积上的流入流出量；

n——边界的外法线方向。

根据变分原理，将上述方程转化为求解泛函极值问题，式（1）等价于求泛函：

$$I(H)=\frac{1}{2}\iint_{\Gamma_1}\left[k_x\left(\frac{\partial H}{\partial x}\right)+k_z\left(\frac{\partial H}{\partial z}\right)^2-2WH\right]\mathrm{d}x\mathrm{d}_z-\int_{\Gamma_2}qH\,\mathrm{d}s \tag{2}$$

式（2）的极值条件

为

$$\frac{\partial I(H)}{\partial H}=0 \tag{3}$$

对各自区域迭加，得到有限元求解渗流方程组：

$$[K][H]=[Q] \tag{4}$$

式中 $[K]$ ——总体渗透矩阵；

$[H]$ ——节点水头；

$[Q]$ ——自由项。

本文考虑均质含水层情况，即 $K_x=K_z=K$。

为确定渗流稳定时坑外地下水自由面位置，迭代求解过程中采用单元传导矩阵修正法[4]，即改变渗透系数：

$$\begin{cases}k=k(H\geqslant z)\\ k=\dfrac{k}{1000}(H<z)\end{cases} \tag{5}$$

3 悬挂式帷幕基坑地下水渗流场分析

基坑采用悬挂式隔水帷幕时，帷幕插入深度的设置、坑内外水头差的大小及过水断面的大小都会对坑外地下水的自由水面线造成影响。本文针对室内模型试验进行分析，基坑模型如图 1 所示，假定隔水帷幕为绝对隔水，考虑均质含水层情况，土的渗透系数为 3.6m/d。通过调节坑内外水头差△h、帷幕插入深度 D 和过水断面深度 M，讨论各因素对基坑地下水渗流场的影响。

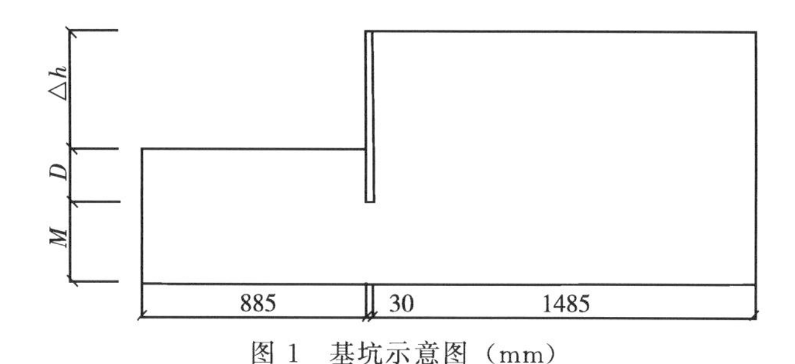

图 1　基坑示意图（mm）

坑内外水头差△h 分别取 200mm、400mm、600mm、800mm，帷幕插入深度 D 分别取 100mm、200mm、300mm、400mm，过水断面深度 M 分别取 100mm、200mm、300mm、400mm，共分析 $4^3=64$ 种工况。

3.1　水位降深随水头差变化规律

控制隔水帷幕下端过水断面的深度 M，通过调节坑内外水头差及改变帷幕插入深度，分析得到隔水帷幕外侧水位降深与水头差比值 s/△h 随坑内外水头差△h、帷幕插入深度 D 的变化规律。

图 2～图 5 为不同帷幕插入深度情况下，水位降深比值 s/△h 随坑内外水头差△h 的变化规律，可以看出，过水断面深度一定时，水位降深比值 s/△h 随坑内外水头差△h 的增大而降低，且随着水头差的增大，水位降深比值有趋于稳定的趋势。当水头差相同时，帷幕插入深度越大，水位降深比值越小，即悬挂式隔水帷幕起到的隔水作用越显著；水头差较小时，水位降深比值变化较大，随水头差增大，水位降深比值随帷幕插入深度变化较小。

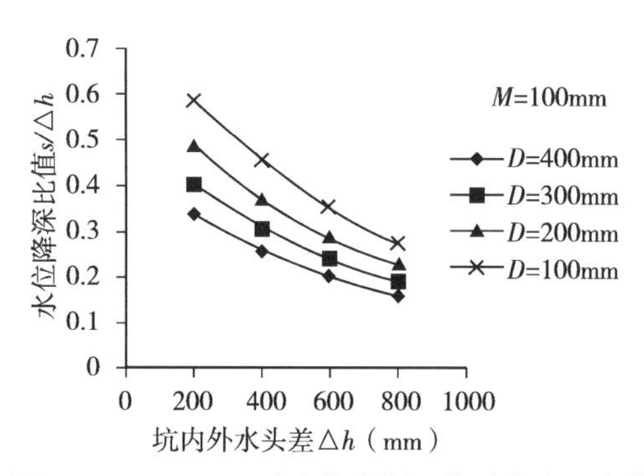

图 2　M=100mm 时水位降深比值随水头差变化

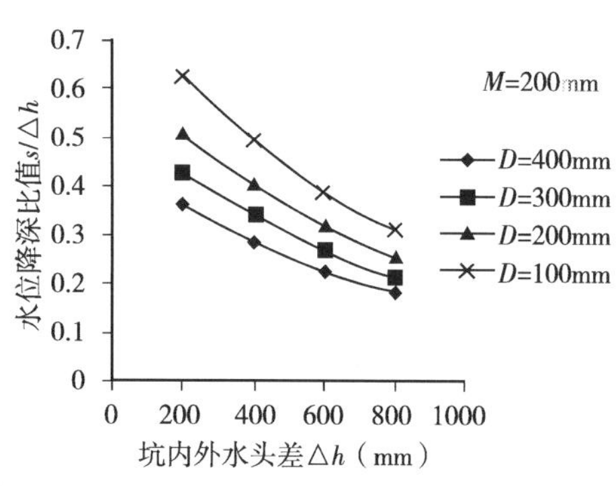

图 3　M=200mm 时水位降深比值随水头差变化

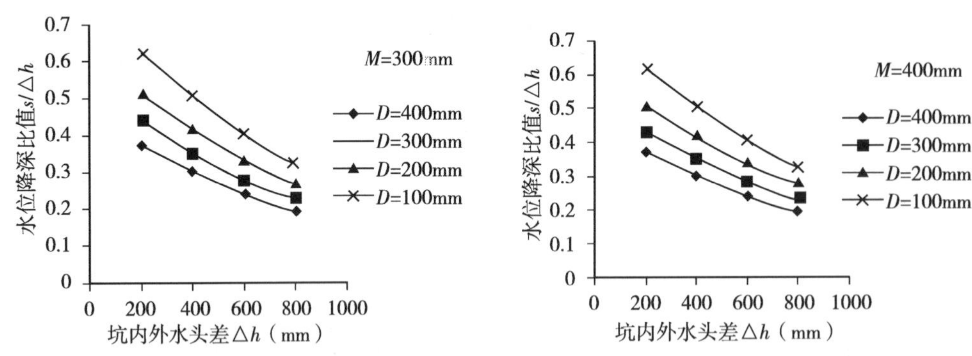

图 4　M=300mm 时水位降深比值随水头差变化　图 5　M=400mm 时水位降深比值随水头差变化

3.2　水位降深随过水断面深度变化规律

控制隔水帷幕插入深度 D，通过调节坑内外水头差△h 及改变过水断面深度 M，分析得到隔水帷幕外侧水位降深与水头差比值 s/△h 随坑内外水头差△h、过水断面深度 M 的变化规律。

图 6～图 9 为不同帷幕插入深度情况下，水位降深比值 s/△h 随过水断面深度 M 的变化规律，从图中可以看出，在特定的帷幕插入深度情况下，水位降深比值过水断面深度 M 的增大而减小，总的趋势是趋于平缓；同一水头差情况下，随着过水断面深度 M 的增大，水位降深比值 s/△h 增大，当过水断面深度 M 较小时，水位降深比值 s/△h 的变化较大，当过水断面深度 M 增加到 200mm 以上时，其对水位降深比值影响不显著。相同过水断面深度，水头差对水位降深比值的影响较大。

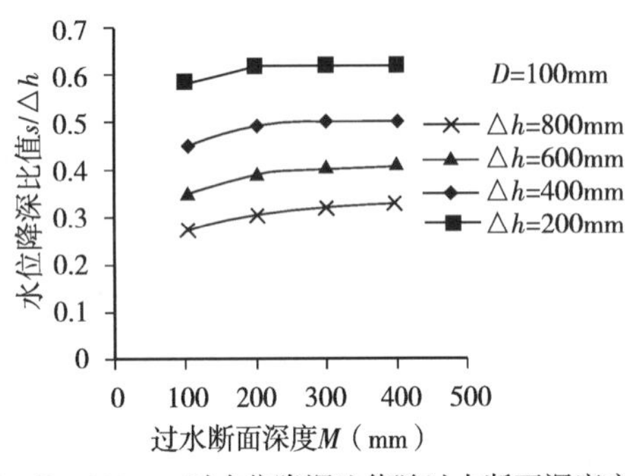

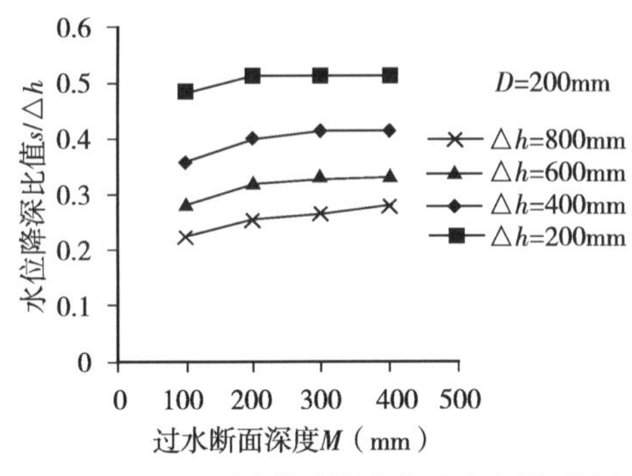

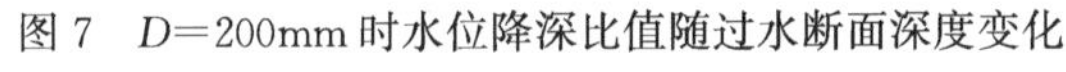

图 6　D=100mm 时水位降深比值随过水断面深度变化　图 7　D=200mm 时水位降深比值随过水断面深度变化

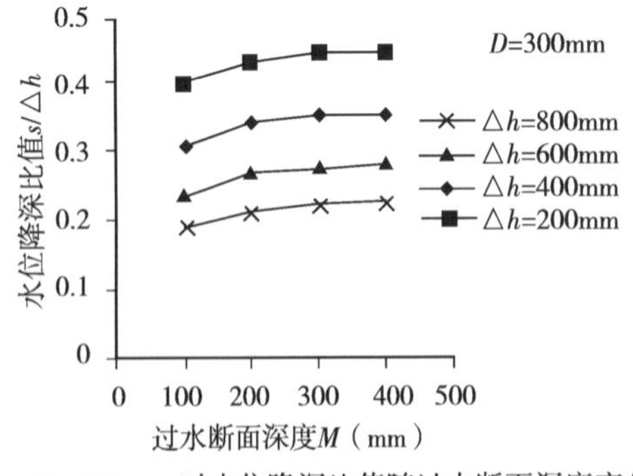

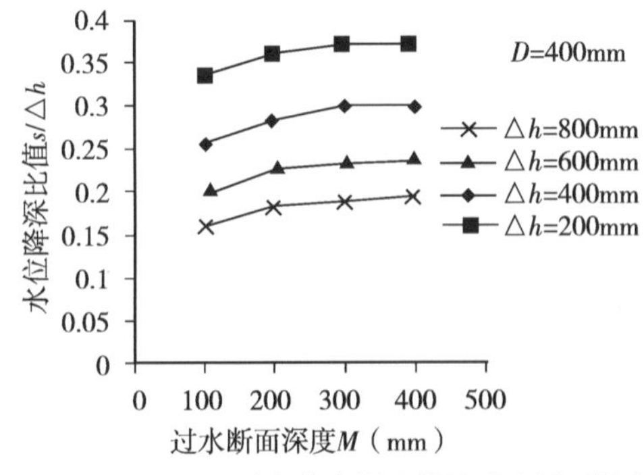

图 8　D=300mm 时水位降深比值随过水断面深度变化　图 9　D=400mm 时水位降深比值随过水断面深度变化

3.3 水位降深随帷幕插入深度变化规律

控制坑内外水头差$\triangle h$，通过调节隔水帷幕插入深度D及改变过水断面深度M，分析得到水位降深比值$s/\triangle h$随坑内外水头差$\triangle h$、过水断面深度M的变化规律。

图10～图13为不同坑内外水头差情况下，水位降深比值$s/\triangle h$随帷幕插入深度D的变化规律，从图中可以看出，在特定的水头差情况下，水位降深比值随帷幕插入深度D的增大而减小，总的趋势是趋于平缓。同一帷幕插入深度情况下，随着过水断面深度的增大，水位降深比值$s/\triangle h$增大；当过水断面深度M较小时，水位降深比值$s/\triangle h$的变化较大，当过水断面深度M增加到200mm以上时，其对水位降深比值影响不显著。

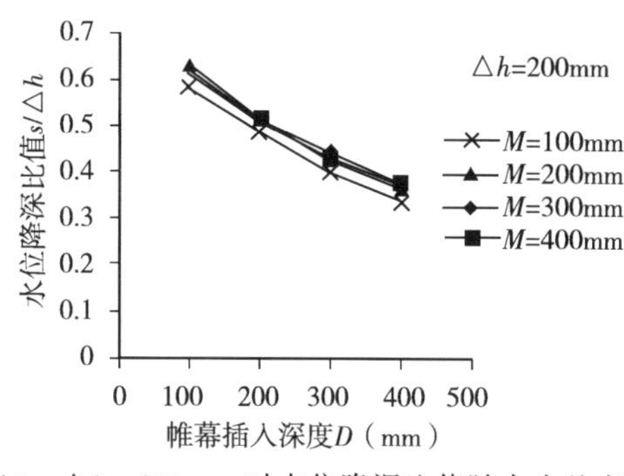

图10 $\triangle h=200$mm时水位降深比值随水头差变化

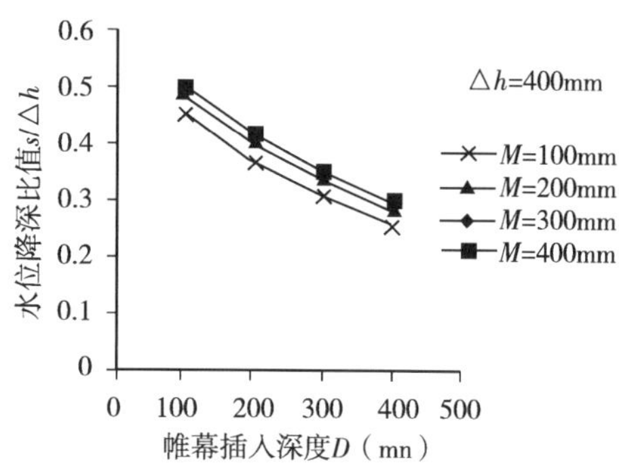

图11 $\triangle h=400$mm时水位降深比值随水头差变化

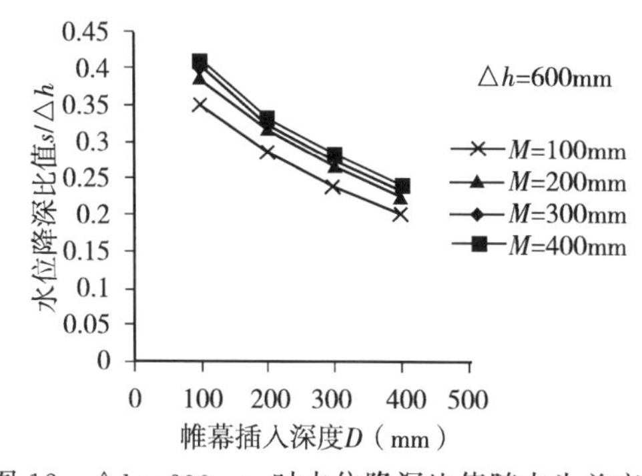

图12 $\triangle h=600$mm时水位降深比值随水头差变化

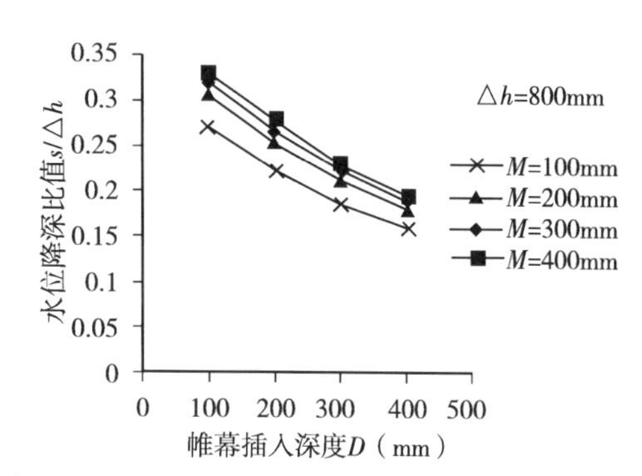

图13 $\triangle h=800$mm时水位降深比值随水头差变化

3.4 水位降深随插入比变化规律

采用悬挂式帷幕进行隔水，帷幕的插入深度对坑外水位降深的影响较大。当坑内外水头恒定情况下，通过改变帷幕的插入深度D得到水位降深比值随插入比$D/(D+M)$的变化规律，如图14。从图中可以看出，水位降深比值随插入比$D/(D+M)$的增大而减小，总的趋势呈线性分布；同一插入比$D/(D+M)$情况下，随着水头差的增大，水位降深比值$s/\triangle h$减小；当插入比$D/(D+M)$较小时，水位降深比值$s/\triangle h$的变化较大，随着插入比$D/(D+M)$的增大，水位降深比值的变化逐渐减小。

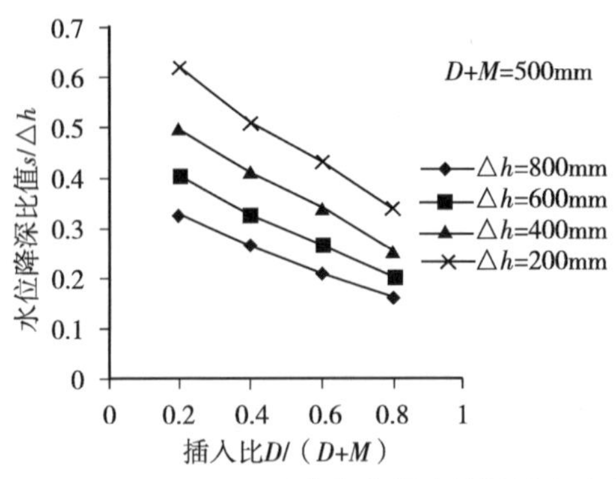

图 14　$M+D=500$mm 时水位降深比值随插入比变化

4　结论

采用二维有限元对有悬挂式隔水帷幕基坑渗流场进行了分析计算，得到帷幕插入深度、过水断面深度及坑内外水头差对坑外水位降深的影响规律。计算分析表明：

1）在相同过水断面深度、相同帷幕插入深度条件下，水位降深比值随水头差的增大而减小；

2）在相同水头差、相同帷幕插入深度条件下，水位降深比值随过水断面深度的增大而减小，总的趋势是趋于平缓；

3）在相同水头差、相同过水断面深度条件下，水位降深比值随帷幕插入深度的增大而减小，总的趋势是趋于平缓；

4）坑内外水头差、帷幕插入深度、过水断面深度，三者中过水断面深度对坑外水位降深的影响最小；

5）当坑内外水头恒定时，插入比与水位降深比值呈线性关系，且随着插入比的增大水位降深比值逐渐减小。

参考文献

[1] 中华人民共和国住房和城乡建设部．JGJ120—2012 建筑基坑支护技术规程［S］．北京：中国建筑工业出版社，2012.

[2] 刘国彬，王卫东．基坑工程手册［M］．北京：中国建筑工业出版社，2009.

[3] 陈崇希，林敏．地下水动力学［M］．武汉：中国地质大学出版社，1999.

[4] Bathe ，K.J.，et al. Finite element free surface seepage analysis without mesh iteration. Int. J for Num. Anal. Methods in Geomechanics，Vol. 3，1979.

地下连续墙施工的废弃泥浆脱水处理试验

黄均龙

（上海隧道地基基础工程有限公司　上海　200333）

摘　要：文章对地下连续墙施工的废弃泥浆脱水的试验设备、试验设备技术参数、试验流程、试验情况与效果作了介绍，通过3次压滤机脱水试验，证明应用厢式隔膜压滤机，可以不加化学药剂进行地下连续墙施工废弃泥浆的脱水处理，其为地下连续墙施工的现场废弃泥浆脱水设备配套设计创造了有利条件，为实现无泥浆排放的新型地下连续墙施工泥浆处理工艺打下了基础。

关键词：地下墙施工废弃泥浆；压滤机；脱水试验

1　概述

目前，地下连续墙在地下工程中应用很广，但是，在地下连续墙施工中要使用工程泥浆来护壁，这种工程泥浆主要由小于2μm的悬浮黏土颗粒、水与各种处理剂组成，黏度较大，且在机械成槽、清孔和浇注槽孔水下混凝土等施工过程中，泥浆的性能会变坏。一般经重力沉降处理、振动筛与旋流器机械处理后，可除掉一部分大的颗粒，该泥浆经再生调制后，可重复使用；而另一部分泥浆的性能指标因恶化而成为废弃泥浆。

然而，我国现在还没有处理这些废弃泥浆的成套设备与技术标准。只能采用槽罐车运送到指定的填埋场地，或就地固化后外运处理，以致造成二次污染；若运输不及时还会影响施工环境，甚至影响施工进度。

为寻求地下连续墙施工弃浆零排放处理的技术与成套设备，我公司进行了一种不加药剂的废弃泥浆脱水试验，且形成的渣土含水率低、能直接外运。

2　废弃泥浆脱水试验的设备选择

2.1　脱水机械设备

目前，国内外采用的脱水机械设备主要是厢式压滤机、带式压滤机和离心机，各种机械脱水方法的适用范围及优缺点比较见表1。

表1　各种机械设备脱水方法比较表

设备名称	厢式压滤机	带式压滤机	离心机
脱水原理	液压过滤、间歇脱水	机械挤压、连续脱水	离心力作用、连续脱水
优　点	渣土含固率高；固体回收率高；可不加化学药剂；对各种污泥压滤的适应能力强	机器制造容易，附属设备少、能耗较低；连续操作，管理方便，脱水能力大	基建投资少，占地少，设备结构紧凑；加化学药剂量少；处理能力大且效果好；自动化程度高，操作简便
缺　点	间歇操作，过滤能力较低；基建设备投资大	聚合物价格贵，运行费用高；脱水效率比厢式压滤机低	振动、噪声大；电力消耗大；污泥中如含有砂砾，则易磨损设备
适用范围	需要减少运输、干燥或焚烧、填埋费用的及其他脱水设备不适用的场合	特别适用于无机污泥的脱水；不适用于黏性较大的污泥脱水	不适于密度差很小或液相密度大于固相的污泥；对粒径有要求，需大于0.01 mm

考虑到地下连续墙施工废弃泥浆中含有难以分离的悬浮黏土颗粒成分，且泥浆比重又不确定，如采用带式压滤机或离心机，所加化学药剂量较难确定；同时，带式压滤机与离心机处理后形成的渣土含水率高；而厢式压滤机可以不加化学药剂，利用压力泵将泥浆压人相邻两滤板形成的密闭滤室中，使滤布两边形成较高的压力差，固体颗粒由于滤布的阻挡留在滤室内，滤液经滤布沿滤板上的泄水沟排出，滤液不再流出时，即完成脱水过程，从而实现固液分离。它具有单位过滤面积占地少、对物料的适应性强、过滤面积的选择范围宽、过滤压力高、形成的渣土含水率低、固相回收率高、结构简单、操作维修方便、故障少、寿命长等特点。只要选择好合理的入料压力、合适的滤布与配套辅助设备，就能提高厢式压滤机的工作效率。因此，选择厢式压滤机作为地下连续墙施工废弃泥浆脱水试验的设备。

2.2　试验采用的厢式压滤机及主要技术参数

1）小型普通厢式压滤机脱水成套设备主要由XQ1/320-30UB型千斤顶压紧厢式压滤机、隔膜泵与空压机组成，千斤顶压紧厢式压滤机主要技术参数见表2，该厢式压滤机结构简单、操作方便。

表2　普通厢式压滤机主要技术参数

序号	技术参数	指标
1	过滤面积（m^2）	1
2	滤板外尺寸（mm×mm）	320×320
3	滤饼厚度（mm）	30
4	滤室容积（L）	15
5	滤板数量（块）	4
6	过滤压力（MPa）	≤0.6
7	出液形式	明流
8	压紧方式	手动螺旋千斤顶
9	拉板方式	手动
10	外形尺寸 长×宽×高（mm）	1070×570×660
11	整机重量（kg）	490

2）小型厢式隔膜压滤机脱水成套设备主要由 XMYG10/800-UB 厢式隔膜压滤机、螺杆泵与高压清洗机组成，厢式隔膜压滤机主要技术参数见表 3。

表 3　厢式隔膜压滤机主要技术参数

序号	技术参数	指标
1	过滤面积（m^2）	10
2	滤板外尺寸（mm×mm）	800×800
3	理论滤饼厚度（mm）	30
4	厢板/隔板厚度（mm）	60/65
5	滤板数量（块）	9
6	滤室容积（L）	150
7	过滤压力（MPa）	≤1.2
8	压榨压力（MPa）	≤1.6
9	出液形式	明流
10	压紧方式	电动液压千斤顶
11	拉板方式	手动
12	整机长度（mm）	2590
13	整机重量（kg）	1961

厢式隔膜压滤机与普通厢式压滤机的主要不同之处是在滤板与滤布之间加装了一层弹性膜。运行过程中，当入料结束，可将高压流体介质注入滤板与隔膜之间，这时整张隔膜就会鼓起压迫滤饼，从而实现压榨过滤，使形成的滤饼进一步脱水。因此，厢式隔膜压滤机与普通厢式压滤机相比具有过滤压力高、单位面积处理能力大、滤饼含液量低等优点。它适用于黏性大、颗粒小等过滤难度大的物料。

3　废弃泥浆脱水试验

3.1　试验一

1）采用小型普通厢式压滤机脱水成套设备。

2）试验泥浆指标为：密度约 1.3、黏度约 60s。

3）选用涤纶 1 号与丙纶 1 号滤布各做 1 次。

4）泥浆脱水处理试验流程为：手动操作螺旋千斤顶压紧滤板→启动空压机，使隔膜泵工作，将泥浆压入相邻两滤板形成的密闭滤室中，使滤布两边形成压力差，进行压滤脱水→泥浆中的液体透过滤布，从滤板侧向泄水孔中流出，而泥浆中的土颗粒留在相邻两滤板形成的密闭滤室中→到设定泵浆压力 0.6MPa，且滤板不出水时，关闭空压机，使隔膜泵停止工作→手动操作螺旋千斤顶卸压、拉开滤板。

5）2 次试验效果相同，相邻两滤板形成的密闭滤室中泥浆少量脱水，只在滤布上形成一层厚 2mm 的泥皮，未形成泥饼。

3.2　试验二

1）采用小型厢式隔膜压滤机脱水成套设备。

2）试验泥浆指标为：密度约 1.23～1.3、黏度约 40～62 s。

3）选用了丙纶 1 号、丙纶 2 号、丙纶 3 号、涤纶 1 号、涤纶 2 号与涤纶 3 号等 6 种型号的滤布。试验时利用了压滤机 1 块端板、5 块滤板与 1 块平板，其中 3 块滤板为隔膜式。

4）脱水处理试验流程为：接通总电源→电动操作液压千斤顶压紧滤板（自动保压）→启动螺杆泵，将泥浆压入相邻两滤板形成的密闭滤室中进行压滤脱水→泥浆中的液体透过滤布，从滤板侧向的泄水孔中流出，而泥浆中的土颗粒留在相邻两滤板形成的密闭滤室中→到设定泵浆压力达 1.0～1.2MPa，且滤板不出水时，关闭螺杆泵→启动高压清洗机，将压力水充满滤板与隔膜之间，使隔膜鼓起压迫滤饼，实现压榨过滤，使滤室中已形成的滤饼进一步脱水→到泵水压力至 0.5～0.6MPa（两滤板处冒浆），关闭高压清洗机→电动操作液压千斤顶活塞杆缩回，使压紧的滤板卸压，手动拉开滤板→泥浆脱水形成的泥饼自动从滤布上脱落卸料→泥浆脱水处理试验一个工作周期结束→重复循环试验工作。

5）3 次试验情况见表 4。

表 4　泥浆脱水处理试验情况表

序号	泥浆组成	滤布型号	压滤时间（min）	入料压力（MPa）	压榨时间（min）	压榨压力（MPa）	出水效果	试验情况
1	试验泥浆	涤纶 1 号；丙纶 2 号	23	0.8～1.2	约 10	最高为 0.5	2 种滤布都好	压榨压力至 0.5 MPa 时，两滤板处冒浆，压力不能提高；泥饼成形并能脱落；泥浆脱水率约为 61%（重量比）
2	一半泥浆为泥饼加水碾碎搅拌而成	丙纶 1、2 号；涤纶 2 号	15	0.9～1.1	约 3	最高为 0.5	3 种滤布都好	压榨时间约至 3 min、压榨压力至 0.5 MPa 时，涤纶 2 号滤布挤破，从滤板泄水孔中漏浆泥浆；泥饼中间为泥浆，没形成干燥的泥饼
3	泥饼加水碾碎搅拌而成	涤纶 1、3 号；丙纶 3 号	16	0.8～1.0	约 7	0.5；最高为 0.6	3 种滤布都好	压榨压力至 0.6MPa 时，因滤板间夹有滤布扎带而冒浆，控制压榨压力≤0.5 MPa；泥饼成形并能脱落

3.3　试验三

1）双轮铣槽机施工地下连续墙的废弃泥浆，采用了压滤机厂家泥浆脱水试验专用的小型厢式隔膜压滤机脱水成套设备进行脱水试验，该脱水试验设备主要由 XMYG10/800-UB 型改制的厢式隔膜压滤机、螺杆泵与高压清洗机组成，整套试验设备放在 2t 卡车上（见图 1）。改制的试验专用厢式隔膜压滤机特点是：滤板数量少，整机长度短，全套设备便于装车运输与试验工作，其主要技术参数见表 5。

图 1　试验专用厢式隔膜压滤机脱水成套设备

表 5　试验专用厢式隔膜压滤机主要技术参数

序号	技术参数	指标
1	滤板外尺寸（mm×mm）	800×800
2	理论滤饼厚度（mm）	30
3	滤板数量（块）	5（隔膜滤板 2 块，箱式滤板 3 块）
4	过滤压力（MPa）	≤1.2
5	压榨压力（MPa）	≤1.6
6	出液形式	明流
7	压紧方式	电动液压千斤顶
8	拉板方式	手动

2）泥浆脱水试验流程同试验二，实际泥浆脱水试验循环工作 2 次，滤布选用丙纶 1 号与涤纶 1 号 2 种滤布（与试验一所用滤布型号相同），试验泥浆取泥浆池中下部泥浆，其泥浆密度 1.23，泥浆黏度 20～35s。

3）试验情况见表 6。

表 6　第三次泥浆脱水处理试验情况表

序号	滤布型号	压滤时间（min）	入料最高压力（MPa）	压榨时间（min）	压榨最高压力（MPa）	出水效果	试验情况
1	丙纶 1 号	10	1.2	约 27	1.2	好	泥饼干燥自行脱落，泥饼厚约 1 cm
2	涤纶 1 号	6	1.2	约 32	1.2	好	在间断压榨时补充泵入泥浆；泥饼干燥自行脱落，泥饼厚约 2.3cm

4）2 次试验中泥浆的脱水效果都很好，形成的泥饼能自行脱落，经测试，泥饼的含水率为 22%～25%。泥浆压滤脱水试验所形成的泥饼效果见图 2。

图 2　泥浆脱水试验所形成的泥饼

4　结论

通过 3 次小型压滤机泥浆脱水试验，证明选用的厢式隔膜压滤机与相应滤布，可以不加化学药剂进行地下连续墙施工的废弃泥浆脱水处理。

1）在压滤机进行泥浆脱水处理工艺中，泥浆的入料压力高，则泥浆脱水效果好，易形成泥饼；

2）压滤机工作时的压榨压力高，则形成的泥饼含水率低，易于自行脱落；

3）因选用的高压清洗机最大工作压力为4MPa，而压榨时泵压须小于等于1.2MPa，其工作压力难以控制，压榨时为间断操作；

4）滤布安装时应平整，固定滤布的扎带不能夹在相邻滤板中，否则会影响压滤机的工作压力，使相邻两滤板形成的密闭滤室中泥浆不能形成泥饼，或形成的泥饼含水率高。

泥浆脱水试验的成功，为现场应用的地下连续墙施工废弃泥浆脱水处理设备设计选型创造了有利条件，也为实现无泥浆排放的新型地下连续墙施工泥浆处理工艺打下了基础。

万科钻石广场深基坑工程支护设计、施工与监测

李　明　陈启春　岳大昌　苏子将

（成都四海岩土工程有限公司　四川成都　610041）

摘　要：以万科钻石广场基坑工程为例，通过选择适宜的支护结构，在设计和施工过程中采取适当的技术手段，有效地解决了深基坑紧邻已有建筑和交通要道的安全，并将基坑围护结构和周边环境的变形量均控制在设计允许范围内，较好地保证了周边建筑及市政道路的正常使用。通过工程实例，分析总结深基坑工程设计、施工、监测过程中需注重的问题。

关键词：深基坑工程；预应力锚索；支护结构；变形监测

0　引言

随着城市经济的快速发展，城市中心用地越来越紧张，建筑深基坑数量迅速增多，且多数深基坑位于城中心区域，周边有市政道路或其他建构筑物，对变形要求较为严格，这对深基坑工程的设计、施工、监测提出了更高的要求。

成都地区地层主要以冲洪积形成砂卵石地层为主，根据学者的研究成果[1]，结合类似工程的施工经验，桩锚支护体系可有效控制基坑支护结构的变形[2,3]，满足工程施工的安全需求。

以万科钻石广场深基坑工程为例，对深基坑的设计、施工和监测进行详细阐述，以供同类工程参考。

1　工程概况

万科钻石广场项目场地位于成都市建设路，占地面积约 15400m^2。拟建建筑物为商业建筑，由 2 栋 20～35F 高层建筑及 4～5F 多层建筑组成，均设 3 层地下室。建筑±0.00 标高为 503.40m，基坑开挖深度 13.50m，主楼部分基坑开挖深度 15.00m，基坑周长约 502.5m。

基坑开挖边线距红线 3.8m；西侧为电子科技大学学生宿舍，有 3F 和 12F 建筑，距 3F 建筑 23m，距 12F 建筑 13.8m，该侧基坑开挖边线距红线 7.8m，北侧为待拆工地，基坑开挖边线距红线 3.9m，东侧为规划道路，基坑施工期间尚未修建完成，基坑开挖边线

距红线4.8m。据调查，场地周边各类地下管线众多，紧邻基坑东侧建设路方向分布有雨水、污水、电力、电信、给水、消防等多条管道；基坑东侧规划道路方向有雨水、污水、电力等管道；西侧电子科技大学宿舍有1层地下室，埋深约6m，距开挖边线约11.8m，如图1所示。

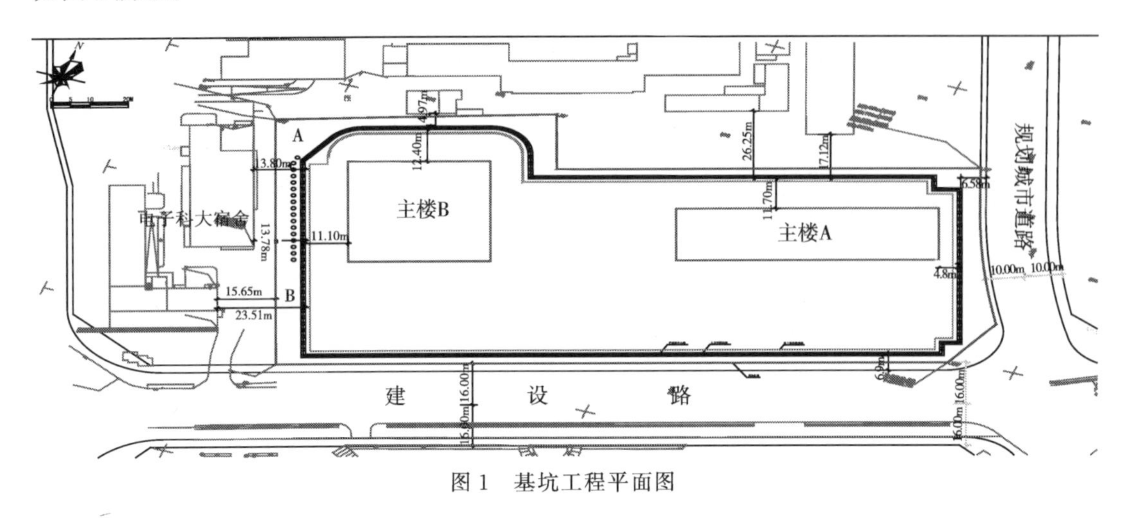

图1 基坑工程平面图

2 工程地质和水文地质

场地地貌单元属岷江水系Ⅱ级阶地，地面高程496.32～497.29m，高差0.97m，地形平坦。场地上覆第四系全新统人工填土（Q_4^{ml}）、第四系上更新统冲洪积（Q_3^{al+pl}）成因的粉质黏土、粉土、砂和卵石。各土层特征如下：

（1）杂填土。褐黄、褐灰色、黑色，稍湿。由房屋拆迁的建筑垃圾组成，层厚0.3～4.6m。

（2）素填土。褐黄、褐灰色，稍湿。主要为黏性土组成，含少量砖瓦碎石及植物根茎，层厚0.4～3.0m。

（3）粉质黏土。褐黄色；硬塑～坚硬状态。含氧化铁、铁锰质斑点、钙质结核及青灰色高岭土条带；底部粉质增多，层厚1.5～6.4m。

（4）粉土。褐黄、黄灰色；中密～密实；湿～很湿。含铁锰质、氧化物及少量云母粉，层厚0.3～3.5m。

（5）细砂。褐黄、黄灰色；松散；湿。以长石、石英为主组成，含少量云母片、暗色矿物，该层主要分布于场地卵石层之上和之间，层厚0.2～3.0m。

（6）卵石。褐黄、黄灰、青灰色，饱和。主要以花岗岩、石英岩、灰岩等组成，呈亚圆形，强～中等风化，分选性和磨圆度较好；一般粒径4～8cm，大者可达20cm以上，骨架颗粒含量为55%～75%；上部隙间充填黏粒为主，下部以砂粒、砾石充填为主。该层按密实度可分为松散卵石、稍密卵石、中密卵石和密实卵石四个亚层，并且卵石层中夹有不规则分布、厚度不等的细砂透镜体。卵石层顶板埋深6.5～11.2m，高差约4.7m，起伏较大。

场地地下水主要属第四系孔隙潜水，砂、卵石为主要含水层，主要由岷江水系及大气降水补给。钻孔稳定水位为7.4～9.6m，标高489.52～493.34m，地下水位随季节变化，年变化幅度约 1.5m。据收集资料，该场地最高水位埋深地表下为 3.0m 左右，标高约 494.00m，地下水渗透系数 $K=15\mathrm{m/d}$。

3 工程重点与难点分析

（1）基坑深度较深，基坑开挖深度 13.5m，主楼部分基坑开挖深度 15.0m。

（2）工程位于成都市建设路，该地段地处繁华闹市区，社会影响大。

（3）场地北侧、西侧临楼房较近，基坑周边电力管线、给水管和雨水管众多，基坑变形对周边影响较大。

（4）东侧道路施工，施工时振动荷载对基坑影响较大。

（5）场地土层及砂层较厚，砂层最厚 3.0m，且上部黏土较厚，4.0～8.0m，且具微膨胀性，施工时应严格控制坡顶积水，防止地表水等下渗。

（6）黏土层以下 3～5m 为卵石混黏性土，锚索施工较困难，易造成卡钻等，同时锚索长度锚入卵石夹砂层不宜少于 10.0m。

（7）主楼主体部分基坑开挖深度约 15.0m，电梯井、集水坑位置最深约 19.0m，而在深度 17.0～18.0m 位置存在一层含砂粒黏性土，形成隔水层，对基坑降水造成一定难度。

（8）根据地勘报告显示及主楼结构基底荷载估算，主楼持力层承载力特征值不能满足设计要求，需进行地基处理，因地基处理方式未定，因此基坑设计应充分考虑地基处理时对基坑支护结构稳定性的影响。

考虑到本工程的重点和难点，根据业主意见，首先确保基坑围护结构安全，变形小于规范要求，且不能对周边环境造成社会影响，经过多方案对比分析，确定基坑支护采用桩＋预应力锚索，距周边建筑较近地段采用双排桩＋预应力锚索，降水采用管井降水。

4 基坑支护设计与施工

4.1 支护设计

根据我公司质量方针，基坑支护设计遵循原则为：安全第一、技术领先、经济合理、质量可靠。基坑支护设计分三个剖面：

（1）BC、DA 段。基坑开挖深度 13.50m，采用桩＋预应力锚索支护，桩径 1.2m，桩间距 2.5m，桩长 19.5m，桩嵌固段长 6.0m，设两排预应力锚索，长度分别为 20m 和 16.5m。

（2）CD 段。基坑开挖深度 13.50m，采用桩＋预应力锚索支护，桩径 1.2m，桩间距 2.2m，桩长 19.5m，桩嵌固段长 6.0m，设两排预应力锚索，长度分别为 22m 和 16.5m。

（3）AB 段。基坑开挖深度 13.50m，外侧为电子科技大学学生宿舍，变形敏感，且有一层地下室，综合比较后，采用双排桩＋预应力锚索支护，桩径 1.2m，桩间距及排间距均为 2.5m，桩长 19.5m，桩嵌固段长 6.0m，设一排预应力锚索，长度 14.0m。

基坑降水采用管井降水，共设计降水井 20 口，井深均为 27.5m，井径 600mm，管井 300mm；井间距为 25.0m 左右。

基坑支护设计参数如表 1 所示。

表1　基坑支护设计参数

土类名称	层厚（m）	重度（kN/m³）	黏聚力（kPa）	内摩擦角（°）
杂填土	1.20	17.0	5.00	12.00
素填土	2.80	18.0	18.00	15.00
黏性土	3.00	19.5	35.00	20.00
粉土	2.10	19.8	18.00	15.00
细砂	1.90	19.5	0.00	28.00
卵石		22.0	5.00	38.00

本工程基坑安全等级定为一级，侧壁重要性系数 $\gamma_0=1.1$，抗倾覆稳定性安全系数 $K_s\geqslant1.25$[1]。设计计算软件采用《理正深基坑 F-SPW 6.5 版》，计算各剖面安全系数（见表2）均满足要求。

表2　各剖面安全系数

剖面 编号	1—1 BC、DA段	2—2 CD段	3—3 AB段
安全系数 K_s	1.424	1.627	1.317

4.2　基坑施工

本工程于2011年9月中旬开始进场，首先进行护壁桩及降水井施工，锚索施工随土方开挖逐步展开，至2012年元月初，完成除施工马道外的全部施工任务。

护壁桩采用旋挖钻成孔，设备选用SWDM22山河智能旋挖钻机，钻孔时加入优质高效泥浆，钻进过程中，通过钻机的搅拌可在孔壁形成泥皮，确保灌注桩成孔时孔壁不会发生坍塌，有效防止了因孔壁坍塌而引起地面沉降。

土方分层分段开挖，每层开挖高度不超过2m，开挖至锚索标高以下0.5m位置时，进行锚索施工，张拉后再进行下层开挖。开挖砂层时，每层高度不超过0.5m，分段长度不超过10m。

锚索采用HM90型锚固钻机跟管钻进成孔，成孔孔径及深度严格按照设计要求组织施工。端部采用32C槽钢腰梁张拉锁定。

工程施工过程中严格按照施工图设计及施工组织设计要求组织施工，施工完成后，通过桩身完整性和锚索抗拔力检测，施工质量满足设计及相关规范要求[4,5]。

5　基坑监测

5.1　监测目的

（1）将监测数据与预测值相比较则可以判断前一步施工工艺和施工参数是否与预期相

符，以确定和优化下一步施工参数，做到信息化施工。

(2) 现场监测结果用于信息反馈，保证施工安全，以便及时采取相应的措施。

5.2 监测点布置

沿基坑周边布置位移监测点 24 个，基坑施工期间定期对支护结构位移进行观测，并及时反馈位移信息，如图 2 所示。

监测报警值：水平位移 30mm 或 0.3%・H（H 为基坑开挖深度），且变化速率应小于 3mm/d；竖向位移 20mm 或 0.2%・H（H 为基坑开挖深度），且变化速率应小于 2mm/d[6]。

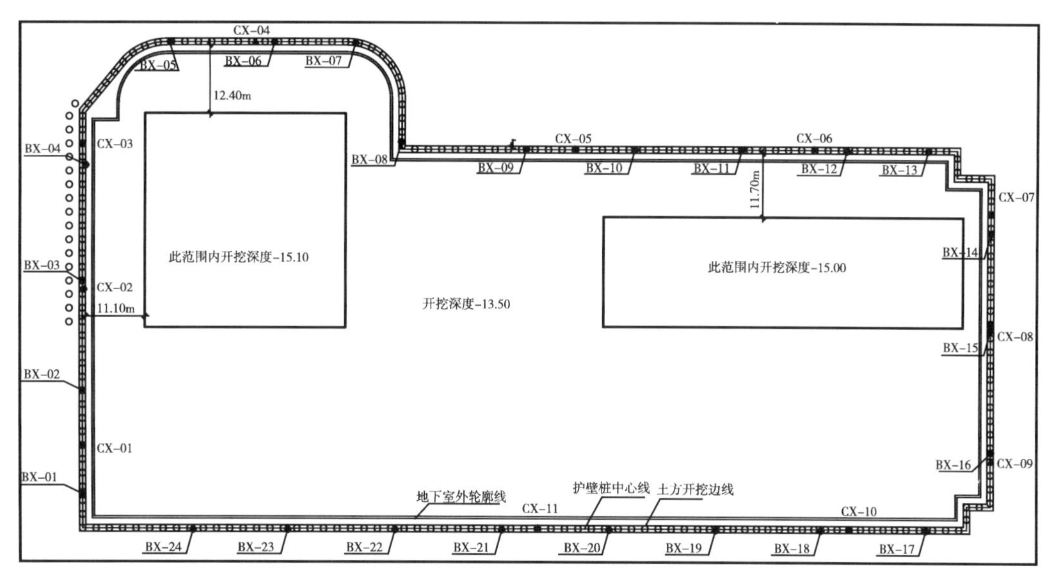

图 2　位移监测点布置图

5.3 监测时间与监测结果

自 2011 年 11 月初土方开挖开始至 2012 年元月初土方开挖完成，以及后期基坑使用期间均连续进行了变形监测。

通过对监测数据整理分析，可初步得出如下监测结论，如图 3 所示。

(1) 由位移曲线可看出，支护结构位移最终均趋于稳定，最大变形为 BX-15 点，位移值为 22mm，且各点最大变形值均小于监测报警值。

(2) 支护结构变形量主要位于基坑开挖阶段，约占总变形量的 95%以上。整体在开挖至基底后水平位移趋于稳定。

(3) 受桩顶冠梁及腰梁水平刚度的影响，基坑支护结构变形最大点一般出现在基坑各边的中部地段。

(4) 锚索施加一定的预应力，可有效控制支护结构变形。

由监测数据看，本工程整体监测结果与设计预期基本一致，尤其是需要重点保护的地段，其变形均达到了预期效果，保证了周边道路及建筑物的正常使用安全。稍显不足之处是受作业条件及施工工期控制，监测项目偏少，且未按照工况条件分别设置不同监测内容。

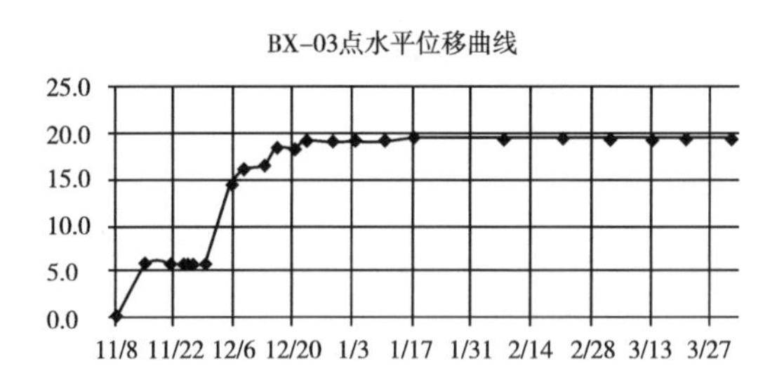

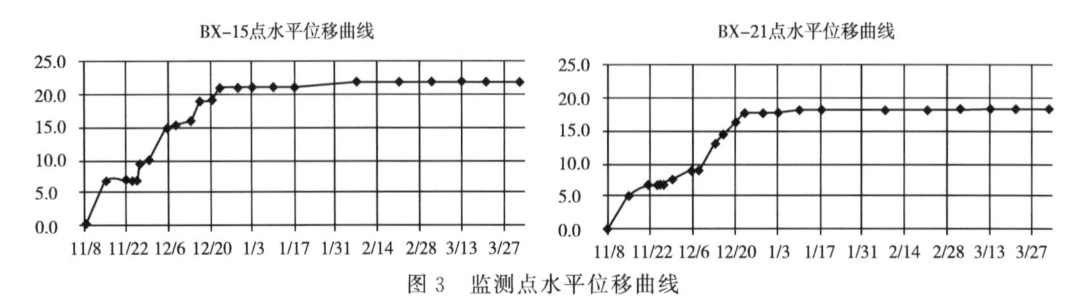

图 3　监测点水平位移曲线

6　结论

（1）基坑位于闹市区，对变形要求敏感，采用护壁桩＋预应力锚索的支护体系是比较适宜的，且工艺成熟，体系是稳定和经济的。

（2）现场监测表明，支护结构变形主要出现在基坑开挖阶段，故要想有效控制变形量，应考虑在开挖阶段采取适当措施。

（3）适当设置双排桩，对基坑支护结构变形控制可起到至关重要的作用。

本工程位于中心城区主干道路上，为成华区重点项目，周边为电子科技大学，办公楼及较密集的住宅区，社会影响较大，基坑支护结构最终变形控制在 20mm 左右，对周边道路、建筑物未产生影响。

参考文献

［1］　王明学，廖心北．砂卵石地层基坑喷锚支护结构试验研究［C］//第八界全国岩石力学与工程学术大会论文集．北京：科学出版社，2011.

［2］　李育枢，谭建忠．桩锚支护体系在成都深基坑工程中的应用［J］．铁道建筑，2011 (5).

［3］　周予启，杨耀辉，等．深圳平安金融中心基坑设计与施工监测［J］．施工技术，2013 (9).

［4］　中冶集团建筑研究总院．CECS22—2005 岩土锚杆（索）技术规程［S］．北京：中国计划出版社，2005.

［5］　中国建筑科学研究院．JGJ 120—2012 建筑基坑支护技术规程［S］．北京：中国建筑工业出版社，2012.

［6］　山东省建设厅．GB 50497—2009 建筑基坑工程监测技术规范［S］．北京：中国计划出版社，2009.

杭州某临钱塘江深大基坑地下连续墙围护工程实践

虞兴福[1]　张苗忠[2]　周　翔[3]

(1. 浙江大学城市学院　浙江杭州　310012；

2. 浙江省地质矿产工程公司　浙江杭州　310012；

3. 杭州市交通规划设计研究院　浙江杭州　310006)

摘　要：本文针对杭州某临钱塘江、透水性高富水砂层、浅表障碍物密集、基坑开挖深度深等特点的特深大基坑工程，利用地下连续墙结合四道混凝土支撑的围护方式，并特别采用障碍物挖除或槽壁加固相结合的地表土层处理方式、加强的地下连续墙钢性接头连接方式、改进的泥浆循环处理办法等多种有效措施，顺利完成钻孔灌注桩和地下连续墙围护结构、上部土方开挖过程的三道混凝土支撑施工，从开挖及监测结果看效果良好。本文结合该工程施工实践进行论述，以供相关人员或单位参考。

关键词：深大基坑工程；地下连续墙；混凝土支撑；监测

1　工程概况

本项目位于杭州市临钱塘江的钱江新城单元（JG17）E-01 地块，西北靠钱江路，东南隔民心路，与在建来福士广场相邻，西南隔新业路与市民中心相望。项目建设规模为建筑面积约 428342m^2，为三塔楼附设裙房带大底盘 4 层地下室项目，其中主楼分别为培训楼（32 层），商务主楼（42 层），商务副楼（39 层），大地下室埋深约 21m。

本基坑工程的围护设计主体采用 1000mm 厚地下连续墙，沿竖向设置四道钢筋混凝土内支撑；为保证地下连续墙槽壁稳定，成槽前采用三轴水泥搅拌桩对地下连续墙两侧的浅层土体进行加固；坑内局部被动土加固及坑中坑坑壁及部分坑底加固等采用高压旋喷桩进行加固。

本场区属第四纪钱塘江现代江滩，地貌形态单一。场地原地形大部为鱼塘等，后建设钱江新城回填而成，场地浅表层为分布有厚 1～4m 不等的填土。施工场地东南、西南、西北三面临路，道路中央或靠近基坑一侧有雨水管、污水管等管线（主要为埋深 1.5m 的 600 雨水管，埋深 2.8m 的 Φ 300～600 污水管），施工时应重点监测和保护。

1.1　工程地质条件

根据勘察钻探揭露及原位测试和室内试验结果，依据工程特性及成因条件，整个场区地基土划分为 12 个工程地质层及若干亚层。基坑开挖影响范围内主要土层为：各类填土、砂质粉土、砂质粉土夹粉砂或粉砂夹砂质粉土、淤泥质粉质黏土等。基坑开挖范围内各层的厚度、分布规律详见工程地质柱状图（典型剖面见图1)。基坑开挖范围内各土层的物理力学性能参数见表1所示。

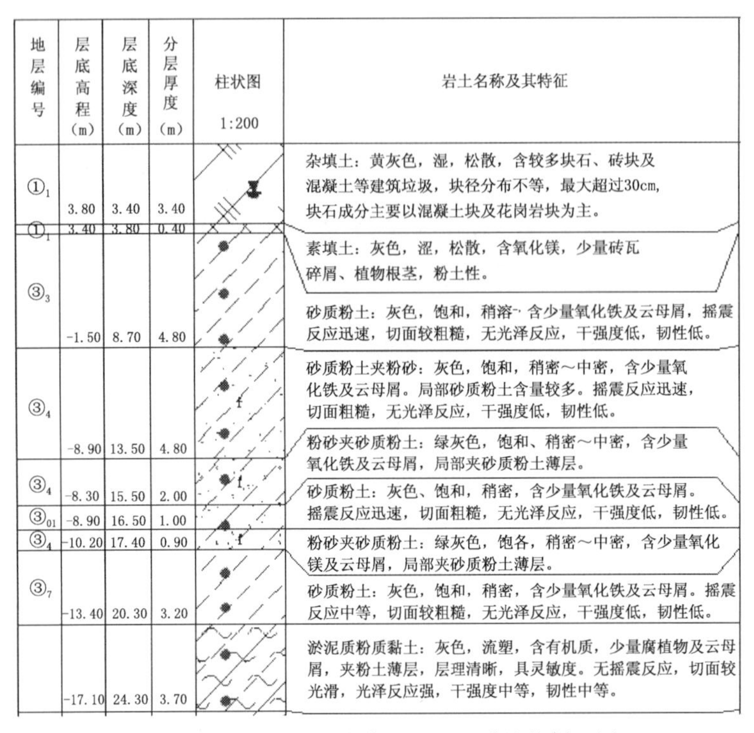

图1 基坑开挖范围内典型工程地质柱状剖面图

表1 基坑开挖范围内各土层的物理力学性能参数表

层号	地层名称	含水量	湿重度	比重	孔隙比	凝聚力	内摩擦角	水平渗透系数	竖向渗透系数
		W	γ	Gs	e	c	φ	K_H	Kv
		%	kN/m³	—	—	kPa	°	10^{-6}cm/s	10^{-6}cm/s
①1	杂填土		(18.5)			(8.0)	(16.0)		
①2	素填土		(19.0)			(10.0)	(14.0)		
①3	淤泥质填土		(17.0)						
③2	砂质粉土	28.8	19.1	2.69	0.817	6.0	25.0	90	65
③3	砂质粉土	28.1	19.3	2.69	0.788	5.0	26.0	75	55
③5	砂质粉土夹粉砂	25.7	19.6	2.69	0.725	4.5	30.0	(100)	83
③6	粉砂夹砂质粉土	26.3	19.5	2.68	0.741	4.0	33.0	(250)	(150)
③7	砂质粉土	30.9	19.1	2.69	0.847	5.0	28.0	65	28
③61	砂质粉土	30.9	18.9	2.69	0.864	4.0	26.0	27	(50)
⑥	淤泥质粉质黏土	37.4	18.3	2.72	1.043	14.0	10.0		

1.2 水文地质情况

地下水因含水介质、水动力特征及其赋存条件的不同，其补、迳、排作用和水化学特征均各不同，根据勘察钻探揭露：勘探范围内地下水类型主要可分为松散岩类孔隙潜水和松散岩类孔隙承压水。

①潜水：主要赋存于上部①填土层及③粉土、砂土层中。勘探期间测得潜水水位埋深在 1.45～3.50m，相当于 85 国家高程 3.70～5.68m。根据勘察单位在杭州钱江新城历年完成的项目观测数据，潜水年水位变幅约 1～3m。对本工程围护结构施工及土方工程开挖有较大影响。

②承压水：主要分布于深部的（12）1 层粉砂、（12）2 层中砂、（12）4 层圆砾和（14）3 圆砾层中，本次工程勘探期间在进行的承压水水头观测，测得地下承压水水位埋深约在 8.9m，相当于 85 国家高程－1.4m。根据勘察单位在钱江新城设置的常年观测孔数据，承压水年水位变幅约 1～3m。对本工程围护结构施工有一定影响。

场地潜水和承压水对混凝土具有微腐蚀性；在干湿交替环境条件下对混凝土结构中的钢筋有弱腐蚀性；在长期浸水环境条件下对钢筋混凝土结构中的钢筋有微腐蚀性。

2 深大基坑工程的地下连续墙围护设计方案

本工程设 4 层地下室，地下室底板面标高－20.10，基坑挖深 21.05m（考虑底板垫层底）和－24.45m（考虑至冷冻机房底板底），基坑安全等级为一级。

基坑支护结构采用 135 幅 1m 厚地下连续墙结合四道现浇钢筋混凝土支撑体系，地连墙与地下室外墙“两墙合一”。地连墙两侧设置槽壁加固。地下连续墙穿越场区下伏含承压水圆砾层，进入强风化基岩不少于 1m。地下墙墙段之间的接头采用十字形钢板抗剪防水接头。每个槽段预埋两个注浆管，注浆管为直径 48mm，壁厚 5mm 的钢管，在地下墙施工结束后注浆加固墙底土层。注浆采用普通 42.5 硅酸盐水泥，水灰比 0.5～0.6，注浆压力 0.8～4MPa，单管注浆水泥用量 2.5～3t。

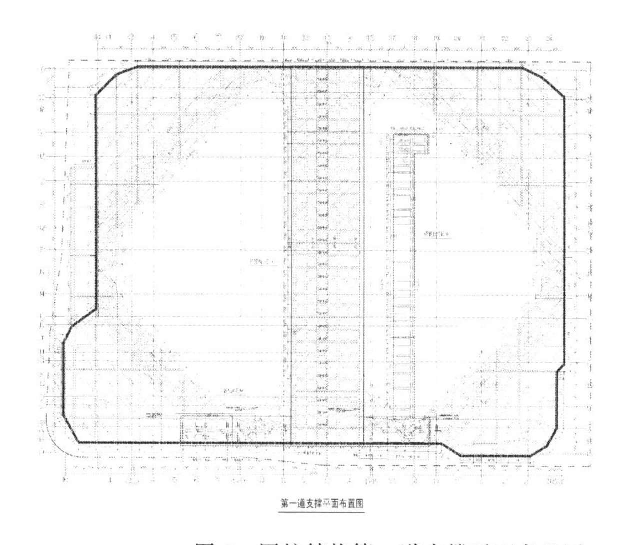

图 2　围护结构第一道支撑平面布置图

地下连续墙内侧槽壁加固采用标准连续方式全断面套打的 Φ850 水泥搅拌桩止水帷幕，搭接为 200；采取换填、清障等有效措施确保 SMW 桩在上部填土中的施工质量。三轴水泥搅拌桩采用 P42.5 普通硅酸盐水泥，水灰比约 1.5，水泥掺量 10%。

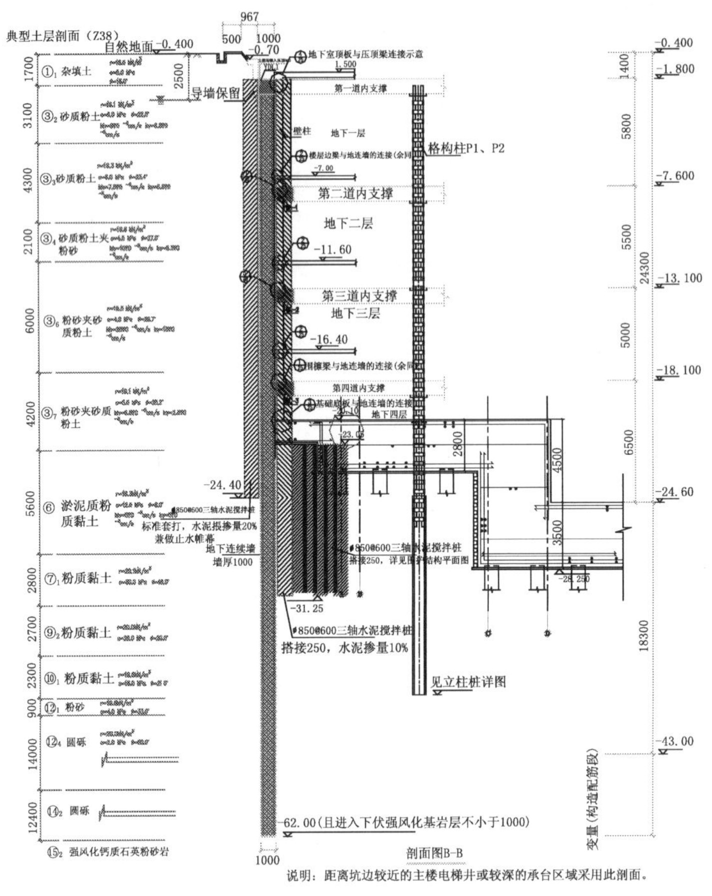

图 3　典型的围护结构剖面图

本工程开挖深度大，且开挖深度内以砂土（粉土）为主，为确保基坑开挖过程中地下连续墙围护结构的安全，必须对开挖过程进行动态管理，加强信息化监测工作，监测内容包括深层土体的水平位移、地下连续墙的内力、支撑结构的内力、地下水水位变化、立柱竖向位移、周边道路的沉降等。

3　深大基坑工程的地下连续墙施工实践

本深大基坑场地临杭州钱塘江，深基坑开挖范围涉及的地层主要为透水性高富水砂层，场地浅表处因古钱塘江堤等影响障碍物密集，而且基坑开挖深度达 25m，在基坑工程施工过程中需要利用超深地下连续墙结合四道混凝土支撑的围护方式，并特别采用障碍物挖除或槽壁加固相结合的地表填土层处理方式、加强的地下连续墙钢性接头连接方式及改进的泥浆循环处理办法等多种有效措施，顺利完成地下连续墙围护结构及上部土方的开挖（截至发稿时止已完成三道混凝土支撑的开挖施工，如图 4、图 5 实景）。

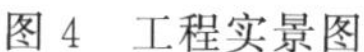

图4　工程实景图

图5　场地地表填土层中障碍物实景

3.1　地下障碍物处理

场地原地形大部分为鱼塘等，后建设钱江新城回填而成，地下0.4～3.9m范围内有碎块石、混凝土块、碎砖等建筑垃圾（如图5），根据周边项目施工情况，最深的地下障碍物达10m以上，施工中极易遇到，将影响到地下连续墙墙身垂直度及偏差等质量问题，造成槽壁加固水泥搅拌桩的成型差、垂直度无法保证，甚至无法施工、成槽困难、槽壁不规整等现象。

地下障碍物的处理，主要突出为工程费用增加同时造成工期由此延误的特点，故需要提前探明和采取措施减少影响。

一般采取的措施为施工前探明，在现场配备1～2套挖掘机进行提前开挖清除地下障碍物，如地下障碍物范围较大较深时需大面积开挖，进行大开挖清除后再覆土硬实处理。故在地下连续墙施工前应预先开挖清理好地下障碍物。如遇特别的地下障碍再行采用其他如“冲抓”“冲击破碎”“机械开挖”等措施。

3.2　本工程地下连续墙施工的重难点

1）本工程基坑平面较大，工艺多，工期较紧，需要投入大量的施工设备，合理安排各个工序的先后顺序和交叉作业施工，是确保本工程施工顺利完成的关键。

2）本次地下连续墙采用了十字钢板刚性接头，并且深度达到了62m左右，入下伏强风化基岩层不小于1m，施工难度非常大，刚性接头对于槽段的垂直度要求非常高；入岩施工是本项目连续墙液压抓斗工法的难点之一。

3）现场地质条件复杂，全场内分布较多的建筑垃圾和块石，并且施工深度内大多为粉砂性土，对地下连续墙施工会产生较大的影响。

4）粉砂地层中施工，露筋是一个质量通病，在大体量的连续墙施工中，控制露筋率是本项目施工的重点。

5）超深连续墙由于施工时间长，最长的可达3天，槽壁的稳定性尤其关键，在超长的时间内控制槽壁的稳定性成为连续墙施工的关键。如果槽壁坍塌可能会对周边造成比较大的影响，比如：管线断裂、地面沉降等。

6）钢筋笼超长已经达到了60.4m，确保钢筋笼的安全起吊是地下连续墙施工的重中之重。

7）本次地下连续墙需要穿越12-4和14-2两层圆砾层，厚度均为10m以上，一般的液压抓斗在该层地层中的施工效率较低。如果成槽时间过长将会带来一系列的质量问题，把握好该地层中的成槽进度是本次需要关注的重要问题。

8）本场地内有承压水，水量较大并且渗透系数较高，而且在干湿交替情况下对钢筋混凝土结构具有中等腐蚀性。

3.3 本工程地下连续墙施工的主要针对性措施

针对前述本工程地下连续墙施工的重难点，以及大量现场实地调查所收集的资料的研究，在本项目的施工过程中采取了以下对策，确保地下连续墙施工的正常进行。

1）组织经验丰富的项目管理班组，研究合理的施工顺序。

结合施工单位多年的施工经验，组建一只经验丰富的项目管理队伍，对项目进行管理，并且邀请单位总工程师作为本项目的顾问，根据本工程的实际情况参与施工计划和施工工序的制定和实施。

选择施工经验丰富的施工班组进场施工，对各个施工工艺和施工参数进行严格控制，确保每道工序的施工质量。

2）本次地下连续墙施工的墙趾地层为强风化基岩，岩石的强度较低，采用目前市场上最先进的宝峨 GB-46 和金泰 SG60 成槽机进行成槽施工，该两种机型的液压抓斗斗体较重，达 30 余吨，通过自重将斗齿插入软岩中，通过液压系统较大的闭合力将基岩抓出，通过以往施工案例来看，这两种机型在强度较低的软岩中施工效率较高，完全可以胜任该地质条件下的入岩施工。

3）如前述，在地下连续墙施工位置上，对浅层的建筑垃圾和花岗岩块石进行换填处理，局部位置深度较大时采用深导墙进行处理，对于下部粉砂土问题，设计已经采用了槽壁加固，现场需要加强对槽壁加固搅拌桩的施工进行严格控制：偏向槽内可能导致连续墙成槽困难，垂直度无法控制；偏外槽外可能导致连续墙厚度增加，浪费混凝土；位置漏打可能导致后续连续墙施工在该位置发生绕流情况。

在槽壁加固搅拌桩施工中建立专人专管制度，每幅进行一次桩位复核，并签字，落实责任和奖罚制度，并进行取芯试验，当强度不能满足要求或者无桩体情况下，要求补打并对班组和当班复核人员进行处罚。

4）露筋在粉砂地层中是一种常会出现的质量问题，其产生的原因主要有：槽壁坍塌、泥浆质量达不到护壁要求、路面超载引起的槽壁变形等，针对本工程的实际情况采取以下措施以减小露筋情况在本工程的发生的几率（如图 6）：

图 6　地下连续墙墙壁效果实景图

（1）提高泥浆比重，提高泥浆液面

根据对以往施工的研究，泥浆相对于地下连续墙槽壁的稳定具有举足轻重的作用，所以在合理范围内最大限度地提高泥浆比重，将提高槽壁的稳定性，在施工现场一定要保持泥浆液面的高度，通过泥浆与地下水的压力差来保持槽壁稳定，所以将安排专人对成槽过程中的泥浆液面进行监控。

（2）加强施工管理

禁止在槽段两侧堆放土方、钢筋等重物或停置、通行大型吊车、搅拌车等重型施工机械，从而减小对槽段的影响。

(3) 在槽壁加固达到设计强度后再施工

在槽壁加固三轴搅拌桩施工完成并达到设计强度后，再在这个位置进行地下连续墙的开槽施工，三轴施工过后将对原有土体进行加固改良，在掺入了一定量的水泥后，使土体固结，从而确保槽壁不致坍塌。

5）槽壁的稳定性始终是地下连续墙施工的重点，通过计算临界开挖深度和槽壁稳定安全系数均不能满足要求。槽壁加固后，槽壁土体为改良后的搅拌桩体，一般搅拌桩加固后土体强度能够达到 0.8～1.2MPa 以上，虽然重度变化不大，但是已经能够确保槽壁的稳定性。从施工经验上看，一般连续墙槽壁坍塌都发生在 15m 以上位置，而本次搅拌桩槽壁加固达到了 24m 左右。该位置的槽壁坍塌可能性大大降低（如图 7 对成槽质量进行声波检测）。

图 7　地下连续墙成槽质量声波检测

在本工程通过试成槽确定施工参数，优先采用对泥浆性能的调整来保持连续墙施工槽壁的稳定性，当泥浆的调整不能满足槽壁稳定性的情况下，则在基坑内考虑采用降压深井，在连续墙施工前期进行一定的降水施工，降低地下水位，从而使泥浆获得更大的压力差，来维持槽壁的稳定性。

6）通过试验槽段的施工，核对地质资料，检验所选用的设备、施工工艺及技术措施的合理性，取得成槽、泥浆护壁、混凝土灌注等第一手资料，并采取以下措施：

①缩短单元槽段的长度。

原地下墙分幅宽度均在 5.5～6m，而抓斗全部张开后的宽度为 2.8m，这样完成一幅 5.5～6m 宽的槽段抓斗需要在三个位置进行成槽，而每一个位置成槽 60m 深度需要 18h 左右，经过修改使槽段分幅宽度减少至 5m 以内，这样完成一幅连接幅槽段仅需要在两个位置上成槽，一幅槽段减少了 1/3 成槽时间，缩短了成槽坍方的时间效应。

另外缩短槽段分幅还可以更好地发挥土拱效应，有利于在成槽过程中保证槽壁的稳定。施工中发现漏浆等泥浆液面下降的情况，立即补浆，并采取其他相应措施。

②分散施工荷载。

在施工前对施工道路进行全部钢筋混凝土路面硬化，并配钢筋，以分散一些必要的施工荷载，从而减小施工荷载对槽壁的影响，在大型施工设备需要在槽壁周边较近位置作业时，采用钢板预先垫置，通过钢板来分散施工设备的自重荷载。

③缩短单元槽段的施工时间。

缩短单元槽段施工的时间是减小对周边环境影响的最有效的措施，在缩短施工时间上的主要措施，一是减小槽段的分幅宽度，二是落实两家以上商品混凝土供应厂家，确保混凝土的顺利灌注，减少等待时间，提高效率，同一槽段应为同一厂家。

④提高泥浆的黏度。

在本次易坍塌槽段的施工中，泥浆的指标将做出一定的调整，一般泥浆的黏度在 22～

25s，在本工程中我们将把泥浆的黏度调高 6～7s，达到 28～32s。

7）本工程钢筋长度约 60.4m，其中底部约 19m 为构造配筋段，该段主要考虑的是确保十字钢板的固定安放，并无受力的考虑，所以钢筋笼吊装时（如图 8），将钢笼从该位置断开，整体制作分两段吊装，并在孔口通过接驳器连接下放。上部钢筋笼在 41.4m 左右，属于中等长度的钢筋笼，吊装相对简单和安全。

图 8　地下连续墙钢筋笼吊放

本次两段钢筋笼连接后达到 67.3t，加上 300 吨履带吊车，总重量达到了 367.3t，钢筋混凝土路面的强度和平整度是这次钢筋笼是否能够顺利安放的最基本条件，本次吊车的单条履带着地长度为 7.86m，宽度为 1.12m，总着地面积为 17.61m^2，路面承受的压力为 208.57kPa。采用 40cm 厚钢筋混凝土浇筑本次重型车辆行走道路，考虑到履带吊车行走的冲击力，按大于 3 倍静止设备压力来考虑路面的强度。

8）针对本工程地下连续墙需要穿越两层将近共 30m 厚的圆砾层地层的实际情况（如图 9），先采用目前市场上施工能力最强的 60 系列成槽机进行成槽，通过较大的斗体自重来冲击坚硬的圆砾层，破碎后抓出。通过试成槽，发现有通过设备自身的能力无法满足施工进度的情况，则采用备用的“两钻一抓”工艺，先采用引导钻机进行引孔，穿越这两种地层，然后将抓斗放入到已经成好的孔内进行成槽施工，提高了成槽机的施工效率。

图 9　成槽过程中抓取的圆砾

该地层孔隙较大，是承压水的主要含水层，地下水的渗透系数较高，在地下连续墙施工中可能会存在漏浆的情况，在连续墙施工中发生漏浆的情况，如果不及时补充泥浆那么可能会导致槽壁坍塌，成槽施工失败，为此我们采取了如下措施：

①在施工前预留足够的泥浆，在开槽前，在泥浆池内拌制 2 倍槽段方量的泥浆，需要在发现有漏浆的情况下，能够有足够的泥浆补充到槽段内，确保槽壁的稳定性，为后续采取措施争取一定的时间。

②根据泥浆的渗漏速度，判断地层的泥浆渗透系数，并在现场备用一部分泥浆防漏剂的材料，比如：木材锯末、纸浆纤维、水玻璃等。

在泥浆的防渗漏中，并不能一味提高泥浆的黏度来抵抗，虽然较大的黏度会降低泥浆的流动性，但是也会带来不利的影响，比如：泥浆循环泵送困难；混凝土灌注困难等。

9）根据本工程地质勘察报告显示，本场地内的承压水在干湿交替条件下对钢筋混凝土具有中等腐蚀作用，本工程地下连续墙（两墙合一）作为永久结构的一部分，必须要保证其耐久性的要求，在建筑材料的使用上也需要满足设计要求。

4 结论

杭州钱塘江北岸具有典型的高透水性富水砂性地层，场地浅表处因古钱塘江堤等影响障碍物密集，对地下连续墙施工影响均较大。而本工程基坑开挖深度达25m，在基坑工程施工过程中需要采用60余米，且穿越两层深厚圆砾层的超深地下连续墙结合四道混凝土支撑的围护方式，并配合采用障碍物挖除及槽壁加固相结合的地表填土层处理方式、加强的地下连续墙钢性接头连接方式及改进的泥浆循环处理办法等多种有效措施，顺利完成地下连续墙围护结构的施工。根据目前开挖情况看，地下连续墙墙面光滑平整，基本无露筋或渗漏水现象，证明本工程的地下连续墙的成墙质量良好，为深基坑工程的后续安全施工提供了先决条件。

参考文献

[1] 刘国彬，王卫东．基坑工程手册［M］．北京：中国建筑工业出版社，2009.

[2] 中国建筑科学研究院．JGJ120—2012 建筑基坑支护技术规程［S］. 北京：中国建筑工业出版社，2012.

[3] 高大钊．深基坑工程（第二版）［M］．北京：机械工业出版社，2009.

[4] 徐春蕾，刘涛，刘国彬. 邻近江河特深基坑工程实践与信息化施工［S］. 岩土工程学报. 2008（10）：385-389.

[5] 刘传平，贾坚，郑俊星．上海某复杂边界条件深大基坑工程的设计与实践［S］. 岩土工程学报．2010（7）：377-382.

[6] 陈怀伟．杭州地区地下连续墙施工工艺研究［D］. 同济大学，2008.

地连墙深基础的设计施工与应用

丛蔼森

（北京远通达科技有限责任公司）

摘　要：本文叙述地下连续墙深基础这一新基础的发展历史、理论概要、设计方法和工程实例。文中列举了我国在城市建筑、桥梁和地铁以及大型跨江桥梁基础工程中采用条桩、十字桩、墙桩和井筒式地连墙基础的工程实例。

关键词：地下连续墙；深基础；设计施工；工程实例

1　引言

1.1　发展概况

随着现代化高大建筑物的不断涌现，基础工程的重要性受到人们的高度重视。基础工程的概念和技术领域已经发生了很大变化。

基础工程作为地下结构物存在于地下，它是由地基和上部工程结构以及钻孔机械、混凝土技术等组成的综合技术，是包括从勘察、规划到设计施工和监测多方面的技术体系。

自从 1950 年在意大利圣·玛利亚水库坝基首次采用地下连续墙以来，经过 20 多年的推广和发展，到了 20 世纪 70 年代已经成了重要的基础工程施工技术之一。地下连续墙技术在日本得到了快速的发展，从设计理论到造孔机械和施工工法方面，都达到了世界先进行列。可以说，是他们首先提出了地下连续墙基础这个新概念，并且首先付诸实施。1979 年在日本的东北新干线高架桥工程中采用的地连墙井筒式基础，代替了惯用的沉井式基础，可以说是开创了地下连续墙深基础工程的先例。在此以后的 20 年中，地下连续墙深基础由于大型多轴水平铣槽机的研制成功而获得了更为迅速的发展，现在深度达170m、厚度 3.20m 的深基础工程已经是指日可待了。据统计，到 1993 年 7 月，日本已在 220 项工程中使用地连墙基础。可以说，日本的地下连续墙技术在世界上领先。

1.2　地连墙基础的分类

基础的作用就是安全地把上部结构的荷载传递到地基中去。从荷载传递这个观点出发，可以把基础划分为如图 1 所示的几种形式。

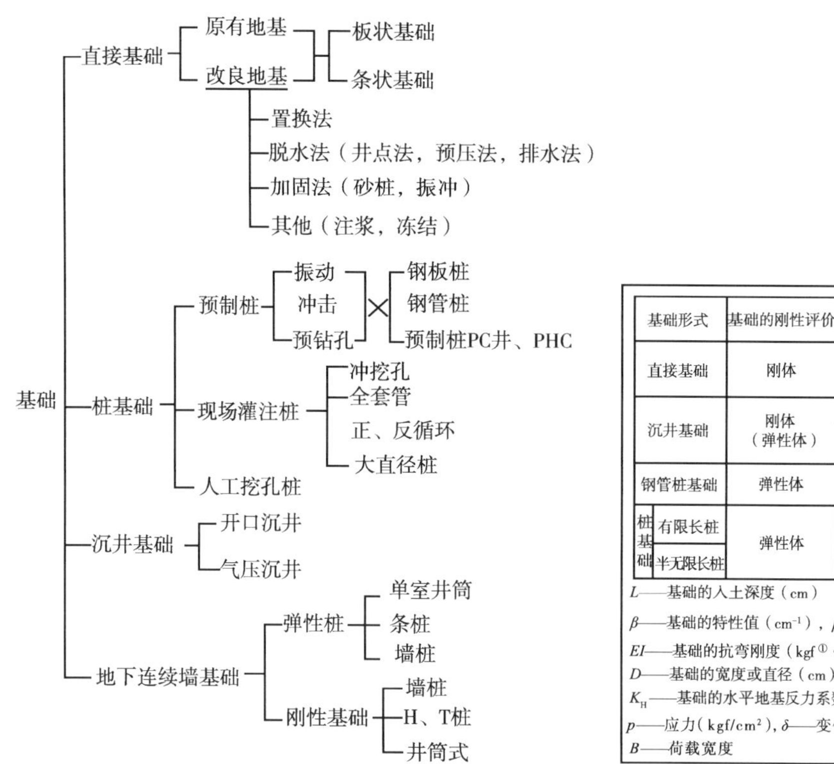

图 1 地连墙基础分类

基础形式		基础的刚性评价	βL
直接基础		刚体	
沉井基础		刚体（弹性体）	
钢管桩基础		弹性体	
桩基础	有限长桩	弹性体	
	半无限长桩		

L——基础的入土深度（cm）

β——基础的特性值（cm^{-1}），$\beta=\sqrt[4]{\frac{K_H D}{4EI}}$

EI——基础的抗弯刚度（$kgf^{①}\cdot cm^2$）

D——基础的宽度或直径（cm）

K_H——基础的水平地基反力系数（N/cm^3），$K_H=\frac{p}{\delta}=\nu\cdot\frac{E}{B}$

p——应力（kgf/cm^2），δ——变位量，ν——泊松比，E——变形模量

B——荷载宽度

图 2 根据基础刚度和设计方法分类

现在我们不仅可以用地下连续墙代替桩基，而且可以用来代替沉井，做成刚性基础。❶

根据基础的刚度和设计方法，可把基础按以下方式分类，如图 2 所示。地连墙基础的断面可能是闭合的口字形或圆环形结构，也可能是条状、片状或其他非闭合断面形式。从它的刚度来看，有时是像直接基础或沉箱基础那样的刚性体，有时则可能是弹性桩。这里要指出的是，地连墙基础的刚度不仅取决于基础几何尺寸和材料特性（即 βL 值），而且取决于各单元墙段之间的接头形式，也就是说，只有采用刚性接头且 $\beta L<1.0$ 时，才算是刚性基础；否则，即使 $\beta L<1.0$ 的承受水平荷载的基础也不是绝对的刚性基础，因为它不能传递全部剪力。这一点是地连墙基础所独有的。从结构的断面形式来看，可把地连墙基础分为墙（壁）桩和井筒式基础两大类。其中墙桩中的断面尺寸较小的桩又叫做条桩（片桩），如图 3、图 4 所示。

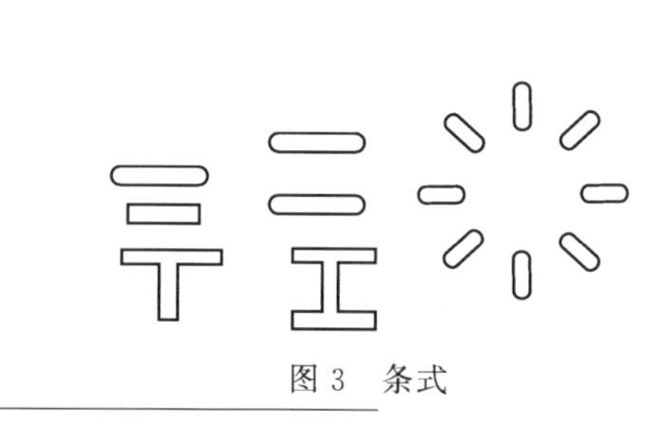

图 3 条式

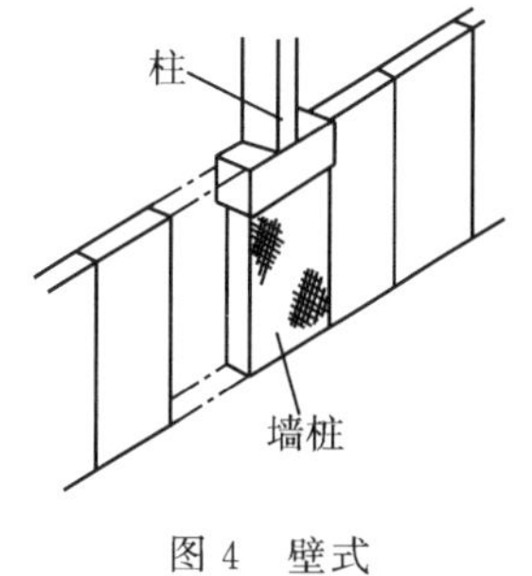

图 4 壁式

❶ 1kgf=9.8N。

2 井筒式地连墙基础

2.1 概述

在这一节里将简述闭合断面的地下连续墙基础的设计方法。

地连墙基础是利用构造接头把地连墙的墙段连接成一个外形为矩形、多边形或圆环形且其内部可分为一个或多个空格的整体结构，并在其顶部设置封口顶板，以便与上部结构紧密连接，如图5所示。

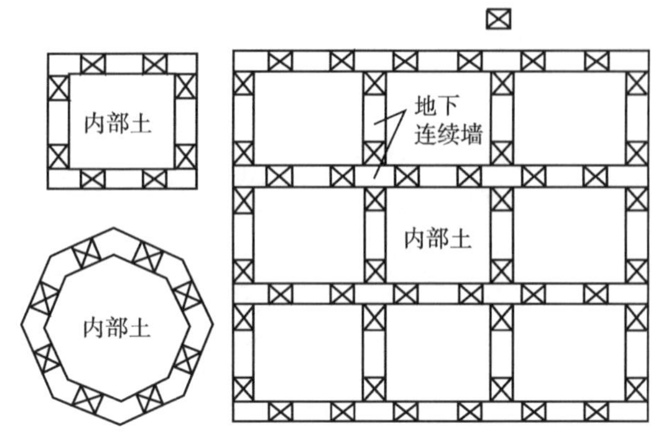

图5 矩形桩连桩成格状整体结构

沉井结构也是中空的深基础结构，但是由于施工速度和安全方面的原因，应用越来越少了。从1966～1986年的20年内，沉井在日本基础工程中占有的比例已由26.1%迅速下降到只有4.0%；而地连墙深基础的应用在1976～1986年的10年内几乎增加了一倍。地连墙基础与沉井相比，主要有以下优点：

(1) 地连墙基础能与地基牢固地连接在一起，基础的侧面摩阻力大。

(2) 由于形成了矩形或多边形的闭合的断面结构，因而可以修建刚性很大的基础。

(3) 几乎可以在任何地基中施工；也可以在水中施工。

(4) 可以修建从很小的一直到超大型的任意载面的深基础工程，其最大深度可达170m。

(5) 在地表面上进行机械化施工，安全度比沉井法高出很多倍；而且施工噪声和振动均很小，减少社会公害。

(6) 施工过程中不会破坏周围地基和建筑物，因而可以实施接（贴）近施工。

(7) 可以大大缩短工期，整体上来说经济效益是显著的。

2.2 设计要点和设计条件

2.2.1 计算方法

井筒式地连墙基础的应力和变位的计算方法有以下几种：

(1) 日本旧国铁提出的方法。它把基础看成是一个刚体，周边地基用8种不同弹簧代换，按静力学方法进行计算。

(2) 采用道路桥梁设计指示沉井计算方法，把基础看成是一个弹性体，基础周边地基用4种弹簧加以代换，由此计算出内力和变位。

(3) 采用桩基础的计算方法，把基础看作是弹性体，考虑基础正面的被动土压抗力和侧面的摩阻力，进行内力和变位计算。

日本道路协会于1992年7月提出了“地下连续墙基础设计施工方针”，1996年又进行了修订，由此确定了地下连续墙基础的标准设计方法。

2.2.2 设计条件

基础的设计条件包括使用材料、地质条件和荷载条件。当然，对每个设计条件都应仔细斟酌。

根据日本的统计资料分析，90%的地连墙基础的混凝土设计强度大于30MPa，个别的基础工程的混凝土设计强度大于50MPa，允许使用强度达到35～40MPa。

2.2.3 设计流程

通常需要对地连墙基础进行多次试算和设计。首先根据荷载条件与使用挖掘机械相应的单元长度，假定概略的平面形状，然后核算承载力、变位、构件应力，并进行稳定计算。平面形状的设定和稳定计算通常需进行三四次的试算才能完成。

2.3 基础的平面形状

日本《连壁基础指针》规定最小墙厚为80cm。关于最大墙厚，由于目前受挖掘机械的限制，只能达到320cm。因而目前地连墙基础的墙厚限定在60～320cm范围内。地连墙基础断面的最小尺寸应确保先期构筑的单元在一定长度（5m）以上，以保证施工期间的稳定。另外，单元截面的最大尺寸应在10m以下。这是因为，随着跨度加大，基础使用的混凝土和钢筋数量也将增加，施工将很困难。以上所述也适用于多室截面情况下的各室最大、最小尺寸的设定。

2.4 基础的稳定计算

2.4.1 基础的稳定计算内容

（1）基础底面的垂直地基反力以及侧面地基垂直方向的剪切反力（将抵消垂直荷载）。

（2）基础正（前）面地基的水平地基反力、侧面地基的水平向剪切反力、底面地基的剪切反力（将抵消水平荷载）。

（3）地下连续墙基础的地基反力、变位及断面内力。

计算得到的基础正面及侧面的地基反力应小于各自的允许值。基础的垂直和水平变位量应不超过允许值。

通常假定基础本身为弹性体，计算模型中的弹簧分为基础正面的水平弹簧、基础底面水平弹簧、基础底面垂直方向弹簧以及基础底面水平剪切弹簧等四种形式的弹簧。

2.4.2 容许变位

这里所说的容许变位，是包括容许垂直变位量（即沉陷）和容许水平位移量两部分的。与其他形式的基础一样，地连墙基础的容许变位量包括上部结构的容许变位量和下部结构的变位量。上部结构的容许变位量，是指对上部构造物不会造成有害影响的变位量。下部结构的容许变位量，是指确保地连墙基础稳定的最大变位量。在设计地基面上，变位量不应超过基础宽的1%（最大5cm）。另外，在超高土压作用于基础上的情况下，平时应将水平变位量控制在1.5cm以下。

2.5 细部设计

由于上述的地连墙基础稳定计算模型考虑了地基弹塑性弹簧的作用，手工计算地基反力强度和断面内力是很困难的，因此，通常使用电算程序进行计算。

求出基础的变位量、正面及侧面的地基反力以及基础本身的垂直方向的内力。可利用算出的地基反力和断面内力进行有关垂直构件和水平构件。

2.5.1 有效墙厚和设计墙厚

关于地连墙基础的设计计算，在进行稳定计算时应使用设计墙厚，在计算钢筋混凝土截面时应使用有效墙厚。地连墙基础施工中使用泥浆，挖槽过程中在沟壁表面形成泥膜。泥膜的一般厚度为 2～20mm。因此，有效壁厚应低于设计墙厚（机械墙厚）。可将地连墙两侧各减少 2cm 共 4cm 后的墙厚，作为有效墙厚，也即设计墙厚＝有效厚度＋4cm。

近年来，随着地下连续墙施工技术的进步，墙体混凝土质量有了很大提高，有人建议有效厚度等于设计墙厚，而将主钢筋的保护层厚度适当加大一些。

2.5.2 钢筋配置

关于最小钢筋量的规定如下：

（1）当轴向力起支配作用时。

配筋率应为计算上所需的混凝土截面积的 0.8％以上，而且为混凝土总截面积的 0.15％以上。

（2）当弯矩起支配作用时。

垂直方向的最小抗拉钢筋配筋率为 0.3％，水平向的最小抗拉钢筋配筋率为 0.2％。

主钢筋的保护层：考虑到沟壁表面凸凹不平以及钢筋和埋件安装精度情况，为确保最低限度的保护层，日本的钢筋中心至设计墙厚表面的间距必须在 150mm 以上，即钢筋净保护层在 130mm 以上。我国的净保护层为 5～10cm。

（3）接头部位的配筋。

地连墙基础分一（先）期和二（后）期构筑两种形式。另外，有时还要把埋深方向分成几段的钢筋笼连接在一起。因此，钢筋接头有两种，即垂直接头和水平接头。垂直方向接头多为搭接接头，接头长度应大于计算值，且应配置在受力较小之处。同时用横向钢筋加固接头部位也是很重要的。

水平方向的接头（单元间接头）与垂直方向一样，搭接接头配置在同一截面内，搭接接头长为钢筋直径的 40 倍，接头部横向钢筋的间距应在 100mm 以下。另外，刚性节点接头部的横向钢筋的配置应比接合面多 0.4％。

（4）垂直方向构件的计算。

根据上述计算模型算出的断面内力，利用有效墙厚来进行设计。土中的垂直应力因地连墙基础的自重而增加，虽然因侧面摩阻力而减少一部分，但由于影响较小，可忽略不计。因此通常将作用于井筒下端（基础底面）的垂直力作为地连墙基础应力计算用的轴向力。另外，当地连墙基础突出于地表时，可通过其他方法确定轴向力。

（5）水平向构件的计算。

根据算出的横向地基反力以及基础稳定计算得出的基础底面剪切地基反力，进行有关横向构件的计算和设计。

关于加在计算模型上的设计荷载，一般取为计算深度的最大地基反力。但是，由于地基分成几层而导致水平向地基反力急剧变化时，可以利用等效地基反力进行。必须注意的是，不仅要考虑到基础底面水平地基反力的影响，还必须考虑到基础底面剪切地基反力的影响。

3 墙桩（条桩）的设计

3.1 概述

前面说的是闭合断面的井筒式地连墙基础，现在来说明一下各种开式断面的地连墙基础，也就是墙桩或条桩以及它们的变种（如丁字桩、工字桩等）的设计。上面所提到的这些地连墙桩大都属于弹性桩范畴，只有在一些特殊情况下，如短而粗的条形桩以及断面尺寸较大的十字桩或工字桩，有可能达到$\beta\lambda<1.0$，成为刚性基础。为了叙述方便，我们把所有开式断面的地连墙基础都叫做地连墙桩或条桩。众所周知，建筑物或结构物的基础按其刚度大小可以分为：浅的刚体基础——直接基础；深的刚体基础——沉井以及深的弹性基础即桩基础。近年来开发应用的大口径现场灌注桩和预制混凝土板桩以及地下连续墙桩等，可以看做是介于深的刚体基础和深的弹性基础之间的基础结构。

墙（条）桩常用于作为建筑物、桥梁和其他结构物的大型桩基础。

3.2 墙桩的设计概要

我国目前还没有专门的地连墙墙桩的设计规范。当采用墙桩时，往往采用现有的常用方法进行设计。

对于承受竖向荷载的墙桩来说，可以采用以下方法进行计算和设计：

（1）静力计算法。根据桩侧阻力和桩端阻力的试验或经验数据，按照静力学原理，采用适当的土强度参数，分别对桩侧阻力和桩端阻力进行计算，最后求得桩的承载力。

（2）原型试验法。在原型上进行静载试验来确定桩的承载力，是目前最常用和最可靠的方法。在原型上进行动力法测试也可确定桩的承载力，但目前还不能代替静载试验。

水平承载桩的工作性能是桩—土体系的相互作用问题。桩在水平荷载作用下发生变位，促使桩周土体发生相应的变形而产生被动抗力，这一抗力阻止了桩体变形的进一步发展。随着水平荷载加大，桩体变位加大，使其周围土体失去稳定时，桩—土体系就发生了破坏。

对于承受水平荷载的单桩，其承载力的计算方法有地基反力系数法、弹性理论法、极限平衡法和有限元法等。地基反力系数法是我国目前最常用的计算方法。

桩的变位（沉降、水平位移和挠曲）也可参照有关规范进行计算。

上面提到的有限元法在岩土工程中已有较多的应用，但在水平承载桩的分析计算中的应用尚不普及。

日本在计算地连墙桩时，完全采用有限元和电算方法，大大提高了工作效率和工程安全度。他们把墙桩看作是弹性地基上的无限或有限长梁，进行内力计算，其计算模型如图6所示。它把墙桩看成是由桩基、沉井和周围弹性体（地基）三部分组成的组合结构。

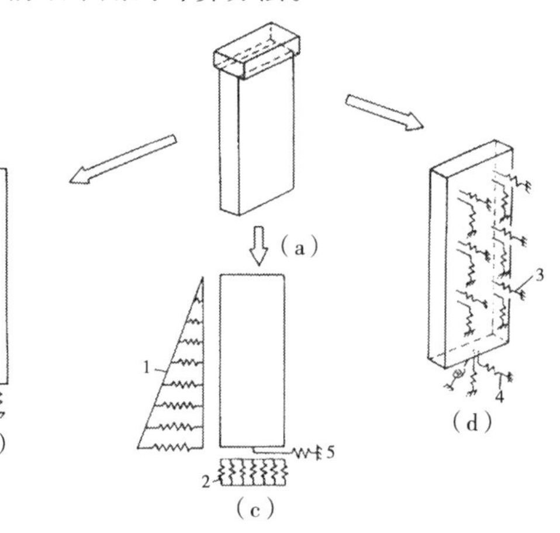

图6 内力计算模型

3.3 墙桩工程实例

下面以日本某桥梁基础工程采用的墙桩为例，做一简要说明。该桥的 P12～P18 排桥墩左右（L，R）两个基础都采用了地连墙桩方案。根据所在部位的地形和地质条件，每个桥墩下面一般采用两根墙桩，个别部位采用 3 根墙桩。墙桩宽均为 10m，厚 1.0～1.2m，深 30.0～51.0m。桩底深入泥岩中。桥的布置如图 7 所示。

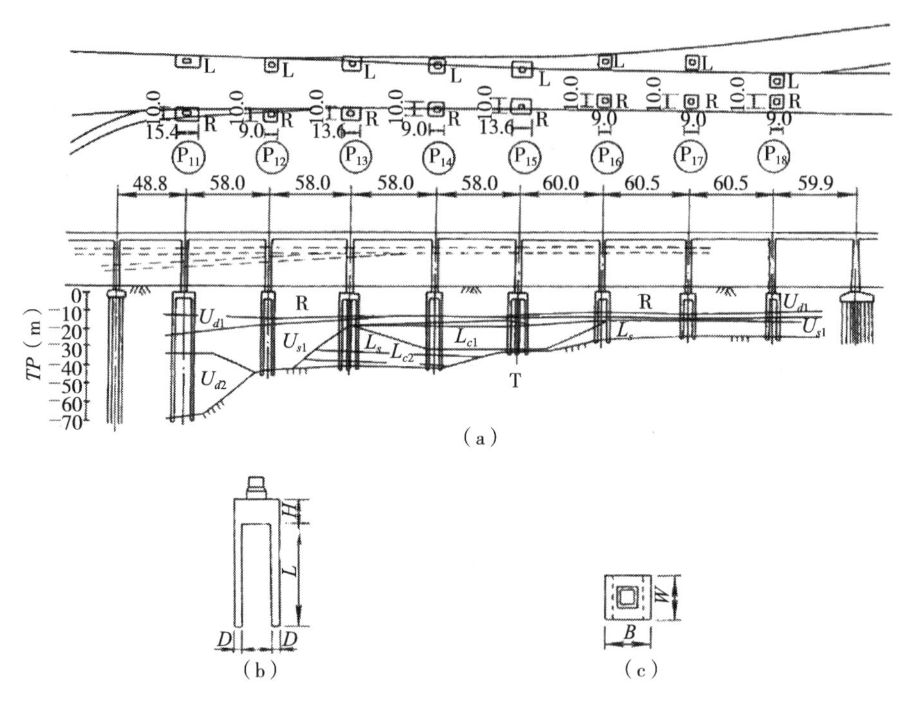

图 7　桥的布置示意图

墙桩的设计步骤大体如下：

首先对上部结构进行粗略计算，即根据静荷载、活荷载、温度变化荷载和地震荷载，求出作用在桩顶的上部荷载（弯矩、铅直力和水平力）；以此为根据，进行桩基的计算和设计，求出桩顶的变位；将此数据反馈回上部结构，进行详细计算，重新求出作用在桩顶上的荷载和变位（水平、铅直位移和转角）；再用上述数据进行基础的详细设计。

由图 7 中不难看出，此桥的基础采用的是两排或三排平行的墙桩。此时墙桩沿桥的长轴方向的刚度较小，弹性较大，可以适应上部多跨连续梁桥的温度影响。而在垂直于桥轴方向上，墙桩的刚度很大，完全可以承受地震荷载的影响，这种刚度有方向性的特点，正是地连墙桩所独有的。正是由于这个原因，这个工程没有采用常用的矩形或多边形闭合地连墙的井筒式基础。

基础的计算模型是沿桥轴方向为一个弹性门型框架，而在垂直于桥轴的方向则为一个刚体基础。

3.4 条桩的设计

这里所说的条桩也属于地连墙桩基础的一种，它的几何尺寸较小，常作为单桩基础。总的来看，条桩的刚度比前面的井筒式和墙式基础的刚度小得多，所以仍可采用现场灌注桩的桩基技术规范来进行设计。

由于施工机具和方法的不同，条桩的断面尺寸和深度也各有不同。它可以用回转钻机如BW多头钻，潜水钻机等施工，其端部为半圆弧形；也可用抓斗来施工，其端部可半圆弧形或为矩形。1993年我国首次使用液压抓斗在高架桥基础中建造了条桩，接着又在高层建筑地基中用条桩代替圆桩取得成功。现在这种条桩的应用范围和实施工程越来越多了。

我们知道在面积一定的情况下，圆的周长最小，正方形较大，长方形更大。在桩基工程中，在使用同样数量的混凝土条件下，长方形的桩能获得更大的侧面积以及侧面摩阻力，提高了摩擦桩的承载力。如果用长条形桩（条桩）代替圆桩，而保持承载力不变，则条桩可节约10%～15%的混凝土，提高效率5～10倍。此外，矩形断面的抗弯刚度比圆形断面大，而且在它的两个互相垂直的方向上，具有不同的抗弯刚度。我们可以利用这一特性，合理布置条桩的位置和方向，既可保证工程安全，又可节省混凝土，降低工程造价。

条桩可应用于以下工程中：

（1）做桥梁的桩基。当一个桥墩用一根条桩来支承时，可减少承台尺寸（有时可不要承台）。当承台下有多根桩基时，可用条桩代替圆桩，并可减少承台尺寸和混凝土数量。

（2）做建筑物的桩基。可做成一柱一桩形式，也可用多根条桩（或墙桩）代替圆桩。

（3）做基坑支护挡墙。

3.5 扩底条桩

3.5.1 概要

近年来在日本出现了扩底的条形桩，它的外形如图8所示，目前已经建成了一批扩底条桩的基础工程。这是一个用伸缩式导杆抓斗（KELLY）施工的新颖桩型，应当引起我们的关注。

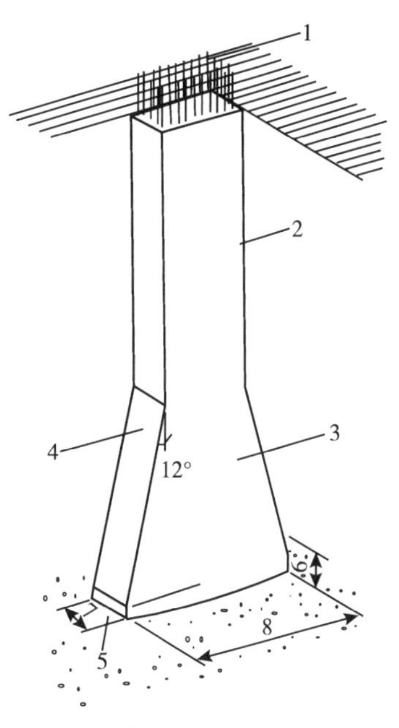

图8 扩底条形桩外形

3.5.2 扩底条桩的特点

（1）用同一台挖槽机完成常规挖槽和扩底工作，可提高工作效率。

（2）由于在KELLY抓斗中安装了强力的液压开关装置，因而可以在坚硬的地基中挖槽。

（3）使用电脑控制施工全过程，可以及时掌握挖槽进展情况。

（4）可以靠近建筑物或障碍物进行施工。

（5）可以在含有卵石和漂石的复杂地基中施工。

（6）桩的尺寸和形状可以改变，以适应不同的需求。

（7）由于桩的刚度具有方向性，因而可以通过配置桩的方向来达到合理设计。

4 我国的应用实例

4.1 概述

本文简要介绍一下我国地下连续墙基础工程和技术的应用以及发展情况。从20世纪90年代初期以来，已经在下列工程和部门中应用了地下连续墙基础：

（1）高层建筑的基础工程（墙桩和条桩）。

（2）桥梁承台下的条桩基础（代替圆桩）。

（3）地铁车站柱基下的桩基础（条桩和十字桩）。

（4）大型桥梁（如悬索桥和斜拉桥等）的井筒式基础。

（5）其他工程。

下面选择几个有代表性的地连墙基础工程加以说明。

4.2 高层建筑的墙桩和条桩

4.2.1 概况

随着地下连续墙施工技术的不断发展和提高，原来用于基坑支护的地下连续墙，不再仅仅用来承受施工荷载和截渗，而且还被用来承受永久荷载，这样就变成集承重、挡土和防渗于一身的三合一地下连续墙（桩）。

这种三合一地下连续墙（桩）具有如下特点：

（1）避免了排桩围护结构和降水井占地过多的缺点，可以充分利用红线以内地面和空间，充分发挥投资效益。

（2）由于地连墙抗弯刚度大，悬臂开挖的基坑深度大，因而可减少基坑内支撑的数量和截面尺寸，便于采用逆作法施工。

（3）地连墙防水效果好，如果墙底放到适当的隔水土层中，那么，基坑降水设备和费用就可大大降低。也不致因为基坑外边降水而造成邻近建筑物或管线的沉降变形。

（4）目前地连墙桩可承受800kPa～1MPa或更大的垂直荷载，可减少工程桩的数量或单桩承载力；还可节省基础底板的外挑部分（通常为1.5～3.0m）的混凝土和相应的外排桩基工程量。

（5）地下连续墙施工单元较大，一般6m左右，它的造孔、清孔和浇注混凝土各道工序都是可以检查的，所以它的质量可靠度比较高；而排桩围护结构则因圆桩径有限，施工单元（即根数）多，质量可靠度差一些。

（6）把临时围护用的地连墙（或排桩）用于永久承载用，可节省基坑工程费用，而且工效高，工期短，质量有保证。所以对开挖深度15m以上的基坑来说，应是首选的技术方案。

笔者从1992年开始应用三合一地连墙技术解决了北京王府饭店东侧的新兴大厦基坑支护问题，接着于1993年用条形桩代替圆形桩建成了北京东三环路上的双井立交桥，同时在天津冶金科贸大厦基坑中采用了完全的三合一地下连续墙桩，把31层大厦的荷载直接作用在地下连续墙（墙桩）和条桩上面，这在国内尚属首次。此后又在多个工程中采用此种技术。总共完成这种地连墙（桩）的施工面积约10万平方米，浇注水下混凝土约8万立方米。

4.2.2　天津冶金科贸大厦的地连墙桩和条形桩基

4.2.2.1　概况

本工程共完成地连墙 244m，43 个槽段，墙深 18～37m，墙厚 0.8m；条桩 68 根，深 27～37m，断面 2.5×0.6m；锚桩 2 根，深 47.0m；挖槽面积 14067m^2。整个工程分主、副楼两期施工。天津市冶金科贸大厦位于天津市友谊路北段路东，主楼地上 28 层，地下 3 层。笔者提出了改进的基础工程总体方案，主持了地连墙及桩基的施工图设计和施工工作。

4.2.2.2　地质条件

本工程地表以下 1.6～4.0m，为人工杂填土层，主要由炉灰渣、砖块、石子等组成。其下为粉土、黏土和粉细砂。

地下水位于地面以下 0.8～1.2m。

4.2.2.3　基坑支护和桩基方案的优化

1）原设计方案

本工程由主楼、副楼和配楼三部分组成。主、副楼基坑长 70.2m，宽 31.2m，深 12.0m。基础底板厚 2.2m，为减少地基附加压力和不均匀沉降，将基础底板外挑 2.5m。

基础桩：Φ0.8 灌注桩，共 330 根，其中主楼 225 根，外挑段 43 根，桩长 36m（有效桩长 24m），间距 2.2m，单桩承载力 2200kN/根。

2）基坑支护和桩基方案的优化

由于基坑周围有多座楼房和电力、电信管线，对基础沉降和水平变形很敏感，打桩会影响周围居民的正常生活；由于本工程施工场地很小，特别是主楼施工期间，不可能同时安排几台普通打桩机进场施工。经技术经济比较并报经天津市建委批准，最后，采用三合一地连墙桩和条形桩基方案如图 9 所示，两种桩的比较如表 1 所示。

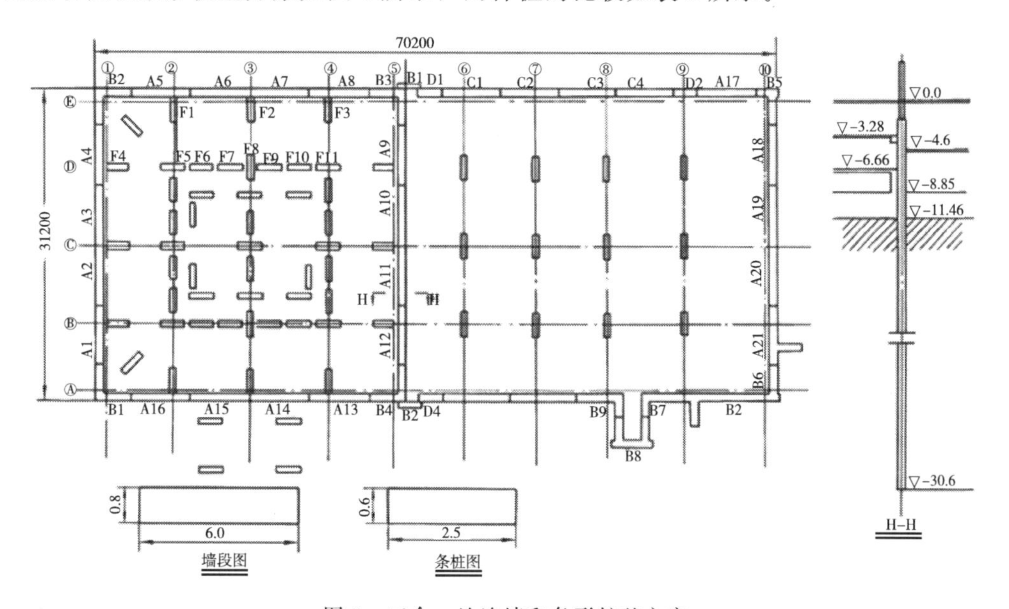

图 9　三合一地连墙和条形桩基方案

表1　条桩和圆桩对比

类别	根数	断面 (m)	有效长 (m)	混凝土 (m^3)	承载力 (kN)	静压承载力	单位混凝土承载力 (kN/m^3)	2期
条桩	54（实）	2.5×0.6	24	1944	7500～8500（估）	1050～1300	292～361	1台抓斗31天
圆桩	182	Φ0.8	24	2184	2200	—	183	6台钻机30天（估）

3）关于试桩

为了验证桩基承载力和沉降，本工程要求进行2根静压桩试验。经比较，最后采用了2.5m×0.6m的条桩，估算其承载力为750～850kN。此时用现有设备来测桩是可行的。

为不与基坑开挖相干扰，试桩在基坑外进行。为了利用试桩作为塔吊基础桩，把锚桩与试桩设计成不对称布置。其中利用地连墙的A14和A15墙段做近端锚桩，远端锚桩则是利用两根深47m、断面2.5m×0.6m的条桩。

由建筑科学院地基所承担静压桩试验，经分析确定两根桩的极限承载力分别为16000kN和18000kN。如果按允许沉降量为10mm来确定大直径桩基的允许承载力，那么它们分别达到了10500kN和13000kN，即一根条桩相当5～6根Φ0.8m的圆桩。如果单桩承载力（取小值）计算，则52根条桩总承载力将达546000kN，已经大大超过设计荷重(495000kN)。另外，周长为125m地连墙桩还可提供约390000kN的承载力，使整个建筑物变得非常安全。

根据静压试验结果，可以求得桩身单位侧摩阻力66kN/m^2（原采用40kN/m^2），桩端承载力可达1400～1600kN/m（原800～1000kN/m^2）。

本工程的基坑支护和桩基工程经过上述优化和改进后，在保证工程质量的前提下，快速、安全、文明施工，大大缩短了工期，降低了工程造价，减少了环境污染，得到了各界的好评。

根据初步估算，本项目共节约混凝土约2000m^3，降低工程投资不少于200万元。

4.2.2.4　效果

（1）经对主楼基坑开挖后观察和检测，证明地连墙已经达到了原来的“三合一”要求。墙表面平整，在天津地区做到这一点很不容易。在悬臂状态下挖深6m后，墙顶变位也仅为1.5～2.0cm，挖到10m深，到达基坑底以后，在位移达到2.5cm（电话大楼侧）后就不再增加了。

由于沿基坑地连墙周边的15根条桩紧贴地连墙，在墙体承受外侧土、水压力时，起到了有力的反向支承作用，这是墙体变位较小的原因之一。

（2）开挖后对条桩进行观测，发现其混凝土质量非常好，而且表面平整，角部垂直，其长边或短边的尺寸增加2～3cm。

（3）主楼已经于1995年8月封顶，基础桩和地连墙均已承受全部荷重，现已正常营业，未发现任何异常现象。

4.3　桥梁和地铁车站中的地连墙基础

4.3.1　概述

为了适应目前基本建设工程中对大口径灌注桩的需要，为了实现桩基工程的快速施工，缩短建设工期，降低工程造价，减少环境污染，笔者根据多年来形成的技术设想，从1992年开始，利用引进的液压导板抓斗的特性设计、开发和应用了条形桩、T形桩和十字桩等非圆形大断面灌注桩技术。到目前为止，已建成2000多根，浇注水下混凝土约8万立方米，约相当于直径0.8m的圆桩7000多根。最大条桩断面积已达8.4m²，深度已达到53.2m。北京新建的几条高速路和城市快速路都使用了很多条桩。

4.3.2 非圆桩的应用实例

4.3.2.1 北京东三环双井立交桥

这是国内第一次在桥梁基础中采用液压抓斗施工的非圆形大断面桩，每个桥墩的垂直荷载为10000～11000kN，原设4根Φ1.2m圆桩。经验算后，可用两根2.5×0.8m条桩来代替。经现场试桩（2根）验证，单桩极限承载力可达到15000kN以上，一根条桩的允许承载力就超过了设计要求。采用条桩可节约13%的混凝土。另外本工程的地质条件较差，特别是底部的砂、卵砾石多且厚，回转钻或冲击钻施工很困难，平均3天左右才能完成1根Φ1.2的桩，而条桩至少可以完成3～4根，其效率至少高16～20倍，因而大大缩短了工期，为后续工作提前腾出工作面。

在双井立效桥下采用了52根条桩，桩长26～35m。使用BH7和BH12液压抓斗挖孔，总平均工效为73.5m²/d，施工工效最高达5.7m²/h，如图10所示。

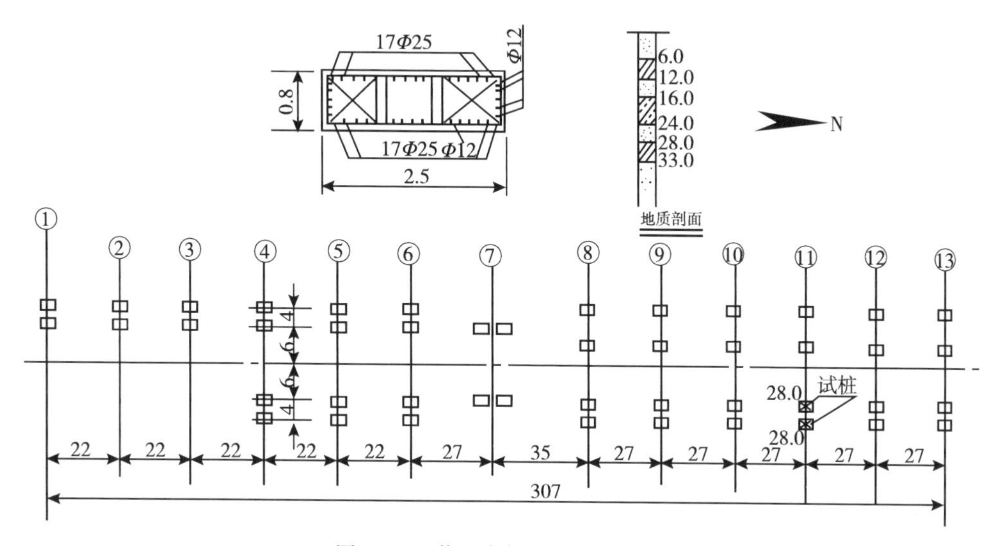

图10 双井立交桥工程52根条桩

4.3.2.2 大北窑地铁车站十字桩

大北窑地铁车站是复—八（复兴门—八王坟）线地铁的一个大型车站。

站场长度217m，地下结构宽21.8m，开挖深度16.88m。本车站采用盖挖法施工，车站两侧地连墙已经完工，唯有中间的56根十字桩尚未完成。

十字桩的施工难度大，特别是要把两个分别开挖的条形槽搞得互相垂直，并且下入一个相当大的钢筋笼和十几米长的Φ1.3m的钢护筒（如图11所示），决非易事。

原设计十字桩边长3.0m，厚0.6m，侧面积11.46m²/m，底面积为3.77m²，与

BH12 抓斗开度（2.5m）不符合。

实际施工时，是按设计变更后的尺寸（2.85×2.85×0.6m）要求，在抓斗体外边各加上一个短齿，使展开后宽度达到 2.85m，在导板外侧焊上导板，使其外缘总宽不大于 2.80m。安装时要保证两个短齿安装高度之差不大于 1.5cm。

施工中曾比较了几种抓孔方式：

（1）将某方向的条形孔一抓到底，再改变方向抓另一边。这个方法抓第二边时，开始的十几米总是抓空，到一定深度才能向外抓土，实践效果不怎么理想。

（2）两个条形孔同时交替往下挖。施工中采用此法。施工中还采用 CZ-22 冲击钻机带一个直径 1.37m 的长钻头来扩孔。

施工中使用了 BH12 液压抓斗，在 70 天内共完成了 39 个十字桩。

通过我们的努力，顺利地完成了国内首批十字桩的建造任务。

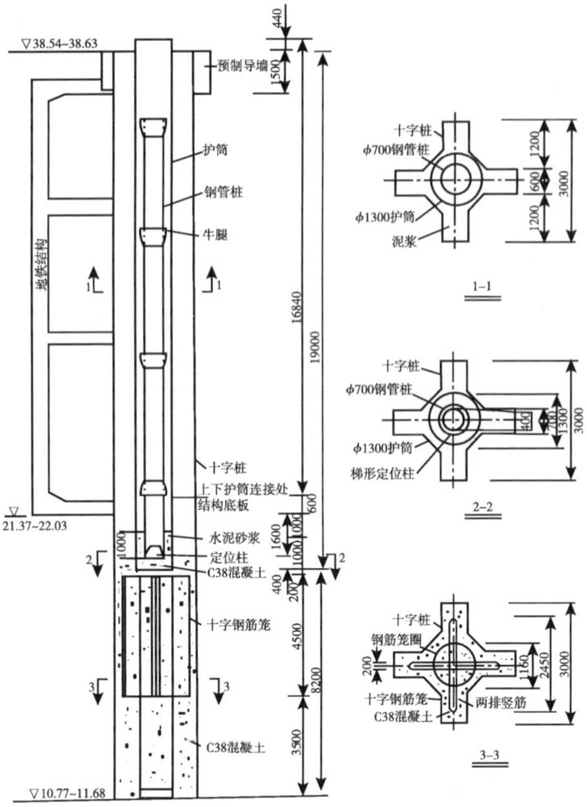

图 11　十字形桩结构

4.4　井筒式基础

4.4.1　概述

我们把那些用地下连续墙建成的圆形、椭圆形、矩形和多边形的（大型）井筒式地下构筑物，简称为竖井工程。注意：这里所说的竖井工程的深度一般均应大于 30m、深宽比应大于 1。通常情况下的基坑工程不在此文的讨论之内。

世界上最早用地下连续墙建成的竖井工程当属前苏联在基辅水电站施工过程中建造的辐射式取水竖井了，稍后，则是墨西哥建成的排水竖井和意大利建成的竖井式地下水电站。二十世纪的七八十年代我国也在城市建设和煤矿建成了一批竖井。与上述这些构筑物不同，我们现在来介绍一下主要用作大型基础的井筒式构筑物，主要是指：

（1）大型桥梁基础；

（2）高耸结构的基础。

4.4.2　工程实例

4.4.2.1　某悬索桥的锚碇

近来大型井筒式竖井结构，已经在国外大型桥梁的基础工程中得到了较多应用。下面是我们为某大型跨江悬索桥锚碇所做的地连墙井筒式基础方案的简况。该桥主跨长 1200m，最大锚力约 460000kN。其中北锚结构最复杂。

根据设计要求的锚碇拉力和相关条件，工程地质和水文地质条件，国内现有基础工程施工设备和技术水平，并参照国内外有关工程实例，综合几种施工技术方法，我们提出了六个北锚碇基础工程方案。其中的深井方案的要点如下（如图 12 所示）：

（1）本方案是先在现有地面上向下开挖到－10m 相对标高上。在开挖前，应在基坑周围设置（井点）排水系统。

（2）在开挖后的基坑中，在防渗墙外侧进行旋喷加固地基工作。

（3）在加固后的基坑中，用 BH12 抓斗进行深井筒施工。初定为边长 40m 日字形结构，墙厚 1.2m，上部 50m 设钢筋，混凝土 25～30MPa。墙的底部嵌入石灰岩内 2～3m，最深 77m。设置中隔墙的目的是便于开挖时架设内部支撑，也可考虑采用圆形竖井。

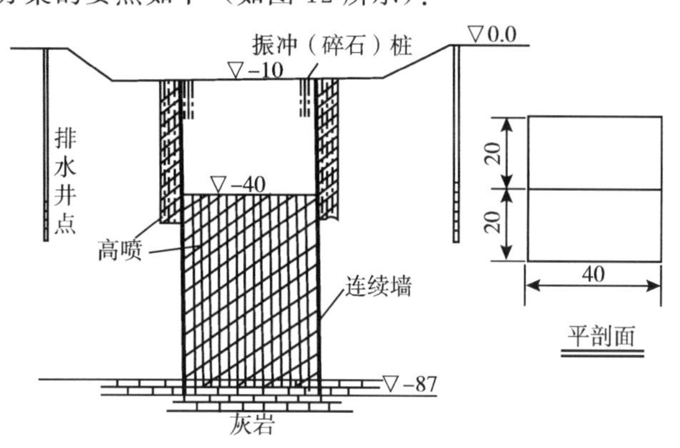

图 12　深井方案锚定基础

（4）防渗墙达到养护龄期后，即开挖深井内部土方至－40m。在开挖过程中，边下挖边做支撑（永久或临时的），挖到规定标高后，浇筑一层低标号混凝土，作为施工机械的工作平台。

（5）将钻机吊放到深井中，进行旋喷工作，Φ1.0～1.5m，要求将井筒内的地层全部固结。

（6）在旋喷的同时，对井底基岩进行灌浆。

（7）在深井内安装锚碇支架等设备并浇注混凝土。

（8）井内工作全部完成后，再根据设计要求，将井筒接高到原地面或设计标高，墙外回填压实。

主要工程量：

地下连续墙：1.75 万平方米（混凝土 2.1 万平方米）。

振冲：640 根（共约 6400m）。

高喷桩：360 根（共约 18000m），护底桩 400 根（1.1 万米）。

钢筋混凝土：5.5 万立方米。

由于缺少大型挖槽设备，北锚基础是用沉井法施工的。

4.4.2.2　润扬长江大桥的井筒式基础

润扬长江大桥的井筒式基础如图 13 所示。这座大桥是我国目前工程规模最大、建设标准最高、技术最复杂的特大型桥梁工程。桥长 4700m，主跨（南汊）1490m，上部结构采用单孔双铰钢箱梁悬索桥形式。其北锚碇最为复杂，经技术和经济比较，最后采用了矩形井筒式地下连续墙深基础。其外形尺寸为长 69m、宽度 50m、深处 48m，主要由地连墙、底板、中隔墙和内衬、顶板组成。基础座落在花岗岩中，承受 6.8×10^5kN 的水平荷载。

矩形地连墙基础的要点是：

（1）在高程 5.0m 的地面上建造厚度为 1.2m 的地下连续墙，其轴线长度为 235.2m，平均深度为 53.2m，墙底嵌入花岗岩内（最大）7.1m。

（2）地连墙底部基岩内进行帷幕灌浆。

（3）在地连墙外侧设置高压喷射灌浆的防水帷幕。

（4）锚碇基坑最大开挖深度约 52m，在开挖过场中需设置 12 层支撑。

（5）基坑开挖完成后，分层、分块浇灌底板、内衬、中隔墙和顶板的混凝土，并在隔仓内浇灌混凝土和回填沙土。

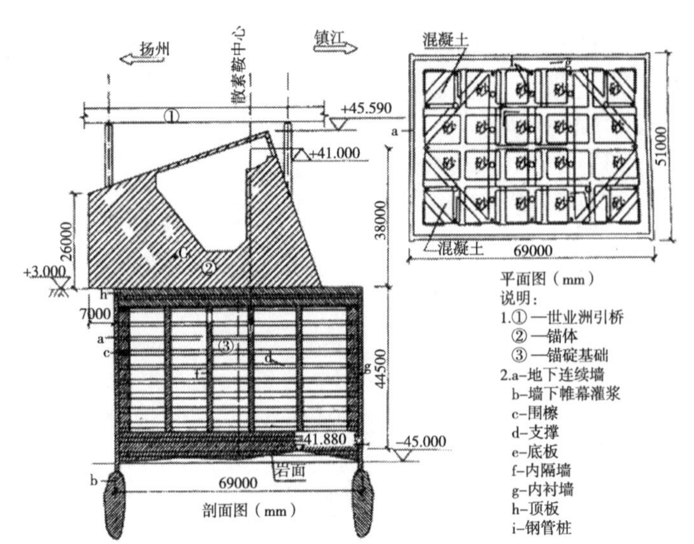

图 13　北锚碇结构示意图

（6）安装上部锚固设备，进行锚索的张拉和固定。

施工过程中，在槽孔建造、墙段接头、钢筋笼制作与吊放以及墙体和基岩的止水等方面的难度都是很大的。施工中采用了德国的液压双轮铣槽机、液压抓斗、重凿锤和 V 形钢板接头以及其他一些先进技术，完成了地连墙混凝土浇筑 15260m^3、钢筋制安 3700t、帷幕灌浆 3700m、高压旋喷灌浆 1700m。

此外，武汉市阳逻长江大桥的南锚碇采用了圆形的地连墙井筒式基础方案。值得注意的是，这个圆筒形基础采用的是自支撑系统，即它只靠在开挖过程中浇筑上去的 3m 厚的钢筋混凝土内衬来保持基坑的整体稳定。

参考文献

[1] 丛蔼森．地下连续墙的设计施工与应用［M］．北京：中国水利水电出版社，2001.

[2] 丛蔼森，杨晓东，田彬．深基坑防渗体的设计施工与应用［M］．北京：知识产权出版社，2012.

[3] 丛蔼森．三合一地下连续墙和非圆形大断面桩的开发及应用．北京水利，1997（2）.

[4] 丛蔼森．地下连续墙液压抓斗成墙工艺试验研究和应用．探矿工程，1997（5）.

[5] 日本土质工学会．地中连续壁工法，东京，1988.

[6]（日文）基础工特集，1995—2000.

[7] Xanthakos. P. P. Slurry Walls as Structural Systems. New York，1994.

北京CBD核心区基坑土护降工程一体化施工相关问题研究

仲建军[1]　李红军[2]　赵雪峰[1]

（1. 北京城建道桥建设集团有限公司　北京　100020；

2. 北京城建华夏基础建设工程有限公司　北京　100020）

摘　要： 针对北京CBD核心区地下建筑部分一体化综合开发的相关问题进行探讨研究，并从技术角度描述一体化综合开发过程中深基坑支护对临近建筑物的保护。

关键词： 深基坑；一体化施工；土护降；护坡桩；地下水控制

1　引言

随着中国经济的逐步发展，城市建设规模和等级也逐步迈入发达国家行列，各大城市在迈向国际化大都市的进程中，作为一个城市现代化标志和象征的中央商务区（简称CBD）不断涌现出来。

中央商务区往往集中了大量的金融、商贸、文化、服务以及大量的商务办公和酒店、公寓等设施，具有最完善的交通、通信等现代化的基础设施和良好环境，有大量的公司、金融机构、企业财团在这里开展各种商务活动，是城市经济、科技、文化的密集区，是城市的功能核心。这样的功能需求决定了中央商务区的建筑规模和功能布局等必定是一个复杂的综合体，一个完整的CBD区域，建设期间在场地的综合平衡利用、开发步骤、建设强度等方面对建设单位、施工单位都提出了较高的要求。

北京随着城市规模的不断扩大，对土地集约化要求程度越来越高，CBD的建设包含地下公共空间基础设施部分和各商业、金融等专项建筑部分，二者开发步骤、建设规模的有机协调统一是整个CBD建设取得快速进展的关键制约因素；同时，新建项目距离已有建筑物或道路较近，新基坑开挖过程中，对临近已有建筑的保护变得越来越重要。

本文将主要从技术角度对北京CBD核心区的地下建筑部分一体化综合开发的相关问题进行探讨研究，并从技术角度描述一体化综合开发过程中深基坑支护对临近建筑物的保护。

2 北京 CBD 核心区概况

2.1 建设规模

北京中央商务区地处北京市长安街、建国门、国贸和燕莎使馆区的汇聚区，其中核心区位于国贸立交桥东北角，北至光华路，东至针织路，南至建国路绿化带，西至西三环辅路，占地约 30 公顷，建设用地主要包含 17 个二级开发地块及地下市政公共空间，规划建筑面积约为 270 万平方米，共 18 座高层及超高层建筑，其中，“中国尊”为北京第一高楼，总高度为 528m，核心区内所有建筑将通过地下公共空间全部连通，地下空间的互联互通将大大方便这一区域内人们的出行，这也是北京 CBD 核心区规划设计的最大亮点。

地下公共空间部分南北向长度 420m，东西向宽度 180m，占地面积 $75600m^2$，共有地下 5 层，建筑面积 $378000m^2$，基坑开挖深度 27.2m。

地下管廊区域总占地面积 $34969m^2$，地下结构为 3 层，建筑面积 $11000m^2$，基坑开挖深度 14.5～19.7m。

17 个二级地块与管廊及地下公共空间相邻，根据各自规划，基坑开挖深度为 25～38m 不等；各二级地块与周边现有道路相邻位置采用桩锚支护或地连墙支护，与地下公共空间及管廊相邻部位支护形式根据实际情况，各不相同。

CBD 核心区用地规划及现场施工规划情况见图 1：

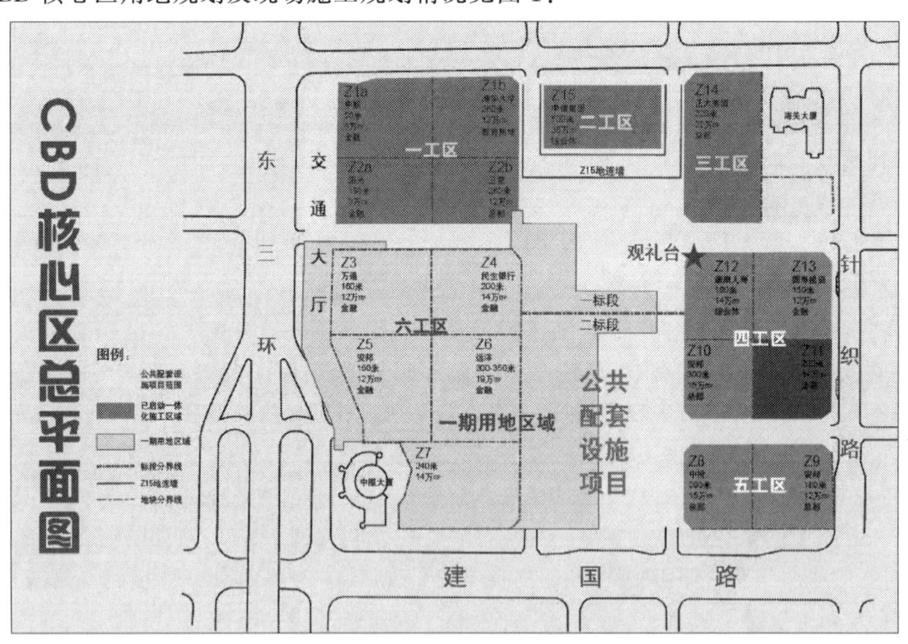

图 1 CBD 核心区用地规划及施工规划图

2.2 工程地质情况

北京地区的工程地质属于永定河洪冲积扇，上部以填土、黏性土为主，砂卵石层埋入较深，局部地区还夹有淤泥质土层，薄厚不一。总体而言，北京地区土质条件较好，有利于基坑工程施工。

CBD核心区拟建场地地面以下60.0m深度范围内的地层按沉积年代、成因类型等划分为人工堆积层和第四纪沉积层两大类，并按地层岩性及其物理性质指标进一步划分为10个大层，分述如下：

①人工堆积房渣土、碎石填土层，厚度为1.10～2.90m；

②第四纪沉积的黏质粉土、砂质粉土层；

③粉质黏土、黏质粉土层，含黏土、重粉质黏土及细砂、粉砂夹层；

④圆砾、卵石层；

⑤粉质黏土、黏质粉土层；

⑥卵石、圆砾层，含细砂、中砂夹层；

⑦黏土、重粉质黏土层；

⑧卵石、圆砾层，含中砂、细砂夹层；

⑨粉质黏土、黏质粉土层；

⑩中砂、细砂层，含砂质粉土、黏质粉土夹层。

2.3 水文地质情况

本场区地表下60m左右的深度范围内分布有3层浅层地下水，如表1所示。

表1 地下水类型及水位标高一览表

序号	地下水类型	钻探中实测地下水稳定水位		含水层
		水位埋深（m）	水位标高（m）	
1	层间水	16.50～17.60	20.70～21.42	第4大层卵石层
2	承压水	20.80～22.50	15.24～17.50	第6大层卵石层
3	承压水	24.00～26.10	11.87～13.92	第8大层卵石层

拟建场区承压水天然动态类型属渗入—迳流型，主要接受地下水侧向迳流及越流等方式补给，以地下水侧向迳流及人工开采为主要排泄方式；其水位年动态变化规律一般为：11月份～来年3月份水位较高，其他月份水位相对较低，其水位年变幅一般为1～3m。

场区工程地质、水文地质及基坑开挖深度对应关系见图2。

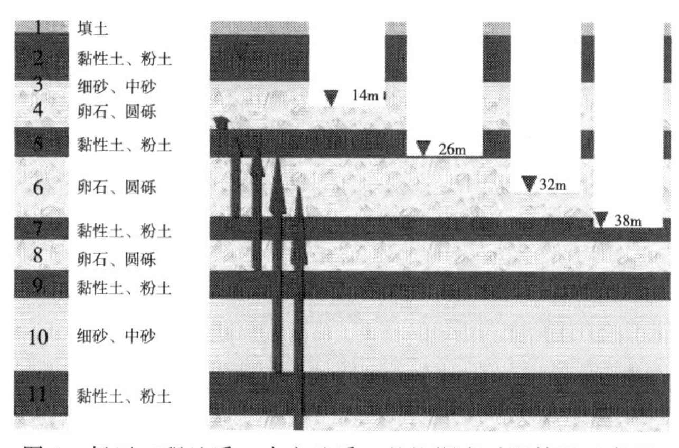

图2 场区工程地质、水文地质、基坑深度对照情况示意图

2.4 周边环境及目前施工现状

核心区场地四周建筑环境如下：

(1) 场地东北角为中国海关大厦，西南角为中服大厦，为拟保留项目；

(2) 西侧为东三环辅路，地下有地铁10号线，南侧建国路下有地铁1号线；

(3) 北侧开挖位置紧邻光华路，垂直开挖深度大，路面下存在各种市政管线；

(4) 东侧紧邻针织路，路面下存在各种市政管线；

(5) 影响拆迁因素众多，基坑支护及土方开挖不能整体进行。

目前施工现状情况为：

(1) 地下空间正在进行结构施工，部分管廊已经结构封顶；

(2) 一工区四个地块正在进行联合一体化开发，基坑周边部位进行地连墙施工，场地中央进行土方开挖及基础桩施工；

(3) 二工区为Z15地块，目前土方开挖至－27m，其四周的地连墙支护结构已经完成，正在进行基础桩施工；

(4) 三工区为Z14地块，目前正在进行地连墙施工，地连墙作为边坡支护结构，也作为止水帷幕结构；

(5) 四工区为Z10～Z13地块，正准备进行一体化联合开发。

在北京地区目前在施的基坑工程中，该项目无论在占地面积、开挖深度、支护体系的规模等方面都是首屈一指的，其中涉及的超大超深基坑降水、大规模土方开挖外运、多种边坡支护工艺的综合协调运用等方面，对今后大型基坑的施工，具有现实的借鉴意义。

为加快整个核心区的开发进度、统筹协调施工场地，该项目基坑工程引入“一体化施工”的概念，使市政公共空间的基坑工程与周边二级地块的开发建设有机地联系起来。

3 一体化施工概念及实施

3.1 一体化施工的由来

整个CBD核心区的建设进度总布局是先施工地下公共空间及管廊部分，后开发各二级地块，地下空间部分结构竣工后将服务于各二级地块的开发建设。

为了加快CBD核心区项目的开发进度，让地下公共空间服务于二级地块开发，方便各方的工程实施，各参与建设的单位共同研究、策划了“一体化施工”方案，其核心理念就是在CBD核心区内，在前期进行地下空间的土护降施工时，根据各二级地块特点，相互借用场地，统筹考虑不同地块的开发进度、施工强度，合理整合不同区块的基坑支护、降水、土方外运作业资源，分区域组织施工，使各二级地块提前插入土、护、降施工，使得整个CBD项目各地块开发工作有序展开，实现各方共赢，为加快整个CBD核心区的建设进度奠定了坚实的基础。

3.2 一体化概念

(1) 公共空间与各二级地块相邻部位不设置直立的桩锚支护体系，改为预应力土钉墙大放坡支护，放坡场地设置在对应位置二级地块范围内；

(2) 公共空间结构基础桩施工时兼顾二级地块基坑支护需要，局部基础桩同时兼作为相邻二级地块的基坑边坡支护桩；

（3）利用二级地块场地作为公共空间土方施工的通道和放坡场地，以及结构施工时物资周转场地；

（4）各相邻地块根据现场情况递次开发，相互借用场地，做到场地利用率最大化；

（5）通过一体化施工，深度较大的二级地块基坑简化为“坑中坑”模式，支护及降水难度大为降低。

3.3 一体化施工的优点及施工重点

主要优点包括：

（1）减少地下空间部分桩锚支护体系，节约施工工期；

（2）地下空间与各二级地块之间、各相邻二级地块之间取消了对应的支护体系，其结构可以与规划红线接近，增加了建筑占地面积，提高了土地利用率；

（3）地下空间土方开挖时，已经开挖掉一部分二级地块的土方，减少周边部分二级地块的土方开挖量，加快了其施工进度；

（4）解决了外墙防水施工空间狭窄的问题；

（5）各二级地块与地下公共空间可协调同步进行基坑工程施工，有利于推进整个核心区的开发建设速度；

（6）由于能够同步协调施工，一体化方式有利于各二级地块基坑工程的招投标工作，缩短前期调研、踏勘时间。

施工重点：

需要与各二级地块开发商充分沟通，协调工作量大。

3.4 一体化施工实施过程

北京CBD核心区设计理念是将中国古代城廓图案显示出来的非常规则的直角体系和中国园林传统中富有艺术性的曲线不规则形式结合起来，重叠在一起，既能给居民提供便利的功能需求，又创造出宜人的生活环境。核心区内主要道路采用“九宫格”形式布局，与周边道路衔接良好，而各条道路下，均为地下公共管廊部分，并与场地中央的地下公共空间相连。这种设计格局灵活自然，整个核心区可以分期进行开发，也可整体进行开发，实施性较强，为整个项目的一体化施工创造了有利条件。

借鉴国内外众多CBD建设的经验，北京CBD核心区的开发建设首先从市政交通基础设施入手，首先建设公共管廊及地下公共空间部分，各二级地块暂缓开发；在公共建筑部分基坑工程完工、主体结构开始进入施工阶段时，各二级地块根据各自场地位置、开发进度等因素，陆续进入开发状态，进行土护降等基础施工工作。

这种布局和规划，前期公共建筑部分施工时有较大的场地及灵活的边坡支护布置形式；公共建筑部分结构完工后，直接利用管廊和公共空间的首层顶板作为二级地块的施工通道及临时周转料场；各相邻地块的边坡支护方式统筹考虑，减少重复支护工作量；公共空间和二级地块逐步进行基坑开挖，相邻地块之间支护结构也兼顾止水功能进行设计和施工，将整个项目超大面积的基坑按照时间顺序先后分割成相对较小的呈半封闭状态的的基坑，降低了基坑降水的难度和强度，有利于整个项目的推进。

相邻的几个二级地块整合在一起，按照“一体化施工”总体部署，根据施工道路布置要求，相互借用场地，陆续进入开发状态；基底标高不同的相邻地块，形成坑中坑模式，减少了支护工作量；施工降水按照“外部封闭、内部分区、逐块抽降”的方式，减小了超大面积基坑大规模抽取地下水对周边环境带来的不利影响。

4 一体化施工成果

4.1 管廊基础桩与二级地块护坡桩结合

景辉街东管廊基底标高为－14.5m，其北侧为Z14地块，基底标高为－32.25m，南侧为Z12、Z13地块，基底标高为－28.25m。管廊基底下设置基础桩，考虑到相邻二级地块基坑开挖深度较大，与管廊基底高差之间需要采取支护措施。按照“一体化施工”总体部署，管廊下最外侧基础桩按照护坡桩方式设计，桩外皮距离结构外边线0.3m，桩间距调整为1.5m，桩长按照二级地块基坑深度满足嵌固要求布置；在二级地块土方开挖后，在外排基础桩上布置锚杆。这种布置方式减少了二级地块的二次支护结构，结构外边线距离红线可以减小到0.5m，增加了建筑面积，提高了土地利用率。

一体化支护布置形式见图3：

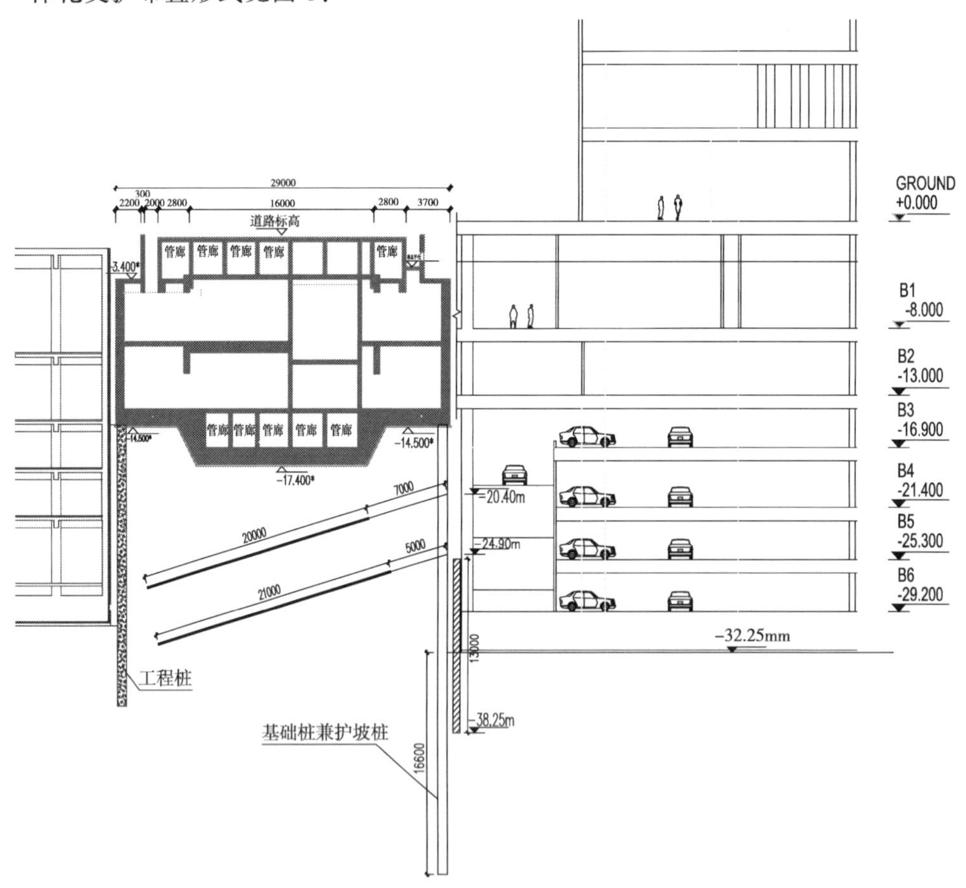

图3 基础桩兼做护坡桩示意图

4.2 Z15项目地连墙与管廊基础桩相结合

Z15地块即“中国尊”项目，基坑开挖深度为－38.5m，为目前北京地区最深的基坑，其场地四周均为地下管廊结构，基底标高为－27.2m，本项目在此基底下继续向下开挖至

—38.5m。从施工先后顺序看，地下管廊结构施工期间，该项目在—27.2m位置进行基础桩施工；地下管廊结构封顶后，该项目再从—27.2m向下开挖至—38.5m，即地下管廊工程的结构施工先于该项目的二次开挖完成。本项目的支护设计要考虑管廊自身的超载影响以及管廊外侧由于土体卸载不充分产生的附加荷载影响，确保管廊的安全稳定性，防止管廊基底发生水平位移。

此种工况条件对本项目基坑支护体系提出了极高的要求，必须按照“一体化施工”总体部署，设置科学合理的支护方式；同时，基坑开挖深度达到38m，穿透了地下第一层承压水，揭穿了第二层承压水的顶板，基坑支护结构必须考虑对地下水的处理。

经过充分论证，该项目基坑—27.2m以上部分土方、降水工程按照整个地下空间大开挖方式一体化施工；—27.2m以下部位采用“回”字形双排地连墙支护，该项目位于“回”字形中心部位。外侧双排地连墙设置在公共管廊基底以下，兼做管廊的基础桩，其中内侧地连墙作为Z15项目的止水结构、支护结构，外侧地连墙作为止水封闭结构，阻断第三层承压水；在回字形中心部位设置减压井及疏干井，降低封闭区域内第三层承压水的水头压力。由于回字形中心部位继续向下开挖，为了防止管廊外侧土压力对管廊结构形成水平推力，在内侧地连墙上设置一排混凝土内支撑及一排预应力锚杆。

上述基坑降水、支护体系，顶标高设置在—27.2m位置，兼顾了公共管廊和Z15项目的需求：对公共管廊而言，减少了部分基础桩的施工；对Z15项目而言，提前进行了支护结构施工，缩短了建设周期，同时该支护止水结构在本地块红线范围以外，增加了建筑占地面积。

双排地连墙支护体系布置图4：

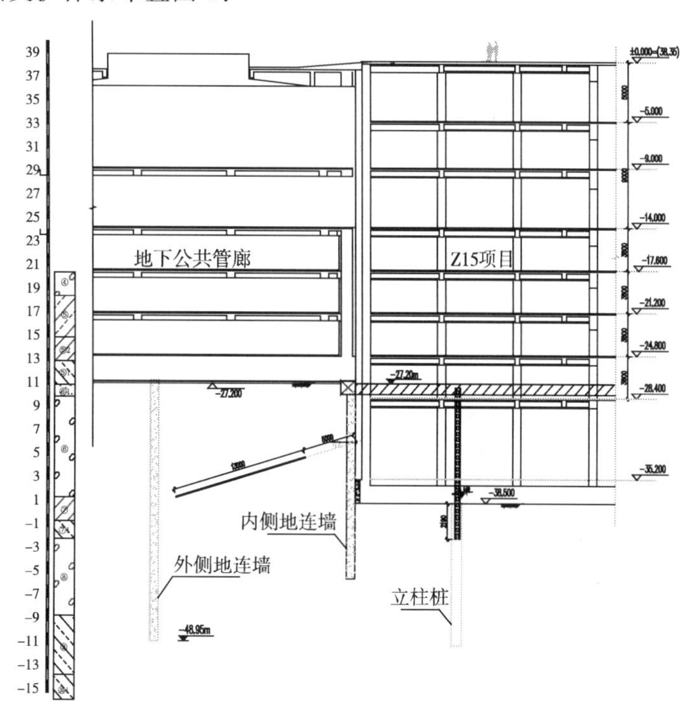

图4 Z15项目双排地连墙布置示意图

4.3 一工区大封闭开挖与各二级地块坑中坑模式的运用

一工区包含 Z1-a、Z1-b、Z2-a、Z2-b 四个地块，占地面积 34300m²，东侧为金和路北管廊，基底标高－27.2m；南侧为景辉街西管廊，基底标高－14.5m，二者基底下均按照一体化施工要求施工了地连墙作为止水和支护结构；西侧紧邻东三环辅路，北侧紧邻光华路。

按照一体化施工部署，在一工区西侧和北侧施工地连墙，即将整个场地封闭起来，一方面阻断地层中外来地下水，只需在封闭区域内设置疏干井即可解决降水问题；另一方面整个一工区形成一个大基坑，内部四个地块按照各自基底高差不同，形成坑中坑支护模式，简化了支护结构。

在施工先后顺序上，远离边界市政道路的 Z2-b 地块先进行土方开挖、基础桩施工；紧邻边界市政道路的 Z1-a 地块最后施工，合理布置整个场区内施工道路，调配总体施工进度。

4.4 一体化施工成果

综上所述，核心区内公共空间部分和各地块的基坑工程按照“一体化施工”整体部署，顺次逐渐展开降水施工、土方开挖、基础桩施工、主体结构施工，从场地利用、施工道路部署、工期进度及施工造价等方面，都产生了巨大的经济效益和社会效益。

以地下公共空间为例，其与各二级地块均采用“一体化施工”模式，不单独在红线范围内设置边坡支护结构，使建筑结构可以按照红线位置进行设计；同时其基底下基础桩兼做相邻二级地块的护坡桩，二级地块也可节省二次支护费用。仅此一项，地下公共空间增加建筑面积约 9000m²，各二级地块也相应增加红线范围内有限占地面积，提高了土地利用率。

以 Z15 地块为例，与周边管廊进行一体化施工，提前进行了基坑土方开挖及基础桩施工，提前工期约 90 天；其地连墙与管廊下基础桩两者二合一，费用分摊，为各自节省造价约 2200 万元。

一工区实行“一体化施工”战略，四个地块归结为一个大基坑进行外围支护和封闭降水，费用由四个业主分摊，比各自独立进行开发费用节省一半，基坑支护工作量减少，工期节约近 120 天。

5 近邻建筑物的保护

深基坑开挖及边坡支护一项最重要的任务就是对临近已有建筑物的保护。北京 CBD 核心区四周均临近现有城市道路，东北角 Z14 项目东侧为中国海关大厦，地上 14 层，地下一层，二者结构外皮距离仅为 4m。海关大厦基底埋深为－6.65m，为天然地基；Z14 项目基底埋深为－32.25m，二者基底高差达到近 26m。

在该侧采用“地连墙＋预应力锚杆”的支护方式，计算得知此部位支护结构最大水平位移为 26.8mm，海关大厦最大沉降量为 16.8mm，水平位移为 9.8mm，这种变形量对采用天然地基的海关大厦而言，是不安全的。

为保证海关大厦的安全，根据 Z14 项目的建筑结构分布特点，决定在临近海关大厦位置的裙楼部分采用局部逆作工艺，用主体结构自身的稳定性和水平抗力来平衡边坡的侧向压力，控制边坡的水平变形，防止海关大楼的沉降。

通过计算，此部位采用局部逆作工艺，支护结构最大水平位移为 8mm，海关大厦最大沉降量为 5.6mm，最大水平位移为 1.5mm，满足海关大厦安全要求。

局部逆作剖面情况见图 5：

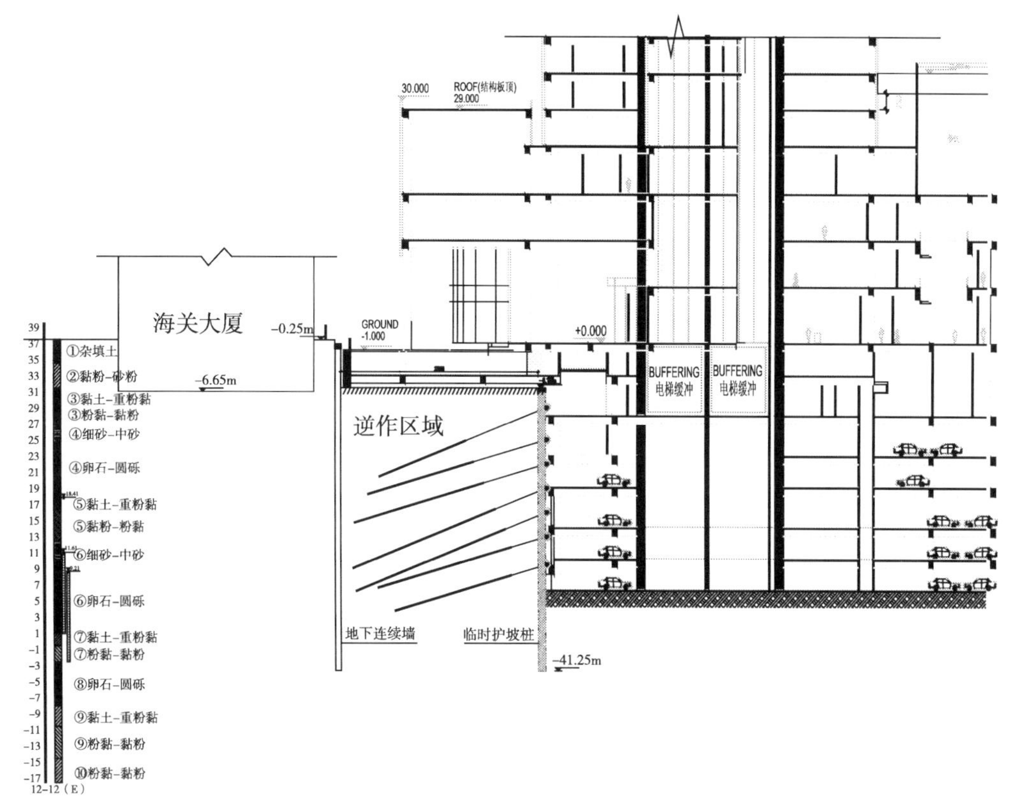

图 5　海关大厦位置局部逆作示意图

6　结论

CBD 核心区开发建设，是一项在政府领导下，集各方力量，科学统筹规划，精心施工的一项宏大工程，从节约资源、保护环境、提高社会效益及经济效益的角度出发，采用“一体化施工”组织方式，是一种综合效益最好的统筹模式，对类似规模群体开发建设具有一定的借鉴意义。

通过“一体化施工”，该项目解决了作业场地狭窄、各地块基坑深度高差较大带来的支护困难，很好地协调了相邻二级地块的同步施工，降低了支护费用，缩短了总体施工工期。

采用“一体化施工”，将超大规模的基坑分割封闭成相对较小的基坑，结合坑内疏干井，解决了大面积降低浅层承压水水头的施工难度，取得了很好的效果。

深基坑开挖需要严格保护临近建筑物的安全，根据不同的工况条件和外界环境因素，采用最为有效的支护方式，避免不安全问题发生；逆作法对控制支护结构变形及保护临近建筑物安全是一种有效的工艺。

参考文献

[1] 李沛. 北京中心商务区规划建设浅析 [J]. 2000年北京朝阳国际商务节论文集锦, 2000 (8).
[2] 张景秋，等. 北京市中心商务区发展阶段分析 [J]. 北京联合大学学报，2002 (3).
[3] 徐淳厚，等. 国外著名CBD发展得失对北京的启示 [J]. 北京工商大学，2003 (7).
[4] 邵伟平，刘宇光. 北京CBD核心区总体设计与公共开发 [J]. 建筑创作，2011 (8).

地下连续墙施工过程中锁口管被埋处理措施

陈兴华　梁艳文　黄文龙

（上海远方基础工程有限公司　上海　200436）

摘　要：锁口管在地下连续墙柔性接头工艺中起着至关重要的作用，锁口管安放和顶拔的施工质量好坏直接影响到地下连续墙施工的进度和接头的防渗漏水效果；然而，在实际施工过程中，往往由于导墙混凝土未达到设计强度、顶拔机配备功率过小、锁口管顶拔时间过长、锁口管本身的连接质量不过关，抑或是混凝土绕流严重等原因造成锁口管在顶升过程中无法顺利完全顶出，后续补救措施不及时，以致地下连续墙混凝土强度快速增长，混凝土强大的握裹力紧紧抱住锁口管，导致锁口管被埋。本文是某地下连续墙施工项目锁口管被埋的一些处理措施。

关键词：地下连续墙；锁口管；被埋；振动锤；打桩锤

1　锁口管被埋情况简介

某地下连续墙施工项目在完成20＃槽段混凝土浇筑后，东侧（靠近21＃槽段侧）锁口管顺利顶拔出；西侧（靠近19＃槽段侧）锁口管在即将顶拔出第4节时，第4节与第5节接头销钉发生断裂，以致西侧最下部2节（第5节与第6节）共18m锁口管被埋在导墙面以下5～23m处，具体位置如图1和图2所示：

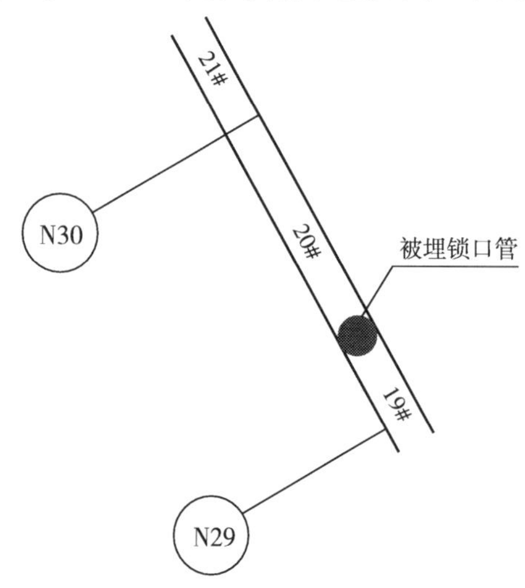

图1　被埋锁口管平面位置示意图

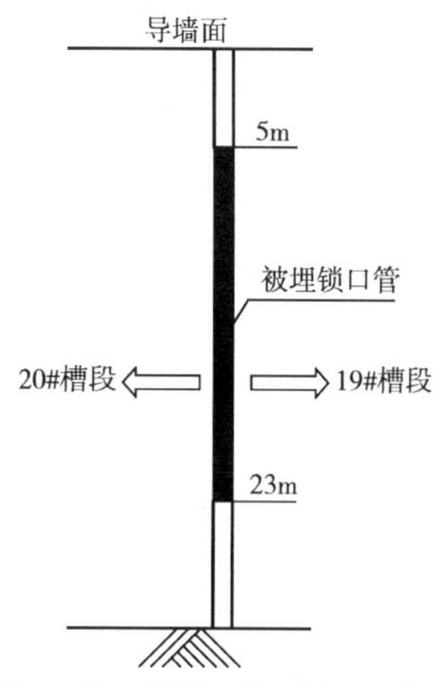

图2　锁口管被埋位置剖面示意图

2 锁口管被埋原因分析

通过对现场的施工记录进行分析，认为锁口管被埋的原因，可能是以下 3 点：

（1）导墙面以下 7～25m 混凝土浇筑较快，约 $94m^3$，仅用 45min 浇筑完毕。以致短时间内，18m 范围的混凝土与锁口管表面黏附，而锁口管顶拔的速度无法与混凝土初凝速度同步；随着时间的增加，混凝土黏附力快速增大，以致远远超出顶拔机的顶拔能力。

（2）在锁口管顶拔过程中，再次顶拔间隔时间较长，顶拔工低估混凝土初凝的速度，以致混凝土黏附锁口管的拉力快速增大，随之摩擦力也快速增大，以致顶拔力过大，远远超出现有顶拔机的顶拔能力。

（3）锁口管背后回填不密实，混凝土浇筑时，混凝土顺着锁口管与槽壁之间的间隙流至锁口管背后，混凝土凝固后将锁口管握裹，导致锁口管与混凝土间的黏附力增大，顶拔时，顶拔力过大，导致锁口管接头销钉断裂。

3 处理措施

第一步：上部锁口管被拔断后，项目立即调派一台液压抓斗成槽机对 19＃槽段靠近 20＃槽段进行开挖至 25m，暴露出锁口管一侧，减小锁口管顶升力，如图 3～图 7 所示。

图 3　开挖后照片

图 4　自制钢套管照片

图 5　改进后的钢套管照片

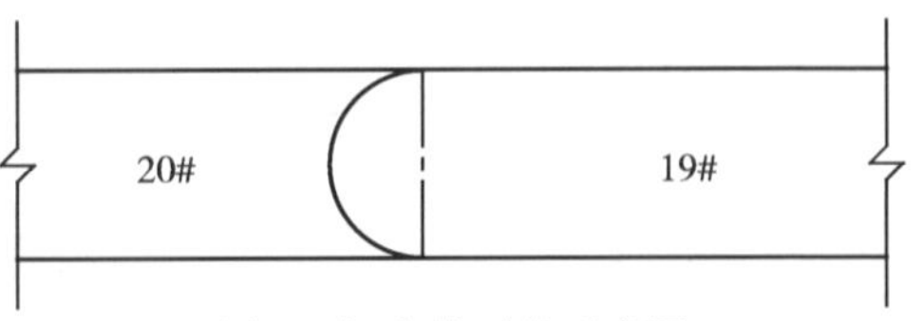

图 6　钢套管下放示意图

图 7　钢套管安放照片

第二步：采用振动锤振动钢套管（见图 8、图 9），慢慢切入，逐步剥离被埋锁口管。

图 8　90 型振动锤照片

图 9　振动锤振动钢套管施工照片

第三步：待钢套管切入约 15m 后，采用顶拔机顶拔锁口管，直至全部顶拔出。

由于 20＃槽段混凝土完成浇筑已过去较长时间，钢套管在切入 40cm 以后，无法再下切，随后此方案被排除。

为了摸清锁口管靠 19＃槽段侧的混凝土绕流情况，地下连续墙施工项目组聘请了 3 名专业潜水员潜入槽段内（见图 10），对锁口管绕流混凝土情况进行了人工排查，排查显示：锁口管外侧 5～23m 全部被混凝土包裹，混凝土厚为 10～18cm。

根据潜水员排查情况，项目部立刻制定了第二套处理方案，即打桩锤处理方案。

打桩锤处理原理：通过打桩锤重锤锤击被埋锁口管，促使锁口管与绕流混凝土脱离，待锁口管被锤下 1～2m，锁口管松动后，使用 250t 履带吊配合顶拔机拉出被埋锁口管。

图 10　专业潜水员即将潜入槽内工作照片

1）选用设备及其性能参数

本次选用的是D62-22筒式柴油打桩锤，图11和图12是打桩锤图片，其性能参数见表1。

图11　桩架图片

图12　筒锤图片

表1　D62-22筒式柴油打桩锤

项　　目		单位	参 数
上活塞重量		kg	6200
每次打击能量		N·m	218960～107050
		kP·m	27200～17440
打击次数		1/min	35～50
作用于桩上的最大爆炸力		kN	1800
		kP	183485
适宜最大打桩规格（混凝土桩平均值）		kg	25000
起落架导向滑轮钢丝绳最大直径		mm	Φ38
油耗	柴油	l/h	20
	润滑油	l/h	3.20
打直桩时柴油箱容积		l	98
润滑油箱容积		l	31.50
乙醚箱容积		l	1.50
质量	柴油锤重约	kg	11870/12280
	起落架重约	kg	400
	搬运托架/支架	kg	72
	运输时保护装置	kg	34
	工具箱	kg	125

续表

项目		单位	参数
外形尺寸	柴油锤高	mm	6164/6910
	下活塞外径	mm	710
	导向板螺钉外侧间距	mm	828
	柴油锤宽	mm	800
	连接导向板宽度	mm	560
	柴油锤中心到油泵保护装置距离	mm	490
	柴油锤中心到导向板螺钉中心距离	mm	380
	柴油锤纵向深度	mm	970
	柴油锤中心到导向中心的距离	mm	560
	导向中心间距	mm	600×（Φ102）

2）被埋锁口管处理流程图（图 13）

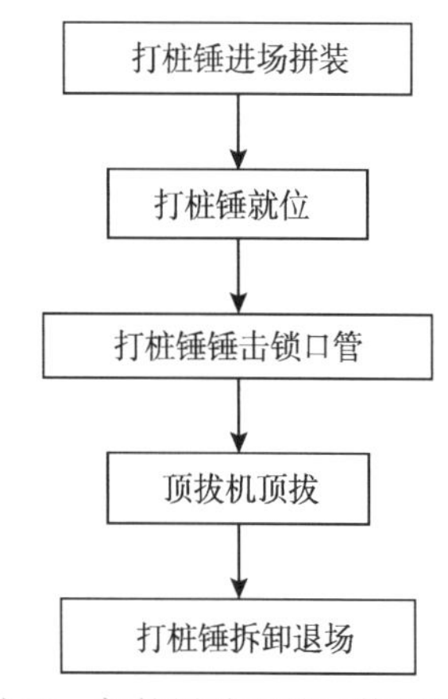

图 13　打桩锤处理锁口管图流程

3）处理步骤

（1）桩架就位，确保筒锤中线与锁口管中线对齐，偏差不大于 3cm。

（2）加工一个桩帽（见图 14），套在锁口管上。

（3）开动筒锤进行锤击；在锤击过程中，上活塞最大起跳高度严禁超过设计值。

（4）当锁口管被锤击下降 1～2m 时，撤出打桩锤。

（5）顶拔机就位顶拔锁口管，同时用 250t 履带吊起吊。

（6）锁口管拉出导墙面。

打桩锤启动后，30 击，锁口管下降 60cm，并顺利拉出被埋锁口管。打桩锥锤击锁口管照片如图 15 所示。

图 14　桩帽（保护锁口管）

4）打桩锤处理注意事项

（1）打桩锤由于振动有噪声，施工安排在白天进行，以免夜间施工声音过大扰民。

（2）打桩锤施工过程中，周边20m范围拉警戒线；并安排专人现场巡视周边管线。

（3）打桩机作业区内应无高压线路。作业区应有明显标志或围栏，非工作人员不得进入。桩锤在施打过程中，操作人员必须在距离桩锤中心10m以外监视。

图15 打桩锤锤击锁口管照片

3 结论

锁口管被埋往往人为因素比较大，笔者认为：在地下连续墙锁口管安放之前，首先，应检查导墙被破坏的情况，顶拔机的供油、回油情况，以及锁口管销子的磨损变形情况，严禁带病作业；其次，在锁口管安放结束，背后回填阶段，应派专人旁站，严格回填质量，降低混凝土绕流的风险；最后，应安排专职的锁口管顶拔工专门进行锁口管顶升，严禁顶拔机旁无人值守。相信做到了这些，锁口管被埋的概率将会大大降低。

密集深嵌岩基础钻孔灌注桩特殊技术问题研究

高明巧　周佳奇　冯志军　苟永平
（葛洲坝集团基础工程有限公司　湖北宜昌　443002）

摘　要：“武汉中心”大厦为华东地区第一高楼，主楼高为88层，建筑高度438m，基础选型采用后压浆钻孔灌注桩。作为大楼的“根”，钻孔灌注桩关系整个大楼的安全，其是否能够顺利进行并按期完工直接决定着整个工程的成败。本文通过对钻孔灌注桩成孔、嵌岩、空孔回填、双套筒施工等多个特殊技术难题进行研究，保障了本工程得以顺利实施。

关键词：密集；深嵌岩；钻孔灌注桩；特殊技术问题

“武汉中心”大楼规模巨大，是武汉乃至华中地区的标志性建筑，受社会各方的高度重视。我国幅员辽阔，工程地质与水文地质条件复杂多变，各类工程桩设计形式、施工工艺等条件又不相同。以泥浆护壁钻孔灌注桩为例，就有十余种施工方法，根据各个工程实际情况的不同，需采取切合本工程实际情况的施工设备及施工工艺以保证工程的高难度、高强度施工需要，无固定套路可循。基于高层、超高层建筑物基础承载需要，桩基础向尺寸长、桩径大等方向发展；对于施工，向攻克成孔难点方向发展。本工程无论从造孔难度、孔深、嵌岩深度还是工期等方面，都属国内罕见，有着重要的意义。为此，对武汉中心基础深孔嵌岩钻孔灌注桩施工关键技术进行研究是十分重要的。

1　项目概况

1.1　工程概况

“武汉中心”项目位于王家墩商务区核心区西南角，主楼高为88层，建筑高度438m，巨型柱—核心筒—伸臂桁架结构体系，主楼占地面积为51.45m×51.45m，基础选型采用后压浆钻孔灌注桩。

1.2　桩基工程设计概况

本工程主楼基础钻孔灌注桩直径为Φ1000mm，单桩竖向抗压承载力特征值为10500～13500kN，桩端持力层为6—4层泥岩微风化层，采用双控措施，以桩底标高为主，进入持力层深度控制为辅，Φ1000mm工程桩进入6—4层泥岩微风化层不小于1.0m，孔深68m，桩身混凝土设计等级为C50，总桩数448根。

1.3　地质状况

根据勘察资料，本场地在勘探深度86.3m范围内所分布的地层除表层分布有（1）素填土（Qml）外，其下为第四系全新统冲积成因的黏性土和砂土（Q4al）和冲洪积成因的含圆砾细砂（Q4al+pl），下伏基岩为志留系中统坟头组（S2f）泥岩、泥质页岩，各岩土层的分布埋藏情况及特征见表 1。

表 1　各土层的分布埋藏及主要特征一览表

层号及名称	分布范围	层面埋深（m）	地层厚度（m）	包含物及其他特征
(1) 素填土	全场地		0.3～4.7	杂色，主要由黏性土组成，混有少量碎石、砖块等，土质不均匀，结构松散，压缩性高
(2－1) 黏土	局部缺失	0.3～4.7	0.4～2.7	褐黄色，含氧化铁、云母片及少量铁锰质，干强度较高，韧性较好，中等可塑，压缩性高
(2－2) 黏土	局部缺失	1.0～6.2	0.5～4.5	褐黄～褐灰色，含氧化铁、云母片，干强度一般，韧性较好。可～软塑，中～高等压缩性
(2－3) 黏土	全场地	2.2～8.4	1.2～5.2	褐黄～褐灰含氧化铁、云母片，少量灰白色条纹状高岭土，干强度较高，韧性较好。可～软塑，中等压缩性
(3－1) 淤泥质粉质黏土	全场地	4.5～9.8	1.7～9.1	灰色，含少量有机质，局部夹少量薄层粉土，干强度一般，韧性一般，软～流塑，中～高等压缩性
(3－2) 粉质黏土夹粉土、粉砂	局部缺失	9.7～15.4	1.5～7.2	灰色，夹多量薄层粉土、粉砂，呈互层状分布，粉土为中密状态，粉砂为松散状态；粉质黏土单层厚度为 15～30cm，粉土、粉砂单层厚度为 8～50cm，厚度占 25%～35%。可塑，中～高等压缩性
(4－1) 粉砂夹粉质黏土	局部缺失	12.4～0.4	1.7～7.9	灰色，含云母片，粉质黏土为可塑状态，呈互层状分布，粉质黏土单层厚为 3～5cm，厚度约占 10%。松散～稍密，中～低等压缩性
(4－2) 细砂	全场地	12.5～4.7	7.8～18.7	灰色，含云母片，局部夹有粉质黏土夹层，部分地段夹可塑粉质黏土，多以透镜体为主，厚度为 0.4～1.7m，稍～中密，低压缩性
(4－2a) 粉质黏土	局部地段	22.0～2.6	0.7～4.2	灰色，为（4－2）层中的透镜体，含有少量云母片，干强度较高，韧性一般，可塑，中等压缩性
(4－3) 细砂	全场地	27.0～6.0	7.4～20.9	灰色，含云母片，局部夹有薄层粉质黏土，多在底部分布可塑粉质黏土，厚度多在 0.5～2.7m，局部底部厚度达 7.2m，底部局部地段含少量圆砾，中密～密实，低压缩性
(4－3a) 粉质黏土		31.2～4.5	0.7～7.2	灰色，为（4－3）层中的透镜体，夹有少量粉砂，干强度较高，韧性一般，可塑，中等压缩性
(5) 含圆砾中砂		39.5～8.3	0.7～7.6	灰色，含有圆砾，成分为石英砂岩，粒径一般为 2～5mm，含量为 20%～40%，局部地段富集中粗砂及少量卵石，卵石成分主要为石英砂岩，粒径一般为 20～50mm，含量约 5%，呈亚圆状，底部圆砾、卵石含量增大，中密～密实，低压缩性

续表

层号及名称	分布范围	层面埋深（m）	地层厚度（m）	包含物及其他特征
（6—1）强风化泥岩	全场地	47.1～1.8	0.3～5.4	灰绿色，岩性为泥岩、泥质页岩，岩芯风化成土状，手可捏碎，局部为鳞片块、小块状，夹未完全风化岩块，手可折断，双层岩芯管钻进，采芯率为 90%～96%，属极软岩，极破碎岩体，岩体基本质量等级 V 级，低压缩性
（6—2）强～中风化泥岩	部分缺失	48.2～4.3	0.7～11.8	灰绿色，岩性主要为泥质页岩，岩芯破碎，主要呈碎屑状，手可折断，泥质结构，片状构造，单层厚度约为 5.20mm，部分地段夹碎块状泥岩岩块，双层岩芯管钻进，采芯率约为 85%～90%，裂隙发育，倾角较陡，一般为 60°～85°，属软岩，破碎岩体，岩体基本质量等级为 V 级，低压缩性
（6—3）中风化泥岩	全场地	48.1～3.4	最大进入深度 16.4m	灰绿色，岩性为泥岩，岩芯主要为短柱状、碎块状，泥质胶结，裂隙较发育，间距一般为 5～15cm，倾角陡，一般为 40°～80°，裂隙面平直光滑，无充填，为闭合状；双层岩芯管钻进取芯率为 85%～95%，RQD 为 20%～40%，属软岩，较破碎，岩体基本质量等级为 V 级，其间夹有呈糜棱状的（6a）破碎泥质页岩，低压缩性
（6—4）微风化泥岩	部分孔钻到该层	53.0～6.3	最大进入深度 34.8m	灰绿色，岩性为泥岩，岩芯呈长柱状、短柱状，碎块状，长柱状、短柱状与碎块状相间分布，少量裂隙，倾角一般为 40°～85°，平直光滑，闭合状，块状构造；双层岩芯管钻进取芯率为 90%～98%，RQD 为 80%～90%。属软岩，较完整，岩体基本质量等级为 IV 级；其间夹有糜棱状的（6a）破碎泥质页岩，低压缩性

1.4 工程重点及难点

（1）本工程桩基数量大、拟投入机械设备多，现场交叉作业量大，如何合理统筹生产是本工程的难点之一。

（2）本工程的工期关键控制点在于 Φ1000mm 型钻孔灌注桩，因该桩型不仅桩身较长，而且桩端进入中风化及微风化岩层较深，总嵌岩深度约 18m，施工难度非常大；单桩成桩时间较长，再加上该桩型分布在主楼核心筒面积仅约 2800m^2 的施工区域，在此狭窄的施工范围内布置钻机合理、有序地施工相当困难。

（3）本工程为华中第一高楼，对成桩的垂直度要求也非常高，Φ1000mm 型钻孔灌注桩孔斜率要求小于 1/200，超现行规范标准，是目前国内钻孔灌注桩孔斜率的最高标准。

（4）本工程桩基空孔深达 20m，且桩位密集，桩位中心距仅为 3m，是国内最密集的桩群。采用即时有效的空孔段回填处理措施，避免空孔段坍塌，是保证本工程安全顺利施工的重点。

（5）单桩极限承载力高。本工程单桩竖向抗压承载力特征值为 10500～13500kN；设 5 组承载力检测工程桩，抗压极限承载力为 24000～27000kN，是目前国内同等桩径中最大单桩承载力极限值。

2 密集深嵌岩基础钻孔灌注桩快速成孔施工技术研究

2.1 试成孔

为了保证本工程工程桩顺利施工，在工程开始前进行试成孔施工，通过总结分析，选取最适合本工程的施工工艺，以满足工期、质量等方面的要求。本工程在招标阶段试桩采用回转钻机施工覆盖层，入岩后采用回转钻机配牙轮钻头的施工工艺。因此我公司在本工程试成孔时用如下两种施工工艺，分别施工一根桩，并通过总结分析对施工工艺进行比对优选。

2.1.1 回转钻机+冲击钻组合施工工艺

采用此工艺的试成孔共施工210h（有效时间为150h），终孔深度为67.2m。上部覆盖层采用GPF2500型回旋钻正循环工艺施工，在孔深47m进入强风化泥岩，进入基岩约50m孔深后采用CZ-6型冲击钻正循环工艺施工。成孔过程中不间断地进行泥浆排放及稀释，在成孔之后排浆近6车，成孔泥浆性能从密度1.37g/cm^3、黏度27.5s、含砂率17%到密度1.23g/cm^3、黏度28s、含砂率8%。成孔后13.5h、22h、46.5h，采用日本KODEN-DM604超声波测井仪进行3次检测，在孔深30m处孔斜率最大，为0.66%。46.5h后最后一次实测孔深为67.1m。

2.1.2 旋挖钻机施工工艺

采用旋挖钻机施工工艺的试成孔共施工21h（有效时间为18h），终孔深度为67.5m；在孔深49m时进入强风化泥岩。进入微风化基岩后，节齿筒钻施工效率较低，改采用螺旋钻头钻进、节齿筒钻配合捞渣的方法直至终孔。在旋挖钻机将钻渣捞出孔外的同时，及时补充新鲜膨润土泥浆进行固壁。该孔在施工全程均采用新鲜膨润土泥浆，终孔后孔内泥浆性能指标较好。成孔后实测孔底50cm处泥浆性能指标分别为：密度1.19g/cm^3；黏度27s；含砂率8%。成孔后2.5h、9.5h、26.5h、32.5h和50h，采用日本KODEN-DM604超声波测井仪进行5次检测，该孔孔壁线平滑顺直，孔形良好，在孔深58m处孔斜率最大，为0.34%。

2.2 施工工工艺选择

本工程总工期225天，除去工程准备时间、春节放假时间及其他不确定因素，有效施工时间为183天。

投标阶段回转钻机+牙轮钻头施工工艺、回转钻机+冲击钻施工工艺单桩试成孔施工时间为6～8天，则需配备18台套设备才能满足工程进度计划。但在51.2m×51.2m的狭小场地内布置如此多设备，并且同时进行钻孔、钢筋笼下设、混凝土浇筑等作业，此种状态为理想状态，不具备实际可操作性。

旋挖钻机施工工艺单桩试成孔施工时间为21h，仅需配备2～3台钻机即可满足本工程施工进度要求，场地压力小；通过钻机的机载测斜装置对钻孔过程中的孔斜进行监控，孔斜率也优于其他两种施工工艺，能够保证满足1/200的孔斜率设计要求；旋挖钻机直接取出的钻渣可进行集中堆放晾晒，再统一运出场外，文明施工程度较高。综合场地条件、工程进度、工程质量、文明施工等多方面考虑，决定采用旋挖钻机施工工艺用于本工程钻孔灌注桩的施工。

2.3 工艺应用及改进

在试成孔阶段，孔深50m以上的覆盖层采用双底双进口截齿钻头（图1）钻进，进入基岩后，进尺速度较慢，改为短螺旋钻头（图2），钻进一定深度后，采用双底双进口截齿钻头捞渣，两种钻头交替使用直至终孔。

在旋挖钻机施工工艺应用阶段，为了使基岩施工更加高效，购买了一个单底双开门斗齿钻头（图3）。该钻头配备了德国宝峨斗齿，较截齿钻头切削角度更大，进渣口更大，提到孔口外时钻头筒体可打开直接除渣。到了基岩面后换成单底斗齿钻头，一钻到底，免除了来回更换钻头的麻烦。

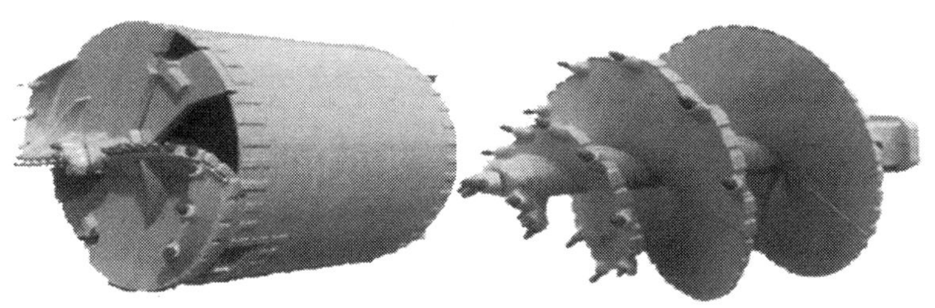

图1 双底双进口截齿钻头
结构特征：双层底板双
开门焊接DS01、H22截齿

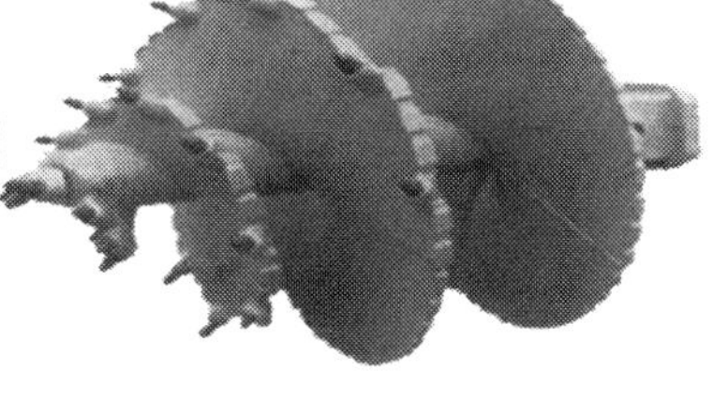

图2 双头单锥短螺旋钻头

图3 单底双开门斗齿钻头
结构特征：单层底板
双开门，宝峨斗齿

2.4 孔斜率质量保证措施

本工程Φ1000mm型钻孔灌注桩孔斜率要求小于1/200，超过国家现行规范小于1/100标准，是目前国内钻孔灌注桩孔斜率的最高标准。为了达到孔斜率技术要求，采用如下措施予以控制。

（1）将孔口埋设的钢护筒加长至4m，用十字线在护筒顶部标出护筒圆心位置，使其与钻孔中心重合；护筒埋设密实，以起到良好的导向作用，并有利于防止孔口坍塌。

（2）利用旋挖钻机机载测斜装置、日本KODEN-DM604超声波测斜仪在造孔过程中对孔斜情况进行监测，针对孔斜情况调整钻杆角度，以保证孔斜率达到1/200的设计要求。

（3）塔楼工程桩施工场地采用30cm厚混凝土硬化（图4），增加地基承载力，使钻机在施工过程中能够时刻保持平稳，对保证孔斜率起到了一定的作用，同时提高了文明施工程度。

图4 混凝土场地硬化

3 空孔段回填技术研究

3.1 研究背景

2011年3月10日晚10点左右，由3#旋挖钻机施工的25#桩在准备进行混凝土浇筑时发生塌孔现象。伴随25#桩的塌孔，周边已施工工程桩空孔段发生串联坍塌，局部严重部位混凝土地坪出现整体塌陷。之后两天，1#、2#钻机施工部位发现有四孔串联并有轻微塌孔现象。

对造成此现象的主要原因分析如下。

(1) 本工程钻孔灌注桩数量多，场地小，桩位分布密集，桩位中心间距仅为3m，是国内最密集的桩群。由于桩与桩间理论距离仅为2m，桩间的土体受到施工扰动和泥浆浸泡后较为松散。

(2) 本工程钻孔灌注桩上部空孔深度达到20m，空孔深度之深为武汉第一，国内罕见，且空孔部分覆盖层稳定性较差。在国内其他城市类似于武汉中心的超高层、超空孔深度的建筑物在进行桩基施工前基本都经过地质改良处理，本工程未对基础进行地质改良处理。

(3) 桩身混凝土浇筑完毕后，受后压浆、声波检测等因素影响，不能做到及时回填；另外采用以土还土、以砂还砂的常规方法进行回填处理后，由于回填的砂土不稳定，密实性较差，仍然存在塌孔隐患。

上述情况表明空孔段存在严重的安全隐患，不具备继续施工的条件，必须采取有效的回填措施，彻底解决该隐患后才能够继续进行施工。为此，进行空孔段回填技术研究，以彻底避免空孔段塌孔现象的发生，杜绝安全隐患，达到安全快速施工的目的。

3.2 空孔段回填技术措施

综合考虑各个方面的因素，所有技术措施在实施前必须考虑其可行性、有效性、经济性以及适用性，技术措施应尽可能方便、快捷以及经济，以不影响塔楼工程桩施工为主要目的，同时必须确保空孔部分的塌孔现象予以彻底解决。经过仔细分析与研究，认为采用固化灰浆方式处理应可满足上述要求。

固化灰浆施工工艺源自防渗墙施工技术，是通过膨润土、水泥、砂、粉煤灰、水玻璃等材料通过一定配比混合而成，混合方式采用气动搅拌或机械搅拌方式，其混合搅拌后固体强度达到1MPa左右。

本工程钻孔灌注桩空孔部分泥浆本身是由膨润土泥浆拌合而成，在已施工的工程桩空孔内，按配比投入一定量水泥、砂及水玻璃等，通过插入孔底的空压机风管吹动孔内泥浆翻滚，以起到气动搅拌的作用，风管上制作相应的气眼已确保出气量，达到搅拌均匀的目的。由于掺入一定量的水玻璃，孔内泥浆在搅拌后可确保在24h内达到固化的效果，进而对周边土体起到稳固的作用，防止土体出现塌孔现象。

4 双层钢套管制作及下设施工技术研究

4.1 双层套管设计要求

根据设计单位要求，工程桩在开工前必须进行试桩载荷试验，Φ1000mm 试桩共计 5 组，为抗压试桩。本工程钻孔灌注桩空孔段为 20m，为真实反应试验桩施工效果，研究双套管加工及下设技术，隔离开挖面标高以上桩身与土体接触，以直接准确测试有效桩长范围内的桩基承载力。双套管设计参数见表 2。

表 2 双套管设计参数

桩径	根数	套管长度	内套管直径	外套管内径	套管壁厚	支撑勒与外套管间隙
Φ1000mm	5 根	20m	1100mm	1210mm	12mm	3mm

主楼 Φ1000mm 五组试桩将采用锚桩提加反力，每组试桩设一根抗压试桩和四根锚桩，最大加载值为 27000kN；根据试桩双套管设计参数、试桩设计条件以及场区特定情况，对双套管施工大样进行设计，作为现场指导施工以及质量验收的依据。双套管施工大样如图 5 所示。

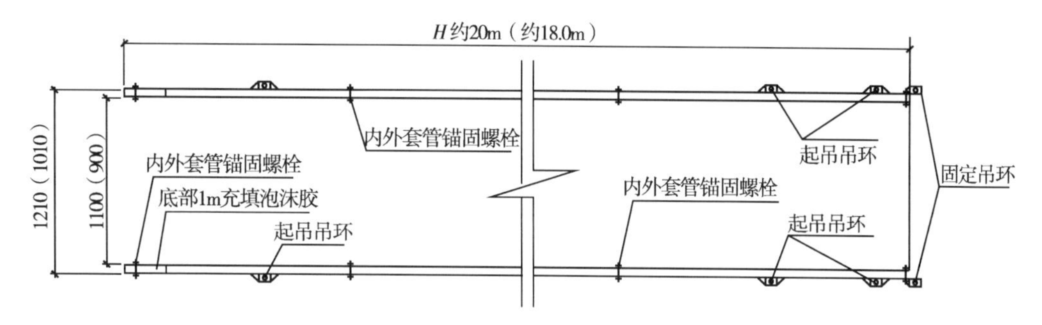

图 5 双套管施工大样图

4.3 双层套管组装及环缝处理

4.3.1 环缝处理

双套管每节加工完毕后，应根据构件要求的长度进行组装，先将两节组装一大节，焊接环缝。环缝在焊接中心进行，卷好的钢管必须放置在焊接滚轮架上，滚轮架采用无级变速，以适应不同的板厚、坡口、管径所需的焊接速度。组装必须保证接口的错边量。一般情况下，组装安排在滚轮架上进行，以调节接口的错边量，接口的间隙控制在 2～3mm，然后点焊。环缝焊接时一般先焊接内坡口，在外部清根，如采用自动焊接时，在外部用一段曲率等同外径的槽钢来容纳焊剂，以便形成焊剂垫。

4.3.2 套管组装

首先将钢套管分节加工，再根据施工图要求进行组装。内层管分节长度 7.5m，外层管分节长度 6m。

（1）分节长度：如图 6 所示，单位为 cm。

（2）将内层管套入外层管：如图 7 所示，单位为 cm。

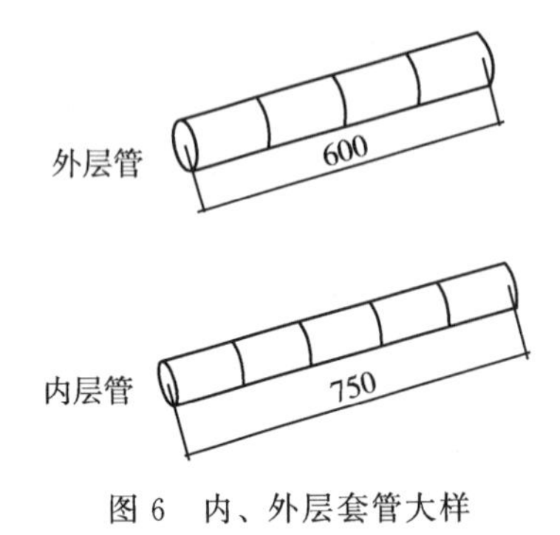

图 6　内、外层套管大样

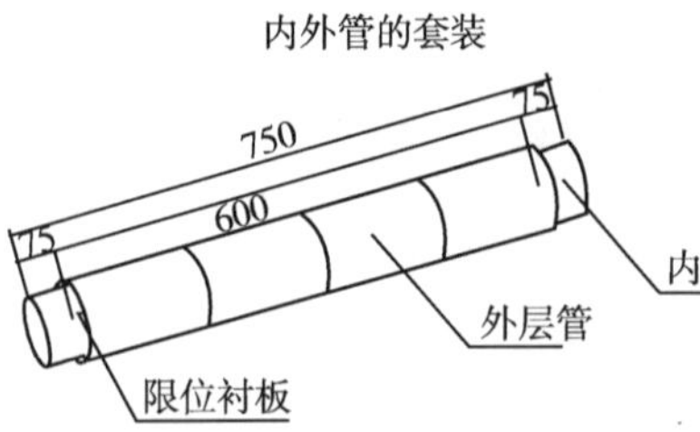

内外管的套装
750
75
600
75
内层管
外层管
限位衬板

图 7　内、外层套管组装大样

（3）限位衬板：在两端安装限位衬板，限位衬板与内层管焊接，与外层管间隙 3mm。本工程采用在内管外壁上焊接钢板，钢板长度 80mm，宽度为 30mm，纵向间距为 3m，肋上再加支撑钢垫，沿支撑肋均匀分布 6 个。根据设计要求，内外套管间净间隙为 43mm，支撑勒与外套管的间隙为 3mm，经计算支撑肋的高度为 35mm。大样图如图 8 所示。

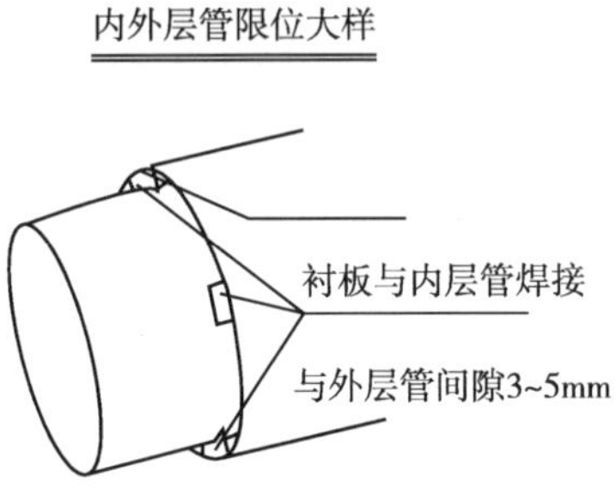

内外层管限位大样
衬板与内层管焊接
与外层管间隙3~5mm

图 8　内、外层套管节点大样

（4）钢管接长：首先对接内层钢管，将分节钢管调直、对齐。经检查合格后，进行对接施焊。在内层管接头施焊完成，经检查合格后，套入外层接头管节。将外层钢管调直、对齐。同样在检查合格后，进行对接施焊。为保证限位衬板（支撑勒）间隙，可用木楔将外层钢管临时定位，如图 9 所示。

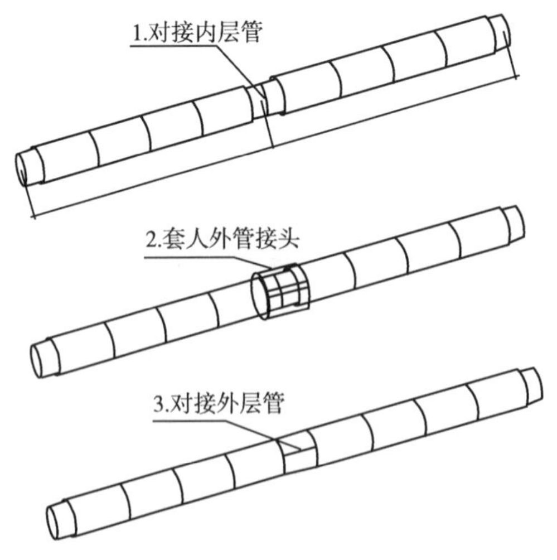

图 9　内、外层套管接长组装流程

4.4 双层钢套管安装及固定

支垫垫焊接完毕后，用桁车将内套管整体送入外套管内。送入后，在内外套管上每隔5m钻进Φ22的固定孔，每一截面沿圆周分布3个，再用100mm长Φ25的螺栓锚定。内外套管固定后，再在外套管每隔5m焊接起吊环。

4.5 双层钢套管间隙封堵

双套管间隙封堵是最关键的环节之一，封堵材料必须强度低，在加载过程开始时，能够轻松脱落，重要的是有防水作用，经多方斟酌，我方决定采用聚苯乙烯泡沫胶。由于混凝土浇筑后从套管顶部返浆，浆体从孔口流入泥浆池循环时，势必会从双套管顶部之间的缝隙流入，故必须对管顶端与管底端都采用封堵手段，即双套管顶、底端1m范围均进行封堵。另外，考虑到混凝土顶升压力，以及封堵材料无任何强度，孔内返浆势必会渗入或穿透封堵材料，故要求封堵材料由原来设计的50cm增加至100cm，并且在内套管距离顶、底端100cm处设置一道环形的钢卡环，与内套管焊接，钢卡环与外套筒之间的缝隙距离不得大于3mm，确保钢卡环能够将随返浆压力而移动的泡沫胶进行阻隔，且可保证泡沫胶进一步密实，避免其移动后破坏，造成大面积渗漏，返浆进入套筒缝隙，双套筒失效。

封堵是双套管制作完毕后最后一道工序，采用喷枪方式注入缝隙之中，拟在距外套管端部1m范围内在外套管侧壁开孔，再进行反复充填，充填完毕后，再用钢板焊接封口。

4.6 双层钢套管施工

试桩施工前必须准确计算空孔深度，即确保双套管埋设深度及开孔钻进深度，在施工过程中，我公司对旋挖钻机开孔钻头进行精确度量，采用Φ1400mm钻头进行钻进，钻进深度较理论计算深度深约50cm。钻孔完毕后，采用吊车对双套管进行起吊。由于双套管设计长度较长，对于起吊点设计、起吊方式选择以及起吊设备的要求必须进行相应计算复核，考虑到孔口返浆工序，双套管必须在顶部进行割口，割口处缝隙必须采用油毡类材料进行填实，避免浆液渗入。

5 结论

随着我国基建事业的飞速发展，城市内超高层建筑快速增加，基础条件越来越复杂，其基础钻孔灌注桩的设计要求越来越高，施工难度越来越大。在此形势下通过本工程若干特殊技术问题的研究及实施，使得本工程提前20天完工，成功解决了密集深嵌岩钻孔桩的施工难题；空孔段回填技术研究，保障了施工安全；双层钢套管研究应用，保证了五组抗压试桩准确测试出了有效桩长范围内的桩基承载力，经检测，Φ1000mm静载荷抗压试验最大加载值达30000kN，是当时国内同等桩径中最大单桩承载力极限值。本工程的成功实施为今后类似工程提供了借鉴和参考。

液压铣削深搅水泥土地连墙施工工法

陈福坤[1]　徐　杨[2]　王　拓[1]　邵天宁[2]　刘利花[2]

（1 高邮市水务局　江苏高邮　25600；

2 江苏弘盛建设工程集团有限公司　江苏高邮　225600）

摘　要：为适应我国水工程和民用建筑对防（截）渗、基坑支护、地基处理的大深度和高质量的要求，在引进、吸收和消化国际先进技术的基础上，成功地研发了由液压双轮铣槽机和传统深层搅拌技术特点相结合起来的新型施工设备和工艺——液压铣削深搅水泥土地连墙机及其施工工艺。该机在掘进和提升过程中了，通过两对铣轮的相向旋转，铣、削基土，并将固化剂（水泥）、高压气体和水强制搅拌成一体的均质的墙体。凯式杆式成墙深度达 35m。成墙厚度为 60～100cm。成墙效率为 2～40m^3/h。该机型具有刚性大，整体性、防渗性和耐久性好，施工不需放坡，效率高，造价低等优点。此工法已被批准为 2011 年度国家级工法。

关键词：深搅机；地连墙；施工机械；凯式杆

1　引言

为适应目前水利及民用工程对深层防（截）渗、深基坑支护、挡土及改良地基的高要求，由我单位承担的国家“948”项目——“液压铣削深搅地连墙机的研发与应用”（任务书编号：200917），通过引进国外先进技术和设备，经过消化吸收，已成功地研发和研究出一种由液压双轮铣槽机和传统深层搅拌技术特点相结合起来的新型施工设备和工艺——液压铣削深搅水泥土地连墙机及其施工工艺［简称 HCDMCSW 机（Hydraulic Cutting Deep Mixing Cement Soil Wall）和 HCDMCSW 施工工艺］，并投入到生产运用。此工法采用铣削搅三位一体实现一种机型既可穿过复杂地

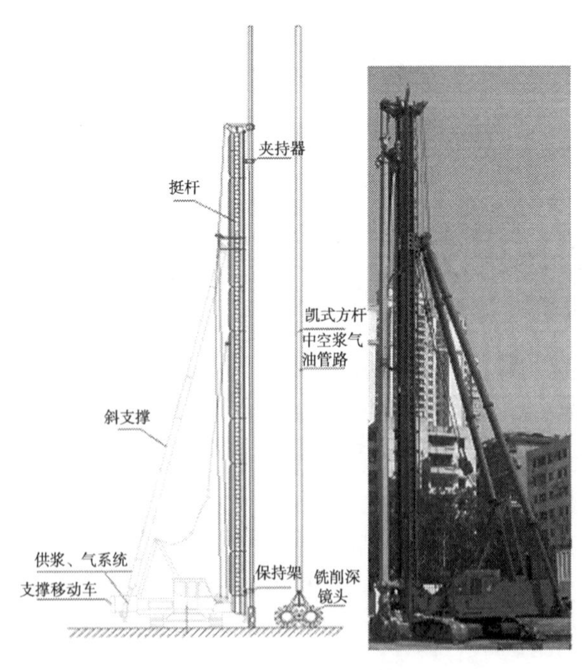

图 1　铣削深搅机结构图

层（如砾石、卵石）施工，也可使墙体入岩，做到一机一序（成墙）一步到位。降低工程造价，研发出具有本国特色的国产双轮铣削深搅头部件，取代昂贵的进口部件，降低了设备制造和维护费用。关键技术于 2011 年 4 月通过国家级鉴定，鉴定认为：“该成果总体达到国内领先水平，其中深搅铣头技术达到国际先进水平。”该机及其施工工艺填补了国内空白。此项技术已列入《2011 年度水利先进实用技术重点推广目录》。铣削深搅机结构如图 1 所示。

2 工艺特点

2.1 工艺先进

HCDMCSW 机采用掘进、提升、注浆、供气、铣、削、搅拌一次成墙技术，无须设置施工导墙，基土不出槽并和注入的固化剂（一般为水泥）混合，共同构成地下连续墙墙体。

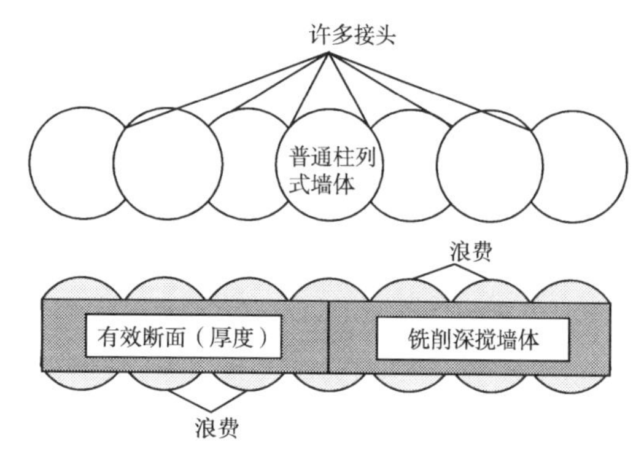

图 2 液压铣削搅与柱列式深搅对比

2.2 切削能力强，成墙单幅宽且深度大

一次成墙的长度可达到 2800mm，与传统柱列式墙相比接头少，接缝渗水的概率小，整体性强，利于防渗；墙体体积可节省 20%左右（见图 2）；采用凯式方形导杆式最大深度为 35m；厚度为 600～1000mm。

2.3 跟踪纠偏，槽形规则，成墙垂直精度高

HCDMCSW 地连墙机的铣头部分安装了用于采集各类数据的传感器，操作人员可以通过触摸屏，控制挺杆的垂直度调整铣头的姿态，并调整铣头的下降速度，从而有效地控制了槽孔的垂直度在 0.3%以内；墙体壁面平整（见图 3、图 4）。

图 3 墙体效果

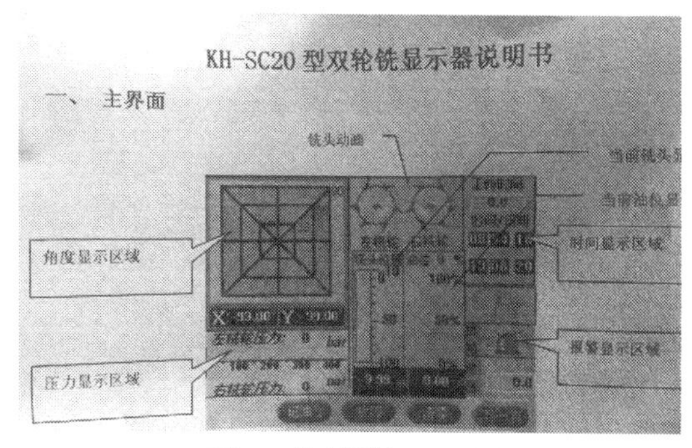

图 4 铣削搅机显示屏

2.4 墙体均质，整体性强，防渗性能好

由铣、削、搅、气、浆的共同作用，造成的墙体均匀密实；幅间连接为完全铣削结合，不受前幅墙体的完成时间的限制，而常规的深搅墙前后两幅墙体因时间过长不能套接或搭接，只能碰接，需对碰接缝再进行防渗处理，接合面无冷缝且间距大，接头少，整体

性强，防渗性能好（见图 5、图 6）。

图 5　铣、削、搅、气共同作用

图 6　墙体芯样

2.5　保槽技术简单，运行成本低

HCDMCSW 成墙设备在施工过程中，在下沉成槽中通常通过注浆系统注入泥浆（膨润土或黏土，如果地层中黏粒含量高，可不用或少用膨润土），泥浆主要起到护壁、防止槽壁坍塌的作用。

2.6　稳定性好，安全度高

HCDMCSW 地连墙机和铣削搅拌头位于凯式方形杆的下端，整机重心低，安全度高。

2.7　运转灵活，操作方便

支撑 HCDMCSW 地连墙机的履带式辅机可自由行走，不需要轨道，在控制室可方便安全操作。

2.8　适用范围广，工效高

采用铣削搅三位一体实现一种机型既可穿过复杂地层（如砾石、卵石）施工，也可使墙体入岩，特别是入岩成墙和穿砾、卵石层成墙；做到一机一序（成墙）一步到位。更换不同类型的刀具辅以高压气体的升扬置换作用，减小机具在掘进过程中的摩阻力，便于在淤泥、黏土、砂、砾石、卵石及强风化的岩石中开挖。钻进效率高，在松散地层中钻进效率 $20\sim40m^3/h$，在强风化岩石中钻进效率为 $2m^3/h$ 左右（见图 7）。

图 7　不同齿头形状

2.9　可任意插入劲性材料

HCDMCSW 成墙为等厚矩形断面，插入用于挡土的劲性材料（如型钢、预制桩）等，可任意设定间距，保证工程实际需求。

2.10　减少支护占用空间

HCDMCSW 工法建造的墙体内置型钢与常规的钢筋混凝土灌注桩外加止水结构相比，

可节省 2/5 支护占用空间。

2.11 避让地下管线

采用 HCDMCSW 工法，它可以在地下管线宽度不超过 2m 的范围内，使地下管线的下部能连续成墙。

2.12 环境影响小

无泥浆污染，不扰动周边基土，低噪声，低振动，可以贴近建筑物施工。

3 适用范围

此工法适用于在淤泥、黏土、砂、砾石、卵石及强风化的岩石、低标号混凝土中开挖。既可用于挡土和支护结构——防止边坡坍塌、坑底隆起；地基加固或改良——防止地层变形、减少构筑物沉降、提高地基承载力；又可用于盾构掘进工作井、煤矿竖井、城区排水和污水管道、路基填土及填海造陆的基础等多项工程；还可用于防渗帷幕——截流防渗、江河湖海等堤坝除险、污水深化处理池和建造地下水库；对多弯道、小半径的堤坝有较好的适应性。

4 工艺原理

由液压双轮铣槽机和传统深层搅拌的技术特点相结合起来，在掘进注浆、供气、铣、削和搅拌的过程中，两对铣轮相对相向旋转，铣削地层；同时通过凯氏方形导杆施加向下的推进力向下掘进切削。在此过程中，通过供气、注浆系统同时向槽内分别注入高压气体、固化剂和添加剂（一般为水泥和膨润土），其注浆量为总注浆量的 70%～80%，直至要求的设计深度。此后，两对铣轮作相反方向相向旋转，通过凯氏方形导杆向上慢慢提起铣轮，并通过供气、注浆管路系统再向槽内分别注入气体和固化液，其注浆量为总注浆量的 20%～30%，并与槽内的基土相混合，从而形成由基土、固化剂、水、添加剂等形成的混合物（见图 8）。

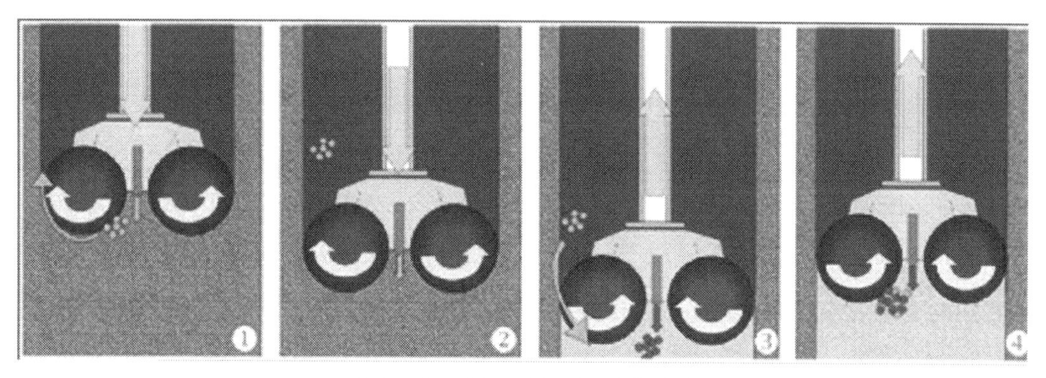

图 8 铣、削、搅水泥土成墙过程

5 工艺流程及操作要点

5.1 工艺流程

工艺流程包括清场备料、放样接高、安装调试、开沟铺板（软土地基）、移机定位、铣削掘进搅拌、回转提升、成墙移机、安装芯材等（见图 9）。

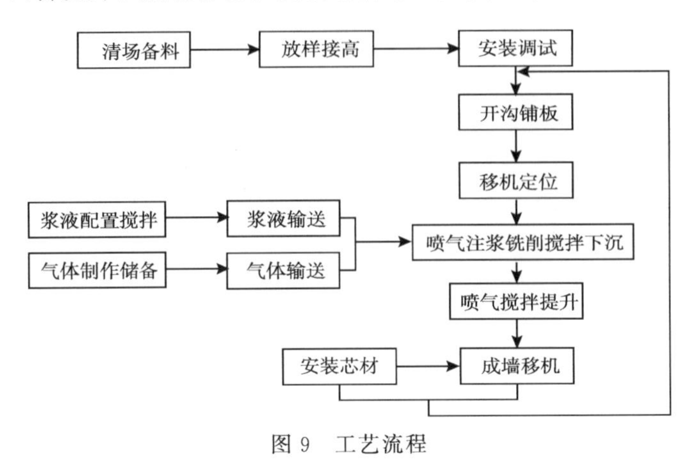

图 9 工艺流程

5.2 施工操作要点

5.2.1 施工准备

（1）清场备料 平整压实施工场地，清除地面地下障碍，作业面不小于 7m，当地表过软时，应采取防止机械失稳的措施，备足水泥量和外加剂。

（2）测量放线 按设计要求定好墙体施工轴线，每 50m 布设一高程控制桩，并作出明显标志。

（3）安装调试 支撑移动机和主机就位；架设桩架；安装制浆、注浆和制气设备；接通水路、电路和气路；运转试车。

（4）开沟铺板 开挖横断面为深 1m、宽 1.2m 的储留沟以解决钻进过程中的余浆储放和回浆补给，长度超前主机作业 10m。在软土地基施工，应铺设箱型钢板，以均衡主机对地基的压力和固定芯材。

（5）测量芯材高度和涂减摩剂 根据设置的需要，按设计要求测量芯材的高度并在安装前预先涂上减摩剂（脱模剂、隔离剂）。

（6）确定芯材安装位置 在铺设的导轨上注明标尺，用型钢定位器固定芯材位置。

5.2.2 挖掘规格与造墙方式

（1）挖掘规格、形状 见表 1 和图 10。

表 1 挖掘规格表

型　　号	HCDMCSW-1	HCDMCSW-2
支撑方式	悬吊凯式杆	夹持凯式杆
挖掘深度（m）	25	35
成墙长度 L（mm）	2800	2800

续表

型　　号	HCDMCSW-1	HCDMCSW-2
标准壁厚 D（mm）	600～1000	600～1000
内置型钢	可	可

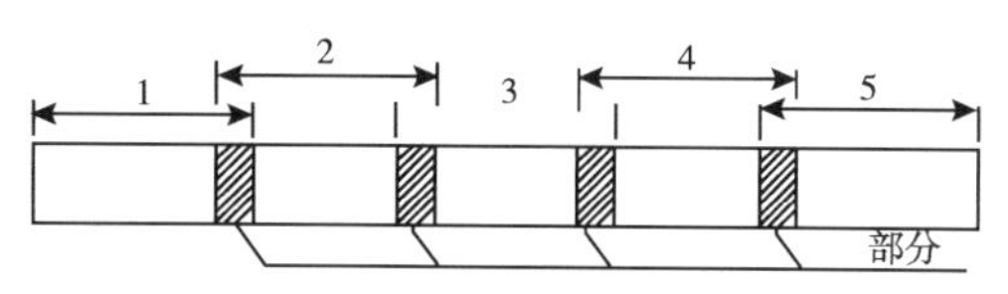

图 10　顺槽式单注浆软铣式

（2）挖掘顺序　挖掘顺序见图 11、图 12。

1）对于一般地层，成墙深度小于 20m 时，采用顺槽式单注浆软铣式，即：顺墙体轴线在已完成的一幅墙体后接着套铣新一幅墙体，套铣宽度视深度而定。单注浆是铣削搅头在进尺和上提过程中均注入水泥浆液。通常，掘进过程中注入设计水泥掺入量的70%～80%。

2）对于复杂地层，成墙深度大于 20m 时，采用往复式双注浆硬铣式，即在完成了顺墙体轴线一期墙体后再回复铣削一期已具有一定硬度的二期造墙。

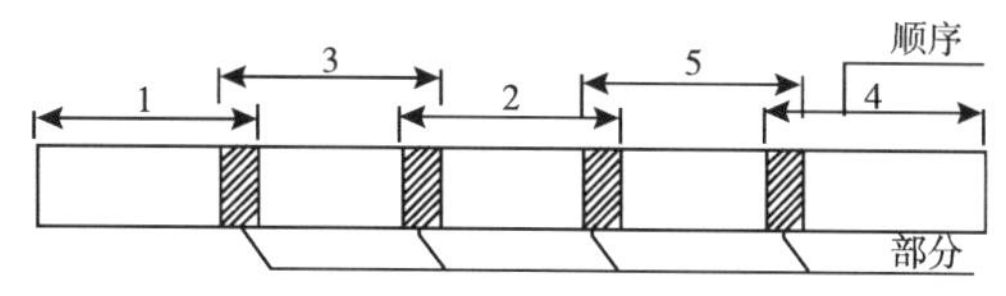

图 11　往复式双孔全套打复搅式标准形

（3）挖掘方式　一般情况下采用侧槽式施工，即墙体轴线位于主机底板中心线的平行一侧；特殊情况下，针对工作面狭窄时，亦可采用主机底板中心线与墙体轴线重合的正槽式施工。

（4）芯材安装　根据设计需要插入 H 型钢、钢筋混凝土预制桩等，如图 12、图 13 所示。

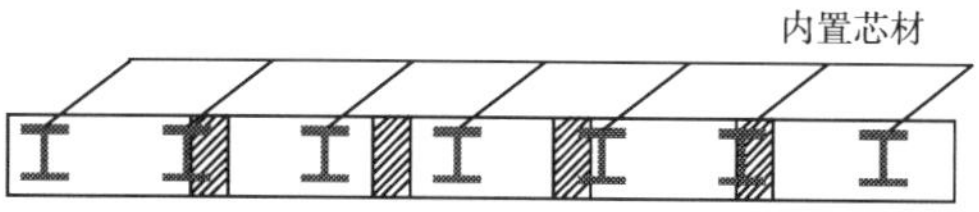

内置芯材

图 12　挖掘形状、规格及内置型钢

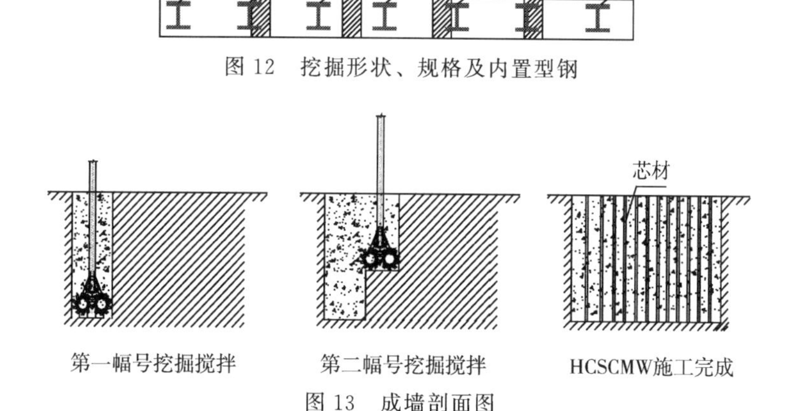

图 13　成墙剖面图

5.3 造墙管理

5.3.1 铣头定位

将 HCDMCSW 机的铣头定位于墙体中心线和每幅标线上。偏差控制在±5cm 以内。

5.3.2 垂直的精度

对于凯氏杆系统的垂直度，采用经纬仪作三支点桩架垂直度的初始零点校准，由支撑凯氏杆的三支点辅机的垂直度来控制；而对于钢索吊挂系统则安装在铣头沿高度的左右两侧的 2 块导向板和前后两侧的 4 块纠偏板来控制。操作员通过触摸屏，控制调整铣头的姿态，从而有效地控制了槽形的垂直度。其墙体垂直度可控制在 0.3%以内。

5.3.3 铣削深度

控制铣削深度为设计深度的±0.2m 。为详细掌握地层性状及墙体底线高程，应沿墙体轴线每间隔 50m 布设一个先导孔，局部地段地质条件变化严重的部位，应适当加密钻进导孔，取芯样进行鉴定，并描述给出地质剖面图指导施工。

5.3.4 铣削速度

开动 HCDMCSW（HCDMCSW）主机掘进搅拌，并徐徐下降铣头与基土接触，按规定要求注浆、供气。控制铣轮的旋转速度为 36r/min 左右，一般铣进控速为 0.5～1.0m/min。掘进达到设计深度时，延续 10s 左右对墙底深度以上 2～3m 范围，重复提升 1～2 次。此后，根据搅拌均匀程度控制铣轮速度为 25～36r/min，慢速提升动力头，提升速度不应太快，一般为 1.0～1.5m/min ，以避免形成真空负压，孔壁坍陷，造成墙体空隙。搅拌时间—钻进、提升关系如图 14 所示。

5.3.5 注浆

制浆桶制备的浆液放入到储浆桶，经送浆泵和管道送入移动车尾部的储浆桶，再由注浆泵经管路送至挖掘头。注浆量的大小由装在操作台的无级电机调速器和自动瞬时流速计及累计流量计监控，一般根据钻进尺速度与掘削量在 80～320L/min 内调整。在掘进过程中按规定一次注浆完毕。注浆压力一般为 2.0～3.0MPa。若中途出现堵管、断浆等现象，应立即停泵，查找原因进行修理，待故障排除后再掘进搅拌。当因故停机超过半小时时，应对泵体和输浆管路妥善清洗。

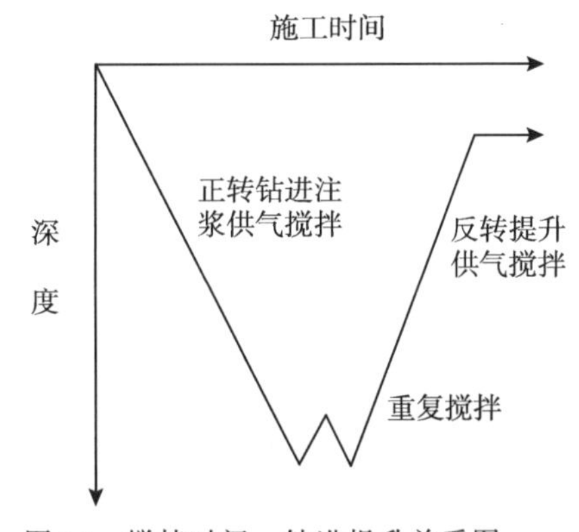

图 14　搅拌时间—钻进提升关系图

5.3.6 供气

由装在移动车尾部的空气压缩机制成的气体经管路压至钻头，其量大小由手动阀和气压表配给；全程气体不得间断；控制气体压力为 0.3～0.6MPa。

5.3.7 成墙厚度

为保证成墙厚度，应根据铣头刀片磨损情况定期测量刀片外径，当磨损达到 1cm 时必须对刀片进行修复。

5.3.8 墙体均匀度

为确保墙体质量，应严格控制掘进过程中的注浆均匀性以及由气体升扬置换墙体混合物的沸腾状态。

5.3.9 墙体连接

每幅间墙体的连接是地下连续墙施工最关键的一道工序，必须保证充分搭接。在施工时严格控制墙（桩）位并做出标识，确保搭接在20cm以上，以达到墙体整体连续作业；严格与轴线平行移动，以确保墙体平面的平整（顺）度。

5.3.10 水泥掺入比

水泥掺入比视工程情况而定，一般为15％～20％或遵循设计要求。

5.3.11 水灰比

一般控制在1.0～2.0；或根据地层情况经试验确定分层水灰比。

5.3.12 浆液配制

浆液不能发生离析，水泥浆液严格按预定配合比制作，用比重计或其他检测手法量测控制浆液的质量。为防止浆液离析，放浆前必须搅拌30s再倒入存浆桶。浆液性能试验的内容为：密度、黏度、稳定性、初凝、终凝时间。凝固体的物理性能试验为：抗压、抗折强度。现场质检员对水泥浆液进行密度检验，监督浆液质量存放时间，水泥浆液随配随用，搅拌机和料斗中的水泥浆液应不断搅动。施工水泥浆液严格过滤，在灰浆搅拌机与集料斗之间设置过滤网。浆液存放的有效时间符合下列规定：1）当气温在10℃以下时，不宜超过5h。2）当气温在10℃以上时，不宜超过3h。3）浆液温度应控制在5～40℃以内，超出规定应予以废弃。浆液存放时间超过以上规定的有效时间，作废浆处理。

5.3.13 特殊情况处理

供浆必须连续。一旦中断，将铣削头掘进至停供点以下0.5m（因铣削能力远大于成墙体的强度），待恢复供应时再提升。当因故停机超过30min，对泵体和输浆管路妥善清洗。当遇地下构筑物时，要采取高喷灌浆对构筑物周边及上下地层进行封闭处理。

5.3.14 施工记录与要求

及时填写现场施工记录，每掘进一幅位记录一次在该时刻的浆液比重、下沉时间、供浆量、供气压力、垂直度及桩位偏差。

5.3.15 发生泥量的管理

当提升铣削刀具离基面4～5m时，将置存于储留沟中的水泥土混合物导回，以补充填墙料之不足。若仍有多余混合物时，待混合物干硬后外运至指定地点堆放。

5.4 芯材的安装与回收（见图15）

为了确保精度，芯材的插入必须准确、垂直，其垂直度应用经伟仪进行观测、控制，插入深度由标高控制，插入位置由导轨上标线确定。

5.4.1 H型钢的吊放

起吊前在距型钢顶端0.07m处开一个中心孔，孔径约为4cm，装好吊具和固定钩，然后起吊，起吊时型钢必须保持垂直度。

5.4.2 H型钢定位

在槽沟定位型钢上将型钢定位卡固定，定位卡必须牢固、水平，然后将型钢底部中心对正并沿定位卡徐徐垂直插入水泥土地下连续墙内，其垂直度用经纬仪控制。当型材下插到设计深度时，挂好定位钩。

5.4.3 H型钢成型

待水泥土地下连续墙达到一定硬化时间后，将吊筋以及沟槽定位卡撤除。

5.4.4 芯材的回收

为节约工程造价，钢制芯材应尽可能拔出回收。芯材的引拔阻力为隔离材的剪切阻力和芯材与隔离材的摩擦阻力之和。通常采用油压千斤顶或吊车拔出。

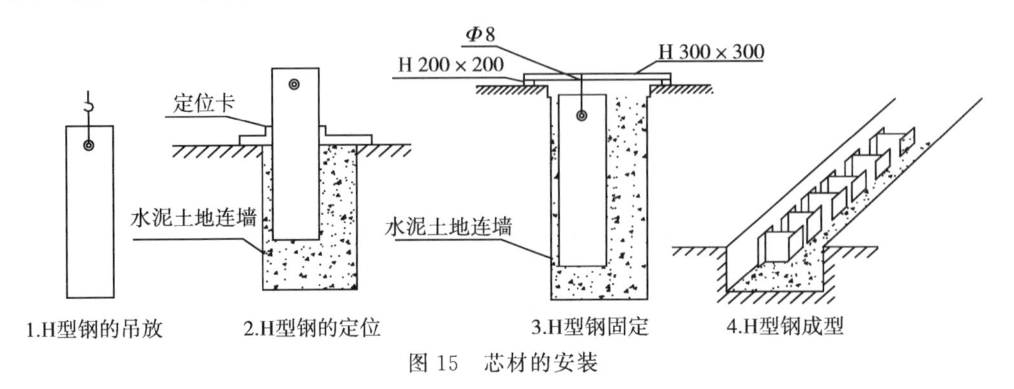

图15 芯材的安装

5.5 劳动力组合（见表2）

表2 劳动力组合

工　种	岗位内容	人数 HCDMCSW机	技术要求
领　班	全面负责施工质量、安全、进度，贯彻岗位责任制，协调各岗位有序施工	1	持有助工以上证书
主操作员	按规程操作主机，视工况调节好水泥浆量和气量，对运行中的非正常情况能作出应急处置	1	需经岗位培训
起重工	按规程操作吊车，负责芯材安装	1	需经岗位培训
制浆员	按规程操作制浆机，根据要求配制好浆液	2	需经岗位培训
机电员	负责机械发电、供电，机器和电气系统的维护和保养	1	持有电工上岗证
普　工	负责开挖储留沟，回浆储存、回注和修复场地、布置导轨、安装芯材	5	需经岗位培训
合计每台班劳动组合人数		11	

6 材料与设备

6.1 材料

固化剂　通常使用的普通硅酸盐水泥。在寒冷地带施工，必须缩短工期的时候，才使用快凝水泥。在含有机物多的地基中使用，事前必须做掺合试验，决定种类配合比。

水　通常使用自来水，如采用当地自来水以外的水源时，必须进行水质判断。海水致使土壤膨润，助长土壤的透水性。

添加剂　黏土、膨润土、减水剂、速凝剂等。

芯材　H型钢等。

6.2 设备

6.2.1 主要施工机械组成（见表3）

表3 施工主要机械

类别	设备名称	规格型号	单位	数量	配套功率（kW）	用途
支撑机	铣削动力头	2×380L/min	套	1	298（机）330（电）	为挖掘提供动力源
	凯氏方管底杆	11m	根	1		支撑动力头
	凯氏方管接杆	10m	根	2		支撑动力头
	悬索		套	1		悬挂动力头
	液压履带式移动车	100T级	台	1	298	装载主机
	制浆机桶	Φ1300mm	台	1	3	
	储浆桶	Φ1300mm	台	2	2×3	
	注浆泵	BW320/2	台	2	30	
	送浆泵	Φ75mm	台	1	11.0	
	送水泵	Φ80mm	台	1	7.5	
	空气压缩机	$3m^3/min$	台	1	22	供气辅助挖掘
其他	电源	400kW	台	1		驱动装置、制浆、供气系统、照明、维修动力
	高压清洗机	1/2英寸喷嘴	台	1	2．2	清洗钻杆
	挖掘机	$0.5m^3$	台	1		挖储留沟、挖弃土
	自卸卡车	5t	辆	1		运输泥土
	垫板	$120×18×650cm^3$	块	6		液压履带式移动车行走
	拔取芯材液压设备	40MPa、2×100t	套	1		拔取芯材
	吊车	16t	台	1		吊装芯材

6.2.2 主要检测设备和配置（见表4）

表4 主要检测设备和配置

序号	设备名称	规格型号	单位	数量	用　途	应遵循标准
1	铣削搅监控仪	KH-SC20型	只	1	深度、轮速、压力、角度等	相关技术标准
2	流量计	JDK型铣削搅监测仪	只	1	测量输浆量	相关技术标准
3	经纬仪	DJ2	台	1	校核导杆立柱垂直度	相关技术标准
4	水准仪	钟光DS3	台	1	量测水平度	相关技术标准
5	压力表	1.5MPa	只	5	量测供气、供浆压力	相关技术标准
6	钢卷尺		把	2	测距	相关技术标准
7	比重计		支	按需	测量浆液比重	相关技术标准

7 质量控制

为确保该工程的质量优良，对工程施工进入全面质量管理，从组织上建立施工织管理网络，成立分项工程经理部，配备专职质检工程师，各班组配备质检员。

按设计和规范要求制定质量管理措施及岗位职责。

单元工程的质量评定执行初检、复检、终检的三级质量检查制。

施工质量检查内容：

（1）施工前制定详细的施工专项方案，对施工操作人员进行技术交底。

（2）施工前对施工场地的地下障碍物进行清除，同时做好设备的检查和保养，确保设备运行良好，并备好易损耗件，以备设备及时维修，确保钻进过程和连续。

（3）做到用合格水泥，批量检测达要求。坚持材料验收合格证制。

（4）严格检控确定的水灰比，注浆量、压力。确保混合墙体成溶融状态。

（5）现场司质人员应对 HCDMCSW 机的平面定位、垂直度、钻进深度、速度进行检测。

（6）检查型钢的外形、焊接缝口要符合规范要求。

（7）控制好型钢的定位和垂直度。

（8）采用标准试模采集试样、钻孔取芯、开挖检查、围井、注、抽水试验及无损伤探测检验进行墙体质量检查；作为防渗墙时其检测 28d 试样其无侧限抗压强度是否大于 0.5MPa、渗透系数小于 10^{-6}量级或达到设计要求。

（9）施工质量控制点和控制标准见前面操作要点中所述。

8 安全措施

8.1 安全生产

本工程主要为机械作业，在施工中应认真贯彻“安全第一、预防为主”的方针，执行安全生产责任制，明确各级人员的责任。

特殊工种需持证上岗，不准无证操作，按起重机械有关规定进行操作。实行安全否决权。

施工机械的工作面应具备足够的承载力。

要制定施工过程中因故停机的紧急处置预案。

应加强对 HCDMCSW 围护结构的支撑应力、地下水位、墙体的水平位移、地表沉降等参数的及时有效的监控。

拆除 HCDMCSW 围护结构时，注意基土与新建构造物之间的空隙回填对周边建筑物及地下管线的影响。

8.2 文明施工

加强对职工职业道德、职业纪律的教育，结合工程实际开展现场练兵等岗位培训，提高职工思想道德和业务素质，使工地现场干部职工形成良好的精神风貌。

经常进行现场文明施工检查活动，发现隐患，及时予以消除。抓好现场容貌管理，划定责任区域，明确施工设备停放场地，施工机械设备停放整齐，建筑材料及周转材料分类堆放整齐。

保持进场道路的通畅、平坦、整洁，进场施工道路派专人养护，防止粉尘飞扬。

9 环保措施

按国家和地方有关环境保护法规和规章的规定控制施工的噪声、粉尘和弃土处置，保障工人的劳动卫生条件。

维护好施工区和生活区的环境卫生。

施工机械的废油集中处理，不得随地泼洒。

在工程完工后的规定期限内，拆除施工临时设施，清除施工区和生活区及其附近的施工废弃物。

10 效益分析

HCDMCSW 机及其施工工法的研发成功，为大深度构造物的支护方式提供了行之有效的手段。使深层搅拌技术达到了世界先进水平。作为基坑支护方法之一，HCDMCSW 是利用特殊的成墙施工设备在地下构筑连续墙体的一种基础工程新技术，具有挡土、截水、防渗和承重等多种功能。既可以作为施工过程中的支护设施，也可以作为结构的基础，还可用于污水处理，改善水环境。当用于拦截地下水而形成地下水库，或防止地下水污染时，对保护生态环境、防止生态环境恶化、除害兴利也是一项社会效益十分显著的可持续发展的项目。

在经济效益方面大大降低施工成本：实现从原价 1000～1500 元/m^3 降至 300～500 元/m^3，一次成墙效率达到 2～40m^3/h，一次施工单元幅长 2800mm，有利于大面积推广应用。

在产品生产制造方面，本产品属于中（重）型机械的生产规模，就我国目前机械制造技术和设备水平，可成规模地生产出与国外产品相媲美的、符合中国国情的完全国产化产品。由于该产品不仅在性能上更符合国情，而且在价格上适中，所以其不仅可介入国家重点工程中的部分市场，取代拟引进的国外设备，而且拥有在我国一般基础工程中普及应用的价格水准和强劲的市场竞争力。因此它的研发成功一是可以减少进口二手机或用昂贵的价格进口原装机的数量，为国家节省大量的外汇；二是为更多的工程需采用先进工法施工而无力购置国外先进设备而提供了经济、安全且可靠的施工机械；三是可逐步取代那些传统和过时的工法。

11 应用实例（见表 5）

表 5　应用实例

工程名称	汉江兴隆水利枢纽闸基	兰溪瑞园小区地下车库	大信东方丽城基坑	十六中地下车库	鸿益千秋基坑防渗墙
基土土质类别（层厚 cm）	全新统粉细砂	素填土 160；耕土 60；杂填土 840；圆砾 160；中砂 450；砾砂 2630；漂石 20	素填土 350；淤泥 550；粗砂 730；全风化岩 110	杂填土 270；粉砂 1040；强风化泥岩（半岩半土状）280	素填土 120；粉土 270；粉砂 1010

续表

工程名称		汉江兴隆水利枢纽闸基	兰溪瑞园小区地下车库	大信东方丽城基坑	十六中地下车库	鸿益千秋基坑防渗墙
基坑开挖深度（m）			11.2	8.3～9.1	6	5.7
墙体	长度（m）	2200	680.6	434	263.3	570
	深度（m）	5～15.9	18	13.5	11～14.5	13.5
	厚度（cm）	60	60	600	60、80	60
支护方式			HCDMCSW墙＋预制方桩＋预应力锚索	HCDMCSW墙＋型钢＋锚索	HCDMCSW墙＋型钢＋锚索	
水泥掺入比（%）		18	20	20	20	18
水灰比		1.1	1.6	1.8	1.8	1.8
掘进速度（m/min）		0.2～0.8	0.1～0.7	0.2～0.8	0.2～0.8	0.2～0.8
提升速度（m/min）		0.5～1.5	0.4～1.3	0.5～1.5	0.5～1.5	0.5～1.5
抗压强度（MPa）		4.2	2.4	2.9	3.1	2.1
渗透系数（a×10^{-6}cm/s）		6.9	2.4	2.8	2.5	3.4
所在地		湖北潜江	云南玉溪	广东中山	广东广州	江苏江都
年份		2010-10	2012-10	2012-12	2013-10	2013-12

桩基础工程

某高层建筑事故的加卸载和变刚度桩基综合处理

秋仁东　刘金砺　邱明兵　郑文华
高文生　殷　瑞　郭金雪
（中国建筑科学研究院地基基础研究所　北京　100013）

摘　要：在分析某高层建筑严重不均匀沉降原因的基础上，制定了该建筑物的综合处理和实施技术方案。为了逆转高速率的沉降和倾斜态势，并促其趋于稳定，达到正常使用标准，采取如下四方面处理措施：一是采取一侧卸载减沉，另一侧加载促沉措施；二是采用混凝土钢管桩结合后注浆实施变刚度加固处理；三是断开原已浇注的后浇带，加大沉降较小一侧的基底压力以增沉；四是科学安排施工程序，以发挥综合处理预期效果。最终使建筑物沉降速率由 0.8mm/d 降至 0.006mm/d；倾斜由最大 2.8‰降至 2.28‰，均小于规范允许值。工程的处理实施过程中遇到的一些问题在文中也进行了讨论分析，本文的相关研究成果和加固经验可为类似工程提供参考。

关键词：高层建筑；倾斜；变刚度；施工扰动；后浇带

0　引言

地基基础工程事故是建筑工程，尤其是高层建筑中最为突出且处理难度较大的工程问题，勘察、设计、施工不当或环境及使用情况的改变都将引起事故的发生。主要表现为整体沉降变形或不均匀沉降变形超标，导致上部结构出现裂缝、倾斜。结构整体性、耐久性受到削弱和损坏，影响正常使用，严重者危及安全，甚至造成建筑物倒塌失稳。本文结合某 17 层高层建筑工程实例，对建筑物的不均匀沉降原因进行分析，并有针对性地提出了处理措施。目前该高层建筑已经竣工并交付使用，最大沉降量为 143.7mm，沉降速率均匀，并趋于稳定，满足使用要求[1-2]。本工程的处理实施过程中遇到的一些问题在文中也进行了研究讨论。本文的相关研究成果和加固经验可为类似工程提供参考。

1　工程概况

某 A、B 座公寓楼建筑面积为 65392.56m^2（其中地下室 10680.40m^2，地上建筑面积 54712.16m^2，其中 A 座 27356.08m^2，B 座 27356.08m^2），A、B 公寓楼东西相距约 30m，相对平面位置见图 1。

A、B 建筑物情况类似，现以 A 栋建筑物为例说明。A 楼主体建筑物长 76.60m，最宽处 27.60m，高 53.40m，地上 17 层，地下 1 层，其中地下一层层高 4.50m，主体建筑物南侧为地下车库，长 97.20m，宽 41.30m，高 3.60m（±0.00 下 2.70m 算起），A、B 楼地下车库连为一体，如图 2 所示。主体采用钢筋混凝土剪力墙结构，地下车库部分为框架结构。主体采用天然地基筏板基础，基础埋深－4.5m，板厚 700mm，建筑外墙处筏板外挑 1.8m。地下车库采用 CFG 桩，桩顶上铺 200mm 厚碎石褥垫层，桩长 12.5m，典型结构剖面见图 2，地质柱状图和土的力学指标见图 3。

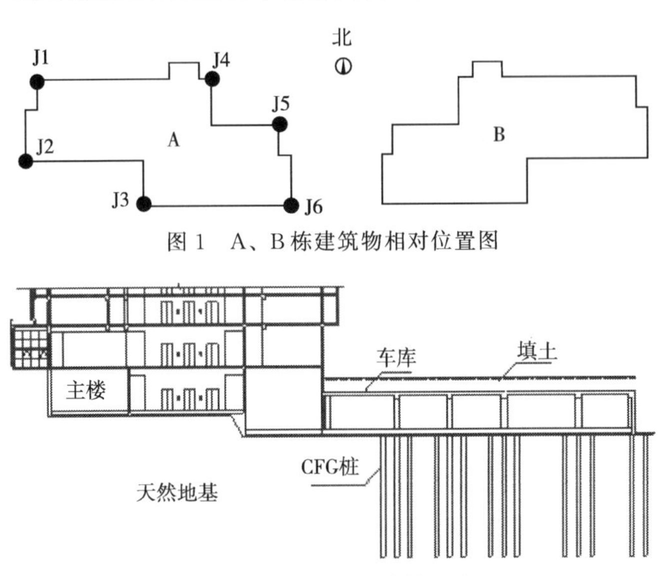

图 1　A、B 栋建筑物相对位置图

图 2　主、裙楼连接剖面图

该工程于 2009 年 12 月地下部分完工，基坑回填结束，2010 年 11 月结构封顶，2011 年 4 月浇注后浇带。截至 2011 年 8 月 15 日，A 主楼楼体北部最大沉降量为 96mm（J4），南部最小沉降量为 30mm（J2），最大倾斜值达 2.36‰（J3、J4 南北向距离），沉降观测点位置如图 1 所示。5 月至 8 月三个月期间，6 个沉降观测点的平均沉降速率为 0.13mm/d；北侧三点的平均沉降速率为 0.23mm/d，最大为 0.32mm/d；南侧三点的平均沉降速率为 0.04mm/d，最大为 0.05mm/d，北部沉降值和沉降速率明显大于南部，南侧车库西侧挡土墙（剪力墙）部位及北侧门庭上梁部位（门庭上梁支撑柱下为 CFG 桩复合地基）出现由不均匀沉降造成的斜裂缝，如图 4 所示，且该沉降趋势仍在进一步发展中。截至 2011 年 8 月 15 日负载量约为 70%。

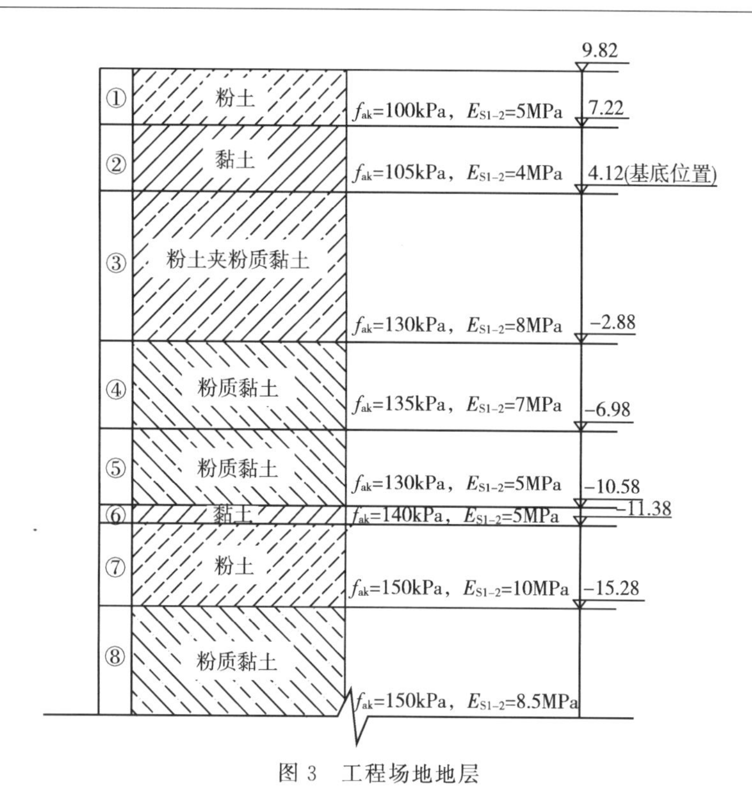

图 3　工程场地地层

(a)　　　　(b)

图 4　不均匀沉降造成的结构裂缝照片

2　事故原因分析

(1) 由于本工程地基土的压缩模量较小，基础计算沉降量为 220mm，超过规范允许值。设计方案、施工过程稍有不合理就容易导致楼体沉降不均匀。该工程为主、裙连体建筑，主楼采用天然地基，裙楼采用 CFG 桩复合地基，由于主楼地基刚度小、裙楼地基刚度大，设计变更又取消了相邻裙房上部的覆土，导致主、裙楼地基应力差异增大，这是产生倾斜的第一因素。

(2) 基础埋深不一致，平面呈“刀把”形布置，给沉降带来不利影响。由于主楼与裙房间的筏板基础为不同埋深的台阶式设计，高差约为2m，埋深较大处的基底附加应力较小，埋深较浅处附加应力较大，相差约为40kPa，这是导致建筑物沉降差异增大的第二因素。

(3) 过早浇注后浇带，导致主楼南侧地基反力减小，北侧地基反力相应加大，加剧了差异沉降。2010年11月10日主体封顶时加荷比例约为63.8%（内部隔墙荷载比例为19.2%，后续装修等荷载比例约为17%），与一般意义上的封顶有所不同，荷载所占比例较小，实为名义封顶。因此，伴随着后浇带的封闭，南北差异沉降进一步加剧。这是导致南北沉降差异增大的第三因素。

(4) 由沉降观测数据分析表明，2011年6月15日后沉降发展迅速，据降雨记录，5月后发生过多次大到暴雨（降水情况见表1）。由于该场地地下水位较深（约地表下30m），场地地层多为非饱和土，大量降水会导致土体模量降低。由于南部有大面积车库覆盖，雨水影响小，而北部尚未施工散水，直接裸露，雨水影响较大，这成为北部地基沉陷发生不可抗力的自然因素。A楼南侧基底粉土为大面积的裙房覆盖，而北侧基底直接暴露在自然环境中，2011年5月～7月连续多次大雨或暴雨导致北侧地基含水量明显提高（见表1记录），引起北侧沉降加大。这是南北差异沉降增大的第四因素。

表1　2011年雨季降雨记录

时间	2011-05-09	2011-05-10	2011-06-06	2011-06-20
降水情况	大雨	大雨	暴雨	暴雨
时间	2011-06-24	2011-07-02	2011-07-24	2011-07-29
降水情况	暴雨	暴雨	暴雨	暴雨

3　南侧加载增沉，北侧卸载减沉

考虑到目前（2011年8月）北侧J1、J4、J5三个沉降观测点的平均沉降速率为0.23mm/d，单点最大平均速率为0.32mm/d，其中个别时间段达到0.51mm/d，且无收敛趋向，依据《危险房屋鉴定标准》JGJ125－99（2004年版）4.2.3条：地基沉降速度连续2个月大于4mm/月（0.13mm/d），并且短期内无收敛趋向，定为危险状态[3]。为此，采取简便易行的应急措施，在楼体的南侧进行砂土堆载、北侧外挑筏板上部挖土卸载，以期减小其不均匀沉降速率，遏制倾斜快速发展。堆载、挖土的具体范围如图5所示。

自2010年9月10日起，A楼北侧悬挑筏板上部挖土卸载500t。A楼南侧地下车库填砂堆载2400m^3（3600t）。

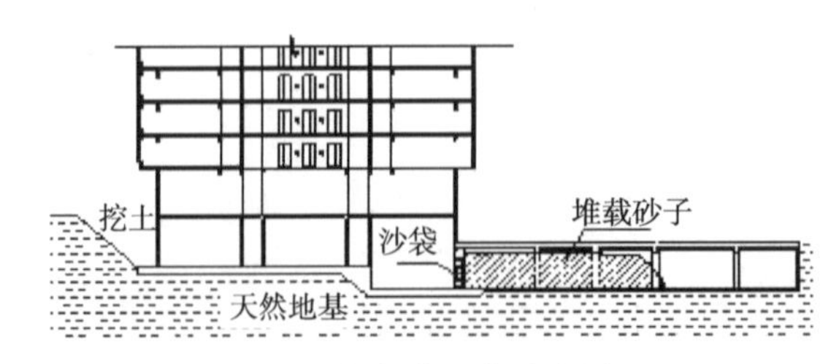

图5　加卸载土体示意图

根据南部堆载北部卸载后一个多月的沉降观测，楼体沉降速率从处理前的最大0.51mm/d降到处理后的0.15mm/d，楼体南北侧沉降速率基本趋于一致，差异沉降没有进一步发展。垂直度、墙体裂缝观测结果也可判定楼体倾斜值没有进一步发展。

从以上条件判定楼体沉降速率已渐趋于稳定，倾斜发展趋势也得到有效控制。楼体不均匀沉降加固处置方案实施已具备基本条件。

4　混凝土钢管桩变刚度增强

考虑到主楼荷载尚需增加30%，地基为深厚软弱土层，不进行加固，沉降和倾斜将严重超标。鉴于地下室的施工空间狭窄，决定采用混凝土钢管桩加固，钢管外径 $d=200$mm，壁厚 $t=8$mm，桩长由北向南递减，实施变刚度布桩。为增强基桩的端阻和侧阻，对桩端实施后注浆。具体实施方案如下：

（1）主楼北侧筏板外挑区域布设混凝土钢管桩，桩长19m，纵向间距2d（0.4m），横向间距9d（1.8m），共计46排，92根桩。

（2）主楼室内剪力墙两侧按桩距1.4m各布一排桩，桩与剪力墙边缘距200mm，由北往南分为②、③、④区，如图6所示。②、③区桩长为17m，④区桩长为15m。

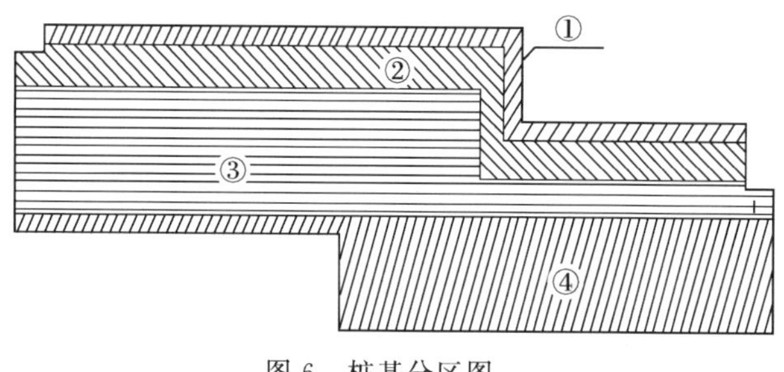

图6　桩基分区图

（3）为弥补筏板钻孔沉桩切断钢筋对筏板抗剪抗冲切承载力强度和抗弯刚度的削弱，预先对筏板进行增厚300mm，构造配筋加固，并预留桩孔位。

（4）混凝土钢管桩构造与成桩工艺要点如下：

钢管外径 $d=200$mm，壁厚 $t=8$mm；端部敞口，桩顶嵌入筏板长度50mm；管内灌注细石混凝土C30，上部配置1.5m连接钢筋笼，钢筋锚入筏板长度 $35d_g$（d_g 为钢筋直径）。

水钻于筏板上成孔 Φ220mm→采用130地质钻机锤击法沉入敞口钢管→掏出管内土芯→管内置入后注浆管，端部注浆阀插入土中20cm→管内安放连接钢筋笼→孔内灌注细石混凝土C30振捣密实→2天后实施后注浆→加固桩端、桩侧土体→凿毛筏板孔壁，刷洗干净，涂混凝土界面剂→浇注筏板孔内C40微膨胀混凝土，完成桩、筏连接锁定。

（5）单桩承载力检测：对4根19m桩长未注浆和注浆混凝土钢管桩的承载力进行静载试验，其结果为：未注浆基桩单桩极限承载力 $Q_u=225$kN，后注浆基桩单桩极限承载力为 $Q_u=750$kN。

5　断后浇带，加大南侧基底压力增沉

南侧主裙相邻，裙房第一跨内的沉降后浇带在主楼结构封顶后即已浇注封闭。为消除裙房分担主楼荷载效应，断开裙房筏板和楼板结构的后浇带，促使荷载转移，增大主楼南侧基底压力，以增加沉降，减小向北倾斜，将有正面效应。可以说，北侧挖土卸载，南侧

堆砂加载，是调整基底压力的外加因素，而断开后浇带则是原结构体系荷载传递路径和分布的自身调整。

6 精心规划，加强监测，动态化设计，信息化施工

在实施综合处理过程，改变了结构—基础—地基的既有力系平衡，必然引起其工作体系的应力、变形的调整；尤其是非饱和黏性土地基，这种调整还需经历一段时间。其次，原设计的加固处理方案与细则不见得完全符合实际、科学合理。因而，在实施过程中，应通过加强监测，及时分析异常，合理安排施工顺序，乃至调整设计。也就是实行“动态化设计，信息化施工”。

（1）北侧挖土卸载，南侧堆砂加载，是一种施工简便、不损伤结构、见效较快的措施，因此将其作为加固处理前的应急措施。且卸载与加载可平行开展，但挖土和堆砂应分层均衡实施。对加卸载效果也应通过沉降和倾斜的发展监测进行评价。

（2）加设混凝土钢管桩虽然是一种增强基础支承刚度的有效措施，但是实施过程会损伤基础结构，实施时间长，见效滞后，而且沉管和注浆对土体产生扰动，后注浆还使局部土体含水量急增，这两种效应均会导致土体软化。因此，成孔成桩和后注浆不能全面铺开，否则，将引发沉降剧增。如图 7 所示，从主楼 C6—C13、C7—C12 断面倾斜一时间关系看出，主楼北侧第一段深色阴影区为施工混凝土钢管桩时间段倾斜发展曲线，浅色阴影段为后注浆施工时间段倾斜发展曲线。从图 7 中看出，施工成桩、注浆及注浆后 10d 左右的时间，施工扰动效应都是较明显的。

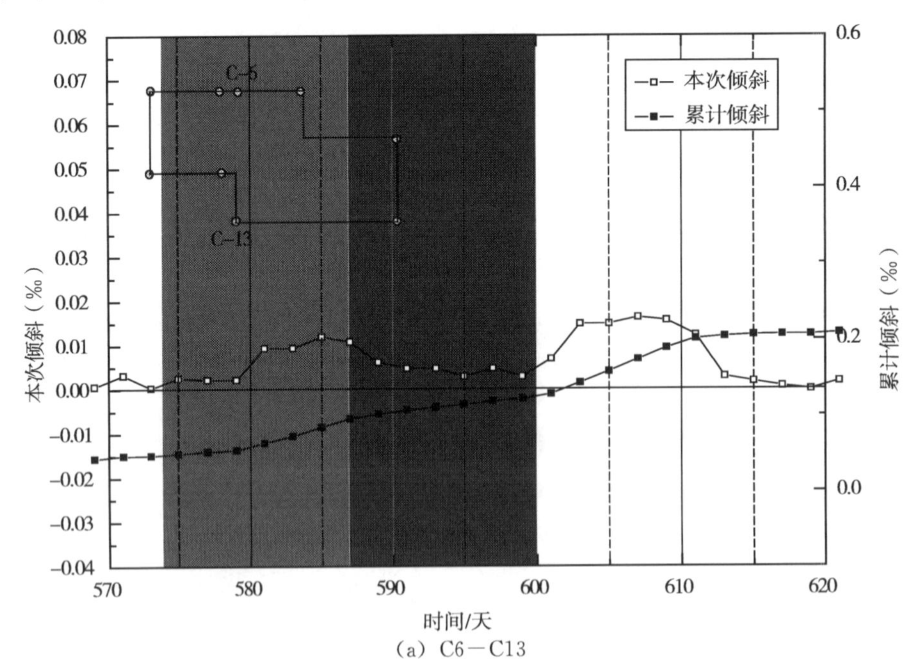

(a) C6—C13

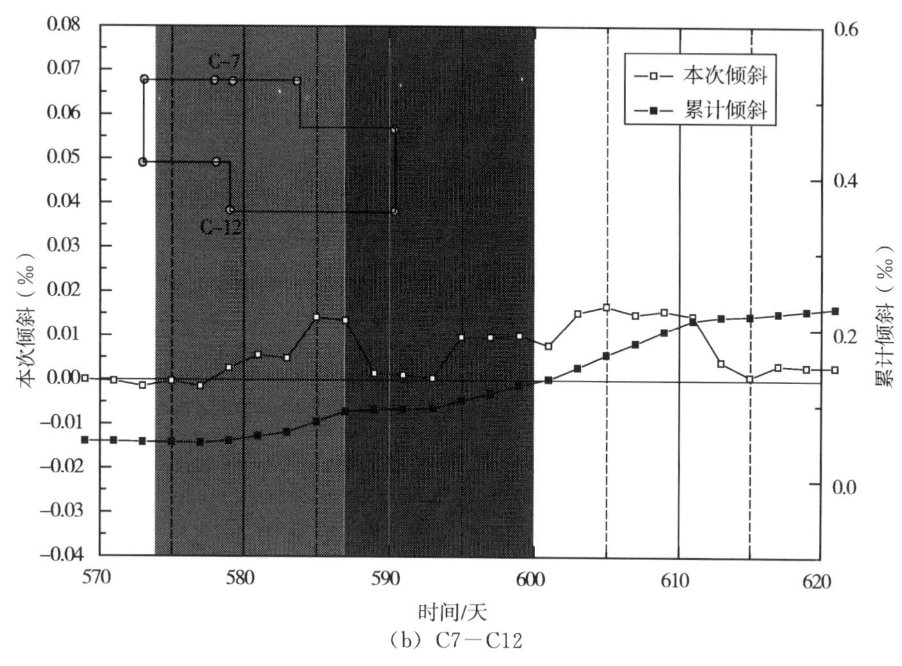

（b）C7－C12

图 7　施工扰动对楼体倾斜的影响曲线

由此可见，根据沉降变化的监测结果评估施工的负面影响，安排成桩进度和顺序是至关重要的。总体而言，应按由北向南分步分段推进，每区段钢管桩后注浆结束并固化后，应实施筏板封口锁定，以期桩发挥承载作用。

（3）沉降后浇带的断开。

已封闭沉降后浇带处于主楼南侧裙房第一跨，该处正位于堆砂加载范围，处理前期后浇带不能断开，否则，堆载对主楼南侧的增沉效应将大为削弱。因此，断开时间选在钢管桩成桩过半，即 2012 年 6 月。因当时由于成桩扰动效应导致倾斜速率达到 2.8‰，接近于《建筑地基基础规范》GB50007—2011 规定的 3‰。为了迅速有效地遏制倾斜，决定局部移开砂堆，断开沉降后浇带。断后浇带采取先楼盖，后筏板，分步、分段进行，其分布如图 8 所示。

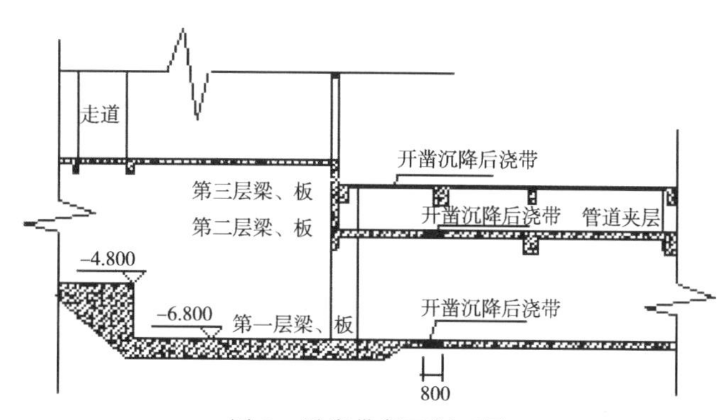

图 8　后浇带断开剖面图

断开后浇带并恢复局部临时移去的砂堆后，主楼南侧沉降速率增加 2 倍以上，主楼沉降速率转变为南大北小。这说明主裙连体对主楼荷载和沉降的相互影响明显，如图 9 所示。

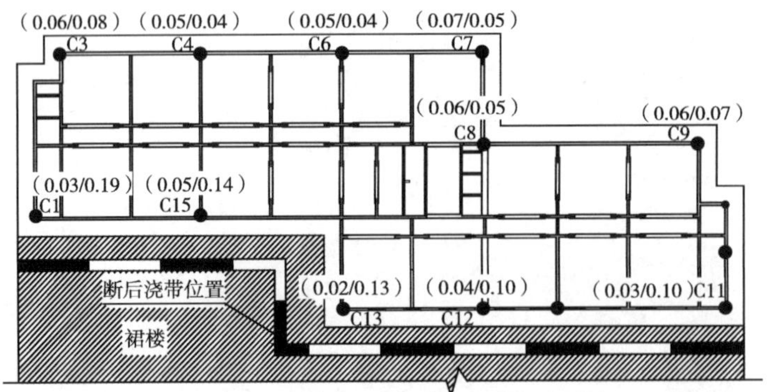

图 9　后浇带断开前后沉降速率图

（4）加强沉降监测。

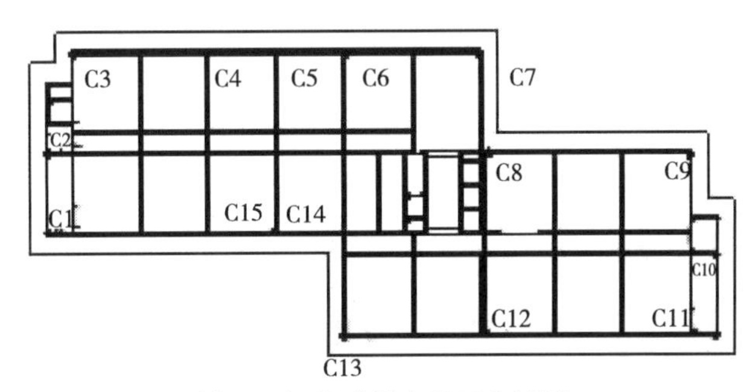

图 10　沉降观测点平面布置图

原来仅在建筑物外围布有沉降测点（图 1），后又于建筑物结构构件上补设 9 个测点（图 10），并将测试时间加密至 1～2d，由此可获得不同时间沉降分布变化，评估加固处理程序与进度的合理性，及时发现异常，及时调整。如根据沉降变化控制调整成孔成桩顺序、进度和后注浆水灰比等设计参数；选择断开后浇带时机；卸载堆载时间；减沉止倾效果以及工程综合处理评估验收。

7　地基基础加固效果评价

2011 年 11 月底，加固工程正式开始，按照前期制定的加固方法及控制技术手段有条不紊地实施，在实施每一步骤时，及时监测大楼沉降及倾斜量，根据监测反馈的信息决定是否进行下一道程序，即执行“动态化设计，信息化施工”的理念。期间观测点的最大沉降速率曾达到 0.8mm/d，整个处理过程中实现了建筑物的安全、可控。经过约 300d 的紧张施工，2013 年 3 月 16 日，大楼南北向倾斜率由加固前的 2.36‰回归到 2.28‰；东西向倾斜率由加固前的 1.32‰回归到 1.28‰，均满足国家相关规范规定的小于 3.0‰的要求，加固取得圆满成功，大楼南北方向的倾斜一时间变化曲线见图 11、图 12。

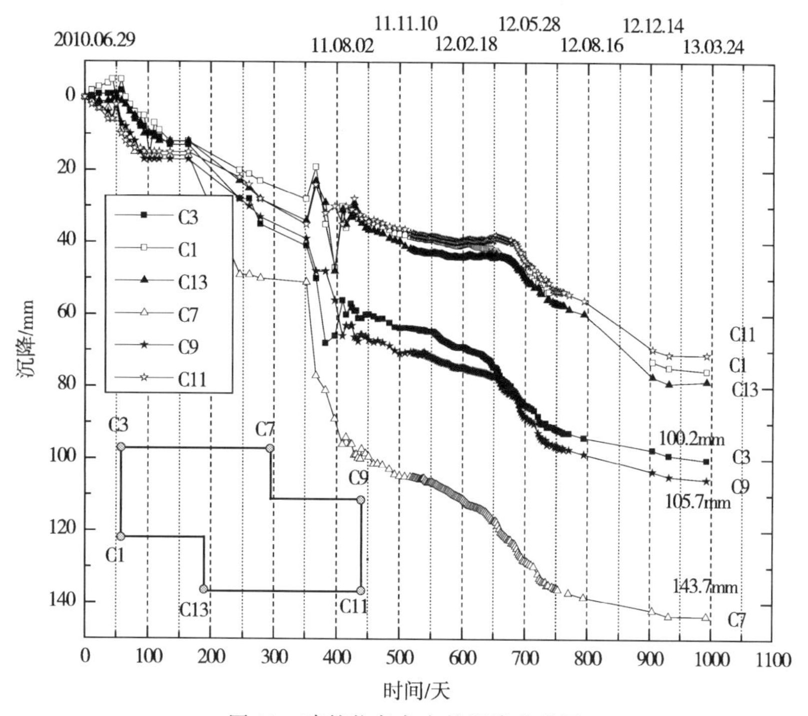

图 11　建筑物各角点的沉降曲线图

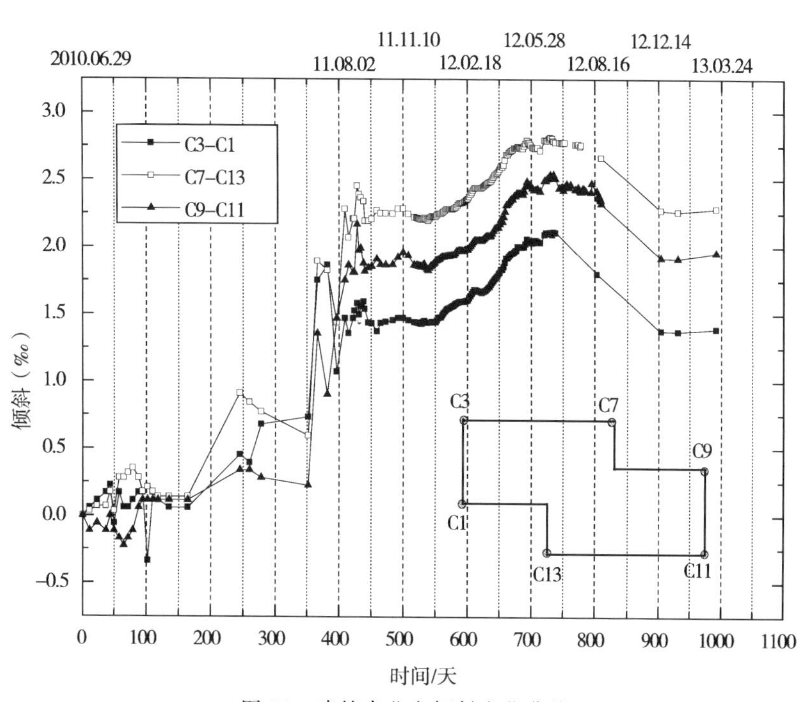

图 12　建筑南北向倾斜变化曲线

表2 竣工后58天的沉降观测数据

点号	部位	累计沉降量 (mm)	平均沉降量 (mm)	沉降速率 (mm/d)	平均速率 (mm/d)
201.01.17—2013.03.16（共计58天）					
C3	北侧	−0.66	0.347	−0.011	0.006
C4		0.42		0.007	
C5		0.69		0.012	
C6		0.95		0.016	
C7		0.38		0.007	
C8		1.12		0.019	
C9		−0.47		−0.008	
C10	南侧	−0.68	0.480	−0.012	0.008
C11		0.21		0.004	
C12		1.07		0.018	
C13		0.9		0.016	
C14		0.89		0.015	
C15		0.49		0.008	

2012年12月，该建筑物基础加固完成，2013年1月14日到2013年3月13日期间，公寓楼A楼沉降监测数据见表2，依据《建筑变形测量规范》JGJ 8—2007有关建筑物沉降稳定的标准，可认为其已进入稳定阶段[4]。

8 结论

通过本工程加固处理方案的设计与实施，得到如下结论。

（1）地基基础的加固处理要根据场地地质、工程结构、地基基础特点、沉降变形状况和发展趋势，分析各种可行措施，制定综合处理与实施方案。

（2）采用刚性桩增强地基支承刚度是有效可靠的措施，但成桩和后注浆对地基土产生扰动、增湿效应，将导致沉降变形加剧。因此，应加强监测，合理布局，分步实施，发现异常及时调整实施进程和设计参数，包括调整成桩速率、施工点距和注浆水灰比等。

（3）根据具体情况实施加、卸载和断开原已封闭的主裙沉降后浇带，是调整基底压力，促沉止倾的有效措施。

（备注：本文摘自岩土工程学报增刊。）

参考文献

[1] GB 50007—2011建筑地基基础设计规范［S］．北京：中国建筑工业出版社，2011.

[2] JGJ 94—2008建筑桩基技术规范［S］．北京：中国建筑工业出版社，2008.

[3] JGJ 125—99—2004危险房屋鉴定标准［S］．北京：中国建筑工业出版社，2004.

[4] JGJ 8—2007）建筑变形测量规范［S］．北京：中国建筑工业出版社，2007.

植入预制钢筋混凝土工字形围护桩墙技术

严　平[1,2]

（1. 浙江大学建筑工程学院；2. 杭州南联工程公司）

摘　要： 植入预制钢筋混凝土工字形围护桩墙（SCPW 工法）是项围护新技术，近年来人们对该技术从理论分析、设计计算、工字形桩的制作、现场的植入施工及施工机械等作了系统的研发，并已进行了数十个围护工程的实践检验。本文系统而简明的介绍了 SCPW 工法的原理、设计计算方法、施工机械及施工方法、该技术的研发要点和科研成果以及工程应用状况。

关键词： 围护桩墙；预制工字桩；理论与实践；施工工法

1　概述

基坑围护是目前岩土工程的热点，随着城市建设发展和汽车时代的到来，地下基坑围护工程大量涌现，而现有的围护桩墙技术很有限，常见的主要是传统钻孔灌注排桩结合水泥搅拌桩或旋喷桩帷幕组成的围护墙和强力水泥搅拌土植入可回收型钢围护墙做法（SMW 工法），而地下连续墙由于造价昂贵仅用于高深基坑工程中。常用的钻孔灌注排桩墙、咬合桩墙以及地下连续墙不但施工复杂、施工速度慢、造价高，而且具有需处理泥浆等缺点。这些传统工法在成桩中将产生约 3 倍桩孔体积的泥浆，污染环境，与城市建设可持续发展方向相悖，因此泥浆外运处理是项亟待解决的严峻问题。若泥浆问题不解决，可预言该项传统技术将被淘汰。

新近开发推广的水泥搅拌桩插入可回收型钢围护墙做法（SMW 工法）具有施工速度快、造价相对低和无泥浆外运处理问题等优点，但存在着造价受施工工期牵制和回收型钢麻烦等问题。

植入预制钢筋混凝土工字形围护桩墙技术（简称 SCPW 工法）是新近开发的围护工法，具有施工简单、速度快、质量安全可靠、造价低、无须泥浆外运处理、无须后期回收型钢等优点。此工法植入的钢筋混凝土桩通过工厂化生产，采用预应力钢棒配筋，C50 混凝土，蒸汽养护，生产速度快（3 天可拆模起吊），桩身刚度大，抗弯强度高（相当直径 800 钻孔桩）。本围护工法与传统钻孔桩围护相比，具有施工速度快、桩身质量可靠、无泥浆外运等优点，围护桩墙综合造价要比钻孔桩做法节约 20%左右。且此法施工无噪声或低噪声，无挤土或低挤土，相比 SMW 工法，具有围护墙刚度大，一次性投入，无回收等费用，也不存在由于工期延误而增大费用的缺点，且正常工期情况下其围护综合费用要比

SMW 工法约节约 10%左右。

植入预制钢筋混凝土工字桩围护墙技术（SCPW 工法）是一项系列研发项目，历时数年，对桩体的截面受力性状、配筋方式、桩体制作、接桩方法、各种土层的搅拌和植桩、围护墙的受力变形和稳定、专用植桩机的研发等做了系统研究，共发表约 10 多篇论文，指导了 5 名研究生以此为课题完成硕士论文，并已形成一套较完善的设计、施工和质量控制体系，完成了企业标准。

植入预制钢筋混凝土工字桩围护墙技术（SCPW 工法）在 2006 年通过浙江省建设厅科研成果鉴定，2009 年获得杭州市科技进步三等奖，2011 年获浙江省级工法，2012 年获第四届中国岩石力学与工程学会科学技术三等奖，获第二届浙江省岩土力学与工程学会科学技术一等奖。

植入预制钢筋混凝土工字桩围护墙技术（SCPW 工法）就围护墙施工方法、预制桩的连接、专用多功能植桩机的研发共申报并获得 7 项国家专利，其中 1 项为发明专利。

植入预制钢筋混凝土工字桩围护墙技术（SCPW 工法）是杭州南联工程公司研发的新技术之一，据此，杭州南联工程公司近年来已成功的完成了 30 多项基坑围护工程。

2 植入预制工字围护桩墙技术（SCPW 工法）简介

2.1 植入预制工字形围护墙技术的成墙原理

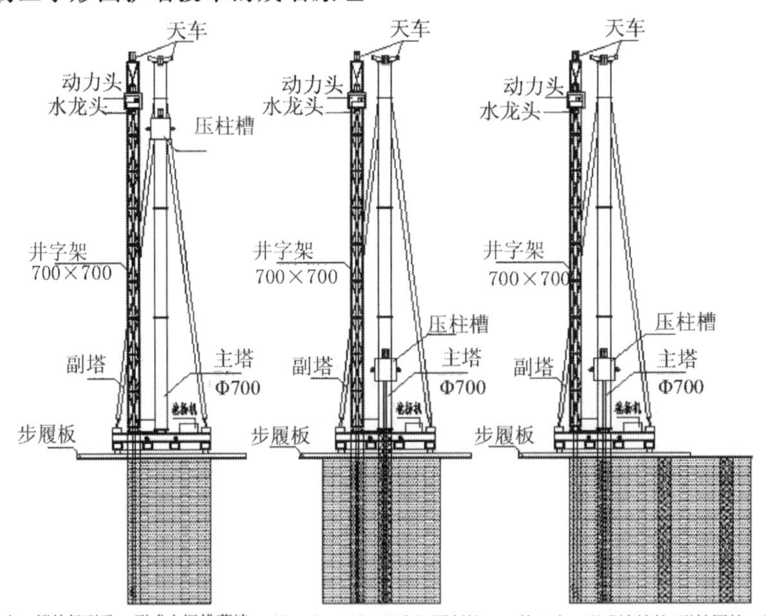

图 1 植入预制工字桩围护墙技术的成墙工艺流程

植入预制工字形围护墙技术的成墙原理是采用大功率强力搅拌桩机对土体进行水泥搅拌形成流塑状，在水泥土初凝前植入预制钢筋混凝土工字桩，水泥土凝结后与桩共同形成止水挡土围护桩墙。

强力水泥搅拌具有双重功效：一是形成水泥土帷幕起挡土止水功效；二是松动土体起到引孔作用，使预制钢筋混凝土工字桩能顺利植入，使得植桩中具有无（或低）噪声、无

（或低）挤土功效。

2.2 植入预制工字桩围护墙技术的成墙工艺流程

植入预制工字桩围护墙技术的成墙工艺流程是用专门为该技术研发的二机合一植桩机，其特点是将多轴强力水泥搅拌系统和压桩系统组合在一起，边搅拌土边压桩，一次性完成围护墙施工。其施工工艺如图1所示。

植入预制工字桩围护墙技术的成墙施工工艺流程图如图2所示。

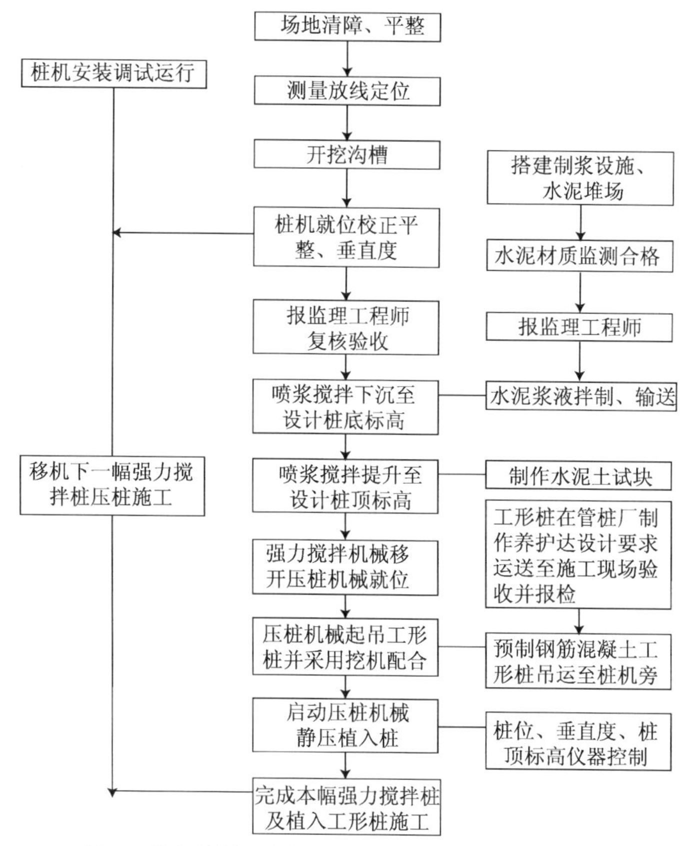

图2 植入预制工字桩围护墙技术的成墙工艺流程图

2.3 植入预制工字桩围护技术的施工过程

植入预制工字桩围护技术的施工开挖全程如下：

（1）首先打设植入预制工字桩围护墙，打设情况参见图3、图4。

（2）开挖至围护墙顶，清理预制钢筋混凝土工字桩头，浇筑围护支撑及压顶梁素混凝土垫层，绑扎钢筋并浇注混凝土形成支撑体系，示例参见图5、图6。

（3）待支撑体系混凝土养护达强度要求后，开挖至基坑底，进行地下室承台底板施工，示例参见图7。

图3　工字桩施工时桩机下部情况

图4　工字桩施工时桩机上部情况

图5　开挖至围护墙顶

图6　绑扎钢筋并浇注混凝土形成支撑体系

图7　施工地下室承台底板

3　植入预制工字围护桩墙技术（SCPW工法）的应用方式和范围

3.1　植入预制工字桩围护技术在基坑工程中的适用范围

预制钢筋混凝土工字桩作为一种抗侧构件，和传统的钻孔灌注桩一样，原则上适用于各种常见工程地质条件下的基坑围护工程，尤其适合土质差、需要桩墙围护的深浅基坑工程中。

由于配备较大功率强力搅拌功能，输出扭矩能搅拌常见土性较好的黏性土和砂性土，使其在基坑工程中的适用性大大扩展。

由于新研发二机合一植桩机适用于旧城区狭窄环境基坑工程，可紧贴已有建筑物或围墙打设围护桩，使在基坑工程中的适用性进一步扩展。

3.2 植入预制工字桩技术在基坑工程中的围护形式

和传统的钻孔灌注排桩一样，植入预制工字桩围护技术在基坑工程中有如下各种围护形式，如图 8 所示：

(a) 为单排悬臂桩围护，(b) 为单排桩加一层锚杆围护，(c) 为单排桩加多层锚杆围护，(d) 为单排桩加一层支撑围护，(e) 为单排桩加多层支撑围护，(f) 为单排桩加锚杆与支撑围护，(g) 为双排门架桩围护，(h) 为双排门架桩加一层锚杆围护，(i) 为双排门架桩加多层锚杆围护。

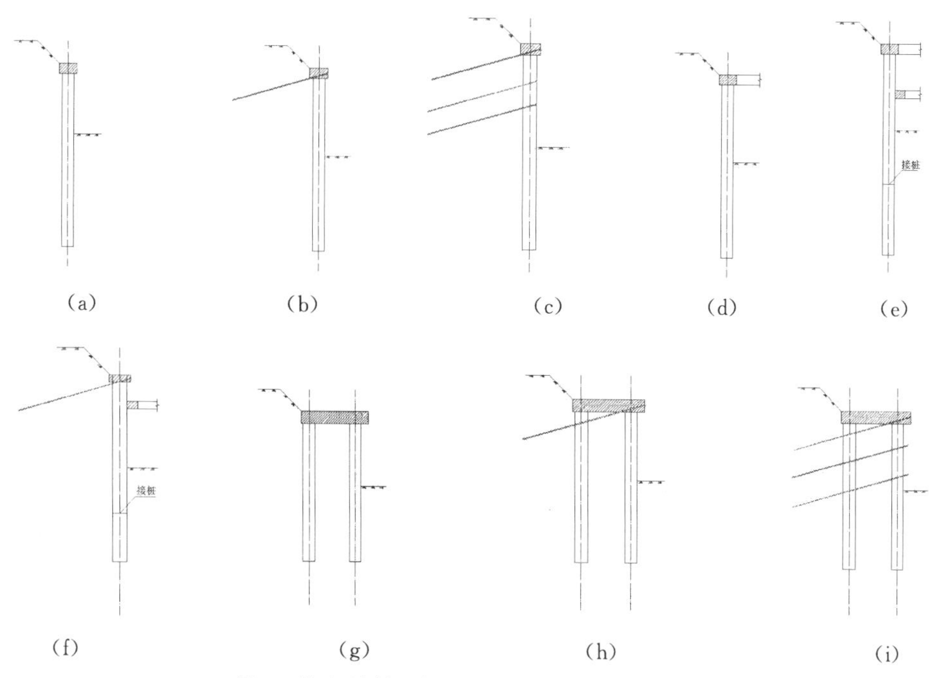

图 8　植入预制工字桩在基坑工程中的围护形式

3.3 植入预制工字桩围护技术中围护墙的做法

植入预制工字桩围护技术中围护墙的做法根据基坑开挖的深度、场地土层分布与土性、周边环境及基坑围护重要性、围护桩墙的受力大小等因素，可设计打设成如下各种围护墙：

(1) 最常用的是如下围护墙：图 9 隔一植一桩围护墙，图 10 隔一植二桩围护墙，图 11 密植桩围护墙。

(2) 当基坑开挖较浅时，为降低造价，也可扩大桩距，打设成如下围护墙：图 12 隔二植一桩内植加劲棒围护墙，图 13 隔三植一桩内植加劲棒围护墙等。

(3) 当基坑土层为软土，为降低造价，可减小搅拌桩直径，将预制钢筋混凝土工字桩直接压入，打设成如下围护墙：图 14 隔一植一桩围护墙，图 15 隔二植一桩内植加劲棒围护墙，图 16 隔三植一桩内植小桩围护墙等。

（4）为降低造价，也可方便的改变多轴搅拌头叶片直径，打设成如下变搅拌桩直径的围护墙：图 17 隔一植一桩围护墙，图 18 隔二植一桩内植加劲棒围护墙等。

（5）对无止水要求的基坑，也可直接将预制钢筋混凝土工字桩压入土中，边开挖边挂网喷射混凝土护壁、镶预制平板或拱板护壁形成围护墙：图 19 植桩外挂喷网围护墙，图 20 植桩镶预制平板围护墙，图 21 植桩镶预制拱板围护墙等。

（6）也可直接将预制钢筋混凝土工字桩压入土中，然后打设旋喷桩止水，形成如下围护墙：图 22 植桩后整体旋喷桩帷幕围护墙，图 23 植桩间单根旋喷桩围护墙，图 24 植桩间多根旋喷桩内植加劲棒围护墙，图 25 植桩间多根拱状旋喷桩围护墙等。

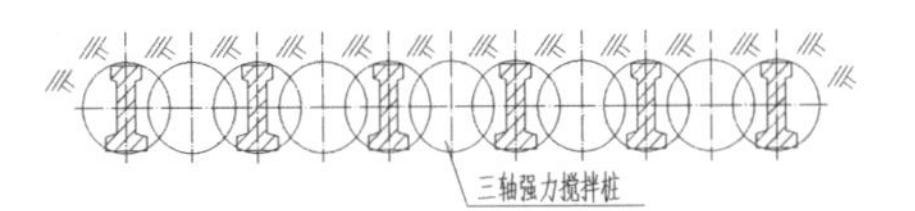

图 9　隔一植一桩围护墙

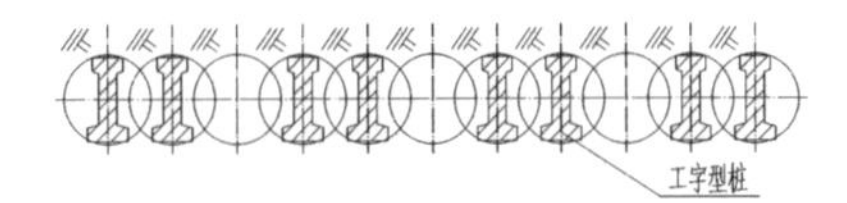

图 10　隔一植二桩围护墙

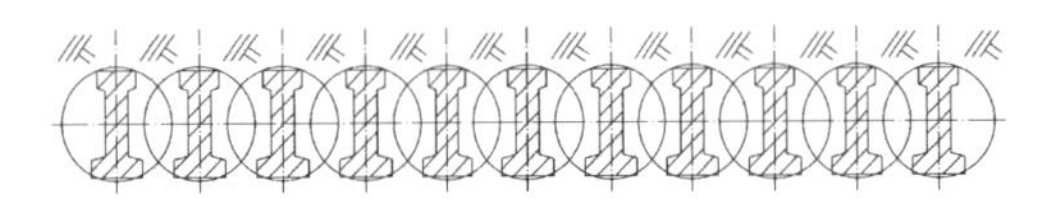

图 11　密植桩围护墙

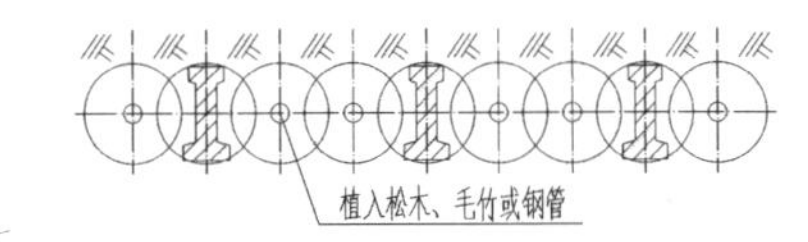

图 12　隔二植一桩内植加劲棒围护墙

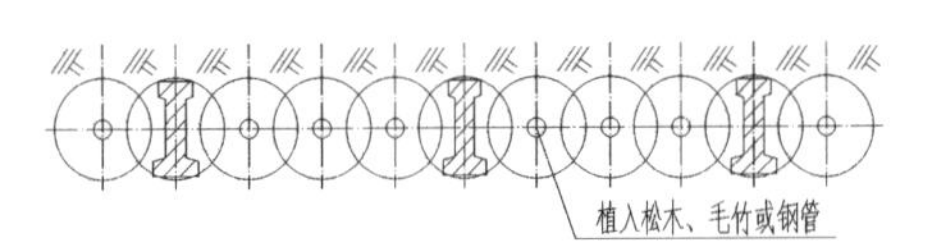

图 13　隔三植一桩内植加劲棒围护墙

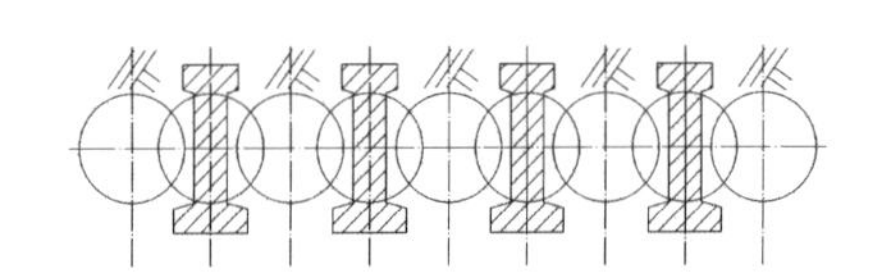

图 14　隔一植一桩围护墙

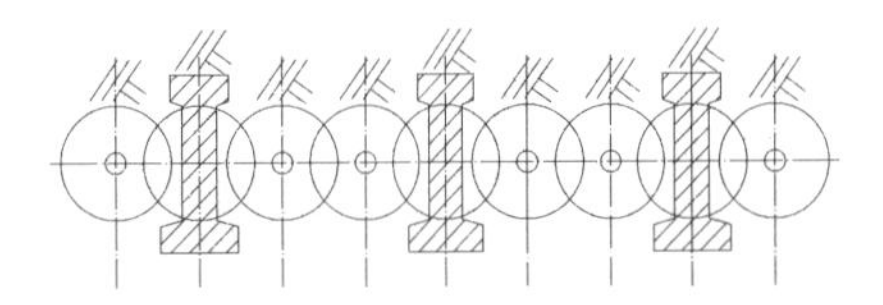

图 15　隔一植二桩内植加劲棒围护墙

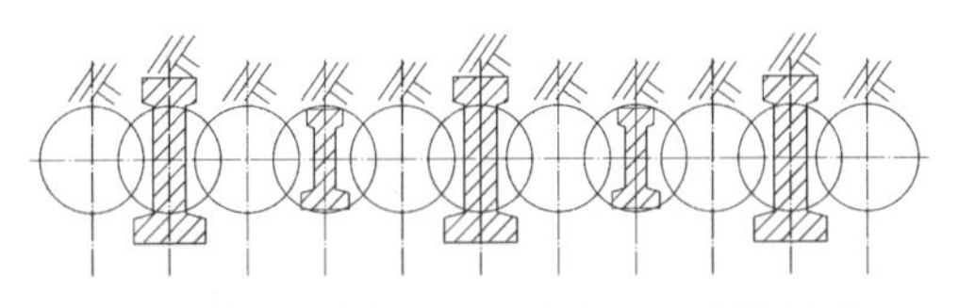

图 16　隔一植三桩内植小桩围护墙

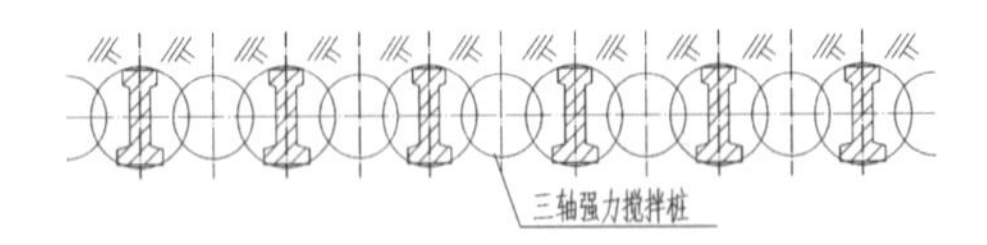

图 17　隔一植一桩围护墙

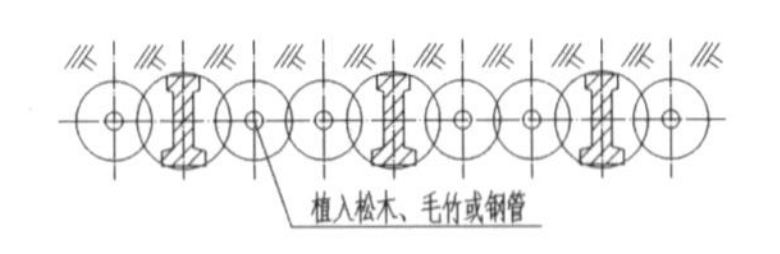

图 18　隔二植一桩内植加劲棒围护墙

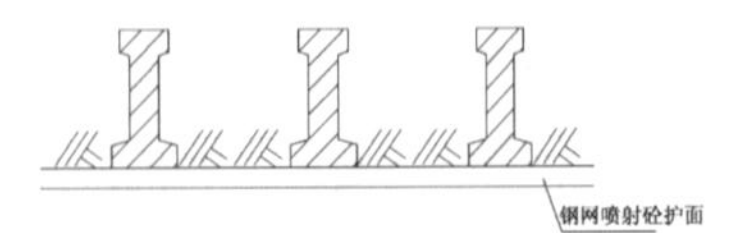

图 19　植桩外挂喷网围护墙

图 20　植桩镶预制平板围护墙

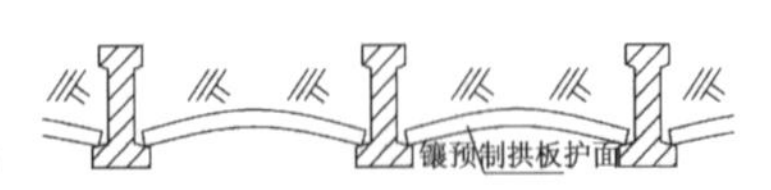

图 21　植桩镶预制拱板围护墙

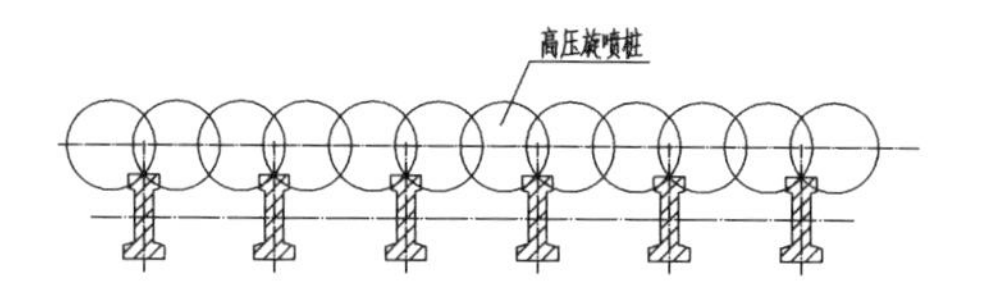

图 22　植桩后整体旋喷桩帷幕围护墙

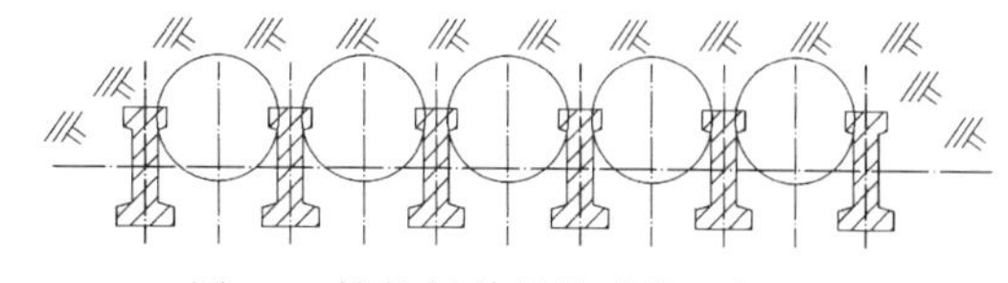

图 23　植桩间单根旋喷桩围护墙

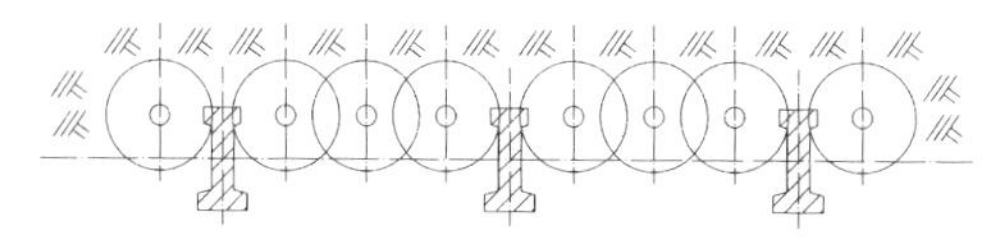

图 24　植桩间多根旋喷桩内植加劲棒围护墙

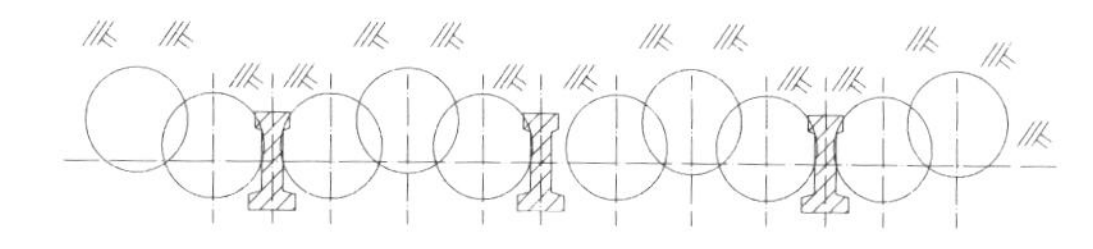

图 25　植桩间多根拱状旋喷桩围护墙

3.4　植入预制工字桩围护技术在土木工程其他领域的应用

预制钢筋混凝土工字桩作为一种抗弯构件，只要能通过水泥搅拌手段、水泥旋喷手段或采用水泥浆护壁的常规钻孔手段松动土，然后通过桩体自重，并辅助以静压或振动将桩体植入土中；或直接通过静压或振动将桩体压入土中，辅之挂网喷射混凝土、镶预制平板或拱板、砌筑或浇筑护面层等，结合传统的锚杆技术，形成抗侧围护墙，可拓广应用于土木工程的各领域，如各种山体护坡工程、港口码头工程、河海护堤工程、道桥护坡工程等。

4　植入预制工字桩墙技术（SCPW 工法）与现行技术及经济对比

4.1　植入预制工字桩墙与钻孔灌注桩墙对比

（1）单根预制钢筋混凝土工字桩与直径 800mm 钻孔灌注桩截面用料对比

如图 26 所示是最常用的 800mm 高预制工字桩与钻孔灌注桩截面尺寸及配筋，据此就截面用料对比如下：

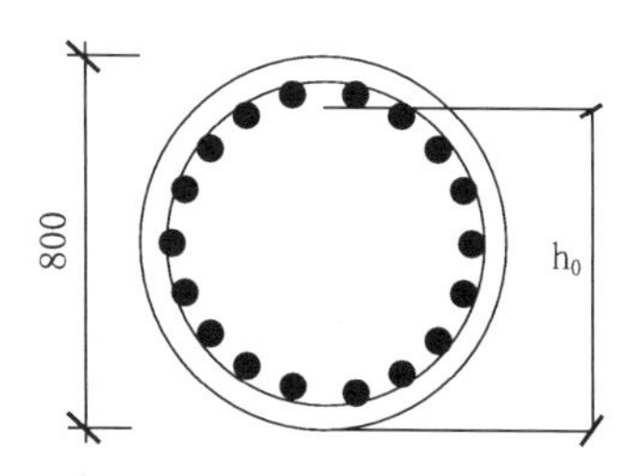

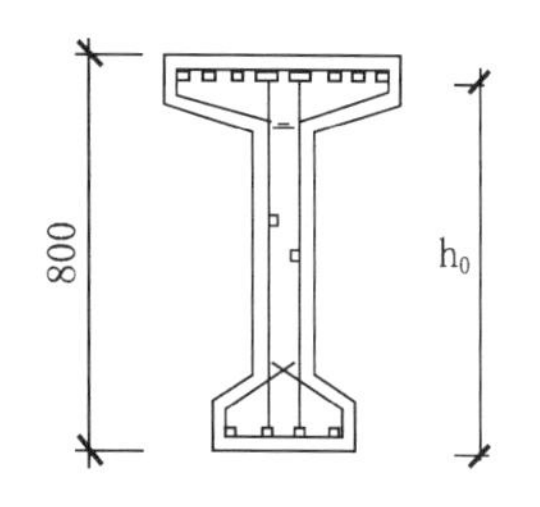

图 26　800mm 高预制工字桩与钻孔灌注桩截面尺寸及配筋

预制工字桩截面积为 0.17m^2（薄型）和 0.1865m^2（厚型），而钻孔桩截面积为 0.5m^2，相差约 2.5 倍，即截面混凝土用量相差约 2.5 倍；

预制工字桩截面受力配筋分布于两端，而钻孔灌注圆桩按常规沿圆周分布，工字桩截面抗弯有效高度 h_0 要比钻孔灌注圆桩大，截面受力配筋抗弯功效高；

预制工字桩截面配筋采用高强钢棒，抗拉强度标准值为 1420MPa，而钻孔灌注圆桩截面配筋采用Ⅲ级钢，抗拉强度标准值为 360MPa，相差约 4 倍多。

如此三方面综合对比，根据配筋量的大小，植入单根预制工字桩的成桩单价约 2100～2200 元/立方，乘上平均截面积，约 370～390 元/米；而打设单根钻孔灌注圆桩成桩单价约 1200～1400 元/立方米，乘上截面积，约 600～700 元/米。因此就单根植入预制工字桩与打设单根钻孔灌注圆桩费用约节约 38%～44%。

(2) 植入预制工字桩墙与钻孔灌注桩墙综合经济指标对比

作为整体围护结构，围护桩只是其中的主要组成部分，还有水泥搅拌桩帷幕、支撑体系等，这些部分对各种围护桩墙技术其做法基本相同，在水泥搅拌桩帷幕方面钻孔排桩墙可适当节约些。经过对已完成采用植入预制工字桩墙技术的 30 多个围护工程的预决算数据统计，仅就围护桩墙作对比，植入预制工字桩墙的造价要比钻孔灌注桩墙节约 20%左右；就整体围护结构作对比，植入预制工字桩墙的造价要比钻孔灌注桩墙约节约 15%左右。

(3) 植入预制工字桩墙与钻孔灌注桩墙施工速度及质量对比

对常见的黏质和砂质土层中，一台二机合一植桩机施工预制工字桩墙工效是每天平均 10 根，而且同步的完成了水泥搅拌桩帷幕；而一台常用的 10 型钻孔灌注桩机成桩需复杂施工工序，工效是每天平均仅可打设 1～2 根桩，而且必须待水泥搅拌桩帷幕达到一定强度后才能施工钻孔桩。因此在围护桩墙施工工效上植入预制工字桩墙技术占有绝对优势。

在施工质量上，预制钢筋混凝土工字桩是工厂化生产，采用高强预应力钢棒配筋，C50 以上标号的混凝土，蒸汽养护，生产速度快（3 天可拆模起吊），因此桩身质量可靠；而钻孔灌注桩成桩施工需泥浆护壁钻孔、制作钢筋笼并分节放设、水下浇筑混凝土等复杂施工工序，存在着许多影响成桩质量的环节，其桩身质量稳定性是无法与预制桩相比的。

(4) 植入预制工字桩墙与钻孔灌注桩施工用电量对比

每台二机合一植桩机需配备一台 415kVA 变压器，工效基本为每天平均完成 10 根工字桩的植桩施工，而且已包括了三轴搅拌桩帷幕施工，则每台套植桩机每天可完成基坑延米 12m 的围护桩墙施工（隔一植一桩的桩距是 1.2m）。对最近刚完成的杭州万科某基坑工程进行估算，围护周长约 1400m，若配置三台套强力搅拌植桩机，只需要三台 415kVA 变压器，理论上约 43 天即可完成围护桩墙施工。

而目前市场每台套 10 钻孔桩机功率通常为 55kW（正常施工状态下平均用电），工效为每台套钻孔桩机基本为一天一根围护桩，对上述围护桩墙周长 1400 米围护工程，若采用钻孔灌注桩墙，工期控制目标为 45 天，每天需投入 26 套钻孔桩机进行围护桩施工，则钻孔桩机总用电量将达到 1430kW。以上用电量还未包括帷幕的施工，整个基坑至少要投入两台套三轴搅拌桩才能跟上钻孔围护桩的施工。每台套三轴搅拌桩帷幕的施工机械还需要配置一台 315kVA 变压器，则场地总共至少要配置 5 台以上 415kVA 变压器投入到围护桩墙施工中，至于如此多桩机如何协调好交错施工也是关键，否则必影响工期。

因此在用电耗能即节能减排方面，植入预制工字桩墙技术也占绝对优势。

(5) 植入预制工字桩墙与钻孔灌注桩文明施工环保对比

植入预制工字桩墙技术的工艺是采用三轴强力水泥搅拌桩松动土体使之形成流塑状水泥土，在水泥土初凝之前植入工字形围护桩，水泥土凝结之后与工字形围护桩共同形成复合止水挡土桩墙结构，而植桩施工将上翻出部分水泥土浆，很快就凝结形成较硬土。因而植入预制工字围护桩墙施工具有基本无（少）挤土、无泥浆外运和环境污染、无（低）噪声的特点，符合城市可持续发展，具有环保文明施工、绿色节能减排等政策理念。

而钻孔桩施工工序繁杂，大批钻孔桩同时施工噪声大，施工产生的大量泥浆污染需要外运，施工现场产生许多泥浆池、坑、孔洞会带来较大安全隐患，更严重的是泥浆外运后的场地占用及如何处理，这是与环保文明施工、绿色节能减排及城市可持续发展政策相悖的。

4.2 植入预制工字桩墙与植入可回收型钢墙（SMW 工法）对比

植入可回收型钢墙（SMW 工法）是近年来从日本引进的新围护技术。相比钻孔灌注桩墙技术，综合造价要比钻孔桩做法节约 10%左右，且具有施工速度快、桩身质量可靠、无泥浆外运和污染环境、施工无噪声或低噪声、无挤土或少挤土等优点。但 SMW 工法存在如下缺点：一是型钢租赁费高，必须待地下室外墙防水层完成基坑回填后才能回收型钢，围护造价将随围护时间延长而不断增加，因而围护造价常超过预算而大幅增加，最后造价往往与传统钻孔桩围护接近或超出；二是型钢回收工作繁琐，其中包括了型钢起拔、拔除型钢后孔洞注浆，并且经常因地下室已经施工完成及周边环境条件影响造成型钢回收工作相当困难，甚至难以回收等产生造价抬高或经济纠纷问题；三是型钢起拔还是会引起周边土体一定的变位和沉降而带来不利影响。经测算，若地下室在 6 个月之内完成，采用该做法比传统钻孔桩做法可节约 10%左右造价；若地下室施工在 7～8 个月之内完成，采用该做法与传统钻孔桩做法造价基本持平；若地下室施工超过 7～8 个月完成，采用该做法造价将超过传统钻孔桩做法。

植入预制工字桩墙（SCPW 工法）相比植入可回收型钢墙（SMW 工法）：

（1）在成桩墙施工工效方面：SCPW 工法与 SMW 工法相当，应该说后者更快些，因其植入的是较轻的型钢，但 SMW 工法有后期的拔桩回收施工，而 SCPW 工法一次完成，无后期施工。

（2）在成桩墙施工机械方面，SMW 工法施工需一台大型三轴搅拌桩机，并需配备一台汽车吊机和一台挖机辅助施工。而 SCPW 工法仅需一台用电同等的大型二机合一植桩机和一台挖机辅助施工，植桩机本身有三轴搅拌机和吊装、静压、振功植桩功能，节约了一台汽车吊机。

（3）在桩墙强度方面，高 800mm 工字桩围护墙刚度大，工字桩抗弯强度可达 1400kN·m（1000mm 工字桩达 2500kN·m），而 700mm 型钢抗弯强度 750kN·m，因而 SCPW 在深基坑围护方面适用性更广。

（4）预制钢筋混凝土工字桩仅需钢筋、水泥和黄沙石子就可源源不断的供桩，而 SMW 工法需前期大量投资购买型钢，若采用租赁型钢，其租赁单价将会受市场围护工程量多少和周转用型钢的囤积量的影响；SMW 工法的型钢租赁费用还直接受地下工程工期制约，存在因工期延误而增加租赁费用成本的缺点；此外 SMW 工法存在型钢后期回收、孔洞注浆工序繁琐等缺点，常因地下室已经施工完成及周边环境条件影响造成型钢回收工作困难甚至难以回收等，出现造价抬高或经济纠纷问题；也常因型钢无法回收，而无法使用 SMW 工法。

（5）在经济指标方面，经大量工程围护方案对比，在正常施工工期情况下，植入预制工字桩墙（SCPW 工法）相比植入可回收型钢墙（SMW 工法），围护综合费用约节约 10%。

5 植入预制工字形桩墙围护技术（SCPW工法）的设计计算要点

植入预制工字形围护桩墙与传统的钻孔灌注桩墙一样，可组成各种围护结构，如悬臂排桩围护、排桩加内撑围护、排桩结合土锚围护、双排桩门架围护、排桩复合土钉墙围护等。上述围护体系在围护结构的受力、变形和稳定性状方面是相同的，无非是将现浇的抗弯圆桩构件改为预制的工字形桩抗弯构件。具体围护工程设计中，仅需将工字形桩截面刚度换算成等效圆形截面刚度即可。因而现行的设计计算规范（规程）、计算方法、计算程序都适用。因而在围护工程设计计算中以往为钻孔灌注圆桩开发的围护工程设计软件和相关规范对植入预制工字形围护桩墙都适用。

目前最常用的围护工程设计计算程序是北京理正软件和同济大学的启明星软件。据此对植入预制工字形围护桩墙围护结构进行如下常规设计计算分析：

(1) 围护体系的受力和变形计算分析；

(2) 围护体系整体稳定计算分析；

(3) 坑底土抗隆起稳定计算分析；

(4) 坑底土抗管涌稳定计算分析；

(5) 围护的抗倾复稳定计算分析；

(6) 基坑底抗承压水突涌稳定计算分析；

(7) 支撑或锚杆体系受力、变形及稳定计算分析等。

据上述分折可以决定出植入预制工字形桩墙围护结构的具体做法，如工字形桩距、桩长、桩截面尺寸、支撑体系的平面和垂直分布及尺度大小等。同时也可得出工字形桩及支撑体系在各工况下的弯矩、剪力、变形包络图，据此可进行工字形桩的截面配筋设计。

预制钢筋混凝土工字桩是预应力构件，其截面配筋设计包含着预制桩制作、吊装运输和起吊植桩工况的设计和植桩后作为围护构件的设计。依据现行的钢筋混凝土结构设计规范，编制了截面设计计算程序，对预制工字形桩在各种配筋组合情况下，对截面的抗弯、抗剪强度进行计算，对预制桩制作、吊装运输和起吊植桩工况的强度和抗裂进行验算，编制了预制钢筋混凝土工字桩企业标准图和配筋设计计算表，根据围护受力大小可方便地进行截面配筋设计。

植入预制工字形围护桩墙技术中，预制工字形桩长受运输吊装限制，一般长度不超过15～17m，因此在深基坑工程中常需现场接桩。接桩的设计原则一是将接头设置在基坑底以下围护墙弯剪受力相对较小处，二是接头处的抗弯剪强度不低于预制工字桩非接头处。据此研发了工字形桩接头连接做法、设计计算方法，并进行了实体接头抗弯剪试验验证，编制了接头做法企业标准图，可方便地根据接头受力大小决定接头配件及焊缝要求。

6 植入预制工字桩施工技术（SCPW工法）的研发要点和质量控制

6.1 各种土体的强力搅拌问题

植入预制工字形围护桩墙技术中最常用的成墙方式是用强力水泥搅拌桩将土体搅拌成浆糊状水泥土，然后植入预制工字桩，凡可搅拌的土层均可采用该项围护技术。因此，如何对各种土层进行搅拌，直接影响该围护技术的施工工效和应用。由于配备了强力搅拌功能，对一般较软黏性土和砂性土层，要搅拌松动土无任何问题，而重点解决的是较密实的砂性土层、砂砾土层以及老黏土层的搅拌问题。

为此从搅拌动力输出、三轴搅拌钻头及叶片分布、输送水泥浆液性状、高压喷射空气状况等方面着手，研讨如何以较小的钻进扭转能力更好的钻进和搅拌面临的土层，为此针对不同的土层，对钻进搅拌系统进行优化分析、改进、试验，解决其搅拌的可行性和工效问题。

此外对老城区存在各种地下障碍物土层中的强力搅拌也是常需解决的问题。

6.2 各种土体搅拌后植桩问题

植入预制工字形桩在较软的黏土和粉细砂土层中并无问题，要研究和解决的是在较密实土层中的植桩问题，主要是搅拌成孔的平直以确保刚性预制桩在孔内顺利植入和植桩中砂性土颗粒的悬浮，使置换出的水泥土流可顺利向上翻出。为此就钻杆的刚度和钻进搅拌中的平稳性、水泥浆液的添加材料、搅拌和植桩在时间上的配合等，针对不同土性指标的土层取样进行室内优化试验和现场植桩试验，制定质量控制和验收标准，并注重施工经验的长期积累和总结。

6.3 植桩机械施工工效问题

要解决植桩机械施工工效问题，必须研讨优化植桩施工中二机合一植桩机与挖机的协调，优化植桩施工方向中预制桩的摆放、移送、起吊、定位等的配合；研究二机合一植桩机搅拌与植桩的合理安排，针对不同土层，试验探讨一搅一植、多搅多植、硬土层清水先搅后复搅植桩、夜间搅拌第二天直接植桩或复搅植桩等；研究各种复杂场地内大型植桩机的移机和定位，研究旧城区狭窄场地的成桩施工等。

6.4 围护桩墙水泥土帷幕质量及抗渗问题

植入预制工字形围护桩墙技术中水泥土帷幕质量及抗渗性状是需重点关注的问题。从原理上，SCPW 工法是将预制工字桩全截面植入到浆糊状水泥土中，凝结后形成一体的挡土和止水围护墙，但实际工程中若水泥土质量不行，和其他围护方法一样，也会出现工程事故。关于水泥土的质量控制完全可参照现行 SMW 工法中三轴搅拌桩施工规范要求的参数执行，但对具体工程，仍应针对搅拌转速、搅拌叶片及分布形式、喷浆搅拌下沉和提升速度、水泥浆液拌制的参数（水泥掺量、水灰比、添加剂等）、水泥浆液的输送距离及注浆泵的配置，以及搅拌施工现场质量控制体系的建立开展研究并加强施工总结。

6.5 预制工字形桩的制作工艺及质量问题

预制钢筋混凝土工字桩是在工厂采用钢模张拉法或台座张拉长线法制作。为此针对钢模张拉法的钢模构造和强度问题、配置各钢棒的墩头及同步端板张拉预应力均匀性问题、钢筋笼制作的工效及机械化制作问题、台座张拉长线法的台座分布和养护问题、浇筑混凝土的运输和振捣问题等开展研究并解决问题。

6.6 预制工字形桩接头问题

在深基坑工程中，由于运输吊装原因，单根预制工字桩受长度限制（≤15～17m），通常需在现场植桩中接桩。作为能传递弯剪力的接桩头，必须对现场植桩施工中预制钢筋混凝土工字桩的连接方法开展研究。为此针对接桩的方法及传力方式、接头构件的制作及受力性状、接头的制作和误差控制、现场接桩的施工可操作性及工效、接头的质量控制体系等问题开展研究和解决，并获得了国家专利。

7 SCPW 工法预制钢筋混凝土工字桩的制作

经过近年来的研发和实际工程中的应用，植入预制工字桩墙（SCPW 工法）技术已趋成熟，并制定了工法企业标准和预制钢筋混凝土工字围护桩制作标准图，如图 27 所示。下图是现今实施的工字形桩截面图，分别适用于各种开挖深度的基坑工程中。

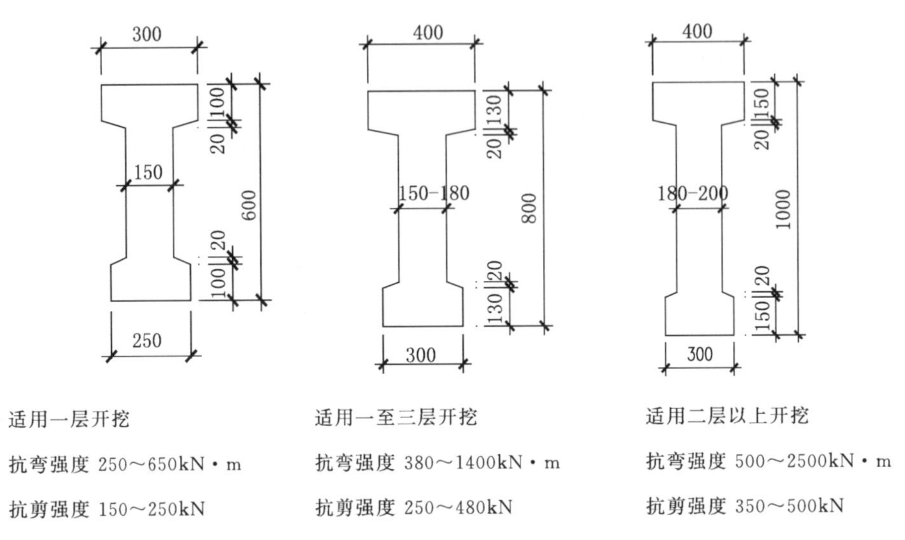

图 27 预制钢筋混凝土工字围护桩制作标准图

下示例图 28 为某工程工字桩制作施工图：

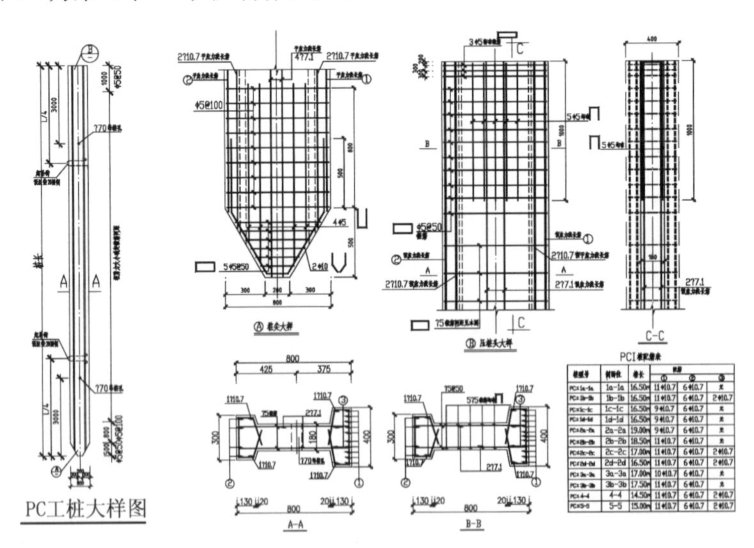

[illegible]	[illegible]	[illegible]	①	②	③
[illegible]	1a-1a	16.50m	11Φ10.7	6Φ10.7	无
[illegible]	1b-1b	16.50m	11Φ10.7	6Φ10.7	2Φ10.7
[illegible]	1c-1c	16.50m	9Φ10.7	6Φ10.7	无
[illegible]	1d-1d	16.50m	9Φ10.7	6Φ10.7	无
[illegible]	2a-2a	19.00m	9Φ10.7	6Φ10.7	无
[illegible]	2b-2b	18.50m	11Φ10.7	6Φ10.7	无
[illegible]	2c-2c	17.00m	11Φ10.7	6Φ10.7	2Φ10.7
[illegible]	2d-2d	16.50m	11Φ10.7	6Φ10.7	2Φ10.7
[illegible]	3a-3a	17.00m	10Φ10.7	6Φ10.7	无
[illegible]	3b-3b	17.50m	11Φ10.7	6Φ10.7	无
[illegible]	4-4	14.50m	11Φ10.7	6Φ10.7	2Φ10.7
[illegible]	5-5	15.00m	11Φ10.7	6Φ10.7	2Φ10.7

工字桩配筋大样图及剖面配筋图表表示方法

图 28 某工程工字桩制作施工图

预制钢筋混凝土工字桩是在工厂采用钢模张拉法或台座张拉长线法制作。图 29 是采用钢模张拉法制作预制工字桩的情况；图 30 是采用台座张拉长线法制作预制工字桩的情况。

图 29 钢模张拉法制作预制工字桩

图 30 台座张拉长线法制作预制工字桩

8 植入预制工字桩技术（SCPW 工法）施工机械的研发

针对水泥搅拌土植入预制钢筋混凝土工字桩围护墙技术，研发了 SCPW 工法专用植桩机并获得了国家专利。该植桩机由水泥搅拌桩主塔和植桩主塔联合组成：水泥搅拌桩主塔可以根据需要打设大直径的单轴、双轴和三轴搅拌桩，其搅拌土的能力与一般 SMW 工法的桩机相同；植桩主塔配备了静压桩系统、振动压桩系统和吊桩系统，可根据需要植入预制钢混凝土管桩、预制钢混凝土工（T）字形桩和型钢（SMW 工法）等，如图 31 所示。搅拌机和植桩机二机合一的该植桩机，施工中边搅拌土边植桩，大幅提高了施工效率。由于桩机配备了吊桩系统，现场仅需一台挖机配合，相比传统 SMW 工法（其除挖机外还需专门配备一台吊机才能施工），可大幅度节约机械费用。

该多功能强力搅拌植桩机，施工效率高，适合于各种常见土体。此外该多功能强力搅拌植桩机经适当改造还适用于其他新型桩基施工：如新开发的沉管 T 形或工字形桩围护桩、水泥搅拌土植入预制钢筋混凝土芯棒复合承压桩，多轴咬合钻孔灌注围护桩，也可替代价格昂贵的 SMW 工法桩机。此外该植桩机经专门改造，适用于城市内场地狭小的深基坑工程中。

目前，该多功能强力搅拌植桩机已获国家专利保护，杭州南联公司已有五台植桩机，并在实际工程中得到应用。

图 31 SCPW 工法专用植桩机

9 SCPW 工法预制工字桩截面与接头设计和抗弯剪试验

9.1 预制工字形围护桩的截面设计和抗弯剪试验

植入预制工字形围护桩墙技术中预制钢筋混凝土工字形桩的截面优化研究很关键。研究的目的是在满足围护墙的受力变形前提下确定截面形状和尺寸，使工形桩截面抗弯剪性能最优，截面面积最小。如此混凝土用量最小，节约造价；桩体重量最轻，利于吊装、运输和植桩。此外是桩的配筋研究，具体是抗弯配筋及预应力的施加量、高强钢棒与混凝土的握裹力及抗拉强度的发挥、能发挥其抗拉强度抗剪要求及配箍率、吊装运输阶段的起吊及抗裂问题、作为临时围护构件的裂缝控制问题、桩头和桩尖的加强、预应力预制围护桩受力方向变化及施加预应力的意义等。

在理论研究的基础上，我们对预制钢筋混凝土工字桩的抗弯剪性状进行了三次大型实体破坏性试验，表明工字桩混凝土对钢筋的握裹力满足要求，高强钢棒完全能发挥其抗拉强度，而且试验过程中桩的挠度达到了 300mm 而未破坏，裂缝已超常发展，但释放外力后几乎完全回弹，表明了工字桩有极好的弹性能力，在其强度范围内挠度增加和裂缝而不破坏，改变了传统钢筋混凝土的脆性特点，验证了作为临时和大变形的抗弯构件，预应力工字形围护桩只需按工字形桩的强度极限状态设计，保证足够的安全储备，可以不考虑或降低关于永久抗弯构件设计中裂缝宽度限制要求。

此外还对采用 SCPW 工法的多项围护工程进行了实测，验证了围护墙及支撑体系的受力和变形，据此充分验证了理论分析和设计计算的正确性和可靠性。

图 32 是实体工字形桩大型实体破坏性试验照片。

图 32 实体工字形桩大型实体破坏性试验照片

9.2 预制工字形围护桩的接头设计和抗弯剪试验

预制钢筋混凝土工字形桩连接做法是 SCPW 工法在深坑中应用的关键，也是该项技术的研发重点。为此专门选定两名研究生分别以先张长线法生产桩的接桩和先张钢模法生产桩的接桩开展研究：研究接桩的方法、接头的传力方式、接头处的混凝土应力应变分布和应力集中状况、钢棒墩头和端板的抗冲剪强度、钢棒群的应力分布均匀性、接头处焊缝的受力性状、辅助锚固筋的加强作用及对接头区混凝土的作用等。研究以理论探索着手，借助有限元程序分析，然后进行大型实体工字桩接头的抗弯剪破坏性试验验证。三次大型接头实体抗弯剪试验表明，接头处各部件受力明确，拟定的设计计算方法正确，考虑了实际接桩中制作焊接质量下降，因此有着大于常规设计的安全储备（3 倍以上），验证了接桩方法的安全性、合理性和可靠性。

先张钢模法生产的工字桩接桩抗弯剪实体破坏性试验如图 33 所示：

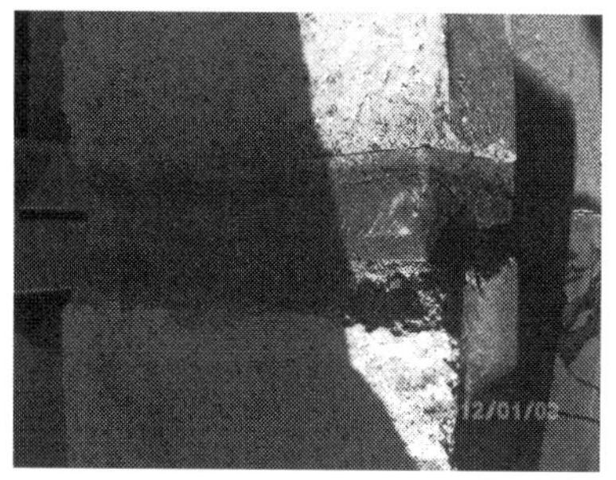

图 33　先张钢模法生产的工字桩接桩抗弯剪实体破坏性试验

先张长线法生产的工字桩接桩抗弯剪实体破坏性试验照片如图 34：

图 34　先张长线法生产的工字桩接桩抗弯剪实体破坏性试验示意图

10　预制工字桩技术（SCPW 工法）在工程中的应用

近年来杭州南联工程公司（是杭州南联土木工程科技和南联地基基础工程两个有限公司的简称）应用 SCPW 工法在杭州、绍兴及上海等处成功的完成了 30 多项基坑围护工程设计、施工和监测。这些基坑土层分布主要是软黏土层和砂性土层，基坑开挖深度 5～14m，有些基坑周边环境很复杂，此处列举两项采用 SCPW 工法新近完成的基坑工程实例。

10.1　杭州万科北宸之光小区一期基坑工程

本基坑工程开挖面积较大，周长约 850m，平面形状基本为四边形。一层地下室，开挖深度 5.7～6.2m，基坑开挖影响深度范围内为土性较差的淤泥质粉质黏土。基坑北侧为通运路，东北角为在建工程，南侧为施工道路，西侧为规划商业街，地下室开挖阶段同期建造，周边条件敏感。基坑围护采用植入预制钢筋混凝土工字形桩墙（SCPW 工法）结合多排锚杆围护结构，四角采用角撑结构。基坑工程开挖完成，根据监测情况，坑边土体变位得到有效控制，未影响周边环境，达到安全可靠、施工便捷、缩短工期、大大节约围护投资等目的，取得很好的社会、经济效益。图 35 是开挖到底施工现场照片。

图 35　开挖到底施工现场

10.2　杭州浙江普瑞科技大厦基坑围护工程

本基坑工程开挖面积一般，周长约 420m，平面形状基本为四边形。两层地下室，开挖深度 10.0～11.0m，基坑开挖影响深度范围内为土性一般的粉质黏土，南部区域坑底是软土层。基坑北侧为已建建筑物，东南角紧邻民房，南侧为民房，西侧为厂房，相距均不足 3m，局部不到 2m，周边环境条件很敏感。基坑围护采用植入预制钢筋混凝土工字形桩墙（SCPW 工法）结合两道钢筋混凝土内支撑结构。基坑工程已开挖完成，根据监测情况，坑边土体变位得到有效控制，未影响周边环境，达到安全可靠、施工便捷、缩短工期、大大节约围护投资等目的，取得很好的社会、经济效益。图 36 是开挖至二层支撑底和开挖到坑底施工现场照片。

图 36　开挖至二层支撑底和开挖到坑底施工现场

参考文献

[1]　卓宁．工字形预应力围护桩的抗剪试验研究［D］．浙江：浙江大学，2012.

[2]　张鹏．预应力工字形围护桩抗弯试验研究［D］．浙江：浙江大学，2012.

[3]　李小菊．水泥搅拌土植入工形桩围护墙在粉砂土层基坑中的应用［D］．浙江：浙江大学，2011.

[4]　蔡淑静．单排桩结合抗拔锚管复合围护结构在软土基坑中的应用研究［D］．浙江：浙江大学，2011.

[5]　杨抗．基坑围护工程中水泥搅拌土植入钢混凝土 T（工）形桩技术研究［D］．浙江：浙江大学，2007.

[6]　张鹏，严平．预应力工字型桩抗弯试验研究．低温建筑技术，2012（4）.

[7]　卓宁，严平．工字型预应力混凝土围护桩受力性能探索．低温建筑技术，2012（3）.

[8] 李小菊，夏江，李永超，严平．水泥搅拌土植入工形桩配比实验研究．低温建筑技术，2010（10）.

[9] 刘晓煜，严平．双排预制工字形桩在软土深基坑中的应用．低温建筑技术，2010（5）.

[10] 刘辉光，严平，李艳红，龚新辉，陈旭伟．水泥搅拌土植入工形钢筋混凝土桩基坑围护技术．施工技术，2009年9月第38卷第9期.

[11] 严平．一种水泥搅拌土帷幕植入预制钢筋混凝土抗侧向力桩的方法．发明专利 ZL 200710068309.412.

[12] 严平．预制钢筋混凝土T形/工字形桩抗侧向．实用新型专利 ZL200720108572.7.

[13] 严平．多功能水泥搅桩机．实用新型专利 ZL200820122063.4.

[14] 严平．抗侧向力T形沉管灌注桩．实用新型 ZL200520101129.8.

[15] 严平．变直径水泥搅拌桩帷幕植入抗侧向力桩围护墙．实用新型 ZL201020531917.1.

[16] 严平，预制钢筋混凝土抗侧向力T形或工形桩的连接（先张法长线生产）．实用新型 ZL201020105273.X.

[17] 严平，预制钢筋混凝土抗侧向力桩的连接结构（先张法钢模生产）．实用新型 ZL201210213489.1.

MJS工法桩对高架桩基的隔离保护效果

周　挺

（上海隧道地基基础工程有限公司　上海　200333）

摘　要：文章介绍了MJS工法桩的工艺原理及特点；叙述了MJS工法桩在上海长江西路越江隧道盾构穿越逸仙路高架、轨道交通3号线高架桩基时的应用过程，通过精心施工，MJS工法桩起到很好的隔离保护作用，保证盾构顺利穿越桩基，为今后类似工程施工提供参考。

关键词：MJS工法桩；盾构穿越；高架桩基

1　概述

上海长江西路越江隧道工程采用Φ15.43 m泥水平衡盾构施工，盾构在南北两线浦西段推进过程中，需要穿越上海轨道交通3号线高架及逸仙路高架各4个承台的桩基，该高架桩基均采用PHC桩。由于PHC桩水平向承载力很差，大直径泥水平衡盾构在推进工程中产生的土体挤压，极易对高架桩基产生破坏。同时，对土体产生的扰动会使轨交线路及高架桥桩基损失部分摩阻力，可能会导致3号线、逸仙路高架桥产生沉降，影响轨交及车辆通行安全。为减小盾构推进穿越时对3号线轨交高架、逸仙路高架产生影响，需要对穿越范围内高架桩基施工隔离桩进行保护。隔离桩一般可以采用搅拌桩、普通旋喷桩、MJS工法桩等。由于受现场高架净空限制，故搅拌桩不具备施工条件；而普通旋喷施工时产生的侧压力会扰动土体，极易对周边环境和高架桩基产生不利影响；由于MJS工法桩施工时对周边环境影响非常小，成桩质量又好，所以采用MJS工法施工隔离桩，既能保证成桩效果，又能减小施工时对轨交、高架桩基及周边环境的影响。

2　MJS工法桩

2.1　工艺原理

MJS工法（Metro Jet System）又称全方位高压喷射工法，该工法可以进行超深度加固、水平地层或倾斜地层加固。MJS工法在喷射过程中，通过钻杆内的排泥管将多余的泥浆排至地面，在整个系统中配备有调控和量测地内压力的自动装置（压力感应器），并通过压力感应器传输的地内压力数据，调控泥浆阀门的大小，控制泥浆排出量，达到地内压力的平衡，从而控制周边环境的变形量。图1为MJS工法的工艺原理图。

2.2 工艺特点

MJS 工法在传统高压喷射注浆工艺的基础上，采用了独特的多孔管和前端喷射装置，实现了孔内强制排浆和地内压力监测，并通过调整强制排浆量来控制地内压力，大幅度减少对环境的影响。MJS 工法喷射压力高达 40MPa，喷射介质为纯水泥浆，其形成的桩体强度和直径远远大于普通的旋喷桩，最大桩径可达 3m。MJS 工法排浆采用专用排泥管，泥浆可以按要求排放在指定位置，有利于现场文明施工的管理。MJS 工法桩的钻杆转速、钻杆提升速度、摆喷角度等技术参数均可以提前设置，施工过程中设备会按照设置的参数进行工作，并且能够显示施工过程中的各项数据，便于作业人员随时观察，避免了人工因素造成的质量隐患。

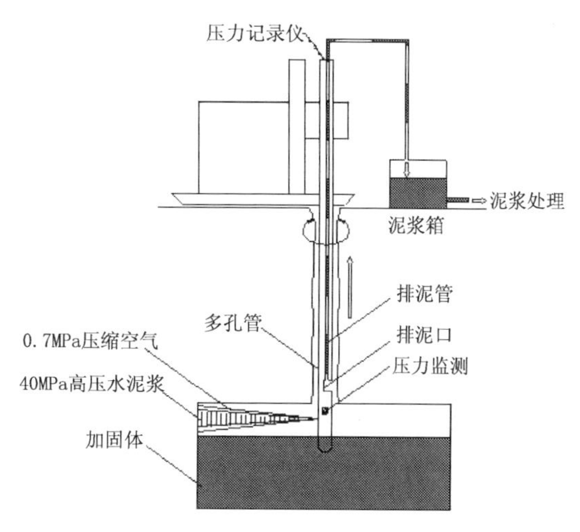

图 1　MJS 工法工艺原理图

3 MJS 工法桩在工程中的应用

3.1 工程地质概况

盾构穿越上海轨道交通 3 号线高架桩基底位于⑧ 灰色粉质黏土层，逸仙路高架桩基底位于⑥ 暗绿～草黄色黏土层；盾构掘进位于桩基中下部的④灰色淤泥质黏土、⑤$_1$灰色黏土、⑥ 暗绿～草黄色黏土层中，其中④、⑤$_1$土层具有含水量高、灵敏度高、承载力低等特点。土层特性见表 1。

表 1　土层特性表

层　号	土层名称	层底标高（m）	黏聚力（kPa）	内摩擦角（°）	地基承载力设计值（kPa）	地基承载力特征值（kPa）	静力触探平均值（MPa）
②$_2$	灰黄色粉质黏土	2.49～0.45	20	14.5	100	85	0.84
③	淤泥质粉质黏土	−4.9～−7.86	13	14.5	80	65	0.64
③$_1$	黏质粉土	−0.83～4.64	7	28	140	115	2.42
④	淤泥质黏土	−14.51～−17.04	14	9.5	75	60	0.63
⑤$_1$	灰色黏土	−15.71～−23.93	16	13.5	90	75	0.87
⑥	暗绿-草黄色黏土	−22.3～−27.57					2.3
⑧	灰色粉质黏土	−52.9～−54.95					1.93

3.2 MJS 工法桩施工方案

1）根据隧道与高架承台的相对关系考虑和制定施工方案。相对位置关系详见逸仙路及轨交 3 号线高架承台与隧道平面位置见图 2。

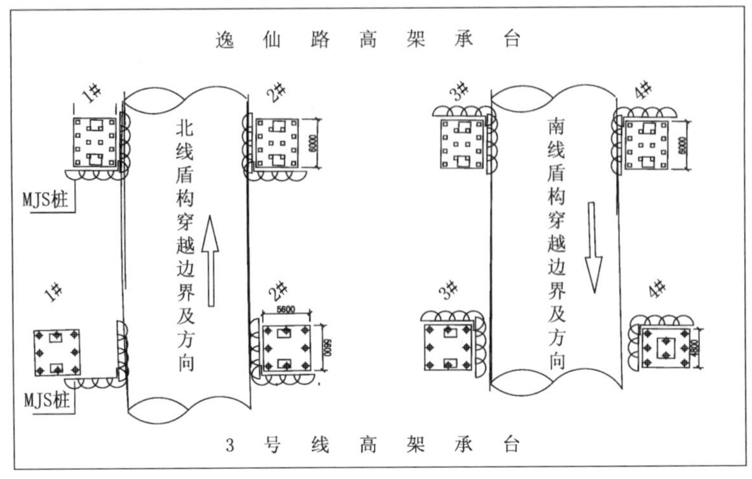

图 2 MJS 工法桩布置示意图

2）按照盾构推进的方向和盾构与承台的相对关系，MJS 工法桩布桩采用沿轨交、高架承台布置“L”型形式（见图 2），桩体直径 2.4m，采用半圆摆喷工艺，摆喷方向为背向承台方向，保证 MJS 桩喷射施工过程中，高压喷射流对原轨交、高架桩体不产生直接破坏。

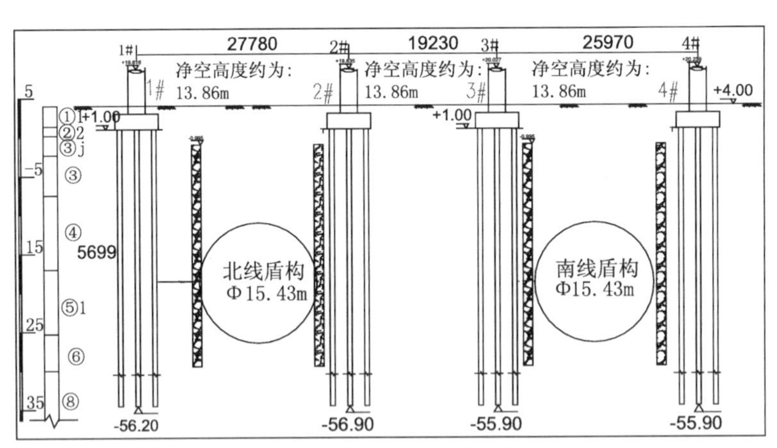

图 3 MJS 桩在 3 号线承台边剖面图

3）根据盾构的埋深，确定 MJS 成桩范围为盾构顶以上 10.00m 至盾构底部以下 3m，MJS 桩长 28.5m（见图 3）。由于受逸仙路高架承台间距及盾构边界的限制，盾构在穿越逸仙路高架一侧时，盾构将部分切入 MJS 工法桩（见图 4）。

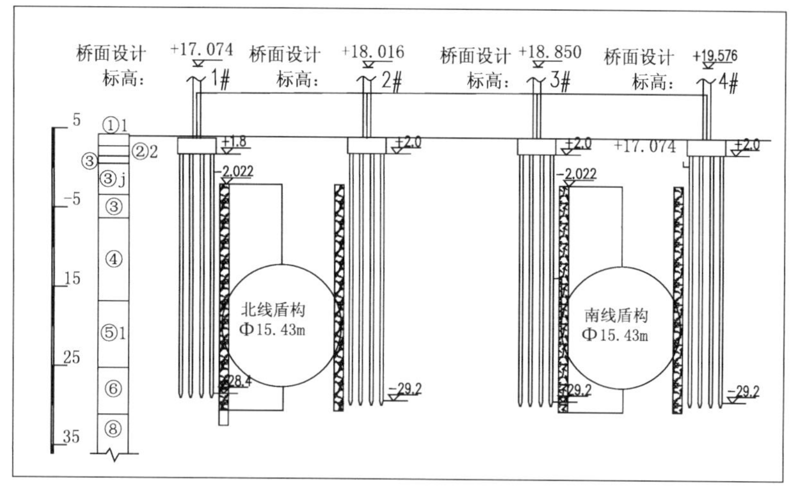

图 4　盾构穿越逸仙路高架与 MJS 桩位置示意图

4）MJS 施工前，对编号为 QZ1～QZ7（见图 5）的承台立柱布置监测点，布置的监测点为直接观测点，对高架立柱在 MJS 施工及盾构穿越阶段的沉降和位移进行即时监测，监测所得数据为施工进行指导，一旦出现报警，必须立即停止施工，同时对施工方案进行调整。

3.3　施工主要技术参数

具体施工参数见表 2。

表 2　MJS 桩主要技术参数表

项　目		参数值
地内压力系数		1.3～1.6
导孔直径（mm）		220
钻杆	直径（mm）	147
	提升速度（180°摆喷）（cm·min^{-1}）	5
水	压力（MPa）	5～20
	流量（L·min^{-1}）	40～60
压缩空气	压力（MPa）	0.5～0.7
	流量（m^3·min^{-1}）	1～2
水泥浆液	压力（MPa）	≥40
	流量（L·min^{-1}）	85～100
	水泥掺量（180°摆喷）（t·m^{-1}）	1.65
	水灰比	1∶1
MJS 桩	成桩直径（m）	2.4
	桩间距（mm）	1700
	桩深（m）	33.5～34.5

3.4 施工难点及安排

（1）施工场地内管线众多，管位不清，需补充物探，进一步现场开挖样槽管线情况，并结合管线的重要性及埋深情况进行保护。

（2）由于施工现场在高架下方，两侧为市政道路，施工场地狭小及净空限制，普通起重设备无法在现场进行吊装作业，需采用进口专用起重设备。

（3）3号线轨交高架、逸仙路高架桩体承台存在尺寸外括扩现象，需要将桩体承台外扩部分人工开挖，完整暴露并复测尺寸后，进行MJS隔离桩施工。

（4）MJS工法桩施工过程中通过排浆管排出的泥浆，一小时的排浆量在$10m^3$上，需配备$100m^3$以上的泥浆池，由于场地狭窄，现场无法满足存放泥浆的要求，所以需架设过路龙门架后铺设管路输送泥浆至围墙内盾构端头井施工现场，并采用压滤机进行泥浆处理。

（5）由于本次施工在道路中间，控制室与施工现场距离较远并且中间有通行的道路阻隔，所以数据采集无法使用数据线缆与控制室连接，MJS工法桩采用信息化施工就无法实现，所以每个施工技术数据都采用无线射频传输技术及时传输到现场控制室，确保施工现场技术数据即时传回监控室，能够及时调整，并且保证与施工方案一致，保证了每根桩的成桩质量。

3.5 施工流程

交通组织→绿化搬迁→场地清理→开挖样槽→放样定位→导孔施工→3号线桩基MJS隔离桩施工→数据监测分析→逸仙路高架桩基MJS隔离桩施工。

3.6 施工流程说明

（1）依据影响交通最小的原则，绿化搬迁后，施工位置安排在车道绿化隔离位置。施工位置不足时，才可占用1根机动车道。

（2）开挖样沟，进行地下管线的调查与确认，防止导孔作业破坏管线。

（3）根据图纸放样并进行导孔施工。导孔采用护壁泥浆钻孔，直径220mm，保证MJS钻杆能顺利下沉至孔底标高－29.5m。

（4）动力头180°旋转，将钻头下沉至设计深度。钻头到达预定深度后，先开回流气和回流高压泵，再确认排浆正常后，打开排泥阀门，开启高压水泥泵和主空压机。在达到40MPa压力并确认地内压力正常后，开始提升。施工时密切监测地内压力，依据高架监测点数据，通过对排浆流量的控制，来调整地内压力。

（5）提升1根钻杆后，对钻杆进行拆卸，拆卸钻杆的过程中，检查密封圈和地内压力感应数据传输线的情况，看是否损坏，地内压力显示是否正常。拆卸钻杆后，及时对钻杆进行冲洗及保养。

（6）喷射提升至设计桩顶标高－0.95m，将钻管拔出，再用水泥浆回灌至地面。

（7）施工时严格按规范要求跳孔施工，相邻2根桩间隔施工时间必须满足24h以上。

（8）考虑到缺少类似工程施工经验，先施工风险较低的3号线桩基隧道南线一侧隔离桩，待取得监测数据后，再施工逸仙路桩基隧道南线一侧隔离桩，然后施工逸仙路桩基隧道北线线一侧隔离桩，最后施工3号线桩基隧道北线一侧隔离桩。

3.7 施工效果

（1）为了保证隔离桩施工时高架的安全，所以在MJS桩施工过程中对桩基进行了沿高架立柱的X轴、Y轴方向进位移监测，Z轴方向进行沉降的监测，监测点（QZ1～QZ7）布置见图5。

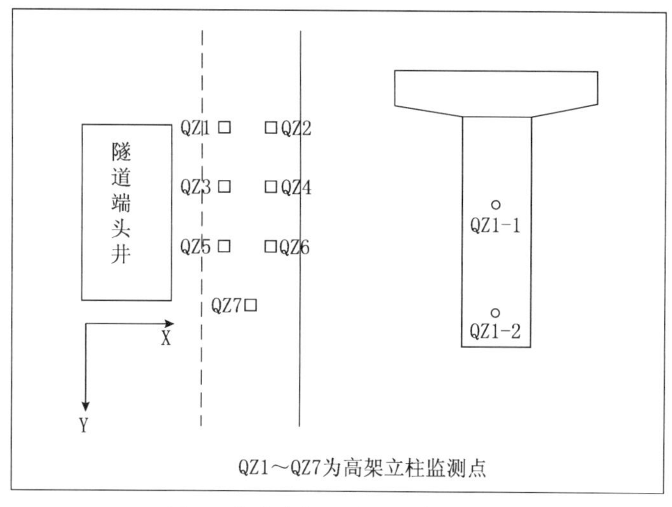

图5　轨交高架立柱监测点布置图

（2）位移、沉降曲线见图6～图8。图中X方向最大位移量为+3.1mm，Y方向最大位移量为−2.2mm，Z方向最大抬升量为+4.5mm，均在10mm控制要求范围以内。

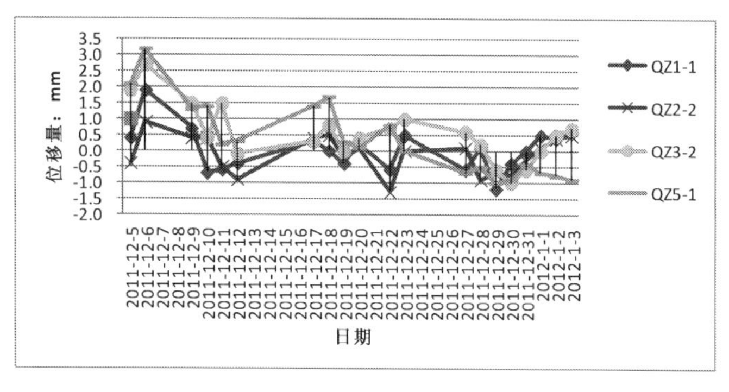

图6　3号线立柱墩X方向位移折线图

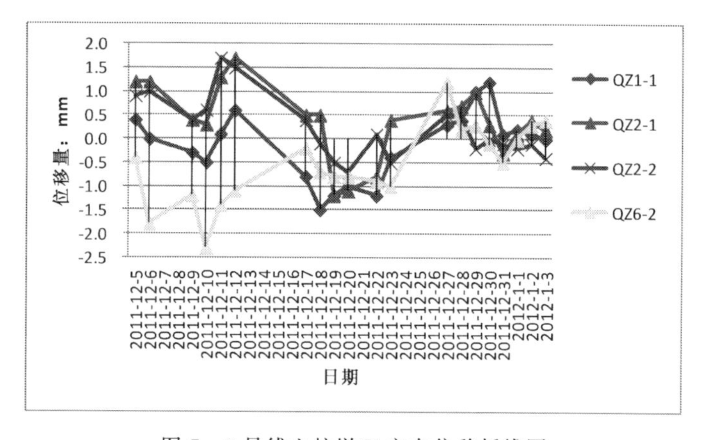

图7　3号线立柱墩Y方向位移折线图

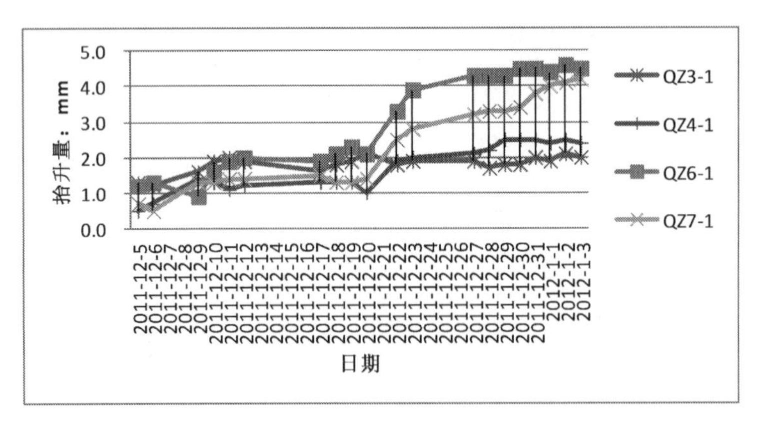

图 8　3 号线立柱墩 Z 方向抬升折线图

（3）在 MJS 桩全部完成到达了龄期后，进行了全断面钻芯取样桩身检测，取出芯样连续，无断桩现象。不同土层断面取出的芯样外观完整，均匀，无夹泥。28d 无侧限抗压强度均超过 1.5MPa，达到设计要求。

（4）盾构在穿越高架桩基过程中，由于预先对桩基进行了隔离保护措施，所以逸仙路高架最大沉降值仅为 2.49mm，最大隆起值为 1.64mm；轨交 3 号线高架最大沉降值为 1.1 mm，最大隆起值为 6.61mm，均小于 10mm 的要求；逸仙路高架及 3 号线高架立柱倾斜均小于 1‰。以上数据充分表明了 MJS 隔离桩对桩基的保护达到了预期效果。

4　结论

MJS 工法桩在上海长江西路越江隧道盾构穿越逸仙路高架及轨道交通 3 号线高架桩基时，起到了很好的保护桩基的作用，高架立柱的位移、沉降、隆起均控制在允许范围内。MJS 工法桩在本次工程中的成功实施，为今后类似大直径盾构穿越地下桩基提供了参考依据。

参考文献

[1]　张帆．二种先进的高压喷射注浆技术 [J]．岩土工程学报，2010，32（2）：406-409.

复式挤扩桩成套技术

彭桂皎[1]　王凤良[2]　杨小林[2]　龙鹏飞[1]
（1. 海南卓典高科技开发有限公司　海南　570100；
2. 山东卓力桩机有限公司　山东　264400）

摘　要：复式挤扩桩是一种新型的部分挤土桩，复式挤扩桩成套技术是对中国螺杆桩技术的补充和完善，其最重要特征在于，“下钻为小孔，提钻为大桩”，由于复式挤扩桩的螺纹是在提钻的过程中产生的，因此不会产生乱螺现象，形成的螺纹完整可靠。这种成桩工法十分独特，实现了不论是支盘桩还是其他形式的挤扩桩都不能实现的一次性成孔成桩。

关键词：中国螺杆桩；复式挤扩桩；成桩工法

0　引言

在土木工程领域中，根据成桩方法对桩周土层扰动的影响可将基桩分为非挤土桩、部分挤土桩和挤土桩三大类。基桩的桩体形状可以是等截面，也可以是变截面，桩体形状以及成桩工法直接决定了桩的承载力、施工速度、工程造价、环保等问题。在基桩的桩型和成桩工法不断演变发展的过程中，变截面桩的产生极大提高了桩的侧摩阻力，从而缩短了桩长、减少了桩径和桩的数量，施工成本大大降低；由于非挤土类型灌注桩存在单桩承载力低、泥浆污染等诸多的技术、成本和环保方面的问题，岩土工程界一直致力于开发既环保、承载力高，又经济的新桩型和施工工法，特别是能一次性成孔成桩的合理挤土类型桩，因为这种挤土桩的施工工法同非挤土桩相比，除具有明显的技术和成本优势之外，还具有施工速度快、无泥浆污染、无振动、低噪声等施工效益和环保方面的优势。

目前，伴随着设备制造技术的日新月异，国内能一次性成孔成桩的挤土桩因其效率高、单桩承载力高、施工安全等优点被广泛应用。在此过程中出现了一大批优秀的施工技术：如三叉挤扩桩、支盘桩、螺纹桩、螺旋挤扩桩、半螺丝桩、旋转挤压灌注桩等。这些技术都具有先进性和创造性，但同时也存在一些不足。

基于以上原因，海南卓典高科技开发有限公司与山东卓力桩机有限公司通力合作，进行了复式挤扩桩成套技术的研究，在完善工法和桩型的基础上还基于 SOLIDWORKS 和 ANSYS 进行设备的设计，为生产提供最优化方案，节省生产周期。

1 复式挤扩桩成套技术的架构

复式挤扩桩成套技术克服了现有技术中存在的上述问题，提供了一种承载力更高、沉降更小、成桩质量更好、成本更低、能耗更低、工效更高，并能在复杂地质条件下施工作业的成桩技术。该成套技术涵盖了：①成桩工法；②基本桩型1-6型；③成桩设备。三者之具体关系为：成桩工法由成桩设备实现；依靠这种特殊的工法形成基本桩型1-6型。研究构架如图1所示。

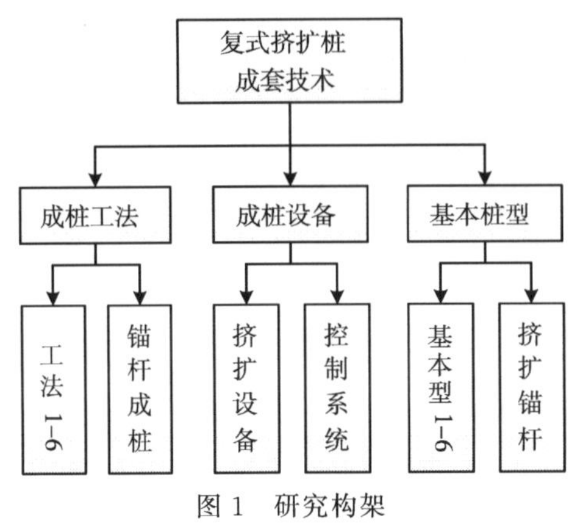

图1 研究构架

2 复式挤扩桩成桩工法

由研究构架图可以看出，复式挤扩桩成桩工法包括复式挤扩桩成桩工法1～6以及锚杆成桩，现以工法1、工法5以及锚杆的施工为例说明复式挤扩桩成桩的成桩过程。

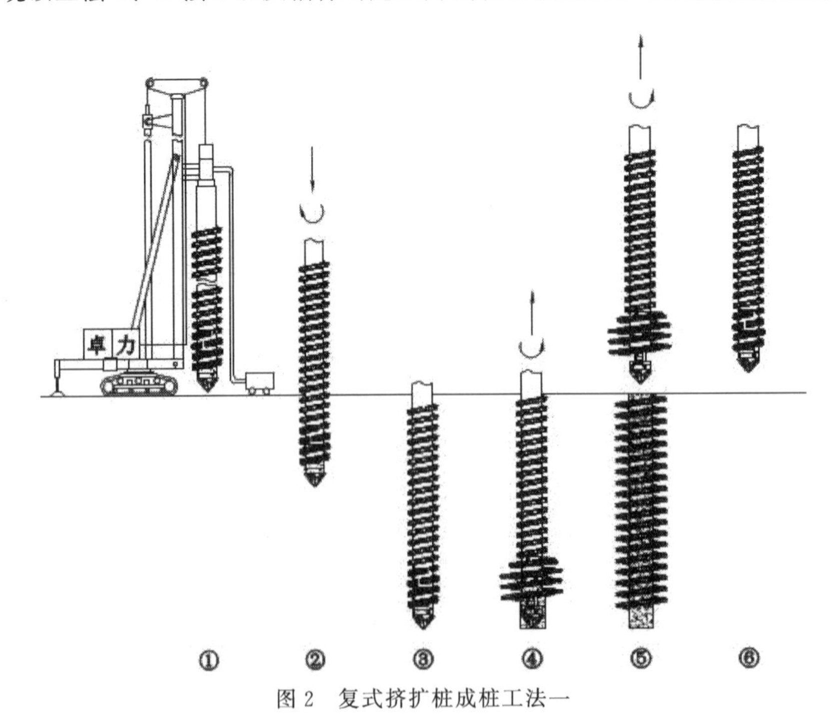

图2 复式挤扩桩成桩工法一

复式挤扩桩成桩工法一，如图 2 所示，具体施工步骤如下：

步骤①～③：在安装有复式挤扩成桩设备的桩工钻机就位后，启动桩工钻机，施加顺时针方向的扭矩和向下的轴向压力，利用复式挤扩成桩设备的钻具进行钻进挤扩成孔，挤扩后的桩孔直径为钻杆的外径，复式挤扩成桩设备的钻具下旋机械挤扩成孔过程直至达到设计孔深为止。

步骤④～⑤：机械挤扩完成后，启动桩工钻机，逆时针旋转并提钻，挤扩设备开始作用，在钻具开始上旋提升的同时，启动混凝土泵连续泵送混凝土达到桩顶标高。

步骤⑥：复式挤扩成桩设备的钻具提升至地面后，钻杆扩大部分手动复位到初始状态，桩施工完成。

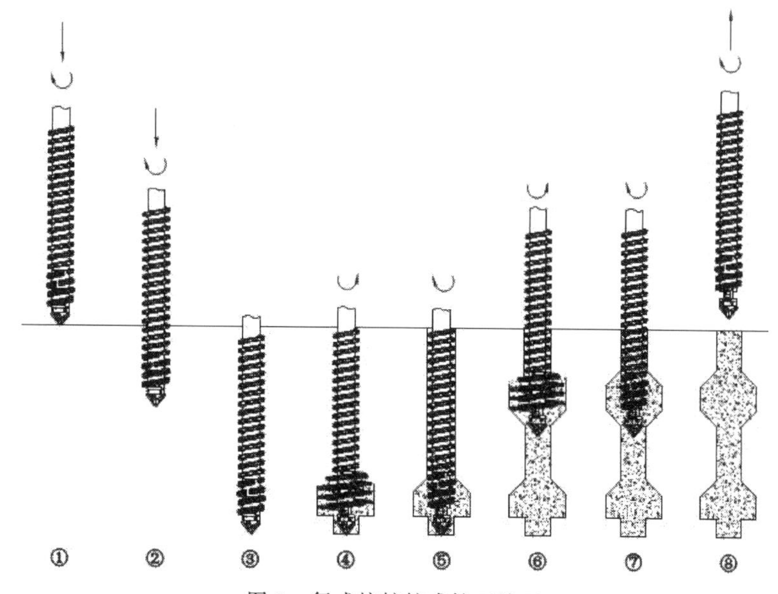

图 3　复式挤扩桩成桩工法五

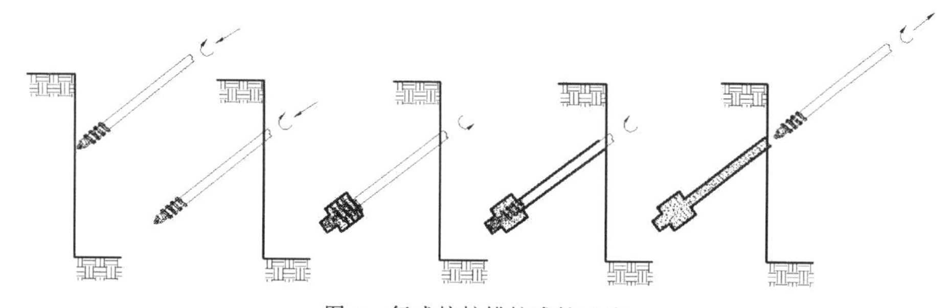

图 4　复式挤扩锚桩成桩工法

复式挤扩桩成桩工法五，如图 3，具体施工步骤如下：

步骤①～③：同工法一步骤①～③。

步骤④～⑤：机械挤扩完成后，启动桩工钻机，逆时针旋转并提钻，挤扩设备开始作用，在钻具开始上旋提升的同时，启动混凝土泵连续泵送混凝土，挤扩设备作用一段时间后，逆时针旋转钻杆，挤扩设备回复。此过程中混凝土连续泵送。

步骤⑥～⑦：重复步骤④～⑤。

步骤⑧：同工法一步骤⑥。

此外，将桩机设备进行改进还可以进行挤扩锚桩的施工，如图4所示，扩大头的形成类似于工法五，限于篇幅，不再赘述。

3 复式挤扩桩的优点

复式挤扩桩成桩工法及复式挤扩桩成桩设备，与现有技术相比，具有以下几项优点：

（1）复式挤扩桩成桩工法具有“下钻为小孔，提钻为大桩”的独特的技术特征，解决了传统技术中可能存在的以下缺陷与问题：

①乱螺现象。由于复式挤扩桩的螺纹是在提钻的过程中产生的，因此，即使钻杆在下钻过程产生了乱螺的现象，在钻杆提升过程中，扩大体张开，自下而上形成新的扩大螺纹，不会产生乱螺现象。

②扭矩不足、能耗大的现象。由于传统技术桩直径加大后所需的钻杆扭矩也相应加大，机械成本高，能耗大，而能耗大主要体现在钻杆的下钻过程。对于施工同等桩径的桩，复式挤扩桩施工工法由于下钻时钻杆外径小于设计桩径，上提时仅需对已形成的孔作挤扩成桩，因而需要的扭矩小，耗能低。

（2）复式挤扩成桩设备，受力科学，抵抗扭矩大。这一点在文献中已经做过详细分析，这一结果也将体现在稍后的设计分析中。复式挤扩桩的挤扩方式为机械式而非油压式，挤压成孔、上提挤扩、成桩过程一次性完成，使施工非常简单快速。

（3）复式挤扩成桩设备具有连续挤扩的特殊优势，解决了传统挤扩桩无法连续挤扩的缺点。即使是在扩大头的施工上，其挤扩效率也远高于传统挤扩桩。且无需预成孔，避免了预成孔带来的众多不利影响，如泥浆、塌孔、桩端虚土等缺陷。因此，复式挤扩桩成桩设备具有突出的实质性特点和显著技术进步。

（4）复式挤扩成桩设备的控制系统保证了所有工法的精确实现。

（5）复式挤扩桩成桩工法，在复式挤扩钻具进行三次以上桩孔挤扩成孔成桩过程中，利用复式挤扩钻具在钻进和提钻及扩孔时将原桩孔中的土体挤扩到桩孔的侧壁中，使得桩周土和桩端土被挤密的效果优于现有的非挤土桩和挤土桩所能达到的程度，且根据设计需要对桩进行外扩，形成一个或多个扩大头，从而大幅度提高了桩侧土摩阻力和桩端土承载力。

（6）复式挤扩桩成桩工法，在钻进和提钻挤扩的过程中根据土体的敏感程度合理挤密土体，故能够在成桩过程中避免在非挤土桩工法所出现的桩孔坍塌、泥浆护壁、桩底沉渣过程和桩孔排土所引起的桩周土体应力释放所导致的向孔内的位移与强度衰减。在同样地层、同样桩径和同样桩长条件下，与传统挤扩桩相比，复式挤扩桩成桩工法完成的复式挤扩桩具有承载力更高、沉降量更小、质量更好、成本更低、能耗更少、工效更高、更加环保等显著优点。

（7）复式挤扩桩成套技术与传统挤扩技术相比，施工速度更快，成桩质量高，并能在多种复杂地质条件下施工作业。

参考文献

[1] 彭桂皎，等. 复式挤扩桩成桩工法及复式挤扩成桩设备：中国，CN201310515642.0 [P].

[2] 欧阳永龙，张有，郑志红. 支盘挤扩桩在桩基础中的应用及优势 [J]. 中国煤炭地质，2012 (12).

[3] 曾庆义，杨晓阳，杨昌亚. 扩大头锚杆的力学机制和计算方法 [J]. 岩土力学，2010 (5).

[4] 徐至均，张晓玲. 挤扩支盘桩在工程中的应用 [J]. 建筑结构，2002，32 (7)：13-16.

逆作法竖向支承桩柱关键施工技术

吴洁妹　张国磊　郭宏斌

（上海市基础工程集团有限公司　上海　200433）

摘　要：逆作法在城市地下空间开发中不断推广和普及，作为地下空间基坑开挖阶段主要受力构件的竖向支承桩柱系统的设计、施工质量成为逆作法顺利实施的关键，竖向支承桩柱的有效连接、较高承载力、较小沉降的高标准对支承桩的桩径、桩长、允许沉降和上部的支承立柱的插入垂直度、柱身强度刚度等都提出了极高的要求。本文结合国内先进、成熟的支承柱先插法和后插法两种施工工艺的施工实践，主要从施工设计建议、施工关键技术以及施工管理措施等方面介绍提高竖向支承桩柱的垂直度、承载力、支承柱身强度等指标的关键施工技术，以供相类似的工程借鉴使用。

关键词：竖向支承桩柱；调垂可行性；先插法；后插法；成孔质量；插入调垂；浇灌回填

1　引言

随着新型城镇化建设不断向纵深方向发展，城市土地资源日趋紧缺，高层及超高层建筑、交通商业设施等越来越多地转向地下空间开发，与传统的顺作法基坑开挖施工方法相比，有着能够降低工程能耗、节约资源、缩短工程总工期、利于保护环境以及现场作业环境更加合理等诸多优点的逆作法施工技术已广泛应用于地下深基坑施工中。

逆作施工阶段的竖向支承系统是基坑逆作实施期间的关键构件，此阶段承受已浇筑的主体结构梁板自重和施工超载等荷载，整体地下结构形成前，每个框架范围内的荷载全部由一根或几根竖向支承承受，对竖向支承系统的承载力和沉降控制都提出了较高的要求。

目前，国内逆作法工程实践中的竖向支承系统通常采用钢立柱插入立柱桩桩基的形式，竖向支承立柱和立柱桩主要支承结构梁板和上部结构，支承柱则在基坑逆作阶段结束后外包混凝土形成主体结构劲性柱永久使用。根据支承荷载的大小，立柱一般采用型钢柱或钢管混凝土柱，为方便与钢立柱的连接，立柱桩常采用钻孔灌注桩。因此，逆作竖向支承桩柱的高承载力、低沉降量等高标准，对支承立柱桩的垂直度、桩径、桩长、允许沉降值和上部的支承钢立柱的插入垂直度、柱身强度刚度等都提出了极高的要求。

本文主要探讨泥浆护壁的钻孔灌注桩内插钢管柱的逆作法竖向支承桩柱的关键施工技术，通过对施工设计、施工关键控制点和针对性的施工管理措施等三方面的探讨，为相类似的工程提供一套逆作法竖向支承桩柱施工设备先进、技术创新的施工方法。

2 支承桩柱的设计建议

2.1 建议竖向支承桩的桩径尽可能满足调垂需要

根据工程实践经验，钢管柱插入到支承桩钢筋笼后至少保证每边有15cm的可调间隙，如此再附加上支承桩（钻孔灌注桩）成孔施工时立柱插入处垂直度允许偏斜值（按1/200，20m深，则为10cm计），则钢管柱底端距离钢筋笼主筋最小的一侧仅余5cm，对于国内目前最常用的地面机械调垂设备来讲，调垂支点在上部时，仅靠下部的5cm间隙调节达到设计的1/600～1/500，难度非常大。

例如：以Φ550，壁厚16mm的钢管柱为例，下部支承桩的直径至少应为Φ1200。

2×150mm＋550mm＋2×80mm＋36mm＋57mm＋2×50mm＝1203mm

其中：150mm——钢管柱底端每侧可调空间；

550mm——钢管柱直径；

80mm——钢管柱底端栓钉高度；

36mm——支承桩主筋直径；

57mm——钢管柱内注浆管（兼超声波管）直径；

50mm——支承桩保护层厚。

钢管柱与下部支承桩的具体位置关系示意详见图1：

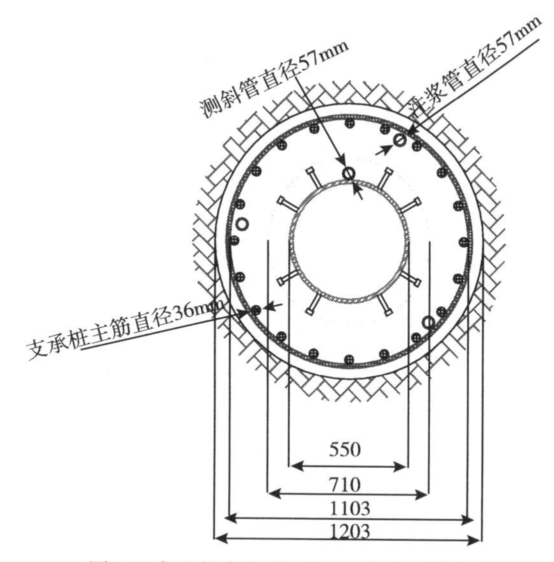

图1 支承桩与钢管柱位置关系示意图

即在考虑支承桩在插入范围内允许偏斜最大10cm的情况下，支承桩的直径最小为1200mm。假如设计考虑将钢立柱底端的栓钉调整为Φ25mm等间距的环筋，支承桩直径相应可减少。

2.2 建议加大立柱外包混凝土的厚度

影响竖向支承立柱的垂直度和定位的因数众多，如竖向支承桩的定位、垂直度偏差；

桩柱施工时立柱的垂直度偏差、固定；回填、开挖、降水、结构施工时的影响等，因此建议尽量考虑施工偏差，加大外包混凝土的厚度，有利于调整误差，使得永久性柱子排列整齐、美观。

2.3 建议加大支承桩柱的承载力富余度，适当提高各项指标要求

在考虑钢管柱插入支承桩后具备可调空间和桩端进入合适持力层的前提下，建议设计对支承桩桩径、桩长适当优化，尽可能扩大桩径来满足钢管柱调垂空间。

另外，对下部支承桩成孔垂直度、孔底沉渣控制，桩底注浆量等指标高标准要求，对上部钢管柱的插入深度、垂直度控制，钢管柱内混凝土密实度、强度等指标严格要求。

一般规定，钢管柱插入范围内的支承桩成孔垂直度不大于1/300，插入范围外成孔垂直度不大于1/200，沉渣控制在50mm以内；内插支承钢管柱柱轴线偏差控制在±20mm内，标高控制在±10mm内，垂直度控制在1/600～1/500以内。支承桩预留桩端注浆管，注浆量要比一般工程桩提高1.5～2倍，具体根据承载力要求计算确定；上部支承柱内浇灌C50及以上的高强度混凝土。

3 支承桩施工、检测关键技术

为满足支承桩柱上部钢管柱的调垂高精度要求，下部支承桩的成孔垂直度一般整体要求达到至少1/200，钢管柱插入范围内要求至少达到1/300。如此高的成孔垂直度必须有配套的施工机械设备、工艺、控制措施及高效的检测手段。

(1) 施工工艺。

成孔工艺：正循环成孔；在密实砂层或硬土层较厚情况下采用正反循环结合的成孔工艺。

清孔工艺：反循环清孔（泵吸或气举反循环一清、二清）。

(2) 施工机械设备。

成孔设备：选用GPS-20型及以上的重型回转钻机。

配套设备：三翼双腰箍钻头、带扶正圈的配重钻杆；6m的超长钢护筒及配套的振动锤。

(3) 施工关键技术。

①泥浆采用优质膨润土人工拌制，保证黏度、密度和泥皮厚度，孔壁的稳定性；

②不同土层，尤其是地层交界面处的钻机参数和泥浆参数调整；

③钻进至钢管柱插入标高前（约1/2孔深处）从钻杆内测成孔的偏斜程度，及时纠偏后继续钻进；

④钢筋笼加工采用机械连接，吊放采用吊机辅助下放，保证顺直插入到位。

(4) 检测手段。

①6m的超长钢护筒振设埋入的垂直度通过地面导向架和经纬仪量测，保证1/300以内；

②钻进至1/2孔深处，从钻杆内测斜指导纠偏后继续钻进，确保达到1/300以内；

③钻进终孔时井径仪测成孔垂直度、沉渣厚度、孔径大小以及孔深值，保证全孔垂直度达到1/300～1/200的精度。

4 支承柱后插法施工关键技术

4.1 工艺原理

一柱一桩后插法施工是一种利用特制的HDC液压调直架，将插入下部支承桩至设计深度的钢管柱的中心位置及垂直度调整至设计要求精度的施工方法。具体施工原理为：采用超缓凝混凝土施工下部支承桩，以确保钢管柱在达到设计埋深后具有一定的调节余地和施工空间，之后利用HDC液压调直架，以孔内的导向纠偏装置以及HDC液压调直架上的靠山为支点，通过HDC液压调直架上的抱箍进行深度、中心位置以及垂直度的调节，从而达到设计要求，如图2所示。

图2 后插法钢管柱施工实景

4.2 施工步骤

（1）桩身混凝土浇注完成后移走钻机，清理孔口；

（2）在护筒内安装导向纠偏装置；

（3）安设HDC液压调直设备，定位、调平、对中；

（4）吊运钢管柱，于调直架孔口位置对中；

（5）通过导向纠偏装置限位，利用两层抱箍将钢管柱下放至下部混凝土面；

（6）调整钢管柱垂直度；

（7）将钢管柱下放至设计深度；

（8）再次测量钢管柱垂直度；

（9）钢管柱孔口固定，移走调直架；

（10）割除工具管、下导管，浇灌钢管柱混凝土至设计高度；

（11）桩孔回填、注浆。

4.3 设备材料要求

HDC液压调直架自身也需要达到至少1/1000以上的精度，且调直架上下抱箍中心偏差应控制0.5mm以内。另外，调直架对钢管柱进行调节的力度以及导向纠偏装置的调节力度等均需满足一柱一桩施工需求。

（1）钢管柱：入孔钢管柱的垂直度必须不大于1/1000，且不大于10mm，截面几何尺寸允许偏差±10mm，以确保钢管柱的重心位于钢管柱中心线上。

（2）混凝土：下部支承桩采用水下超缓凝混凝土，初凝时间应考虑各种运输及施工因素后确定，还需考虑一定安全系数。钢管柱内充填混凝土采用高流态、自密实、微膨胀的高强度混凝土。

4.4 插入、调垂

（1）下部支承桩浇灌超缓凝混凝土，应保持良好的和易性、流动性以及可插入的工作性能；现场留置混凝土小样指导插入、调垂；支承桩超缓凝混凝土超灌高度应以钢立柱插入后刚好达到设计或规范要求的高度为准。

（2）支承桩成孔质量检测达到设计要求后，复测桩位和钢护筒的中心，偏差控制在10mm以内，沿6m长的钢护筒四周安放3～4只导向纠偏千斤。

（3）依次吊放液压插管调直机的底座和主体就位，对中、调平，桩位位置地坪全部硬化处理，调直机、钢护筒和桩位中心允许偏差控制在10mm以内。

（4）钢立柱加工成整根后运输至现场堆放，底端加工成封闭的锥形底，整根长度垂直度确保在1/1000以内；为保证调直机的液压抱箍与钢立柱柱身紧密贴合，在抱箍开始作用的范围内的柱身上栓钉后焊（即钢立柱插入调垂阶段暂取消不焊，后期基坑开挖阶段再补焊），作用安装钢立柱顶端的工具管，工具管与母管的连接对中确保达到1/800以内。

（5）钢立柱前期靠自重下插，待孔内浮力与自重平衡时，开启液压调直机，通过4只抱箍将钢立柱插入至下部支承桩桩顶以上50cm。

（6）通过钢立柱柱身的吸片测斜仪校核钢立柱的垂直度，指导钢护筒侧壁安放的导向纠偏千斤调垂，先调钢立柱中心满足设计要求，再调柱身垂直度。

（7）待第三方检测单位通过测斜管量测钢立柱满足设计要求的垂直度精度后，开始将钢立柱与调直架分上下三层固定。

4.5 浇灌回填

（1）调直架移除后进行钢管柱内填充混凝土的浇筑。柱内用C60高流态自密实微膨胀混凝土，进场后做好流动度检测并留置试块。采用浇灌架配小直径导管悬空浇灌，导管口距离混凝土面0.5m，精确计算混凝土面上升速度，浇筑结束时混凝土面应高出设计高度30cm。

（2）柱内充填混凝土浇灌完毕后对钢管柱周边进行回填，采用级配良好的碎石混合砂，人工对称均匀回填，回填前在钢管柱周边埋设1～2根注浆管，回填后对回填材料进行注浆。

（3）待桩孔周边回填、注浆结束且下部支承桩终凝后方可拆除连接钢筋及导向纠偏装置。建议拆除时间为注浆完成后12h。

5 支承柱先插法施工关键技术

5.1 工艺原理

先插法施工是一种比较传统的施做一柱一桩调直钢管柱的施工工艺，具有设备简单、操作方便的优点。

其主要采用一个三层的调直架，通过中、下两层水平排布的各四只调节螺杆，利用杠杆原理对钢管柱进行调直，由于先插法工艺钢管柱在钻孔内只受侧向泥浆阻力，利用螺栓一点固定一点调整可以比较轻易地将钢管柱进行移动、调整，配合精密的经纬仪、水准仪等测量仪器，从而控制垂直度达到设计要求，如图3所示。

图3 先插法钢管柱施工实景

5.2 施工步骤

(1) 支承桩成孔完成并经检测合格后移走钻机，清理孔口；

(2) 在护筒内安装导向纠偏装置；

(3) 安设先插法调直架，定位、调平、对中；

(4) 吊运钢管柱，于调直架孔口位置对中，插入至设计深度；

(5) 通过导向纠偏装置限位，利用调直架的上下两层螺杆将钢管柱垂直度调整到位；

(6) 第三方检测钢管柱垂直度满足设计要求，钢管柱孔口固定；

(7) 下放导管，二次反循环清孔；

(8) 浇灌支承桩低强度混凝土至钢管柱底下约 2.5m；

(9) 改灌高强度混凝土，边浇灌边从钢管柱外侧四周均匀回填碎石；

(10) 待钢管柱溢流孔内溢出高强度混凝土，停止浇灌；

(11) 桩孔继续回填至地面，孔内回填材料注浆；

(12) 割除工具管，移走调直架，拔出钢护筒。

5.3 插入调垂和浇灌回填

(1) 支承桩成孔质量检测达到设计要求后，复测桩位和钢护筒的中心，偏差控制在 10mm 以内，沿 6m 长的钢护筒四周安放 3～4 只导向纠偏千斤；

(2) 吊放调直机就位对中、调平，桩位位置地坪全部硬化处理，调直架、钢护筒和桩位中心允许偏差控制在 10mm 以内；

(3) 控制钢立柱柱身安放测斜管和三维激光测斜仪的精度；

(4) 钢立柱插入调直机过程中，两台经纬仪通过钢立柱柱身的通长十字墨线量测；

(5) 钢立柱插入到设计深度和标高后，根据三维激光测斜仪的读数开始通过钢护筒上安装的导向纠偏千斤和调直架的四肢螺杆调垂，最终安装在钢立柱顶端的三维激光测斜仪和测斜管的量测结果一致，且均满足设计要求的精度后方可固定；

(6) 钢立柱和调直架分上下三层分别固定；

(7) 依次浇灌支承桩和钢立柱内的低强度、高强度混凝土，控制好支承桩低强度混凝土的顶标高，确保交界面处的置换效果，保证钢立柱底端以下至少 2.5m 的深度全部被高强度混凝土置换；

(8) 浇灌钢立柱内高强度混凝土过程中交替进行钢立柱外侧的碎石回填，应控制好回填碎石的时机、次数、方量、方位等，确保在高强度混凝土用量最省的情况下，对钢立柱本身扰动最小；

(9) 待钢立柱内高强度混凝土从上部溢流孔内溢出高强度混凝土为止，停止浇灌。

6 支承柱施工管理措施

钢管柱经调垂施工满足设计要求的精度后，后续的调直架设备调离、钢护筒拔出、桩孔回填、注浆以及后期基坑降水、开挖等各道工序均会对支承柱的垂直度产生不利影响。

针对先插法后期垂直度防扰动：

(1) 钢管柱内高强度混凝土终凝后，接触固定装置、吊移走工具管和调直架的过程中，防止碰撞、扰动钢管柱本身；

(2) 拔出钢护筒时防止碰撞、扰动钢管柱本身；

(3) 后期基坑开挖阶段，挖土、降水、安装钢支承等工序，应防止对钢管柱的碰撞和扰动。

针对后插法调垂后防扰动措施：

(1) 待下部支承桩的超缓凝混凝土终凝后，拆除钢立柱和调直机的固定装置，依次将液压插管调直机的主机、底座吊移走，防止碰撞、扰动钢立柱本身；

(2) 安放 Φ256mm 的小直径导管、浇灌钢立柱内高强度混凝土过程中防止对柱身产生碰撞和扰动；

(3) 后期基坑开挖阶段，挖土、降水、安装钢支承等工序，应防止对钢管柱的碰撞和扰动。

7 结论

本文结合工程实践，从施工设计、施工关键控制点和针对性的施工管理措施等三方面探讨了逆作法竖向支承桩柱的关键施工技术，支承钢管柱的先插法和后插法施工工艺在上海地区已取得诸多的成功经验，在保证支承桩柱施工质量、提高工效和经济效益方面做出了切实贡献，不仅为逆作法施工提供了一种新的绿色环保工艺，还降低了建造成本，对高精度支承桩柱在上海乃至国内外的应用和工艺推广都有着非常深远的意义，值得今后类似的逆作法竖向支承桩柱施工借鉴。

参考文献

[1] 刘国彬，王卫东．基坑工程手册［M］．第2版．北京：中国建筑工业出版社，2009．

[2] 张雁，刘金波．桩基手册［M］．北京：中国建筑工业出版社，2009．

[3] 徐平飞，李定江，黄健昂，等．桩孔内插钢立柱三轴自动无线实时调垂系统及方法研究［J］．建筑施工，2009，31（5）：382-385．

[4] 张敏，陆宜川．盖挖顺作法一柱一桩高精度定位控制施工［J］．建筑施工，2011，33（3）：184-188．

[5] 陈新华．逆作法施工中一柱一桩垂直度的有效控制［J］．建筑施工，2012，34（8）：792-794．

[6] 梁志鑫，曾荣昌．“反导向固定架”在逆作法一柱一桩施工中的应用［J］．现代企业文化，2010（18）：132-134．

[7] 曹暘．上海500 kV世博地下变电站90 m超深一柱一桩施工技术［J］．建筑技术，2008，30（11）：929-932．

[8] 吴航飞．高层建筑中一柱一桩全逆作关键施工技术探析［J］．建筑技术，2010（24）：173-174．

[9] 叶江忠．一柱一桩立柱桩垂直度控制技术［J］．中国高新技术企业，2009（18）：159-160．

深厚填石层Φ 800mm 大直径、超深预应力管桩综合施工技术

尚增弟　宋明智　雷　斌　叶　绅　杨　静

（深圳市工勘岩土工程有限公司　广东深圳　518026）

摘　要： 在超过 10m 以上的深厚填石层施工大直径（Φ 800mm）、超深（50m）预应力管桩，通常先采用冲击钻进引孔，穿越填石层后回填砂土再施工管桩，存在填石层冲击引孔时间长、易垮孔、护壁泥浆量大、综合费用高等弊端。本综合施工技术拟在上部填石层采用大直径潜孔锤引孔以穿越填石层，使用长锥型钢桩尖以提高桩管的穿透力和垂直度，设置专门的双向泄水孔以克服地下水浮力，达到了引孔速度快、锤击穿透效果佳、施工费用低的效果。

关键词： 深厚填石层；Φ800mm 大直径、超深预应力管桩；综合施工技术

0　引言

随着预应力管桩在珠三角地区的应用是非常成熟的，其施工在数量上、整体质量上在全国也是领先的。实践中预应力管桩均以Φ 400～600mm 直径的管桩较多，对于直径达Φ 800mm 的管桩，因其承载能力相对有限以及建筑结构的要求，无论是经济性还是技术方面，可替代的桩型较多，再者在地层相对复杂的情况下，使用大直径（800mm）管桩的概率和可能性就比较小。因此，Φ 800mm 管桩的施工实践和该类型管桩的技术研究相对滞后。本文拟就深厚填石层的大直径、超深预应力管桩施工工艺进行探讨，取得的显著效果拓宽了预应力管桩的使用范围，具有一定的借鉴意义和推广价值。

1　工程概况

珠海港高栏港区集装箱码头辅助港区工程位于珠海市高栏港区南水作业区，项目场地为开山填筑堆填后形成。港区为大跨度钢结构设计，柱基础采用Φ800mm 高强预应力混凝土管桩（PHC），桩端持力层为强风化花岗岩地层，珠海港高栏港区基岩面起伏大，成桩最大深度超过 50m。

2　工程地质条件

本工程场地所处原始地貌单元为浅海滩涂地貌，后经人工堆填整平，场地较平坦。施工范围内各岩土层工程地质特征自上而下为：

（1）人工填土（Q^{ml}）。

填石层，为新近开山填筑堆填，主要由花岗岩块石、黏土、砾砂组成，块石粒径20～1200cm，在堆填过程中经过强夯处理，呈密实状，全场分布，层厚8～11m。

（2）第四系海陆交互相沉积层（Q^{mc}）。

淤泥：深灰、灰黑色，呈饱和、流塑状态，全场分布，层厚5～7m。

粗砂：灰白、灰褐色，呈饱和、松散、局部稍密状态，层厚4.20～8.80m。

砾砂：灰白、灰褐色，呈饱和、中密状态，层厚4.10～5.90m。

（3）第四系残积砾质黏性土（Q^{el}）。

褐黄、灰白色，呈饱和、硬塑状态，层厚1.2～9.5m。

（4）燕山期花岗岩（γ^{y}）。

全风化岩：土黄、黄褐色，原岩基本风化成土状，平均厚度8.56m。

强风化岩：土黄、灰褐、黄褐色，平均厚度12.10m，为预应力管桩桩端持力层。

3 工程施工难点

根据本项目场地工程地质条件和桩基工程设计，本桩基工程施工难点主要表现为如下几方面。

3.1 深厚填石层的穿越

由于整个场地是在人工填石后所形成，场地上部地层为平均厚度约10m的填石层，填石粒径一般为200～400mm，最大粒径为600～900mm。预应力管桩施工中如此深厚的填石层如何顺利穿越，是本工程需解决的重大技术难题。

管桩施工时场地情况如图1所示。

图1 预应力管桩施工场地情况

3.2 超长管桩的穿透困难

800mm管桩的桩端阻力大，打桩的设备功率大，管桩端部极易出现破损、开裂的情况。本管桩基础桩径大，桩长超过50m，如何保证管桩的锤击穿透能力，是确保桩身达到持力层的关键。

3.3 孔隙水压力产生的负阻大

本项目管桩基础桩身长，超深预应力管桩在成桩过程中，一是会遇到地下水浮力的影响，增加管桩下沉难度；二是在锤击沉桩过程中，管桩内极易形成高压密闭空间，若该空间内压力过高，容易出现爆管，使管桩报废。因此，如何采取有效措施降低孔隙水压力产生的负摩阻对管桩施工的不利影响，是保证管桩基础施工质量的重点。

4 工程施工方案选择

4.1 深厚填石层的顺利穿越技术

从以往管桩施工的一般经验分析，孤石和障碍物多的地层不宜应用预应力管桩，有坚硬隔层的地区不宜或慎用管桩，软硬突变到特别坚硬层的地层不宜应用预应力管桩等。在这个工程中所有的不良条件都具备了，但它的特殊性表现在从一个特殊走向了一个极端，对于个别障碍物的处理可能是麻烦，而一个整体都是这样的情况时，则可以将它作为一个主要的手段来进行一般化处理，引孔自然成了必然的选择。潜孔锤是在孔底形成较高的冲击频率，使钻头底部的坚硬岩块在高频冲击作用下破碎，再通过高流量的气流将破碎的岩屑携带出地面，潜孔锤在钻孔方面具有“吃硬不吃软”或“破岩效率高”的显著特点。潜孔锤引孔直径为 610mm，单个孔引孔在拔出潜孔锤后周边填石容易挤进孔中，造成管桩沉入困难。因此，我们采用填石层全护筒跟管钻进，在引孔完成拔出潜孔锤后，即进行护筒内填充砂土，再起拔护筒。为达到直径 800mm 的置换空间，通过反复试验，我们设计了“3＋1”品字型引孔方案，即以桩轴线为中心，先均匀布置 3 个副孔位，形成品字形，最后在桩轴线处再次以桩中心实施引孔，确保桩轴心处填石层被置换完全。

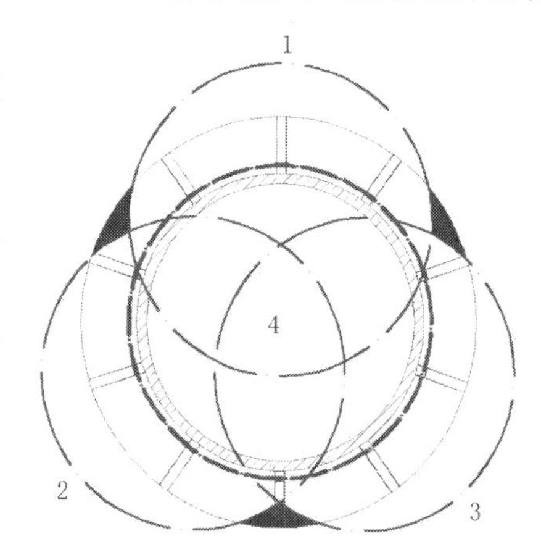

图 2　潜孔锤全护筒跟管引孔布置图

对每次引孔后的孔洞进行填砂置换，确保管桩下沉时无较大的块石。引孔深度以穿过填石层即可，平均约为 11m。将上部的填石层穿透后，可按常规的锤击桩方式沉入管桩。回填砂是为了防止套管振动起拔过程中，钻孔周边的块石进入钻孔内，形成新的障碍，回填砂要求不含大的块石即可。

潜孔锤引孔平面布置如图 2 所示。

4.2　筒式钢桩尖提升超长管桩的穿透技术

受场地内深厚填石层及超长桩身的施工难度的影响，采用锥型钢桩尖，由于引孔不彻底，会受到不同程度填石的阻滞。经过现场试验和不断改进，我们最终由锥型桩尖改为采用通透式筒式桩尖，大大提高了管桩的穿透能力，并起到底部导向作用，有效保证超长桩满足设计持力层要求。桩尖使用情况如图 3、图 4 所示。

图 3　锥形桩尖填石层穿透能力差

图 4　筒式钢桩尖穿透能力强

4.3　克服超强孔隙水压力技术

针对上述问题，在每节管桩接头位置专门设置了双向泄水孔，以消除孔隙水压力对管桩沉入的影响，确保管桩顺利下沉到位。

5 管桩综合施工技术配套机具

深厚填石层预应力管桩施工的主要配套设备如表 1 所示。

表 1 深厚填石层预应力管桩施工的主要配套设备

预应力管桩	型 号	备 注
钢护筒	Φ 560δ16mm	引孔时钢护筒护壁
锤击桩桩锤	HD80	锤击沉桩
空压机	XHP900	潜孔锤动力，采取 2～3 台空压机并联方式供风
	XHP1170	
	XRS 451	
引孔钻机	D408-90m 型	110kW，机高 18m
钻具	Φ 500mm	六方接头
潜孔锤	Φ 550mm	全断面、伸缩钻头
挖掘机	CAT	引孔后护筒内回填

6 主要工艺技术措施

预应力管桩综合施工工艺流程如图 5 所示。

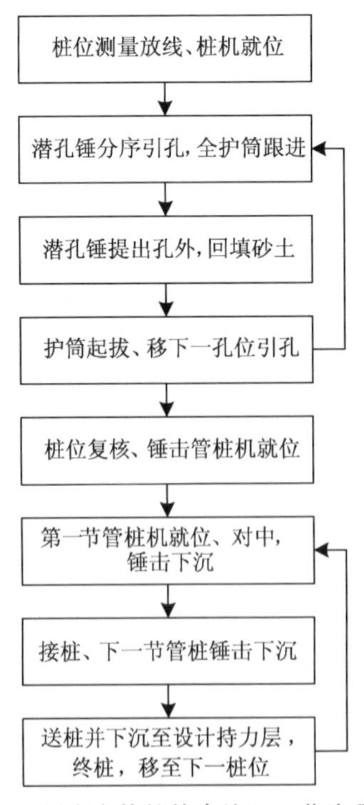

图 5 预应力管桩综合施工工艺流程图

7 主要施工技术措施

7.1 潜孔锤孔位定位（布孔）

确定管桩中心点位置，以桩中心为圆心，直径为 610mm 的圆周上找三等分点，用潜孔锤开始引孔。

7.2 引孔施工（引孔装备及改进）

（1）钻架利用长螺旋钻机塔架较高的钻机改装，更换卷扬，加固机架，保留原钻架自行走部分。

（2）冲击器采用外径为 500mm 冲击器。

（3）钻头采用平底全断面不取芯可伸缩钻头，钻头在提升状态时，外径较套管内径小约 5mm，在有压力工作状态时，其底部设置的 4 个可活动块，在压力和冲击器的冲击力作用下向外扩张，如图 6 所示。

图 6 潜孔锤钻头

（4）钻杆直径为 420mm，六方快速接头。为防止岩屑在钻孔环状间隙中积聚，在钻头外侧均布焊接了 6～8 条 10mm 的钢筋，形成相对独立的通风通道，当 1 个或 2 个通道堵塞时，其他的通道仍可保持畅通，期间的风压随即上升，作用于堵塞通道时，又将其冲开，始终可保持全部通道的通风、排屑顺畅。

（5）空压机的风压和供风量是大直径潜孔锤有效工作的保证，一定的风压可保证冲击的正常工作，还可使冲击器、钻头的寿命得到保证。风量是正常排屑的重要因素。在改进了钻孔的环状间隙的情况下，为确保高能量冲击器的有效工作和正常的排屑，采用了 2～3 台英格索兰 XHP 系列的空压机并联的方式，来提供持续、稳定的压力和供风量，如图 7 所示。

图 7 三台空压机并联产生大风量

7.3 全护筒跟管钻进、护筒起拔

7.3.1 护筒跟管钻进

潜孔锤在护筒内成孔，在超高压、超大气量的作用下，潜孔锤的牙轮齿头可外扩超出护筒直径，使得护筒在潜孔锤破岩成孔过程中，随着钻头的向下延伸，护筒也随之深入，及时地隔断填石地层，确保在引孔到位后完全用砂土回填置换全部填石，保证引孔效果。

7.3.2 引孔钻进参数

（1）钻压：钻头及钻杆的自重可达到 50～80kN，利用自重可满足孔底的钻压要求；当孔底钻压太大时，可根据钻进的速度稍稍提着钻具钻进，根据现场实际情况控制在 50～65kN 可满足钻进要求。

（2）转速：5～13r/min。

（3）风压：1.0～2.5MPa。

（4）风量：50～60m³/min。由于护筒直径大，钻具与护筒间的环状间隙较大，为达到上返风速能达到30m/s且能顺利排屑的要求，经过多次试验和调整，确定将2～3台大风量空压机并联的方式，来提供潜孔锤冲击器工作的动力和返屑的能量。这种方式实际上有效地保证风压的稳定；风量可根据钻孔的深度通过阀门进行调控，以达到引孔效果好、工作状态稳定、节约动力成本的效果。

7.3.3 护筒起拔

潜孔锤跟管护筒平均长度12m，以穿透人工填石层为准，以风压吹出的渣样可准确判断。护筒下沉到位后，拔出潜孔锤，用砂土进行引孔回填。回填至护筒口后，即可起拔护筒。护筒由于较短，采用钻机的副卷扬即可完成起拔。

7.3.4 管桩沉入

（1）管桩施工机械的确定。根据以往的施工经验，我们选定管桩的施工机械采用80kN锤，选定型号为HD80。收锤标准为最后三阵，每阵10击下沉量不超过3cm，落距为2.2m。

（2）桩尖改进。原采用的是锥形长桩尖，以期提升期穿透能力，但由于本场地填石密实，局部如遇到残留的块石则穿越困难。初期锤击管桩沉入时，发现桩头开裂的现象，经分析，虽填石层经引孔置换，但填石层是经过强夯处理的，回填砂在套管起拔过程中的振动密实，同时还向周围回填层填充，整体上该层位的强度仍然很高，管桩深入时，阻力反映到管桩的桩端（上、下）部位，形成应力集中，出现开裂。我们对出现开裂的管桩拔出后，印证了这种分析，对此，调整桩尖形式，改为开口型筒式钢桩尖，钢板厚度20mm，并在钢桩尖四周设置导向钢板，厚20mm，夹角36°。使用该钢桩尖后大大减少了断桩、碎桩的情况发生，同时还起到导向作用，避免孔斜，增加桩施打时对土层的穿透能力。此外，由于整个工程的管桩平均长度均超过40m，侧阻力总体上较大，该形式的桩在入持力层时，桩头的负担过重，使用开口型筒式钢桩尖后，桩头开裂现象极大地减少。

（3）大直径管桩桩身细部调整。针对孔隙水压力产生的负摩阻对管桩施工产生的不利影响，在管桩接头位置专门设置了双向泄水孔，以确保管桩顺利下沉到位。

8 结论

在如此复杂的深厚填石地层中施工大直径、超深预应力管桩，在国内较为罕见。其他的桩基础形式如回转钻成孔、冲击成孔以及目前风行的旋挖成孔灌注桩等，要么无法成孔，要么成孔质量差、质量隐患多、安全事故多，要么工期满足不了要求，要么经济性方面无法承受。本桩基工程在充分分析论证后，采用潜孔锤硬岩引孔、筒式钢桩尖、管身泄水孔减压等综合处理技术后，将特殊复杂问题一般化处理，使得本桩基工程得以正常实施。该工程已于2013年10月份结束，开动2台桩机，共完成直径800mm预应力管桩246根。经静载荷试验和小应变动力测试，完全满足设计要求。

参考文献

[1] 雷斌，尚增弟，等．大直径潜孔锤在预应力管桩施工中硬岩引孔施工技术 [J]. 施工技术，2011，增刊.

[2] 雷斌，尚增弟，等．填石层潜孔全护管跟管钻孔灌注桩施工技术 [J]. 施工技术，2013，42.

旋挖扩底施工工艺在天津于家堡南北地下车库项目中的应用

郝沛涛[1]　吴江斌[2]

（1. 天津新金融投资有限责任公司　天津　300456；

2. 华东建筑设计研究院有限公司　上海　200002）

摘　要： 扩底抗拔桩以其良好的抗拔承载能力受到工程界越来越多的关注。在软土高地下水位地区，扩孔施工难度高，采用合适的施工机具和工艺是关键。天津滨海新区于家堡南北地下车库项目引进了全液压旋挖扩底施工工艺，其在旋挖完成等截面段成孔至设计标高后，更换扩底铲斗，旋挖形成扩大头，扩孔全过程采用电脑可视化监控，成孔质量更有保证。项目通过试成孔后静置36小时后成孔质量检测和试桩承载力检测验证了施工工艺的可行性，是天津地区首个采用旋挖扩底施工工艺抗拔桩的建筑工程。本文着重介绍了施工机具、施工流程、扩底施工、稳定液、清孔等关键施工技术与控制参数，可为扩底抗拔桩在该地区的推广应用提供技术指导。

关键词： 扩底抗拔桩；旋挖；施工工艺

0　引言

抗拔桩在当前软土高水位地区的地下空间项目中应用非常普遍，由于混凝土材料的特殊性，抗拔桩的经济性不够理想。扩底桩采用桩端设置扩大头的形式，极大地提升了桩的抗拔承载能力[1~3]，在相同的上拔荷载条件下，相比于等截面抗拔桩，扩底桩可减少桩长，节省工程量，其经济性十分显著，得到越来越多的的青睐。

相比于常规桩基施工工艺，扩底桩的成孔工艺，需在等截面段成孔至设计标高后，更换扩孔钻头，形成扩大头。在软土高地下水位地区，由于地层条件的特殊性，扩孔过程中易发生塌孔现象，导致孔底沉渣过厚，影响成桩质量。扩孔施工应采用专用的施工机具，扩底钻头是利用各种连杆机构或液压机构驱动钻头在孔底伸出切削翼，使钻进的孔径大于上部钻孔孔径的钻头。根据扩孔机具的工作方式主要分为机械式传动扩孔和液压传动扩孔，液压扩孔的构造更为复杂，施工过程可控性好。在2000年初期，上海工程界相关技术人员研发的伞形机械式扩底钻头即是符合前述要求的一种简单而实用的扩底钻具[4]，这种钻具工作原理是在钻进过程中，在钻压作用下，钻具底部的支承盘支承在地基上产生反作用力，使钻刀逐渐展开扩底成孔。其扩展方式与机理与伞相似，因此称之为伞形扩底钻头。该扩底钻头在上海地区的多个项目中得到了成功应用。

近年来旋挖施工工艺在钻孔灌注桩施工中应用越来越多，旋挖工艺具有功效快、成孔质量好等特点[5]。天津于家堡地区地下空间开发项目规模大，由于天津软土地区地下水位高，地下空间工程的抗浮问题普遍存在，本文介绍旋挖扩底施工工艺在天津于家堡南北地下车库项目中的应用，这是国内建筑工程领域较早采用旋挖扩底抗拔桩的工程，通过试成孔和桩基承载力载荷试验等验证了扩孔机具与工艺在该地区的适用性与可行性，可为扩底桩在该地区的推广应用起到示范作用，工程实用价值高。

1 工程概况

天津于家堡南北地下车库位于天津滨海新区于家堡金融起步区。南北地下车库为一南一北两个地块，均为纯地下结构，其中北车库基地面积约 28000m^2；南地下车库基地面积约 27000m^2。南北车库普遍区域均整体设置 4 层地下室，基础埋深约为 16m。

典型地层参数如表 1 所示。根据岩土工程勘察报告[6]揭示，本工程浅层地下水主要为潜水，静止水位埋深 0.20～1.50m。

表 1 典型土层信息表

土层	土层厚度（m）	重度（kN/m^3）	桩侧极限摩阻力（fs/kPa）	抗拔系数
①a 素填土	1.1	—	—	—
①b 杂填土	2	—	—	—
⑥a 淤泥质黏土	3.4	18.2	22	0.70
⑥b 粉质黏土	5	18.7	35	0.70
⑥c 淤泥质黏土	6.5	17.7	25	0.70
⑥d 粉质黏土	1	19.6	38	0.70
⑦粉质黏土	2.5	19.5	48	0.70
⑧粉质黏土	2.5	20.4	52	0.70
⑨粉砂、粉土	7	20.1	70	0.70
⑩粉砂	11.3	20.4	78	0.60
⑪a 粉质黏土	9.8	20.7	60	0.75
⑪b 粉土、粉砂	3.9	20.6	80	0.70

背景工程基础埋深约 16m，抗浮水头高度为 17.45m，水浮力问题较为突出。据估算，若采用常规等截面抗拔桩，桩径为 850mm，桩长 28m 才能满足抗浮设计要求。而采用扩底抗拔桩，则如图 1 所示，有效长度为 19m 即可满足抗浮设计要求，其中，等截面段桩径 850mm，扩底直径 1500mm，扩大头高度 2250mm，扩大头位于粉砂层中。

本工程项目面积大，抗拔桩桩数约需 4000 根，从经济性角度考虑，采用扩底抗拔桩可比等截面抗拔桩节省相当可观的工程造价。另外，天津于家堡地区，后续地下空间项目众多，抗浮问题普遍存在，若能明确扩底抗拔桩在该地区的适用性，则可为扩底桩在该地区的推广应用起到示范作用，工程实用价值极高。因而本工程拟选用扩底抗拔桩作为抗拔桩的桩型。

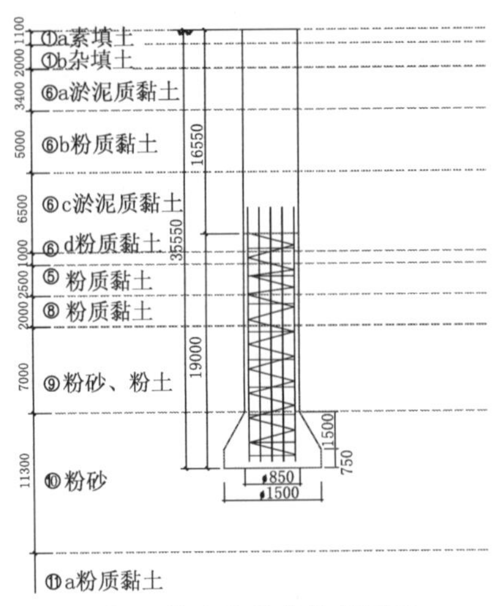

图 1　扩底抗拔桩桩剖面图

2　旋挖扩底施工机具

本工程采用全液压可视化的旋挖扩底施工机具与工艺，等截面桩身与扩底段全部采用全液压切削挖掘。全液压旋挖钻孔扩底灌注桩是在直孔灌注桩施工流程中增加一道扩底工序而成：首先采用取土钻斗将等径桩成孔钻至设计深度后，更换扩底钻头。扩底钻头采用专用的快换扩底铲斗，见图 2，在地面快速调换后呈收拢状态下降至桩的底端，然后通过液压打开扩大翼，桩底端保持水平扩大，进行桩底端水平切削扩大作业。

图 2　旋挖扩底钻具

为了保证扩孔可行及质量可靠，该旋挖扩底机具要求扩底直径、高度、倾斜度应按满足下列要求，见图 3。

1）扩底部分垂直方向的倾斜角度 θ 不宜大于 12°；

2）扩底率根据不同地质条件由设计决定，一般情况下扩底率不宜大于 3.2，且不应大于 3.5；

3）扩底部分的垂直高度 h_2 不应小于 500mm；

4）扩底直径 D 允许偏差为 0～＋100mm。

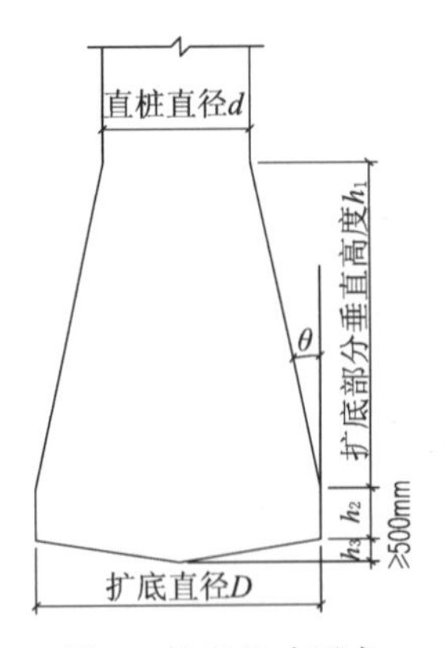

图 3　扩底尺寸要求

旋挖扩底灌注桩扩底规格应符合表 2 规定。该旋挖扩底机具桩身部分的桩径施工范围为 850～3000mm，扩底直径的施工范围为 1300～5170mm。一般来说，扩底直径能扩大到桩身直径的约

1.8倍。

表2　AM扩底灌注桩设计扩底直径表

等径桩直径 d（mm）	常规扩底直径 D（mm）	最大扩底直径 D（mm）	最大扩底直径扩底高度 h_1（mm）
Φ850	Φ1300	Φ1500	1620
Φ1000	Φ1600	Φ1800	1900
Φ1200	Φ1800	Φ2000	2280
Φ1300	Φ1900	Φ2300	2480
Φ1500	Φ2300	Φ2500	2860
Φ1600	Φ2500	Φ3100	3050
Φ1800	Φ3000	Φ3600	3430
Φ2000	Φ3200	Φ3800	3810
Φ2200	Φ3800	Φ4100	4190
Φ2500	Φ4000	Φ4300	4760
Φ3000	Φ4500	Φ5000	5170

旋挖扩底过程实行可视化的全过程动态管理，操作人员按照设计要求预先输入电脑的扩底数据和形式并进行操作，成孔时电脑管理映像追踪系统进行全程调控、配备快换扩底铲斗进行桩底，桩底端的深度、扩底部位的形状、尺寸等数据和图像通过检测装置直接显示在操作监控器，实现可视、可控施工，如图4所示。

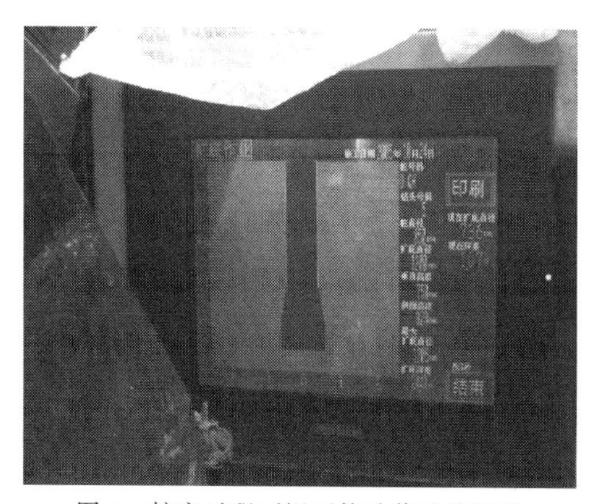

图4　扩底过程可视可控映像追踪系统

3　旋挖扩底桩施工工艺

3.1　施工工艺流程

旋挖扩底桩的桩身及扩底部分皆采用旋挖工艺，相对于常规的等直径旋挖灌注桩来说，增加了扩底部分换扩底钻头和扩底成孔的施工，钢筋笼、水下混凝土的灌注等并无特别之处，桩基的施工流程见图5。

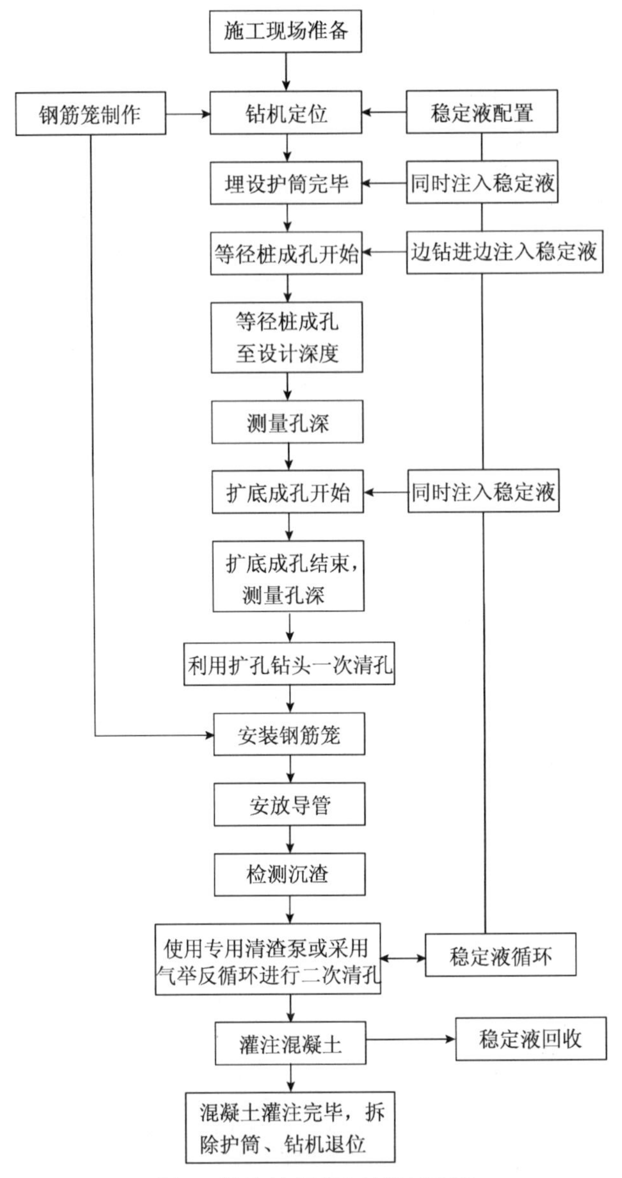

图5 旋挖扩底灌注桩施工流程

3.2 桩身成孔工艺

成孔开始前应充分做好准备工作，成孔施工应连续完成。根据工程实际的地质条件，选用合适的钻头，钻头尺寸应符合设计孔径的要求。

旋挖钻机利用液压控制系统进行原始土挖掘钻进，反复提升钻斗进行土体挖掘、卸土作业，同时在钻进过程中根据地质情况调整钻进速度，并加入调配好的稳定液。直到完成等截面段桩成孔至设计标高。

旋挖钻机启动后，旋挖机正转旋挖切削原始土，开始时先轻压慢钻，进入正常状态后，可逐渐增大转速，调整钻压。旋挖钻进速度应根据土层、孔径、孔深等各种因素进行，并应满足下列要求：护筒下1m范围内，钻速不宜超过0.2m/min；在淤泥质土层中，钻速不宜大于10m/h；在松散砂层中，钻速不宜大于15m/h；在硬土层或岩土层中，钻进应以钻机不发生大跳动为准；穿过软硬土层交界处时，为保持钻杆垂直，宜缓慢进尺，在含砖头、瓦块的杂填土或含水量较大的软塑黏性土层中钻进时，应减少钻杆晃动，以免扩大孔径。

3.3 扩底成孔工艺

旋挖钻进成孔到达设计深度后，应在30min内转换成全液压扩底钻头进行扩底施工，并确保期间孔壁稳定性，不得无故停钻，扩底完成结束至灌注混凝土的间隔时间不宜大于8h。

在施工前将扩底桩设计相关数据输入施工管理装置电脑，并根据指令系统进行操作管理。扩底施工时，应在映像监视系统监视和自动管理中心指示下施工，通过回转扩底铲斗旋转将土体平分二分或四分进行切削挖掘，实施水平扩底；扩底过程中应慢度钻进，确保扩孔质量，铲斗所容纳泥土应及时提升并带刀地面；扩孔施工时，应在映像装置监控下，严格控制每次扩底量和铲除出土体积，减少沉渣产生；扩孔过程中，应及时补充稳定液，以保证护壁质量。

由于扩底工艺的复杂性与不确定性。工程桩施工前必须试成孔，数量不得少于两个，以便核对地质资料，以检验所选的设备、机具、施工工艺以及技术要求的适宜性。如孔径、垂直度、孔壁稳定和沉淤等检测指标不能满足设计要求时，应拟定补救技术措施，或重新确定工艺参数。在工程桩中均匀随机抽查孔径，抽查数量不得少于总数30%。

3.4 泥浆工艺

稳定液性质应根据地质条件的不同而进行调整，稳定液的主要材料见表3。施工期间护筒内稳定液面应高出地下水位1.0m以上，在受水位涨落影响时，稳定液面应高出最高水位1.5m以上。

表3 稳定液主要组成材料

材料名称	成分	主要使用目的
水	H_2O	稳定液主体
膨润土	以蒙特土为主的黏性矿物	稳定液主要材料
重晶石	硫酸钡	增加稳定液密度
CMC	羧四基纤维素钠盐	增加稳定液黏度
腐殖酸族分散剂	硝基腐殖酸钠盐	改善和控制稳定液的变质
木质素族分散剂	铬铁木质素硫磺钠盐	
渗水防止剂	纸浆、棉子、锯末等	防渗水

在不同地质情况下，有针对性地配置好稳定液，以确保护壁的质量。稳定液质量应控制在如下范围：密度1.05～1.30，标准值1.15；黏度18～28s，标准值24s；pH值8～12，标准值10；含砂率不得高于6%，并采用除砂器过滤泥浆中的砂。

3.5 清孔工艺

清孔应分两次进行。第一次清孔应利用钻具进行清孔，应将钻头（桶式，带挡板）放至孔底，采用钻桶旋转钻进清孔．第二次清孔方法采用特殊清渣泵进行泵吸清孔，清孔时送入孔内的稳定液不宜少于清渣泵的排量，使清渣过程中补液充足，保持稳定液在孔内的水头高位，保证孔壁稳定。清孔时应合理控制泵吸量和清孔时间。

4 成孔与单桩承载力检测

成孔完成并经孔径、孔深、扩底等成孔质量检测符合要求后，方可进行下一道成桩工序。每一根扩底桩，皆需进行成孔质理的检测。扩底几何尺寸偏差不大于－20mm。

在大面积工程桩施工之前，进行了试成孔试验。通过试成孔试验可初步确定施工机具、钻压、钻速、泥浆比重和黏度等工艺参数。

试成孔施工完成后应立即进行井径量测，同时根据成桩的时间情况，在成孔后36小时间段内，每隔4小时对试成孔井径进行多次测量，以了解孔径尤其是扩底部分孔壁的稳定性情况（如图6所示），及沉渣厚度情况。

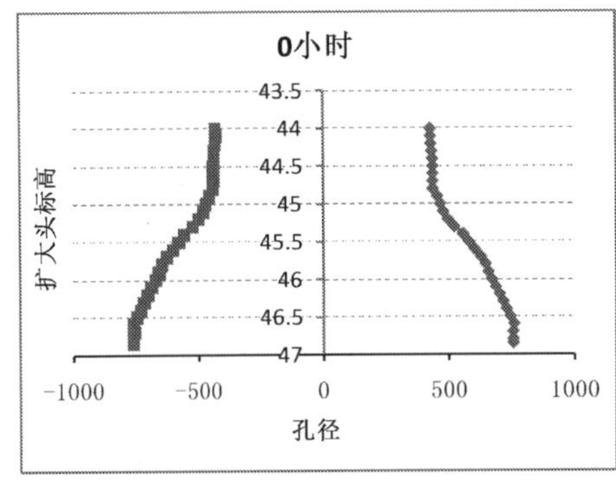

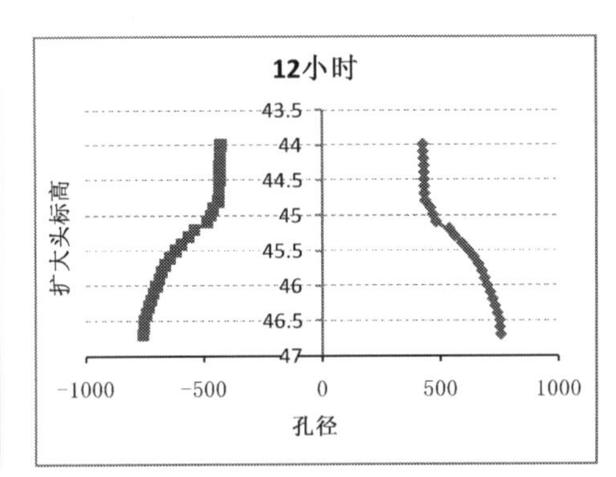

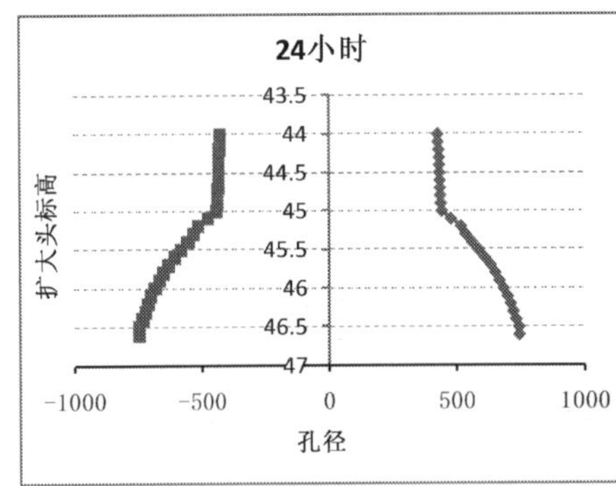

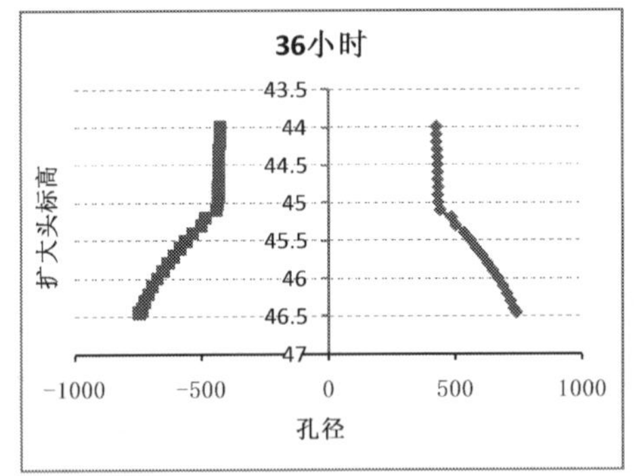

图6　扩底孔径曲线

从图6可以看出，成孔完毕时，扩大头部分的孔径曲线完全可以符合设计要求。随着静置时间的增加，扩大头形状略有变化，这是由于孔底土层的少许坍塌引起的，但在静置的36小时内，扩大头的形状基本能够维持原貌。表明了该旋挖扩底工艺在该项目中得到了成功应用，可以大面积推广应用。

由于扩底抗拔桩在天津地区的应用并不多，为给工程设计提供依据，本工程还开展了扩底抗拔桩的破坏性试验，试验结果如表4所示。

表 4 试桩结果

试桩桩号	桩长（m）	实测单桩极限抗拔承载力（特征值）（kN）	计算单桩抗拔承载力（kN）
1	19	3250	1800
2	19	3000	
3	19	3000	

从上表可以看出，3 根扩底抗拔试桩的极限承载力均能达到设计要求，并有较大的承载力余量，表明该旋挖扩底施工工艺在该地区是完全适用的。

5 结论与建议

随着软土高地下水位地区地下空间的开发应用，抗拔桩的应用越来越普遍。扩底抗拔桩以其良好的抗拔承载能力，成为当前较热门的抗拔桩桩型。相比于常规等截面抗拔桩，扩底桩的成功与否很大程度上由扩底桩的成孔工艺决定。因而，对于扩底抗拔桩设计来说，扩底施工工艺的选择也非常关键。

本文介绍了全液压旋挖扩底钻机在天津于家堡南北地下车库项目中的成功应用。本工程中使用的旋挖工艺，等截面桩身与扩底全部采用全液压切削挖掘，成孔时电脑管理映像追踪系统进行全程调控、配备快换扩底铲斗进行桩底，桩底端的深度、扩底部位的形状、尺寸等数据和图像通过检测装置直接显示在操作监控器，实现可视、可控施工，成孔质量相对有保证。试成孔试验表明，旋挖扩底工法成孔的扩大头孔径曲线完全满足设计要求，并且在静置的 36 个小时内，孔径曲线变化在可控范围内。该扩底桩的静载荷试验结果也完全可以达到设计要求。说明了旋挖工法在该地区是完全适用的，为扩底抗拔桩在该地区的推广应用提供了技术保障。

参考文献

[1] 王卫东，吴江斌，许亮，黄绍铭．软土地区扩底抗拔桩承载特性试验研究［J］. 岩土工程学报，2007，29（9）：1418-1422.

[2] 吴江斌，王卫东，黄绍铭．扩底抗拔桩扩大头作用机制的数值模拟研究［J］. 岩土力学，2008，29（8）：2115-2120.

[3] 吴江斌，王卫东，黄绍铭．等截面桩与扩底桩抗拔承载特性数值分析研究［J］. 岩土力学，2008，29（9）：2583-2588.

[4] DG/TJ08—202—2007 上海市工程建设规范　钻孔灌注桩施工规程.

[5] 周蓉缝．上海铁路南站南广场 35m 长桩扩底施工技术［J］. 建筑施工，2005，28（2）：84-86.

[6] 天津市勘察院.《于家堡金融起步区一期（03—30 地块）南车库工程》岩土工程勘察报告. 2010.09.

《建筑基桩自平衡静载试验技术规程》编制构想

龚维明

（东南大学土木工程学院　江苏南京　210096）

摘　要：自平衡法是基桩静载试验的一种新型方法，具有省时、省力、安全、无污染、综合费用低和不受场地条件、加载吨位限制等优点。国家住房和城乡建设部将《建筑基桩自平衡静载试验技术规程》列入《2014 年工程建设标准规范制订修订计划》，从而规范建筑行业自平衡法静载试验。本文主要论述规程编制构想。

关键词：自平衡法；静载试验；住建部规程

0　引言

自平衡法技术实用性强，成功应用于灌注桩、管桩、沉井、地下连续墙，在我国 30 多个省、自治区、直辖市以及其他多个国家及地区的 3000 多个建筑、公路、铁路、码头、水利等重大工程中应用，并在国内外许多重大工程中得到验证。国家住房和城乡建设部为规范基桩自平衡法，在基桩静载试验中发挥更大作用，于 2013 年 12 月将《建筑基桩自平衡静载试验技术规程》列入《2014 年工程建设标准规范制订修订计划》，从而规范建筑行业自平衡法静载试验。东南大学作为主编单位联合多个研究所承担编制工作。

1　桩承载力测试技术现状

当前，建（构）筑物向高、重、大方向发展，各种大直径、大吨位桩基础应用得越来越普遍，确定桩基础承载力最可靠的方法是静载试验。静载荷试验法测试基桩承载力，成果直观、可靠，通常认为是一种标准试验方法，它可作为其他检测方法的比较依据。然而在狭窄场地、坡地、基坑底、水（海）上及超大吨位桩等情况下，传统的静载试验法（堆载法如图 1 所示，锚桩法如图 2 所示）受到场地和加载能力等因素的约束，以至于许多大吨位和特殊场地的桩基础承载力往往得不到可靠的数据，其承载力不能充分发挥。

传统的静载试验法存在的主要问题是：堆载法必须解决几百吨甚至上千吨的荷载堆放及运输问题，锚桩法必须设置多根锚桩及反力大梁，所需费用昂贵，时间较长，还有一定的危险性。目前国内堆载法的加载能力一般不超过 36MN，锚桩法的加载能力一般不超过 38MN，而自平衡静载试验法测试最大单桩承载力达到 279MN。

基桩自平衡法（如图3所示）是基桩静载试验的一种新型方法，具有省时、省力、安全、无污染、综合费用低和不受场地条件、加载吨位限制等优点。自平衡法目前已用于钻孔灌注桩、人工挖孔桩、沉管灌注桩、管桩和深基础（沉井、地下连续墙），桩受力的形式有摩擦桩、端承摩擦桩、摩擦端承桩、端承桩、抗拔桩。

图1　堆载法

图2　锚桩法

图3　自平衡测试法

2　自平衡法的发展历程

1969年，日本的Nakayama和Fujiseki提出了用桩侧阻力作为桩端阻力的反力测试桩承载力的概念[1]，称为桩端加载试桩法。20世纪80年代中期类似的技术也为美国的Cernac和Osterberg等人所发展，Osterberg将此技术用于工程实践，所以一般称这种方法为O-cell载荷试验[2]（如图3所示）。1993年，我国李广信教授[3]首先将此方法介绍到国内，史佩栋[4]于1996年相继介绍了该方法在国外的应用情况。但是该技术在国外属专利产品，其核心装置没有相关技术资料报道。1996年，东南大学课题组经过努力，提出了自平衡点的概念，研制了自平衡测试法的关键设备荷载箱[5]，并在国内外高层建筑、跨江跨海大桥、港口码头、海上风电等大量重大工程中推广应用，在许多关键技术方面有重大发明，打破了美国在该领域的垄断地位，目前该法在各个行业推广应用。

3　编制目的和意义

自平衡法已在我国广泛应用，但是全国建筑行业没有自平衡法的统一标准或规程，目前很多省市都编制了当地的地方标准，但大部分条文是参考1999年江苏省制定的《桩承载力自平衡测试技术规程》DB32/T291－1999[6]，且很不统一。由于部分地区对自平衡法的关键设备以及荷载箱位置的确定出现偏差，且不考虑地方地质土性特点，也出现了一些不成功的案例。同时，近几年也出现了一些新型的基础以及施工工艺，如根式沉井基础、井筒式地下连续墙基础、大口径管桩等，如何在这些基础中正确采用自平衡法，需要另行规定。目前国家住房和城乡建设部的检测规范《建筑基桩检测技术规范》JGJ106－2003及正在修订的《建筑基桩检测技术规范》对自平衡试桩法都没有任何涉及。交通运输部行业标准《基桩静载试验　自平衡法》JT/T 738－2009对交通大吨位桥梁桩基以及其他深基础的检测做了相关规定，对建筑基桩检测的适用性有待商榷。为规范基桩自平衡法，使基桩自平衡法在基桩静载试验中发挥更大作用，很有必要制定《建筑基桩自平衡静载试验技术规程》，规范建筑行业自平衡法静载试验，成果可作为目前《建筑基桩检测技术规范》的补充。

本规程的编制可指导建（构）筑物工程基础的设计、施工和监测，使设计更科学、更合理、更经济，使工程施工效率更高、质量更可靠，使检测更准确、高效，从而提高整个建筑行业的科技水平和生产力。由于设计更合理，可节约大量的投资。该技术不需要施工锚桩或拖运堆载，费用仅需传统试验方法的40%～60%，缩短工期50%。可实现大吨位、特殊场地的深基础检测，保证了结构运营的安全。

4 规程适用范围

基桩自平衡法适用于软土、黏性土、粉土、砂土、碎石土、岩层以及特殊岩土中的钻孔灌注桩、人工挖孔桩、管桩以及其他新大型深基础（沉井、地下连续墙）的承载力测试，特别适用于传统静载试验方法难以实施的坡地试桩、基坑底试桩、狭窄场地试桩及特大吨位试桩等，如图4所示。基桩自平衡法不仅可用于基桩竖向抗压静载试验，也可用于基桩竖向抗拔静载试验。

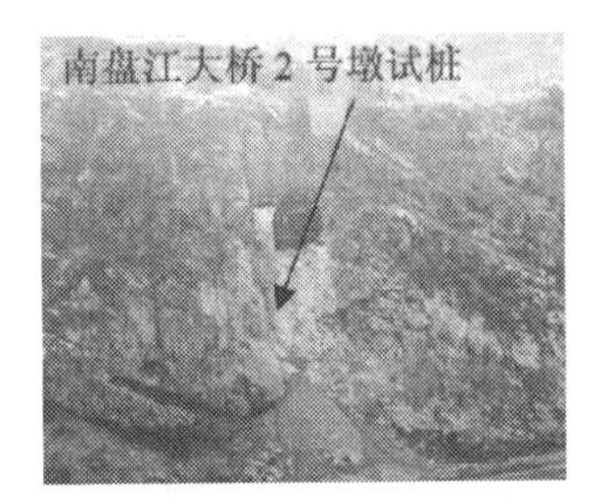

坡地试桩

地下连续墙测试

海上试桩

图4 特殊场地自平衡法静载试验

5 现有工作基础

东南大学从1996年开始自平衡法研究，已完成现场80多个与传统方法的对比试验，系统地研究了自平衡测试方法的机理，提出了承载力自平衡测试法荷载箱位置的确定原则和多种位移传递方式，建立了测试过程的加卸载程序、稳定标准以及承载力确定的简化和精确理论方法，研制了适用于各种深基础的加载荷载箱关键设备、位移传递技术，开发了自动化数据采集、处理、无线传输和图像显示的测试软件与管理平台。1999年制定了江苏省《桩承载力自平衡测试技术规程》DB32/T291－1999，2002年建设部、科技部作为重点推广项目，2004年交通部将该技术纳入《公路工程基桩动测技术规程》JTG/TF81－01－2004，2009年新编江苏省《基桩自平衡法静载试验　技术规程》DGJ32/TJ77－2009和交通行业标准《基桩静载试验自平衡法》JT/T738－2009，2013年交通运输部出版自平衡法荷载箱规程《基桩自平衡法静载试验用荷载箱》JT/T875－2013。在东南大学1999年编制的自平衡规程基础上，多个省市及行业相继出版了自平衡（载荷箱法）规程。

自1996年在江苏试用以来，仅东南大学就已经在1000多个房建工程中成功运用。据初步统计，其他省市采用自平衡法检测的项目已经超过3000多个工程，各地方检测单位积累了丰富的经验。为统一测试标准，需要组织全国各地的试验单位对试验成果进行调研总结，并加强和传统静载试验的对比，特别是各地区土性参数研究，以获得比较合理的承载力评价方法。

6 主要技术内容

本规程拟对自平衡法的适用范围，试验要求（数量、位置、加载值等），试验方法（试验原理、关键仪器设备荷载箱、加载系统、基准系统、设备安装、位移传递、数据采集、加卸载程序和稳定标准），数据处理（试验曲线和表格、承载力确定和评价方法），试验报告要求以及条文说明等进行规定。

6.1 荷载箱位置确定原则

针对 O-cell 测试法国外荷载箱设置于深基础端部的现状，针对我国国情，提出了平衡点的概念。把荷载箱预先放置在深基础中指定位置，将荷载箱的高压油管和位移杆引到测试平台。由高压油泵向荷载箱充油加载，荷载箱将力传递到深基础内部，其上部极限侧摩阻力及自重与下部极限侧摩阻力及极限端阻力相平衡来维持加载，从而获得深基础的承载力。

荷载箱的埋设位置是一个重要的参数，根据工程地质条件、深基础类型及受力形式，归纳总结了荷载箱在深基础中合理的埋设位置，如图 5 所示。

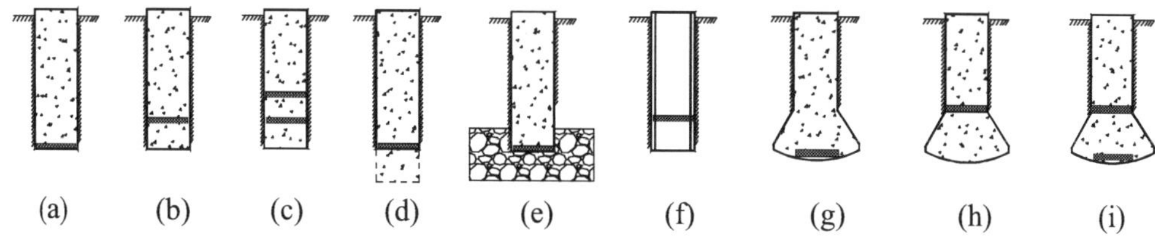

图 5 荷载箱位置示意图

6.2 自动法自平衡测试系统

针对不同桩长，提出了预埋和后置两种位移测量系统。桩长小于或等于 40m，可用直径 25～30mm 的钢管作为位移杆（如图 6 所示）；桩长大于 40m，则宜用位移钢丝代替位移杆（如图 7 所示）。

针对不同部门及不同国家测试规范要求，建议采用自动化数据采集、处理、无线传输和图像显示的测试软件与管理平台，并进行多桩测试（如图 8 所示）。

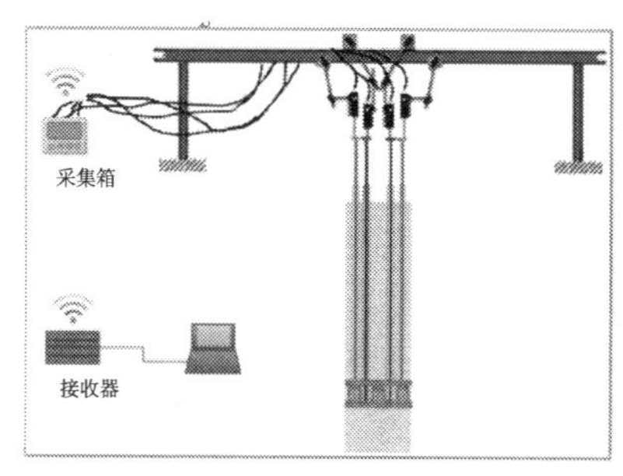

图 6 刚性杆示意图

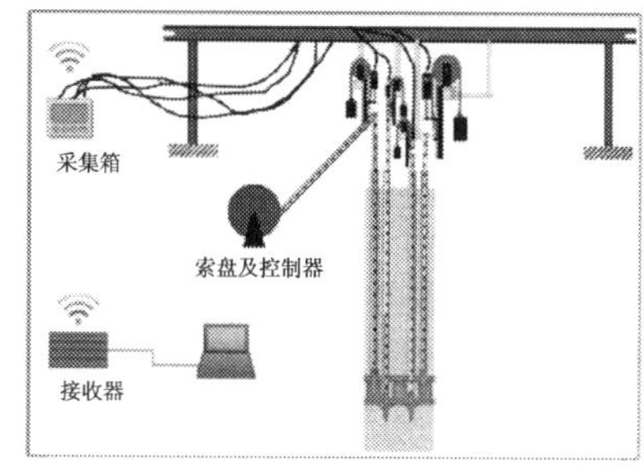

图 7 位移丝示意图

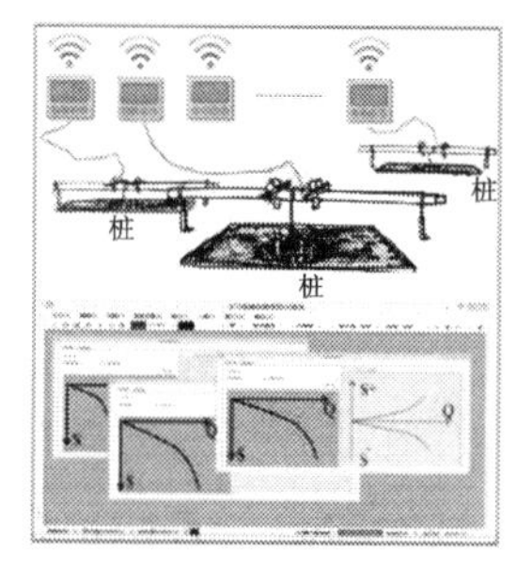

图 8 多桩测试与软件界面图

6.3 对荷载箱要求的修改

自平衡法核心装置是一种特别设计的荷载箱，由液压装置组成。针对不同油缸压力和面积参数及不同深基础的加载能力和行程要求（如图 9 所示）进行设计。荷载箱可方便与钢筋笼连接下放，中间孔洞尺寸便于混凝土浇捣或沉桩。

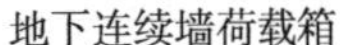

地下连续墙荷载箱

沉井荷载箱

望东桥桩荷载箱

图9　荷载箱

荷载箱的生产和标定应遵守以下规定：

（1）组成荷载箱的千斤顶必须经独立法定检测单位标定。荷载箱出厂前应试压，试压值不得小于额定加载值，且应维持2h以上；

（2）荷载箱额定加载值对应的油压值不宜大于45MPa，最大单向加载值对应的油压值不宜大于55MPa；

（3）荷载箱在工厂试压和现场试验应采用同一型号的油压表；

（4）荷载采用连于荷载箱的油压表测定油压，根据荷载箱率定曲线换算荷载；

（5）油压表应经法定计量部门标定，且在规定的有效期内使用。

6.4　承载力计算方法

自平衡法测试时，荷载箱上部基础自重方向与侧摩阻力方向一致，故在判定侧摩阻力时应当扣除。传统加载时，侧摩阻力将使土层压密，而该法加载时，上部侧摩阻力将使土层减压松散，故该法测出的摩阻力小于常规摩阻力，经过80多个自平衡法与传统静载法的平行对比试验，得到了荷载箱上部基础负摩擦力与正摩擦力的转换系数 γ：黏性土、粉土，$\gamma=0.8$；砂土，$\gamma=0.7$；岩石，$\gamma=1$；若上部有不同类型的土层，γ 取加权平均值。在此基础上，建立了单荷载箱及双荷载箱的抗压与抗拔承载力计算方法[7]。

抗压－单荷载箱：$P_u=(Q_上-W)/\gamma+Q_下$　　(1)

抗拔－单荷载箱：$P_u=Q_上$　　(2)

抗压－双荷载箱：$P_u=(Q_上-W)/\gamma+Q_中+Q_下$　　(3)

其中：P_u——深基础的极限承载力；

$Q_上$——深基础上部的加载极限值；

$Q_中$——深基础中部的加载极限值；

$Q_下$——深基础下部的加载极限值；

W——荷载箱上部深基础自重。

6.5　等效转换方法

自平衡测试数据处理的关键是将向上、向下两条荷载位移曲线转换为一条传统的顶部加载荷载位移曲线（如图10所示），据此东南大学土木工程学院课题组提出了两种转换方法。

6.5.1　简化转换法

对比分析了自平衡法与传统法受力机理及荷载变位情况（如图11所示），提出了考虑深基础自身压缩量影响的简化转换法。与基础顶部等效荷载 Q 对应的位移为 S，则有：

$$S = S_{下} + [(Q_{上} - W)/\gamma + 2Q_{下}]L/2(E_p A) \quad (4)$$

在上式中，$S_{下}$可以直接测定，其他参数定义同公式（3）。

6.5.2 精确转换法

在深基础承载力自平衡测试中，可测定荷载箱的荷载、向上和向下的变位量，以及基础在不同深度的应变。通过基础的应变和截面刚度，可以计算出轴向力分布，进而求出不同深度基础的侧摩阻力，利用荷载传递解析方法，将基础侧摩阻力与变位量的关系、荷载箱荷载与向下变位量的关系，换算成等效顶部荷载对应的荷载－沉降关系（如图 12 所示），即精确转换法。

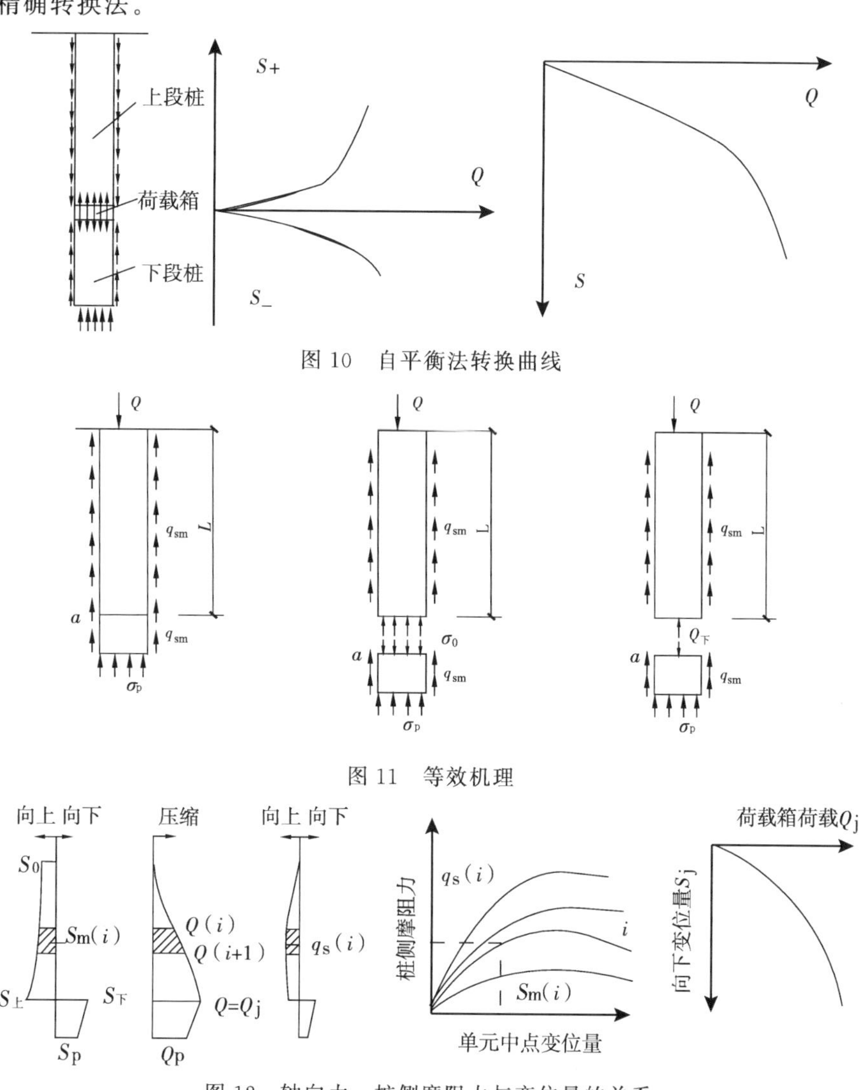

图 10 自平衡法转换曲线

图 11 等效机理

图 12 轴向力、桩侧摩阻力与变位量的关系

7 结论

本规程的编制可规范建筑行业自平衡法静载试验，成果可作为目前《建筑基桩检测技术规范》的补充。规程指导建（构）筑物工程基础的设计、施工和监测，使设计更科学、

更合理、更经济，使工程施工效率更高、质量更可靠，使检测更准确、高效，从而提高整个建筑行业的科技水平和生产力。

本规程为统一测试标准，将课题组历时18年所做80多个自平衡法与传统静载法平行对比试验的研究成果列入到规程中，并且需要组织全国各地的试验单位对试验成果进行调研总结，并加强和传统静载试验的对比，特别是各地区土性参数研究，以获得比较合理的承载力评价方法。

参考文献

[1] Nakayama J, Fujiseki Y. A Pile Load Testing Method. Japanese Patent No. 1973—2007 (in Japanese).

[2] Jori Osterberg. New device for load testing driven piles and drilled shaft separates friction and end bearing. Piling and Deep Foundations. 1989, 421-427.

[3] 李广信，黄锋，帅志杰．不同加载方式下桩的摩阻力的试验研究 [J]. 工业建筑，1999，29（12）：19-21.

[4] 史佩栋，黄勤．桩的静载荷试验新技术 [J]. 桩基工程技术．中国建筑工业出版社，1996，400-409.

[5] 龚维明，郭正兴，蒋永生，等．桩的静载荷试验新技术——自平衡试桩法 [J]. 建筑技术，1999，30：198-199.

[6] 江苏省技术监督局，江苏省建设委员会．DB32/T291—1999 桩承载力自平衡测试技术规程（S）．南京，1999.

[7] 龚维明，戴国亮．桩承载力自平衡测试技术及工程应用 [M]. 北京：中国建筑工业出版社，2006.

高性能混凝土组合桩在滨海地区应用探讨

黄朝俊　熊月金　李长征
（天津港航桩业有限公司　天津　300480）

摘　要：高性能混凝土组合桩逐渐用于高层建筑中，从局部采用到整体采用，发展十分迅速，是因为它具有一系列的优点：承载力高，抗压和抗剪性能好，以减小柱的截面尺寸，节约建筑材料，增加建筑空间；塑性和韧性好，抗震性能优越，延性好，耐火性能好，高性能混凝土组合桩具有十分必要的研究价值和更广阔的应用前景。

关键词：高性能混凝土；组合管桩；特点

0　引言

高性能混凝土组合桩是PHC管桩和TSC桩的组合。这种组合桩具有如下优点：重量轻、刚性好；易于加工、搬运、堆放；可以焊接，易于调节；与上部承台连接较易；管材强度高，贯穿性好；桩下端为开口，沉桩排土量小，对周围地基和相邻及相邻桩及邻近建（构）筑物扰动、移位影响小；接头采用电焊，操作简便，质量可靠；沉桩功效高，可节省施工费用并缩短工期等。但也存在钢材用量大、工程造价较高等问题。

1　高性能混凝土的研究

提高混凝土的耐久性，必须提高混凝土的密实度，降低混凝土的水灰比用量，如果纯粹的降低用水量，混凝土的工作性将随之降低，而且混凝土的耐久性也同时降低，针对这些问题可以采用以下方法来解决。

（1）掺入高效减水剂在保证混凝土拌和物所需流动性的同时，尽可能降低用水量，减小水灰比，使混凝土的总孔隙，特别是毛细管孔隙率大幅度降低。水泥在加水搅拌后，会产生一种絮凝状结构。在这些絮凝状结构中，包裹着许多拌和水，从而降低了新拌混凝土的工作性。施工中为了保持混凝土拌和物所需的工作性，就必须在拌和时相应地增加用水量，这样就会促使水泥石结构中形成过多的孔隙。当加入减水剂后，减水剂的定向排列，使水泥质点表面均带有相同电荷。在电性斥力的作用下，不但使水泥体系处于相对稳定的悬浮状态，还在水泥颗粒表面形成一层溶剂化水膜，同时使水泥絮凝状的絮凝体内的游离水释放出来，因而达到减水的目的。

（2）掺入高效活性矿物掺料，普通混凝土的水泥中水化物稳定性的不足，是混凝土不能超耐久的另一主要因素。在普通混凝土中掺入活性矿物的目的，在于改善混凝土中水泥的胶凝物质的组成。活性矿物掺料（矽灰、矿渣、粉煤灰等）中含有大量活性 SiO_2 及活性 Al_2O_3，它们能和水泥水化过程中产生的游离石灰及高碱性水化矽酸钙产生二次反应，生成强度更高，稳定性更优的低碱性水化矽酸钙，从而达到改善水化胶凝物质的组成，消除游离石灰的目的。有些超细矿物掺料，其平均粒径小于水泥粒子的平均粒径，能填充于水泥粒子之间的空隙中，使水泥石结构更为致密，并阻断可能形成的渗透路。

（3）消除混凝土自身的结构破坏因素除了环境因素引起的混凝土结构破坏以外，混凝土本身的一些物理化学因素，也可能引起混凝土结构的严重破坏，致使混凝土失效。例如，混凝土的化学收缩和干缩过大引起的开裂，水化热过性过高引起的温度裂缝，硫酸铝的延迟生成，以及混凝土的碱集料反应等。因此，要提高混凝土的耐久性，就必须减小或消除这些结构破坏因素。限制或消除从原材料引入的碱、SO_3、C1 等可以引起结构破坏和钢筋蚀物质的含量，加强施工控制环节，避免收缩及温度裂缝产生，提高混凝土的耐久性。

（4）保证混凝土的强度尽管强度与耐久性是不同概念，但又密切相关，它们之间的本质联系是基于混凝土的内部结构，都与水灰比这个因素直接相关。在混凝土能充分密实条件下，随着水灰比的降低，混凝土的孔隙率降低，混凝土的强度不断提高，与此同时，随着孔隙率降低，混凝土的抗渗性提高，因而各种耐久性指标也随之提高。在现代的高性能混凝土中，除掺入高效减水剂外，还掺入了活性矿物材料，它们不但增加了混凝土的致密性，而且也降低或消除了游离氧化钙的含量。在大幅度提高混凝土强度的同时，也大幅度地提高了混凝土的耐久性。此外，在排除内部破坏因素的条件下，随着混凝土强度的提高，其抵抗环境侵蚀破坏的能力也越强。

2 组合管桩的研发背景

组合管桩因其具有的适用面广、方便施工、经济环保、安全可靠等特点，已成为高承载力、低成本、穿透性强、经济适用的深基础工程发展的一种趋势，TSC、PHC 组合桩，包括 PHC 管桩和 TSC 桩，其创新点在于：所述 PHC 管桩和 TSC 桩均至少一根，TSC 桩在上部，PHC 管桩在下部；所述管桩同心设置，各管桩之间通过焊接或快速连接接头连接固定。TSC、PHC 组合桩采用 PHC 管桩和 TSC 桩相结合，利用焊接或快速连接接头机械连接的方式连接固定。这种组合具有纯 TSC 桩的优点，耐打性好，成桩工艺与纯 TSC 桩一致，在同等长度上，成本节约 75%左右；TSC 桩在组合后主要用于结构抗水平力，其具体长短根据实际工程抗水平力要求进行确定，可取代传统的纯 TSC 桩，在符合工程需求的基础上降低造价，有效地节约资源，增加了软土层地区对组合桩的应用范围。

3 组合管桩的特点

3.1 承载能力大

TSC 桩目前大多采用 A3 号低碳钢，材料的抗压、抗拉、抗剪强度很高，加工成钢管后抗弯能力很强，在持力层好的地质情况下选用，可以大大地发挥其受力特性，提高单桩承载力，减少布桩数量，缩小基础承台尺寸。对抗震区及风荷载较大的地区或较高的建筑物，选用该桩型也可大大发挥其抗水平荷载能力强的特点。开口 TSC 桩在沉桩过程中形成土塞效应，可以增加桩基的端承力，从而提高单桩的垂直承载力，不仅有较高的承载能力，而且还具有优良的塑性、韧性、延性和稳定性；当轴向承载力达到设计值时，桩身强度还有很大富余，因此还可以承受较多的横向荷载。

3.2 规格多、选用余地大

目前定型生产的 TSC 桩直径有 300～2500mm，达几十种规格，壁厚 6.9～25mm，且同管径有多种壁厚，可根据受力情况，选用几种合适的规格同时使用，使强度充分利用，以满足安全经济要求。一般情况下，桩各节均采用相同壁厚，有时为使桩进入较硬的持力层，需加大锤重并增加锤击数，对承受较大冲击的上节桩，可适当加大壁厚。

3.3 对场地周边设施影响小

TSC 桩大多采用敞口式，加之管壁薄，压桩过程中土可以进入桩身，形成土塞效应，从而降低挤土和表土隆起，减小土垢扰动，降低场地周边设施的影响。在旧城改建或周边已有建筑物的情况下，采用其他打入式桩，挤土非常明显，常常不能使用；采用钻孔灌注桩，虽可以解决挤土问题，但泥浆常污染场地及运输线路的城市道路，在大力提倡美化城市环境的今日，使用也大受限制。而采用 TSC 桩则不存在此类问题，并可以在小面积场地上进行非常密集的施工。

3.4 施工速度快

组合桩每节采用焊接，焊后 1min 即可压桩，接桩方便、间歇时间短，桩身强度高，对 $N_{635}=50$ 的坚硬土层能较轻易穿透，在常规情况下，桩就位后就能正常压桩，很少碰到土层难以穿越而需人工加以处理的情况。一般每台压机每天可以压桩 500m 左右，远远高于其他桩型，对工期紧的项目十分有利，相对而言可节约工程费用，因而其综合经济效益高。

3.5 不易腐蚀

由于组合桩埋在基础上，是在与外界隔绝，其内壁处于密闭状态，可不考虑其腐蚀，其外侧与地下水接触稍有腐蚀，可以增加钢管桩壁厚余量来保护。根据国外资料，钢管的腐蚀速度 80 年为 1.5～1.92mm。国内推荐设计用腐蚀速度为 0.02mm/yr，设计时可根据建筑物的重要性和地质腐蚀情况而定，可适当增加钢管的壁厚。

3.6 成本降低

组合桩比纯 TSC 桩节省 75%成本，由于组合桩单桩承载力高，布桩数量可以大大减少，基础承台也可以缩小，且施工速度快，后期处理事宜少，综合效益高，因此组合桩的应用前景还是十分广阔的。

4 需注意的问题

（1）端板与钢管的焊接的垂直度应≤0.5%，在制作的过程中，有些公司的垂直度控制不到位，很容易在施工的过程中造成桩头破碎，我公司在端板与钢管焊接的方法采用机械控制自动焊接，这样可以保证每条钢管和端板的垂直度了，也能大大提高产量。

（2）施工焊接的时候必按规程操作，由于 TSC 桩的承载力大，焊接点多，端部、头部、中部都有较大的集中应力，所以施工焊接的时候必须按规程操作，避免烂桩。

5 结论

组合桩在现在建筑中占着越来越重要的地位，相信不久的将来我们身边会经常看到组合桩的运用。本文总结了国内外组合桩的研究成果，但在我国应用和研究的时间还不长。所以，在今后还要不断深入地分析组合桩在滨海地区的具体应用，结合组合桩的特点提出更好地解决措施，更好地满足建筑物的强度、抗剪强度和变形的要求，更好地开发我国沿海地区大遍的滩涂闲置的空地。

参考文献

[1] 索默. 高性能混凝土的耐久性 [M]. 冯乃谦，等译. 北京：科学出版社，1998.

冲孔桩在海南岛地区高层建筑中应用

叶世建　孙旭旧

（海南亿隆城建投资有限公司　海南海口　570203）

摘　要：冲孔桩广泛应用在海南岛地区高层建筑中。冲孔桩桩径一般为 $\Phi 800$、$\Phi 1000$、$\Phi 1200$，单桩承载力为 4500～15000kN，充盈系数 $K=1.25\sim1.35$，终孔标准为三次，每次二小时贯入度不超 20cm，桩底沉渣抽检新鲜岩碎超 60%，考虑周围桩长无异常情况出现则为合格，海南岛地区在高层建筑中冲孔桩持力层为岩层，冲孔桩解决了在复杂的工程地质中有孤石、偏孤石、流砂、珊蝴礁层各桩种、桩型所未能解决的技术难题。同时冲孔桩单桩承载力高，省投资、省工期。

关键词：冲孔桩；海南岛地区；高层建筑；应用

1　冲孔桩所处的工程地质概况

桩的工程地貌各市县的工程都不一，但其基本状况大致为：素土层厚 0.8～1.2m；砂质黏土层厚 3～3.5m，100～120kPa；珊蝴礁层 0.35～1.25m，砂土层厚 2～3m，120～150kPa；全风化花岗岩灰黄色含有孤石，4～5m，200kPa；强风化花岗岩 250kPa，约 5m，多孤石；微风花岗岩 6000kPa，灰白色，中粗粒结构。

2　冲孔桩基方案的选用

2.1　预应力管桩

在建设中，预应力管桩遇到孤石、偏孤石，珊蝴礁等岩层常难以通过，如果用力施压或击打则会造成桩尖破烂或管桩裂缝。

2.2　钻孔灌注桩

在建设中，特别珊瑚钻层不入层，孤石、偏孤石桩偏位或钻头烂。

2.3　人工挖孔桩

遇孤土石、偏孤石、珊瑚层一般需进行爆扩则影响周边桩结构，需降水，并严防安全。

2.4　冲孔桩

遇孤石、偏孤石不需爆扩而通过，而遇珊瑚礁层能通过，不需降水，施工安全。比人工挖孔桩工程量少，总体单价少16%～18%。工期短，省投资。

3 冲孔桩的技术参数

3.1 冲孔

冲孔机械制造简单，移动方便，施打时略有噪声，泥浆需外运。

3.2 锤

锤重3～3.5t；一般落高2～4m，当遇孤石、偏孤石时锤的落高应增大2m不等。锤落高由岩土特性决定，岩或土的软硬对于落高操作有不同的反应，桩机操作手柄有直接的强弱反应，显示振动大小，岩石的反应比土大，岩土的强度高而反应大，反之小。则对桩机操作手供出信号，使操作机手得到判断岩土的实际情况而随时改变重锤的落距高度。

3.3 冲孔桩的长度

冲孔桩的长度每个工程都不一样，最终由桩的持力层深度决定桩的长度。冲孔桩在海南岛地区的工程桩长度一般是7～21m。

3.4 冲孔桩的护壁泥浆密度

在海南岛地区冲孔桩护壁泥浆密度测试值$\gamma=1.5$为合格。该地区岩层的特性有自动护臂功能，不需外加兼料，岩土的总体为自动调节，在现场土用办法测试如下：用手臂插入护壁泥浆中，拔出后稍待3～5s，汗毛未竖起来，则泥浆浓度合格；若汗毛立即竖起，则泥浆浓度不合格。

3.5 冲孔桩终孔条件

当冲孔桩冲露岩0.5m时检查质量开始：（1）贯入度测试三次，每次2h贯入度不超20cm，则为合格；（2）每次2h，超20cm则不合格，最后需继续三次，每次2h贯入度不大于20cm为止；（3）终孔时，桩底沉渣60%为新鲜碎岩石，同时周围各桩分析无异常变化。

3.6 清底

桩灌注混凝土前清渣检查无桩底、无泥块或小孤石，终孔时检查的标准桩长与灌注混凝土前清孔桩长应一致。

3.7 冲孔桩

充盈系数一般为$K=1.25\sim1.27$，遇孤石为$K=1.35\sim1.40$，偏孤石为$K=1.45\sim1.55$，对于多节孤石、偏孤石应另计系数。

海南岛地区的冲孔桩据统计单桩承载力静压值均满足设计文件要求，一般为设计值的1.2～1.3倍，小应变检查，桩身都完整。

4 海南岛地区在高层建筑中应用冲孔桩成果表

冲孔桩在海南岛高层建筑中的应用如表1所示。海南岛地区的冲孔桩持力层均为基岩，表1中未有试验荷载值的桩，由于荷载值大、试压能力有限所致，据工程勘察报告实施桩长而推算出回弹率值。

表 1　冲孔桩在海南岛高层建筑中的应用汇总

工程名称	地点	桩径（mm）	桩长（m）	设计单桩竖向抗压承载力特征值（kN）	试验荷载（kN）	总沉降量（mm）	回弹率（%）
海南亿隆高层公寓楼	文昌	Φ800	21	4500	9000	16.2	29.6
		Φ1000		8000			35
		Φ1200		12000			25
陵江高层楼	陵水	Φ800	12	3000	6000	10.1	29.6
高迈商住楼	澄迈	Φ800	13	3500	7000	19.7	25.2
航天椰城	琼中	Φ800	18	4500	9000	11.3	35.8
体育公寓楼	五指山	Φ800	21	4500	9000	10.7	46.5
新跨洲公寓楼	万宁	Φ1000	7.6	4500	9000	15.6	29.7
		Φ800	10.5	3500	7000	14.4	28.8
新琼酒店	琼海博鳌	Φ800	15.4	4000	9000	13.1	30.4
海南日升楼	海口海滩	Φ800	23.5	4500	9000	21.3	28.6
金江商住宅楼	保亭	Φ800	13.5	4000	8000		35.2
		Φ1100	17.3	8000			35.3
龙江公寓楼	昌江	Φ1000	9.8	7500			28.52
长城高层住宅楼	琼中	Φ1000	9.6	6500	13000		25.1
高昌商楼	屯昌	Φ800	12	3800	9600		28.8

5　桩基检验

静载检测数量：在同一条件下不应少于 3 根，且不宜少于总桩数的 1%，当工程桩总数在 50 根以内时，不应少于 2 根；另桩身完整性检测不少于总桩数的 30%。

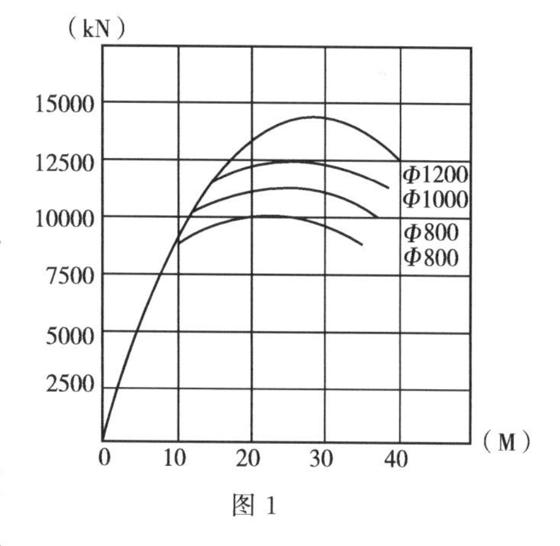

图 1

6　冲孔桩实施的若干技术讨论

6.1　桩身遇孤石或多节孤石，2～3m 厚硬壳层

冲孔桩施打时有节奏且均匀地往下走，当遇到孤石时落锤对操作手柄的振动突然性变大，就确认为孤石，据振动大小而改变锤落距大小，遇孤石一般应增大落高 2m 左右，高举锤密击则达冲击过孤石为界。

6.2　桩身边偏孤石或多节偏孤石

冲孔桩有节奏地均匀往下走，突然操作手柄振感大而有扭动感，则应确认为偏孤石，这时的对策：(1) 增加厚为 30～50cm 不等的块石；(2) 增锤的落高 2～3m，进行高举密击，若未能彻底解决，据实际感觉再增锤高或酌情增块石，达到力的平衡，无扭感，继施击。

6.3 在桩身中遇孤石或偏孤石交错的桩

当遇孤石按前述孤石之办法处理时，当遇偏孤石按前述偏孤石办法处理。

6.4 当桩灌混凝土时，中间遇停电使泵送混凝土过程中断，导致导管放在桩中凝固造成事故的处理办法

在未灌混凝土的桩长和事故桩长中，从桩顶改用加大原桩径的人工挖孔桩进行挖桩，根据已出事故桩长所灌的混凝土质量决定取舍，对钢筋、混凝土、导管清除，人工挖孔桩挖桩的长度应与原桩搭接1d，恢复配筋，重新灌混凝土。

7 结论

冲孔桩在海南岛地区高层建筑中成功应用的结果表明：海南岛地区高层建筑中冲孔桩持力层为岩层，冲孔桩解决了在复杂的工程地质中有孤石，偏孤石、流砂、珊蝴礁层各桩种、桩型所未能解决的技术难题，而且节省投资并广泛应用。

参考文献

[1] GB50007—2002 建筑地基基础设计规范 [S].
[2] JGJ94—2008 建筑桩基技术规范 [S].
[3] JGY59—99 建筑施工安全检查标准 [S].
[4] JGJ106—2003 建筑基桩检测技术规范 [S].

浅谈管桩施工质量问题及预防

王晓军

（江苏东浦管桩有限公司　江苏连云港　222000）

摘　要：系统的介绍管桩在施工中经常出现的质量问题，结合工程实例，指出施工遇到的一些技术问题和避免，解决这些问题的经验，方法，并提出具体的建议、预防

关键词：定位偏位；垂直度；焊缝质量；桩顶标高；收锤标准（贯入度）；建议

0　引言

管桩施工质量对于从事这行业的人都不陌生，而对一个企业来说：它包含的意义尤为深刻，有几句警示语说的好："质量是企业的生命、安全是工人的生命""百年大计、质量第一""万丈高楼平地起，主要在于基础"等口号，无非是在警示着质量的重要性，而在施工中某些企业及施工队伍责任心差，管理不到位，往往忽视管桩施工中主控项目，如桩的偏位、垂直度、焊缝质量、桩顶标高及收锤标准（最后三阵贯入度）的五要素，造成质量事故的发生，本人举几个工程质量经常出错的案例，指出如何避免及预防。

1　工程案例及预防措施

案例（一）：2000 年某人民医院工程，桩型选用 PHC-550（120）AB-20，共计 525 根，桩最终桩基验收因部分桩垂直度超出规范，倾斜值水平距离达到 0.5～1m 不等（如图 1 所示）。

分析原因：桩基施工：（1）使用老式井架打桩机前后无调节，施工中前后校正桩的垂直度比较困难；（2）施工人员未按规范要求控制桩的垂直度（控制值＜0.5%）；（3）再加上送桩较深造成。

设计变更处理：出现 30 根桩倾斜超出规范，共计 10 个承台中，把承台底标高以下的淤泥层挖出，全部改为砂石混凝土增加桩的摩擦力。

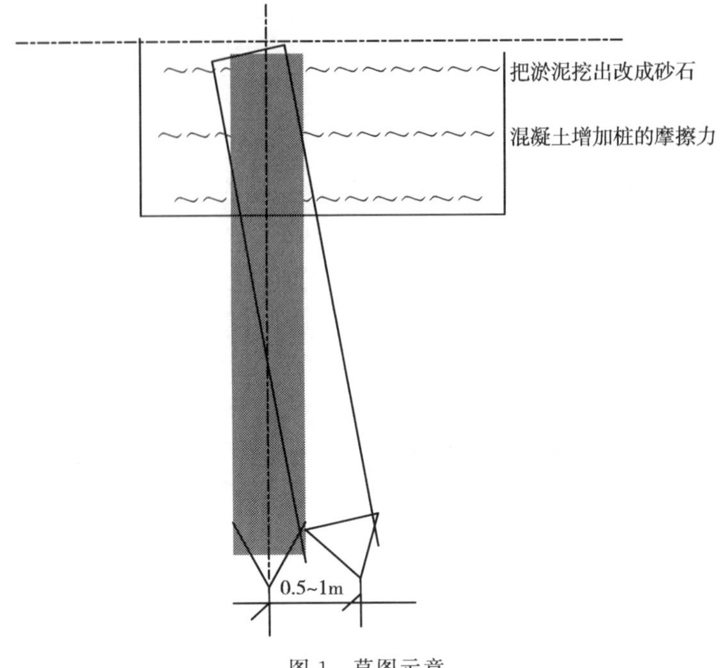

图1　草图示意

预防：

（1）严格控制桩的垂直度沉桩时，可在通视良好且安全处（一般距机远于15m）成90°方向各设置经纬仪一台，测量导杆和桩的垂直度，垂直偏差不得超过0.5%，第一节桩必须全程测量及时校正桩架，如超差必须及时调整且保证桩身完整，必要时拔出重插，不得入土较深时用桩机强行校正以免损坏桩身质量；在送桩前进行一次中间验收：测出桩的垂直度及水平位移记录存档。

（2）把无调节的老式桩机淘汰改为先进调节步履桩机施工。

图2

案例（二）：某工程，桩型选用PHC-400（90）A-11、12，共计188根桩，最终桩基验收安全功能检测低应变；三类桩15根、二类桩45根的质量事故。

分析原因：焊缝质量未达到规范“两层3道”的要求施焊。

设计变更处理：处理方法为15根三类桩和二类桩45根全部插筋全长灌芯处理（C40微膨胀混凝土），管桩内又有泥土，又进机械钻孔机清孔。灌实后一周后进行低应变再次检测均符合规范要求。

预防：

（1）焊接前应先确认管节是否合格，端板坡口上的浮锈及污物应清除干净，露出金属光泽，焊条一般采用E4303型焊条。

（2）接桩就位时，下节桩头须设导向箍以保证上下桩节找正接直，如桩节间隙较大，可用钢板填实焊牢，接合面之间的间隙不得大于2mm。

（3）管桩焊接也可采用二氧化碳气体保护焊，用二氧化碳气体保护焊代替普通电焊即节省材料又节省时间，施焊时必须气焊结合，严禁二氧化碳气体没有情况下施焊。

（4）在焊接时应采取措施，减少焊接变形，沿接口圆周宜对称焊六点，待上下桩节固定后再分层施焊。正确掌握焊接电流和施焊速度，每层焊接厚度应均匀，每层间的焊渣必须清除干净，方能再焊下一层，坡口槽的电焊必须满焊，电焊厚度宜高出坡口1mm，焊缝必须每层检查，焊缝不应有夹渣、气孔等缺陷，应满足《钢结构工程施工质量验收规范》GB50205－2001二级焊缝要求。对接头钢箍包括焊缝，须涂刷防锈涂料。对接头外露金属部分，在打入土之前应报现场监理验收合格，方可进入下道工序施工。同时再次涂刷防锈涂料。接桩后待焊缝降温10min后再施打，严禁用水冷却或焊好即打。

图3

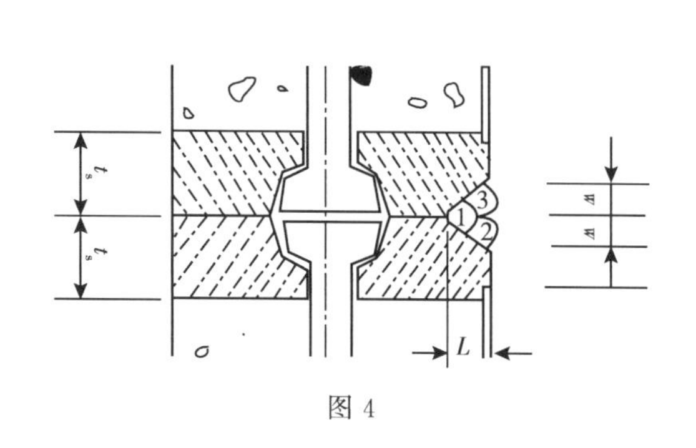

图4

图5

案例（三）：某工程，桩型选用PHC-400（90）A-22，共计289根；因接规划点误差导致厂房东侧向南吊脚1.4M。草图如图6所示。

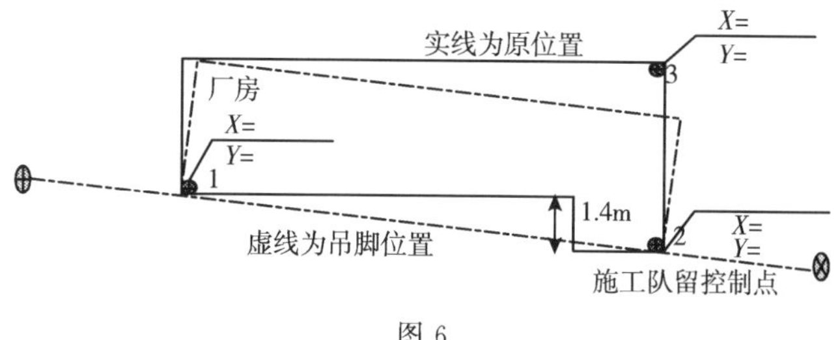

图6

原因分析： 因施工技术负责人疏忽，把草图中 1 点、2 点坐标当做直线点放线，形成厂房位置东南角吊脚 1.4m。

设计变更处理： 经过把实际施工的桩位偏差与设计桩位复位，设计补桩 63 根桩，部分承台相应加大调整。

预防： 建立相关的放线、验线及引控制点流程

（1）定位：规划定位必须跟踪到位，掌握每栋的坐标点，可以在木角上用笔标注清楚。

（2）放线：施工技术负责人用全站仪按规划测量成果图或总平面图每栋坐标值复核一次无误差，可进行每幢单体轴线放线，桩位放线。

（3）验线：由技术负责人进行单位工程验线——→检查四大角点是否符合设计图纸中的相对应位置——→四边的距离是否符合图纸尺寸——→检查分道轴线——→检查桩位（100%）。

（4）控制引点：检查合格后引出每栋单体的永久控制点，必须建立"十"型的控制点（长边和短边 4 个方向），控制点相关数据应标注在定位、验线记录中，便于土建交接为依据（在单位工程土方开挖前必须进行交接手续并书面告知建设、监理及土建单位禁止破环提供的控制点，以便检查桩位误差，如二次测绘坐标与第一次交付坐标往往存在 5～10cm 不等误差，导致已完成桩位偏差）。

案例（四）： 某钢结构厂房选用桩型为 PHC-400（70）A-C80-10，9 共计 120 根，单桩承载力特征值为 450kN，最终验收桩顶标高普遍低于设计桩顶标高 7～10cm.

原因分析： 经核查从原始高程点，转点高程及桩顶设计标高复核，属施工队自动安排水准仪出现误差以及标注在送桩器上的尺寸不精确导致（土建施工单位最终桩基验收，测出桩顶实际标高）。

设计变更处理： 低于设计标高的桩，承台厚度不变把柱子加长 10 厘米（共计 60 个承台），造成经济损失。

预防：

（1）水准仪必须定期进行校正并出具检测报告书。

（2）引进水准高程必须进行往还测回法检验闭合差，再请监理工程复验。

（3）根据图纸要求桩顶设计标高进行计算并标准确的标注在送桩器上，每施打一根桩技术人员用水准仪观测其标注送桩器上的刻度停锤标高线。

（4）施工到 10 根以上时应建立对已打完桩顶标高定期进行复查（因送桩较浅，泥土不塌陷可以观测到桩顶），如有偏差及时在后部施工做调整。

案例（五）： 某厂房位于连云港开发区，选用 PC-400（90）AB-C70-16，单桩竖向承载力特征值为 650kN，共计 166 根桩，施工是以个人打桩机承包购桩模式。最终安全功能选用静载试验检测桩的极限承载力 3 根（1300kN）在压最后一级时未稳定沉降量分别为 56mm、67mm、68mm 不符合图纸及规范要求。

原因分析：

（1）此工程设计及勘察均为外地设计及勘察设计，约 12m 厚的淤泥层在连云港区域是不计算其摩擦力的，设计人员未考虑；

（2）甲方未按图纸要求进行试桩（考虑工期较紧），进行工程桩施工。

（3）个人施工队施工经验不足，无技术能力管理不到位。

设计变更处理： 建设单位咨询江苏东浦管桩公司总工程师给予指导：经勘查现场及查阅地质资料、施工资料及施打时间，最后锤击数 1m 为 30 锤（贯入度为每阵十击 33cm），建议再焊接 5m 桩施打（合计桩长为 26m）进入第 8 层含碎石黏土（施工方法：先用挖掘机挖开打至标高承台至桩顶 0.7m 深露出 100，对接上节桩（5m）施焊；──►冷却 10 分钟做防腐处理──►控制油门低锤锤击 50 次至桩开始慢慢下沉──►恢复正常油门打至设计标高）。设计同意此种方法出具变更，最终进行静载检测，均满足规范及设计要求。

表 1　地基土承载力及桩基设计参数建议值

层号	土层名称	地基承载力特征值 *fak*（kPa）	地基土压缩模量 *ES*（MPa）	桩的竖向极限承载力标准值	
				桩的极限端阻力 *qpk*（kPa）	桩的极限侧阻力 *qsik*（kPa）
				混凝土预制桩	混凝土预制桩
1	素填土	—	—	—	—
2	黏土	60	2. 90	—	—
3	淤泥	45	1. 76		12
4	黏土	140	6. 34	900	68
5	黏土	150	6. 39	1000	60
6	黏土	160	6. 40	1000	68
7	含砂浆黏土	210	7. 11	2000	87
8	含碎石黏土	260	8. 63	3000	90

草图示意：左边为第一次施工，右边为第二次施工（如图 7 所示）。

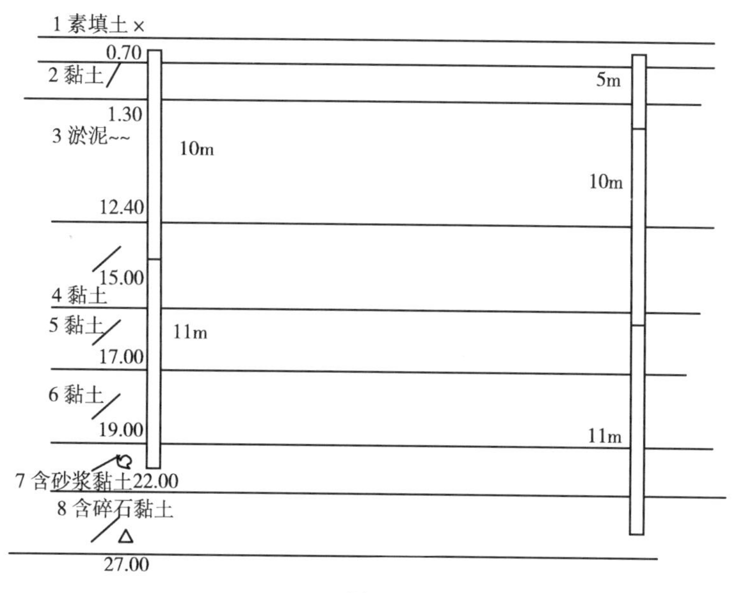

图 7

预防：

（1）设计人员淤泥层摩擦力应不计算；

（2）建设单位应按设计要求进行试桩，待检测数据符合设计承载力要求方可普遍施打工程桩；

（3）建设单位应选择当地方有施工经验及资质较好的承包单位进行施工，施工中存在贯入度较大、异常现象及时汇报监理单位、甲方和设计单位共同会商下部如何施工。

总结

据统计以上5种质量偏差，均给施工单位和建设单位带来经济损失，不得不引起我们的重视，深思和警惕！如何能有效的预防呢？我总结我们施工中主控5要素，就能有效的预防此类似情况发生。从5起案例中可以看出施工中经常遇到的质量赔偿均体现出来。第一案例为垂直度、第二案例为焊缝质量、第三案例为定位轴线、第四案例为标高、第五案例为收锤标准承载力，把这5要素控制好，笔者认为每个工程均能达到合格，经济赔偿为零。实现这样的目标，要靠团队共同的努力。

一定要牢记这些案例的教训，加强质量上管理、加强团队的技术力量，加强复查、监督等工作，以杜绝类似质量事故再次发生。

参考文献

[1] 苏G03—2002先张法预应力混凝土管桩标准图集［S］.
[2] JGJ94—2008建筑桩基技术规范［S］.
[3] JGJ160—2003建筑基桩检测技术规范［S］.
[4] DGJ32/TJ109—2010预应力混凝土管桩基础技术规程［S］.

盾安 DTR 全套管全回转钻机成孔与高精度无偏差钢立柱植入施工工法

陈　卫[1]　魏垂勇[1]　陈小青[1]　刘　金[1]　沈秉南[2]
（1. 徐州盾安重工机械制造有限公司　江苏徐州　221000；
2. 中国建筑股份有限公司　北京　100125）

摘　要：以北京地铁 14 号线平乐园站为背景，勘察地面以下 60m 深度范围内的地层按其沉积年代分析工程性质，针对本工程特点和关键问题，我公司在工程实践中，不断积累、总结经验，成功研制开发出采用全套管全回转钻机垂直插入钢立柱的工法，较好地解决了施工难题。

关键词：DTR 全套管全回转钻机；逆作法；钢立柱；垂直

1　引言

由于我国土地资源日益紧张，城市高层建筑及轨道交通建设的高速发展，地下空间开发工程也在不断增长，规模逐渐扩大。目前，国内已开挖的工业建筑基坑最深达 37.4m。在国外，地下室基坑已达 13 层，深度超过 50m。深基坑支护施工方法很多，近几年在我国新型基坑支护技术普遍采用的是盖挖法中的逆作法，尤其是高层建筑、多层地下室和轨道交通地下车站等多层地下结构的施工。近年来我国客运专线与城市轨道交通共用的交通枢纽工程，地下空间多为－3～－4 层，深度一般为－32～－25m，基本都采用逆作法施工。

逆作法施工是在基坑内施作中间基础桩，基础桩一般采用钻孔灌注桩。灌注桩浇筑至基坑底标高后，在基础桩顶安装一根逆作施工的支承，上部施工荷载的永久性钢立柱。钢立柱垂直插入施工工艺是在逆作法施工中基础桩基与钢立柱连接的施工方法。常规的钢立柱安装是在基础桩混凝土灌注前安装一个与基础桩直径相同的钢套管，等浇筑的基础桩混凝土达到 70%强度后，抽除钢套管内泥浆，采用人工下孔破除桩顶混凝土至永久性钢立柱底标高，定位器安装完毕再安装钢立柱。该施工方法施工周期长、工序复杂，且施工过程中工人要下到孔底进行混凝土的凿除及定位器安装，存在诸多不安全因素，单根钢立柱施工周期长达 10～20 天，施工成本也较高，存在一定的局限性。针对本工程特点和关键问题，我公司在工程实践中，不断积累、总结经验，成功研制开发出采用全套管全回转钻机垂直插入钢立柱的工法，较好地解决了上述难题。

2 工法特点

2.1 施工特点

(1) 全套管全回转钻机是集全液压动力和传动、机电液联合控制于一体的新型钻机。

(2) 具有全回转套管装置，压入套管和挖掘同时进行。

(3) 冲抓斗依靠吊机的大小与吊钩配合来完成对土层的冲挖作业。作业时，冲抓斗沿套管内壁自由下落，下落速度快，冲击力强，硬质地层可直接冲挖，且作业效率高；斗刃呈圆弧形，且斗体重，可实现水下冲挖；内置滑轮组，抓紧力随起吊力的增加而成倍增加。

(4) 在岩层用冲击锤反复冲击，破碎后用冲抓斗挖掘。由于该钻机具有强大的扭矩、压入力及刀头，可完成硬岩层中的施工作业，其可在单轴抗压强度为150～200MPa的硬岩层中顺利地施工。

(5) 可以避免泥浆护壁法成孔工艺所造成的泥膜和沉渣，对灌注桩承载力消弱的影响。

(6) 全套管全回转钻机通过压拔装置和主、副夹紧装置配合，把钢立柱快速植入桩孔混凝土中，效率高、质量好。

2.2 与传统施工方法比较

全套管全回转钻机是一种力学性能好、成孔深度大、成孔直径大的新型桩工机械，集取土、进岩、成孔、护壁、吊放钢筋笼、灌注混凝土、植入钢立柱等作业工序于一体，效率高、工序辅助费用低的特点。

在盖挖逆作法施工中全套管全回转钻机成孔与植入钢立柱一体化作业，与其他工法相比，有成孔精度高、效率高、安全性高等优点。

3 适用范围

全套管全回转钻机成孔与钢立柱植入施工工法用于基础盖挖逆作施工，此工法适用于城市繁华地区、地层软弱、地基承载力较低条件下的大型地下工程施工。

4 工作原理

该施工方法先用全套管全回转钻机成孔，钻机动力由液压动力站提供，动力站提供动力带动回转马达转动，回转马达通过减速箱带动主夹紧装置，再带动套管回转完成切削的目的，压拔装置带动套管向下掘进，压拔装置重复压拔，完成套管持续下压的过程。钻孔完成后，植入钢立柱采用二点定位的原理，通过全套管全回转钻机上的主夹紧装置、压拔装置和副夹紧装置和定位板上套管固定装置，在基础桩混凝土浇筑后、混凝土出凝前将底端封闭的永久性钢立柱垂直插入基础桩混凝土中，直到插入至设计标高。

5 工艺流程及操作要点

5.1 工艺流程图

工艺流程如图1所示。

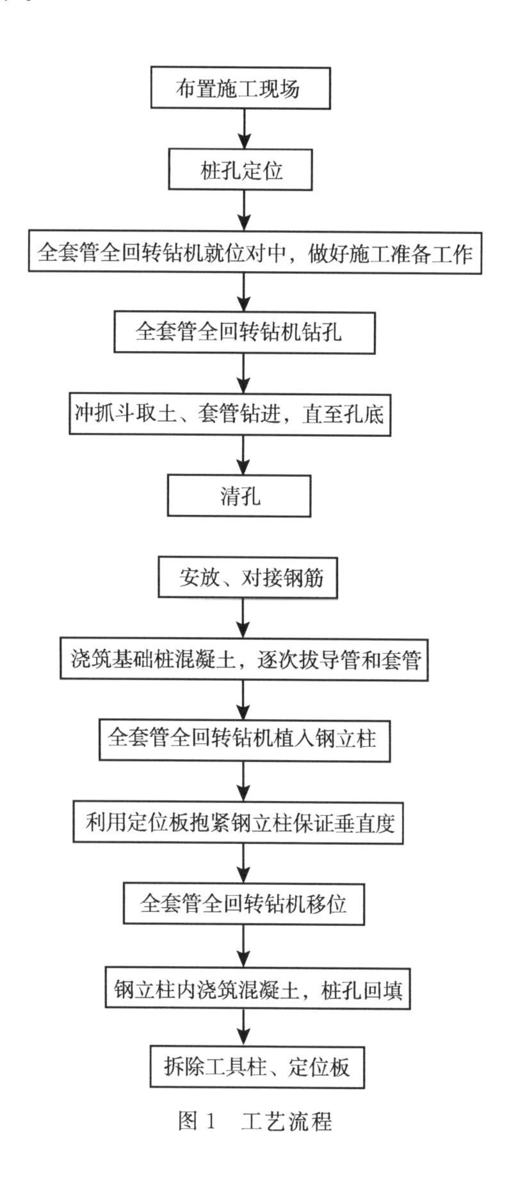

图1 工艺流程

5.2 操作要点

（1）合理布置施工现场，清理场地内影响施工的障碍物，保证机器有足够的操作空间。

（2）钻孔前使用全站仪采用逐桩坐标法施放桩位点，放样后四周设护桩并复测，误差控制在5mm以内，待甲方或监理验收合格后方可进行成孔施工。

（3）桩孔定位后，把定位板放在桩孔指定位置，定位板中心要和桩孔中心重合；再把全套管全回转钻机吊放到定位板上，同样钻机中心要与定过位的桩孔中心重合；然后安装全回转钻机一套辅件，钻机两侧各安装一件反力架和反力叉，反力架上放置配重块，反力叉在施工时，用履带吊履带挡住叉尾，防止机器在工作时因扭矩过大导致钻机摆动；接着安装钻具套管，用履带吊把套管吊放进全回转钻机中心孔里，启动夹紧装置，把套管夹紧，再调整好钻机垂直度后方可钻孔。全套管全回转钻机安装了自动调平装置，根据自动调平装置中的角度传感器采集的信号，反映到地面数据采集仪上的数据，来检测套管的垂直度，以保证桩孔达到要求的垂直度。

（4）启动钻机，打开钻机回转动作，回转的同时把压拔装置往下压，达到掘进桩孔的目的，压拔装置达到压入行程后，启动副夹紧装置夹紧套管，同时松开主夹紧，再把压拔装置提起，恢复到压拔装置最大行程状态，再启动主夹紧装置夹紧套管，松开副夹紧，然后重复上述动作。当掘进到一定深度时，用履带吊吊住冲抓斗，把套管掘进的土、石抓出来，直到把整个桩孔清理干净。

（5）成孔后，把钢筋笼吊放进桩孔里，钢筋笼下放至设计深度后，立即安装混凝土灌注导管，安装时避免导管与钢筋笼碰撞，遇导管下放困难应及时查明原因。导管一般由直径为200～300mm的钢管制作，内壁表面应光滑并有足够的强度和刚度，管段的接头应密封良好和便于装拆。开始浇筑基础桩混凝土，灌注的同时用全套管全回转钻机起拔套管，直至灌注至设计标高，此时应保证套管底端位于混凝土液面以下，以确保不塌孔。桩孔浇筑完毕后，利用全套管全回转钻机和履带吊配合拔出套管。

（6）将钢立柱垂直吊起到全套管全回转钻机上，主夹紧和副夹紧油缸同时向下收缩，带动主、副夹紧装置中的楔块将钢立柱抱紧。吊装时，对于长度较长的钢立柱，为保证吊装时不产生变形、弯曲，一般采用主、副钩多点抬吊，将钢立柱垂直缓慢放入全套管全回转钻机上。钢立柱吊放进全套管全回转钻机，下入孔内至第一道法兰后，由全套管全回转钻机抱紧钢立柱，开始下放钢立柱时，由于钢立柱的自重，钢立柱能自由下入孔内一定深度。当浮力大于钢立柱重量后，由全套管全回转钻机将钢立柱抱紧，由压拔装置的压力将钢立柱下压插入孔内。当插至混凝土顶面后，重新复测钢立柱垂直度，此时再根据钻机上自动调平装置中采集仪上的数据来检测钢立柱的垂直度。满足垂直度要求后继续下压，将钢立柱插入至混凝土中。

（7）钢立柱安装完成后，钻机停止工作。让基础桩内的混凝土慢慢凝固，凝固时间不少于10h，在凝固的这段时间，全回转钻机定位板上的夹紧装置紧紧地抱住钢立柱，使得钢立柱的垂直度能够很好地得到保证，不会发生偏斜。这时可以把全套管全回转钻机用吊车移到其他地方继续施工。

（8）钻机移位后进行钢立柱内的混凝土浇筑，浇筑至要求深度，当混凝土达到凝固强度后，用细沙填充钢立柱四周至柱顶，并将孔内泥浆排除。

（9）当回填至柱顶标高后即可拆除工具柱和定位板，并回填砂石至孔口。

6 机具配备

该工法所需机具配备如表1所示。

表1 机具配备

序号	名 称	规格型号	数量	用 途
1	全套管全回转钻机	DTR2005H	1台	钻孔和植入钢立柱
2	履带吊	100T	1台	钻机移位，吊放抓斗、吊放套管及钢立柱
3	挖掘机	$0.9m^3$	1台	清理、平整场地
4	抓斗	ZD120	1件	取土
5	套管	TG150	1套	钻孔工具
6	工具柱	GJ150	1件	作为插入钢立柱的工装
7	水准仪	S3	1台	高程测量
8	全站仪	FTS400	1台	桩位放样

7 质量控制

（1）成孔成桩质量检验按现行国家标准《建筑地基基础工程施工质量验收规范》GB50202－2000和现行国家行业标准《建筑桩基技术规范》JGJ94－2008执行。

（2）桩孔允许偏差如表2所示。钢立柱吊装、植入允许偏差如表3所示。

表2 桩孔允许偏差

序号	项 目	允许偏差	备 注
1	桩孔位中心线	±10mm	
2	桩孔径	±5mm	
3	桩垂度	小于1/500	
4	孔深	＋300mm	

表3 钢立柱吊装、植入允许偏差

序号	项 目	允许偏差	备 注
1	立柱中心线和基础中心线	5mm	
2	立柱顶面标高和设计标高	－20～0mm	
3	立柱顶面不平度	±5mm	
4	各立柱之间的距离	间距的1/1000	
5	各立柱不垂直度	长度的1/1000	
6	各立柱上下两平面相应对角线差	长度的1/1000，最大不大于20mm	

8 安全措施

8.1 落实安全责任，实施责任管理

（1）建立和完善以项目经理为首的安全生产领导组织，建立健全的安全生产责任制度和安全生产教育培训制度，制定安全生产规章制度和操作规程，对所承担的建设工程进行定期和专项安全检查，并做好安全检查记录，保证本单位安全生产所需的资金投入。

（2）设立安全生产管理机构，配备专职安全生产管理人员。

（3）施工项目应通过安全资质审查，编制安全技术措施，特种作业人员应持证上岗。

8.2 安全管理制度及办法

（1）施工现场应贯彻“安全第一，预防为主”的方针。

（2）认真执行安全技术交底制度，每道工序，每个部位施工前都要有书面交底单。

（3）认证贯彻安全培训教育制度，入场后对全员进行一次普遍的培训考核。

（4）加强班组管理，坚持安全交班前安全讲话制度。

（5）施工现场的各种安全标示必须安全牢固，不得擅自拆移。

（6）施工现场应配备一定数量的安全防护装置及医药箱，严禁闲杂人员进入场地。

（7）认真贯彻执行建设部《施工现场临时用电安全技术规范》。

（8）建立电气设备的巡视维修保养制度。

（9）施工完毕的桩，在孔上口盖上钢筋篦子或木板，以防止人员跌入。

（10）各种机械施工时，要有专人负责指挥，专人操作。

（11）设专职机械检修人员，对施工机械定期进行安全检查，保证机械安放稳定，防止倾倒。对刹车、卷扬及钢丝绳等易损部件应及时进行检查，发现问题，立即更换。

8.3 施工工序的安全控制

8.3.1 钻机、起重机运行的安全措施

（1）钻机、吊车组装、拆卸必须在空旷的地面进行，上空不得有高压线或障碍物。

（2）起吊重物时，确保控制所吊设备运行中的方向，以防止发生碰撞事故。

（3）钻机吊车司机、电工、电焊工、起重指挥工上岗时必须持有特殊工种操作证。

（4）实行定机、定人、定岗责任制非操作人员不得开机操作，严禁酒后操作。

（5）非机械人员和非电工，不得动用机械设备和电器设备。

（6）夜间指挥必须用明暗信号。

（7）起重臂活动范围内严禁站人，非工作人员严禁进入吊装区域，起吊要有专人指挥。

（8）作业人员必须熟悉桩机构造性能和安全操作知识，遵守安全操作规程。

8.3.2 刚进场的安全措施

（1）场内小型设备包括卷扬机、切断机、弯曲机等应有专人操作。

（2）场内使用的配电箱必须符合有关规定要求，设防雨棚，防止有害介质侵入腐蚀。

（3）卷扬机固定机身必须设牢固地锚，搭设防护棚。

（4）场内氧气瓶不得暴晒、倒置、平放、禁止沾油、氧气瓶和乙炔瓶工作间距不得小于5m，两瓶间焊距离不得小于10m。

(5) 电焊机设独立开关，接地良好，焊把无破损，绝缘良好。

(6) 电气焊操作人员，必须有正式操作证，才可以进行操作。

8.3.3 用电安全措施

(1) 电气设备的安装严格按照电图执行。

(2) 托地电缆不得碾压，埋入地内必须加套管。

(3) 现场的电气设备应符合规定要求，所有独立作业的电气设备必须安装漏电保护。

(4) 场内所有电焊设备应设独立开关，外壳接零或接地保护，一次线长度小于5m，双线到位，焊把无破损，绝缘良好，发现破损立即更换。

(5) 一切电气设备安装，接线必须持证操作，严禁无证人员操作。

(6) 配电箱应有防潮措施及加锁，由电工统一掌握。

8.3.4 成孔及植入钢立柱时的安全措施

(1) 施工人员要熟悉施工图纸，严格按照设计要求和有关规定、规范施工操作，确保工程质量，安全生产。

(2) 下到孔底处理孔底人员必须戴好安全帽，系好安全带，上下桩孔时使用安全爬梯。

(3) 所有机械设备特别是吊装设备及主机应加强保养和检查，发现问题及时处理解决。

(4) 吊装成孔过程中实行统一指挥，严禁工作人员在回转范围内停留或在起吊物品上。

(5) 现场用的电线电缆等应尽量架空设置，下班后有电工拉闸切断电源。

(6) 电闸箱要经常检查，发现不安全隐患，应立即采取措施排除。

(7) 钢筋笼起吊前必须检查吊点的焊接质量，焊接不符合标准要求的不准起吊物体，应立即重新焊接好了再用。

(8) 钢筋笼第一道箍筋处为吊点，必须用双箍筋加强并分别与四个安全保护卡∮10加劲筋双面焊牢。

(9) 钢立柱起吊时，起吊平稳，施工人员要远离到安全区域。

9 效益分析

该工法的成功实践，为我国在城市繁华地段修建大型地下构筑物开创了新的思路。

(1) 全套管全回转钻机成孔，避免了其他设备成孔带来的泥浆污染，保护了生态环境。

(2) 全套管全回转钻机植入钢立柱工法用在盖挖逆作施中，大大减少了对城市路面的占用时间，最大限度降低了对环境的干扰，保证了市容美观。

(3) 其他钻机施工需要泥浆、泥浆池，全套管全回转钻机钻孔，不需要泥浆，减少了费用。直接采用全套管全回转钻机冲孔与植入钢立柱，减少了先用其他机器成孔再换机器植入钢立柱的施工时间，直接工期可以节省1/5。

10 应用实例

该工法应用于北京地铁 14 号线平乐园站，该站位于北京市朝阳区西大望路与南磨房路交口处，沿西大望路南北“一”字布置。

平乐园站设计起点里程为 K29＋230.200，终点里程为 K29＋402.800，总长 172.6m，有效站台中心里程为 K29＋308.000，车站宽度约 22.0m。本车站设置 5 个出入口、2 个风亭。

西大望路西侧为平乐园市场、朝阳区城市管理监察大队及北京汽车检修有限公司，东侧为友金大厦、市政工程管理处机械厂办公楼及中美飞达汽修厂。西大望路交通车流量很大，地下管线及地上架空线路密集。场地位于永定河冲洪积扇中下部，地貌类型为第四纪冲洪积平原，第四纪沉积韵律较为明显。地层由人工堆积层和第四纪沉积的黏性土、粉土、砂土交互而成，局部见少量碎石土，基岩埋深大于 50m。

本次勘察范围地面以下 60m 深度范围内的地层按其沉积年代及工程性质可分为人工堆积层、第四纪沉积层。

本车站主体及附属结构均采用明挖法施工，基坑围护结构拟采用钻孔灌注桩＋内支撑体系。车站结构顶板高程在 33.0m 左右（埋深在 3.0m 左右），车站轨面高程为 14.7m 左右（埋深在 22.0m 左右），结构底板在轨面下 1.5～2.0m（埋深在 24.0m 左右）。主体结构采用钢筋混凝土箱型结构，标准断面为地下三层三跨。车站南、北两端均接暗挖区间。

该站基础工程于 2013 年 5 月 20 日开工，2013 年 8 月 20 日完成所有桩基础，比预计提前 10 天完成。北京地铁 14 号线平乐园站应用的结果表明，全套管全回转成孔与钢立柱植入工法是安全的、可靠的，也比较经济。

11 结论

全套管全回转钻机是一种力学性能好、成孔深度大、成孔直径大的新型桩工机械，集取土、进岩、成孔、护壁、吊旗钢筋笼、灌注混凝土、植入钢立柱等作业工序于一体，效率高、工序辅助费用低。在盖挖逆作法施工中，全套管全回转钻机成孔与植入钢立柱一体化作业，与其他工法相比，有成孔精度高、效率高、安全性高等优点。

盾安DTR全套管全回转钻机喀斯特地层大直径灌注桩施工工法

陈　卫[1]　沈保汉[2]　魏垂勇[1]　李景峰[1]　王忠态[1]

（1. 徐州盾安重工机械制造有限公司　江苏徐州　221000；
2. 北京市建筑工程研究院有限责任公司　北京　100039）

摘　要：以广西河池市金城江区工地为背景，根据钻探提示，分析各层岩土的形态特征，据此演算盾安DTR全套管全回转钻机在喀斯特地层的施工工程特征，根据地层变化有针对性地制定应对措施。

关键词：DTR全套管全回转钻机；喀斯特；可溶性岩层；成孔

1　引言

岩溶又名喀斯特（Karst），是可溶性岩层（石灰岩、白云岩、石膏、岩盐）被以水溶解为主的化学溶蚀作用，并伴随以机械作用而形成沟槽、裂隙、洞穴，以及由于洞顶塌落而使地表产生陷穴等一系列现象和作用的总称。

岩溶地区的地表形态特征有：溶沟、溶槽、石芽和石林；漏斗、落水洞和竖井。岩溶地区的地下形态特征有溶蚀裂隙及溶洞、暗河、石钟乳和石笋等。

岩溶地区的地貌特征造成工程地质条件的不连续性，大大增大钻（冲）孔灌注桩施工难度，岩溶地区的钻（冲）孔灌注桩与普通地质条件下钻（冲）孔灌注桩基础施工相比，具有技术难度大、灾害类型较多等特点。

全套管全回转钻机是一种新型、环保、高效的钻机，徐州盾安重工机械制造有限公司于2011年6月在我国率先研制出该种钻机，投入施工后，到目前为止已研制生产了32台套，分别在我国辽宁、江苏、广东、广西、重庆、上海及天津等地区的城市地铁、深基坑围护咬合桩、废桩（地下障碍）的清障处理、路桥基桩及喀斯特地层灌注桩等50余项工程中推广应用。

2　工法特点

2.1　施工特点

（1）全套管全回转钻机是集全液压动力和传动、机电液联合控制于一体的新型钻机。

（2）具有全回转套管装置，压入套管和挖掘同时进行。

（3）冲抓斗依靠吊机的大小吊钩配合来完成对土层的冲挖作业。作业时，冲抓斗沿套管内壁自由下落，下落速度快，冲击力强，硬质地层可直接冲挖，且作业效率高；斗刃呈圆弧形，且斗体重，可实现水下冲挖；内置滑轮组，抓紧力随起吊力的增加而成倍增加。

（4）在岩层用冲击锤反复冲击、破碎后用冲抓斗挖掘。由于该钻机具有强大的扭矩、压入力及刀头，可完成硬岩层中的施工作业，其可在单轴抗压强度为150～200MPa的硬岩层中顺利钻进。

（5）该钻机在喀斯特地层中施工，不需回填块石，不用另外下套管，利用其自带的良好的垂直度调节性能及钻速、钻压与扭矩的自动控制性能，可顺利地完成穿过溶洞的钻进任务；在溶洞中灌注混凝土时，在套管内进行，添加速凝剂的混凝土不易散失；另外钻机具有强大的起拔力，还可以延时起拔，从而顺利地完成溶洞中的灌注桩施工作业。

（6）可以避免泥浆护壁法成孔工艺所造成的泥膜和沉渣对灌注桩承载力消弱的影响。

2.2 与传统施工方法比较

（1）环保效果好。噪声低，振动小；由于应用全套管护壁，不使用泥浆，无泥浆污染环境的忧虑，施工现场整洁文明，很适合于在市区内施工。

（2）孔内所取泥土含水量较低，方便外运。

（3）由于钢套管的护壁作用，可避免成孔过程中出现塌孔等安全隐患；可避免钻、冲击成孔灌注桩可能发生缩颈、断桩及混凝土离析等质量问题，可靠近既有建筑物施工。

（4）挖掘时可直接判别土层和岩层特性，便于确定桩长。

（5）由于应用全套管护壁可避免其他泥浆护壁法难以解决的流砂问题。

（6）成孔和成桩质量高。垂直度偏差小；使用套管成孔，孔壁不会坍落，避免泥浆污染钢筋和混入混凝土的可能性，同时避免桩身混凝土与土体间形成残存泥浆隔离膜（泥皮）的弊病；清孔彻底，孔底残渣少，桩的承载力高。

（7）成孔直径和挖掘深度大，钻进速度快。

（8）成孔直径可以控制，充盈系数小，与其他成孔方法相比，可节约大量的混凝土用量。

3 适用范围

配合冲抓斗和冲击锤，可在各种土层（黏性土、砂土及砂卵石层），喀斯特地层及强风化与中风化岩层中施工，可在单轴抗压强度为150～200MPa的硬岩层中钻进；适用于直径800～1500mm（DTR1505H钻机）、1000～2000mm（DTR2005H钻机）、1200～2600mm（DTR2605H钻机）及深度在80m以下的桩孔施工。

4 工艺原理

利用DTR全套管全回转钻机的回转装置的回转，使钢套管与土层间的摩阻力大大减少，边回转边压入，同时利用冲抓斗、冲击锤挖掘取土，直至套管下到桩端持力层为止。挖掘完毕后立即进行挖掘深度的测定，并且确认桩端持力层，然后清除虚土。成孔后将钢筋笼放入，接着将导管竖立在钻孔中心，最后灌注混凝土成桩。

5 施工工艺流程及施工要点

5.1 施工工艺流程

DTR 全套管全回转钻机在多层溶洞条件下钻孔灌注桩施工工艺流程如图 1 所示。

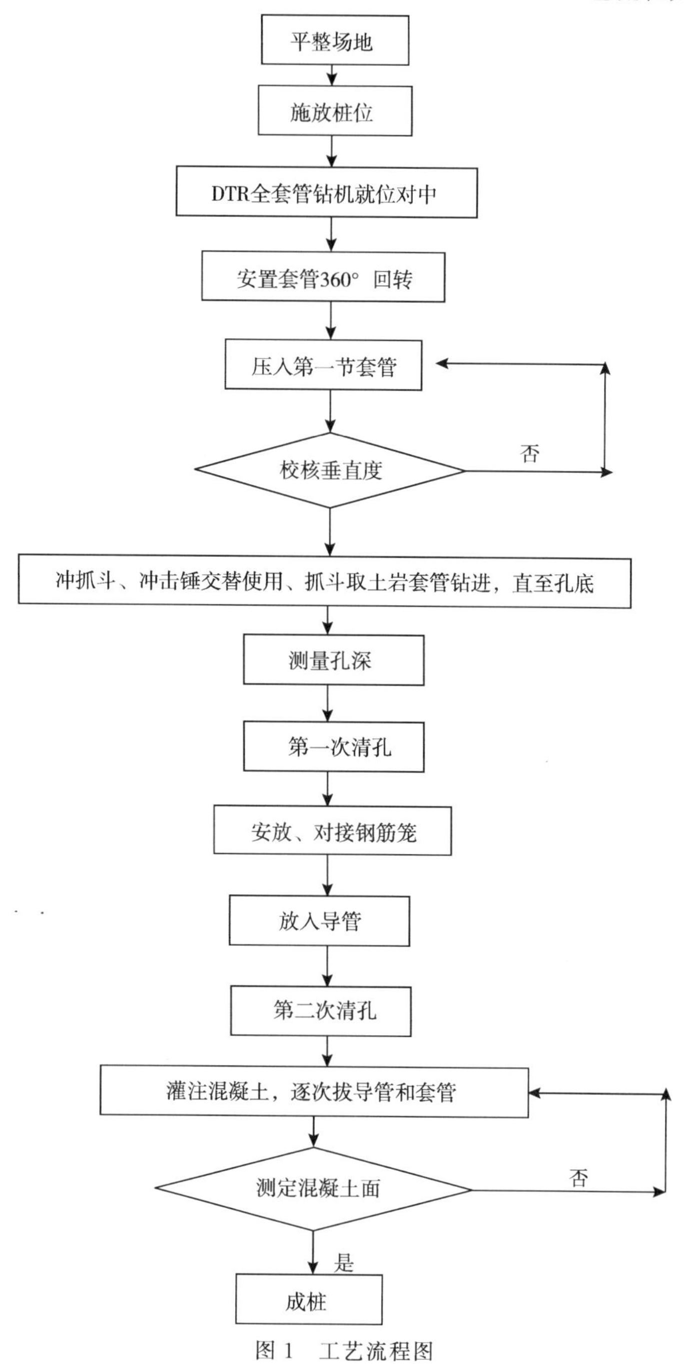

图 1 工艺流程图

5.2 施工要点

5.2.1 平整场地

施工范围确定后，需要用机械对场地进行平整，便于全套管全回转钻机施工。

5.2.2 施放桩位

由专业测量人员用全站仪测定桩位，打好木桩，做好标记。

5.2.3 钻机就位对中

DTR系列全套管全回转钻机采用履带式行走装置，其液压横向伸缩性能，可使设备在场地上方便自行移动及桩心定位。

5.2.4 安置套管

打开主副夹具放入套管，在吊放套管时应平稳缓慢，避免其与主机机体碰撞。安置套管后使其刃尖与地面之间留有作业空间（150mm左右），抱紧套管后测定垂直度情况，并随时用经纬仪或测锤监测。

5.2.5 校核钻孔垂直度

埋设第一、第二节套管必须竖直，这是决定桩孔垂直精度的关键。钻机上设有垂直度装置，可以保证施工中钻孔垂直度，随时纠正施工中套管的角度。与第一节套管组合的第一组套管必须保持很高的精度，细心地压入。全套管桩的垂直精度几乎完全由第一组垂直精度来决定。第一组套管安装好后要用两台经纬仪或两组测锤从两个正交方向校正其垂直度，边校正、边回转套管、边压入，不断校核垂直度。

5.2.6 土层钻进

（1）钻机回转钻进的同时观察扭矩、压力及垂直精度的情况，并做好记录。当钻进3m时，用抓斗取土，取土前套管上吊装保护套管接头的套管帽。

（2）钻机平台上留有1m套管没有钻进时，测量取土深度，处理套管接口，准备接套管。

（3）吊装6m的套管进行连接，连接螺栓要对称均匀加力并紧固。连接套管后继续钻进。

（4）作业时遇有不均匀地层或卵石层，应采用蠕动式作业，要多回转少压入，缓慢穿过。

5.2.7 岩层钻进

1）施工顺序

根据地质钻探资料提供的溶洞分布情况，按照先短后长，先易后难，先外后内的原则确定各桩施工顺序。

2）钻进工艺

套管下到岩面以下即开始用冲击锤和冲抓斗进行冲、砸、钻、抓等组合工艺取出岩渣。图2为喀斯特地层示意图，图3为DTR全套管全回转钻机抓出岩土的工作示意图。

图2　喀斯特地层示意图

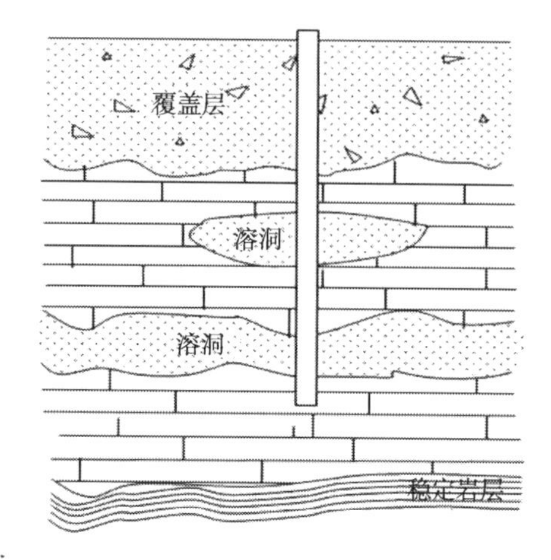

图3　DTR全套管全回转钻机抓出岩土的工作示意图

3）溶洞桩基处理方案

（1）溶沟、中小溶洞施工：基桩穿过溶沟、中小溶洞（溶洞高度不大于5m）时，无需作任何辅助工作，按全套管常规成孔流程施工，就可以达到设计要求。

（2）空洞、大溶洞施工：基桩穿过空洞、大溶洞（溶洞高度大于5m以上）时，可采用回填或钢套管跟进的办法。

①回填方法：将套管底部提至大溶洞上端。致使大溶洞大部分完全裸露在套管下方，然后采用回填的方案，利用水压特性将溶洞封死；接着套管钻进，用冲抓斗和冲击锤取土岩，继续钻进。

②钢套管跟进方法：先计算好溶洞所在位置的深度，溶洞的高度，沉入钢套筒，待成孔后将钢筋笼下至桩孔内，然后灌注混凝土，最后提拔套管成桩。

钢套筒一般采用10mm厚钢板卷制，套筒高度以大于溶洞高度2m为宜，这样可以完全覆盖溶洞高度，以避免不必要的亏方。

采用全套管全回转钻机对溶洞的处理具有简便、安全、快捷、无污染等特点。全套管施工，由于套管的护壁作用，避免施工过程中出现坍塌孔等安全隐患，有效地确保工程质量、进度及施工安全。

5.2.8　第一次清孔

钻进至孔底设计标高后，用冲抓斗细心掏底，进行孔底处理，做到平整，无松渣、污泥及沉淀等软层；嵌入岩层深度应符合设计要求；并及时向驻地监理工程师报检。

5.2.9　安放、对接钢筋笼

吊装钢筋笼可采用三点或四点吊装法，操作安全灵活，钢筋笼不易变形、弯曲，保证其顺制度；桩长度较长时，钢筋笼应分节制作、安装，采用焊接连接。

5.2.10　放入导管

对于水下灌注混凝土的情况，采用导管法施工。

5.2.11　第二次清孔

采用气举反循环施工工艺法，即将沉渣从导管内排出的清渣工艺。

5.2.12 灌注混凝土

1）导管法灌注混凝土施工程序

（1）沉放钢筋笼。

（2）安设导管，将导管缓慢地沉入到距孔底 300～500mm 的深度处。

（3）悬挂隔水塞，并将其放在导管内的水面之上。

（4）灌入首批混凝土。

（5）剪断悬挂隔水塞的铁丝，使其和混凝土拌合物顺导管而下，将管内的水挤出来，隔水塞脱落，留在孔底混凝土中。

（6）连续灌注混凝土，随着灌注量的增大，慢慢同步提拔导管和套管，并同步拆除套管和导管。

（7）灌注结束后，应立即对每节套管螺丝连接和导管进行清洗，以备进行下一次灌注使用。

2）导管法施工注意事项

（1）根据桩径、桩长和灌注量，合理选择导管、隔水塞、混凝土泵车及起吊运输等机具具备的规格型号。

（2）导管吊放入孔时，应将橡胶圈或胶皮垫安放周整、严密，确保密封良好。导管在桩孔内的位置应保持居中，防止跑管、撞坏钢筋笼并损坏导管。

（3）首批混凝土埋管深度为 1.0～2.0m，灌注混凝土必须连续进行，混凝土质量应满足有关灌注和泵送混凝土的规范要求。

6 机具设备

6.1 DTR 系列全套管全回转钻机

DTR 系列全套管全回转钻机的规格型号和技术性能见表 1。

表 1 DTR 系列全套管全回转钻机的规格型号和技术性能

性能指标	DTR1505H	DTR2005H	DTR2605H
钻孔直径（mm）	800～1500	1000～2000	1200～2600
钻孔深度（m）	80	80	80
回转扭矩（kN·m）	1500/975/600 瞬间 1800	2965/1752/990 瞬间 3391	5292/3127/1766 瞬间 6174
回转速度（r/m）	1.60/2.46/4.00	1.00/1.70/2.90	0.60/1.00/1.80
套管下压力（kN）	最大 360＋自重 210	最大 600＋自重 260	最大 830＋自重 350
套管起拔力（kN）	2444 瞬间 2690	3760 瞬间 4300	3800 瞬间 4340
压拔行程（mm）	750	750	750
质量（kg）	31000＋（履带选装）7000	45000＋（履带选装）9000	55000＋（履带选装）10000

DTR 全套管全回转钻机是集全液压动力和传动、机电液联合控制于一体的新型钻机，该钻机已获得国家发明专利（1）项，实用新型专利（26）项。

6.1.1 DTR系列全套管全回转钻机施工的优势

（1）无噪声、无振动，安全性能高；

（2）不使用泥浆，作业面干净，环保性能好，可避免泥浆进入混凝土中的可能性，成桩质量高，有利于提高混凝土对钢筋的握裹力；

（3）钻机施工时可以很直观地判别地层及岩石特性；

（4）钻进速度快，对于一般土层，可以达到14m/h左右；

（5）钻进深度大，根据图层情况，最深可达到80m左右；

（6）成孔垂直度便于掌握，垂直度可以精确到1/1000；

（7）不易产生塌孔现象，成孔质量高；

（8）成孔直径标准，充盈系数小，与其他成孔方法相比，可节约大量的混凝土用量；

（9）清孔彻底，速度快，孔底钻渣可清至30mm左右。

7 质量控制

（1）成孔成桩质量检验按现行国家标准《建筑地基基础工程施工质量验收规范》GB50202－2000和现行国家行业标准《建筑桩基技术规范》JGJ94－2008执行。

（2）桩位偏差符合表2规定。

表2 成孔施工允许偏差

桩径	桩径偏差（mm）	垂直度允许偏差（%）	桩位允许偏差（mm）	
			1～3根桩、条形桩基沿垂直轴线方向和群桩基础桩中的边桩	条形桩基沿轴线方向和群桩基础中的中间桩
$d \leqslant 1000$mm	$-0.1d$且±50	<1	$d/6$且不大于100	$d/4$且不大于150
$D>1000$mm	±50		$100 \pm 0.01H$	$150 \pm 0.01H$

注：1. 桩径允许偏差的负值是指的个别断面。

2. H为施工现场地面标高与桩顶设计标高的距离。

3. 孔底虚土厚度按《建筑桩基技术规范》JGJ94－2008执行，端承型桩≤50mm，摩擦型桩≤100mm，抗拔、抗水平力桩≤200mm。

4. 对砂、石子、钢材、水泥等原材料的质量、检验项目、批量和检验方法，应符合现行国家标准的规定。

5. 施工中应按施工技术标准对成孔、清渣、放置钢筋笼、灌注混凝土等进行全过程的质量检查。每道工序完成后应进行验收检查。

6. 施工结束后，应检查混凝土强度，并应做桩体质量及承载力检验。

7. 钢筋笼质量及桩的检查验收标准应符合现行国家标准《建筑地基基础工程施工质量验收规范》GB50202－2000。

8 效益分析

技术效益：钢套管起到了护壁作用，避免施工过程中出现塌孔等安全隐患，可在各种土层和岩层中施工，成孔时可直观地判别土层和岩层特征，便于确定桩长；成孔直径和深度大，速度快；成孔质量高，垂直度偏差小；桩周存在泥皮降低桩侧摩阻力是泥浆护壁灌注桩的一大症结，而本工法采用全套管护壁，几乎不产生泥皮，成孔成桩质量高。另外，孔底虚土少，在相同的地层土质条件下，与同桩径、同桩长的泥浆护壁灌注桩相比，承载能力可提高15%以上。

社会效益：应用全套管护壁，不使用泥浆护壁，无泥浆配制及储运作业，无泥浆污染环境的公害；施工时噪声低，振动小，更适合于市区内的施工，环境保护效果好。

经济效益：成孔直径可控，充盈系数小，与其他成孔方法相比，可节约大量的混凝土用量，节约施工成本；与泥浆护壁灌注桩相比，承载力可较大提高，每元预算价格的单桩承载力特征值高，性价比高。

综上所述：本工法具有显著的技术经济效益和社会效益。根据广西河池市俊蒙金地王一期工程57根DTR全套管全回转钻机成孔灌注桩工程统计，实现利润1296.60万元，创造利税675.55万元。

9 工程实例：广西河池市俊蒙金地王一期工程

该工程位置在广西河池市金城江区河池高中南侧。

所建工程地上29层，地下2层；占地面积7000㎡；用盾安DTR1505H全套管全回转钻机施工的基桩总数57根；桩径为1200mm和1500mm，桩长12.67～33.00m。

根据钻探提示，该场地覆盖层主要是由第四系冲积（Q^{el}）成因的粉质黏土组成，下伏基岩为二叠系中统茅口组（P_2m）灰岩地层。各层岩土的分布及工程特征自上而下分述如下：①粉质黏土层。黄褐色至棕褐色，土体颗粒较细，局部含粉砂透镜体及20%以内的粗粒成分，黏性及韧性中等，无摇震反应，切面稍粗糙，局部较软、湿，层厚8.00～11.60m。②微风化灰岩。青灰色，细晶至微晶结构，岩体完整性较好，节理裂隙较发育，充填方解石脉，溶蚀轻微，岩芯柱状，清水钻进平稳，岩体基本质量等级Ⅲ级，揭示厚度5.85～52.30m；在粉质黏土层和微风化灰岩之间为溶洞与溶蚀破碎带，层厚为1.30～18.40m。

该工程场地平坦，上覆第四系粉质黏土分布厚度不均，局部基岩面起伏较大，不良地质作用主要为岩溶。勘察结果表明：在该场地揭露的溶洞、槽及溶蚀破碎带数量大，显示该场地岩溶非常发育；据132个钻孔统计，遇洞（槽）率高达97.0%；从岩溶发育规模上看，溶洞（槽）或破碎带高0.2～20.4m不等，一般溶洞（槽）高度为1～2m，溶槽、溶洞规模不等，分布无规律，溶洞（槽）以充填可塑至软塑状黏性土为主，个别无充填；故场地岩溶发育较强。

根据地下水赋存条件及水动力特征，场地内地下水类型可分为上层滞水和灰岩岩溶裂隙水。上层滞水赋存于土层中，主要接受大气降水及附近生产生活排水渗漏的补给，其水位及水量主要受大气降水影响，水量少，水位埋深浅，分布不均匀。岩溶裂隙水主要赋存于基岩溶洞、溶隙中。由于场地内岩溶普遍发育较强，单桩孔涌水量可达15～30m^3/h或30m^3/h以上。据本次勘察，初见水位一般为3～5m（高度－15～－13m），而终孔稳定水位普遍在0.5m左右（高程约－10.3m）。

该高层住宅楼以微风化灰岩作桩端持力层，按嵌岩桩考虑。依据《建筑地基基础设计规范》GB50007－2002单桩竖向承载力特征值估算结果如下：Ra＝11310kN（桩径d＝

1200mm）和 Ra=17670kN（桩径 d =1500mm）。

该场地素填土，溶蚀破碎带及卵石土厚度大，微风化灰岩持力层埋深较大，地下水较丰富，成桩质量条件差，若采用钻（冲）孔灌注桩，容易产生桩孔垮塌的后果，此后设计方推荐采用全套管全回转钻机施工工法。一期工程从 2011 年 12 月开工，2012 年 10 月顺利完工。DTR 全套管全回转钻机施工工艺流程及施工要点按前文第 5 部分的要求进行。低应变法对 57 根桩检测结果表明全部为Ⅰ类桩。

10 结论

全套管全回转钻机是一种力学性能好、成孔深度大、成孔直径大的新型桩工机械，集取土、进岩、成孔、护壁、吊放钢筋笼、灌注混凝土等作业工序于一体，效率高、工序辅助费用低。在喀斯特地层桩基施工中，本工法与采用泥浆护壁的钻、冲击成孔的大直径灌注桩及人工挖孔灌注桩的施工工法相比，在成孔成桩工艺方面有显著的优越性。

桩工机械与设备

一种新型地下连续墙施工设备 TRD-D工法机

张　鹏　吴阎松
（上海工程机械厂有限公司　上海　200072）

摘　要： TRD-D工法机是适用于地下深层水泥土搅拌等厚连续墙工法施工专用设备，具有工作稳定性好、性能可靠、操作便捷和相对施工成本低等技术特点，符合地下施工发展趋势。

关键词： TRD工法；水泥土搅拌连续墙；切割箱；切割刀；横向切削；倾斜仪

1　TRD工法概述

TRD工法（Trench Cutting Re-mixing Deep Wall Method）通常叫做“地下深层水泥土搅拌等厚连续墙工法”，与目前传统的单轴或多轴钻机（SMW工法）所形成的柱列式水泥土搅拌连续墙不同。TRD工法由专业设备——TRD工法机来实现，将装配有切割刀具传动链条的方形箱体（切割箱体）插入地下，然后进行横向推进成槽，同时刀具链条进行循环切割搅拌，并从前端切削箱体头部向原地基中喷射水泥浆和高压气体，使得原地基中的土壤与注入的水泥浆进行充分的混合搅拌，最终形成等厚的、无缝搭接的水泥土搅拌连续墙。

最早在日本作为临时性的支护墙或防渗墙，广泛地被应用于地铁车站、基坑围护、垃圾填埋场、污染源的密封隔断、护岸、液状化对策等多种用途中，20世纪90年代在日本已规模施工，据不完全统计，至2013年，已完成施工工程约500多项，总墙体表面积约为300万平方米。TRD工法可以在直径小于100mm的卵砾石和单轴抗压强度≤5MPa的极软岩中施工，在一般的砂土地基中也可进行大深度防渗墙的施工，最大施工深度业绩达到61m。自2009年该工法引进中国后实施了20多个成功案例。

2　设备技术背景

2009年，中国施工单位从日本引进了2台2000年生产的二手TRD设备，其底盘形式为履带起重机底盘，施工作业能力明显下降，维修频率较高，不仅施工成本较高，而且存在售后服务周期过长的问题，无法保证项目的施工进度，并存在被埋钻的风险。随着

TRD 工法在国内的成功应用，也得到了工程设计单位和施工单位的广泛认可，TRD 工法在中国逐渐得以推广使用，同时也积累了丰富的施工经验，逐步走向规范化、市场化。

上海工程机械厂有限公司自 2008 年起开始研究 TRD 施工技术和 TRD 施工设备，2009 年曾引进了 TRD 施工设备——立式铣槽搅拌机（TCM），进行了大量的施工试验和技术研究，为开发 TRD 新型设备积累和总结了大量应用经验。2012 年底，完全自主研发的国产 TRD-D 工法机应运而生，如今已经形成批量生产。

3 TRD-D 型工法机结构及原理

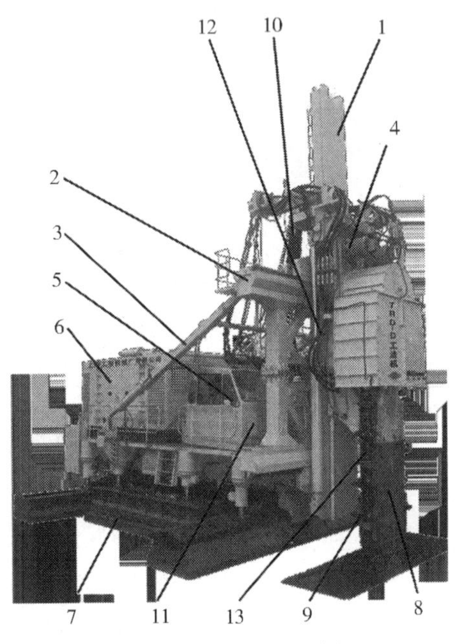

图 1 TRD-D 工法机

1-立柱；2-门架；3-斜撑；4-驱动部；5-驾驶室；6-动力柜；7-步履主机（包括步履、主平台、支腿）；8-切割箱；9-切削刀；10-液压系统；11-电气系统；12-注浆系统；13-传动链

TRD-D 工法机施工墙体宽度为 550～900mm，施工深度 61m，结构紧凑，应用性强。具备完全自主知识产权，申报多项专利，并通过了上海市高新技术成果转化项目（A 类）。

TRD-D 工法机结构如图 1 图示。驱动部驱动装有切削刀的传动链在切割箱上循环运动，通过切削刀具运动，产生对土壤的切削能力。通过立柱上的油缸将驱动部和切割箱向下推动，将具有切削能力的切割箱插入土壤，并不断续接切割箱、传动链，直至切割箱插入到施工设计标高。然后做横向切削。通过门架上、下横移油缸推动立柱在门架上运动，实现横向切削土壤。在驱动部带动链条循环运动的同时，通过切割箱体内的浆管注入水泥浆和高压空气，通过链条和切削刀的回转运动，在深度方向上将注入水泥浆液与各层土全方位搅拌、混合，使之成为在地下浇筑的质量均匀的连续墙体。完成一段墙体（长度约 1 沿米）后，步履主机向前移位，进行下一段延伸，由此实现连续墙体施工。

4 各机构技术特点

4.1 步履式底盘

步履式底盘由前后横船、左右纵船共四个步履组成。主平台通过八只支腿油缸支撑在步履上，在传统桩架底盘的基础上，强化了支腿油缸运动的精确度和同步度，支持联动和点动两种动作模式，可灵活应对不平整的场地施工行走。步履行程长度按照施工步长和工位设计，以提高机动性和施工效率。前、后横船采用独特机构，将切削

图 2 切割箱下钻过程

的反作用力通过主平台直接传递到横向步履上，保护支腿油缸免受横向推力的损坏。

4.2 动力系统

动力系统采用柴油机及电动机双动力配置。主动力液压系统由柴油机提供动力，用于驱动 TRD-D 工法机的切削机构，副动力液压系统由电动机提供，用于驱动工作动作及行走机构运行。同时配备了双动力切换系统，可以实现油→电、电→油的双向动力切换，可以应对突发事故，以防万一，在夜间墙体养生时，可用副动力驱动切削机构低速运转，防止切割箱被泥土抱死，既节省能源，又降低噪声污染。

4.3 驱动部

驱动部分选用进口液压马达，由主动力柜供油驱动，经减速机和驱动轮，以低速大扭矩的形式带动切削机构工作。根据深层切削时切割箱的受力原理，进行了实验和技术分析，为达到切削能力和保护机构安全进行合理化设计，保证切削进给推力，对切削机构进给时垂直和倾角运动智能控制，又可灵活调整，大大提升了工作效率。门架上设计的移位机构可供驱动部移位切割，使其横向位移范围覆盖整个机身两侧边缘，能够靠近围墙极限施工。

4.4 电气系统

主要工作机构均有智能监测元件，监控和反馈机构工作状态，通过控制器和触控式显示器来实时检测数据，指导操作。前部切削机构可通过程序控制实现自动纠偏，保证了成墙精度，减轻了驾驶员的劳动强度。切割过载控制和保护系统可避免意外超载造成安全事故或机械损坏。

切割机构的切割箱内均匀布置着倾斜计若干，实时监控成墙角度，倾斜计内部采用了高抗震抗冲击的机芯元件，使用更可靠，数据更稳定，施工精度更准确。

4.5 切割箱（专利号：201310120942.9）

切割箱是切削机构的基本组成部件，有 3.65m、2.42m、1.22m 三种长度规格的切割箱，其中 3.65m 切割箱分轻型和重型两种，3.65m 重型切割箱配置 5 节，施工时安装在最顶端，2.42m、1.22m 的切割箱均为重型，用于施工深度调节之用。根据施工项目深度组合搭配使用，施工深度 40m 以内可选用 3 节重型切割箱，大于 40m 均要选用 5 节重型切割箱。端部切割箱是装有润滑系统和喷浆系统的独特箱体，头部安装有引导轮，引导传动链和切削刀的运转。切割箱内部布有 2 根浆管、2 根气管、1 根润滑油管和 1 根倾斜仪安装管。浆、气管用于成墙过程中的注浆喷气工艺，润滑油管则用于给前端切割箱的引导轮内部补充润滑油脂。倾斜仪安装管内均匀布置着倾斜计若干，实时监控成墙角度，切割箱连接处的管路由密封套进行连接，分别用于各管路的密封。

图 3 切割箱端部

4.6 传动链

通过科学的实验手段对轨链的结构进行了受力分析，对应力集中点和受力较大的部位进行了有效设计，对受力容易疲劳的锁紧节在结构、材料、工艺等方面均采用了高端技术，提高了其强度和韧性，从而大大提高了轨链整体力学性能，性能优越于进口产品。

4.7　刀具（专利号：ZL200930228993.8）

切削机构的刀组由十余种形式各异的刀具组成。经过科研攻关，刀具具有强度高、重量轻的特点，不仅可以应对各种地层，在安装时也更轻便高效。根据切削深度及地质条件，刀组采取不同的搭配方式，最终排列成每组刀具可以均匀切割整个切削宽度的状态。

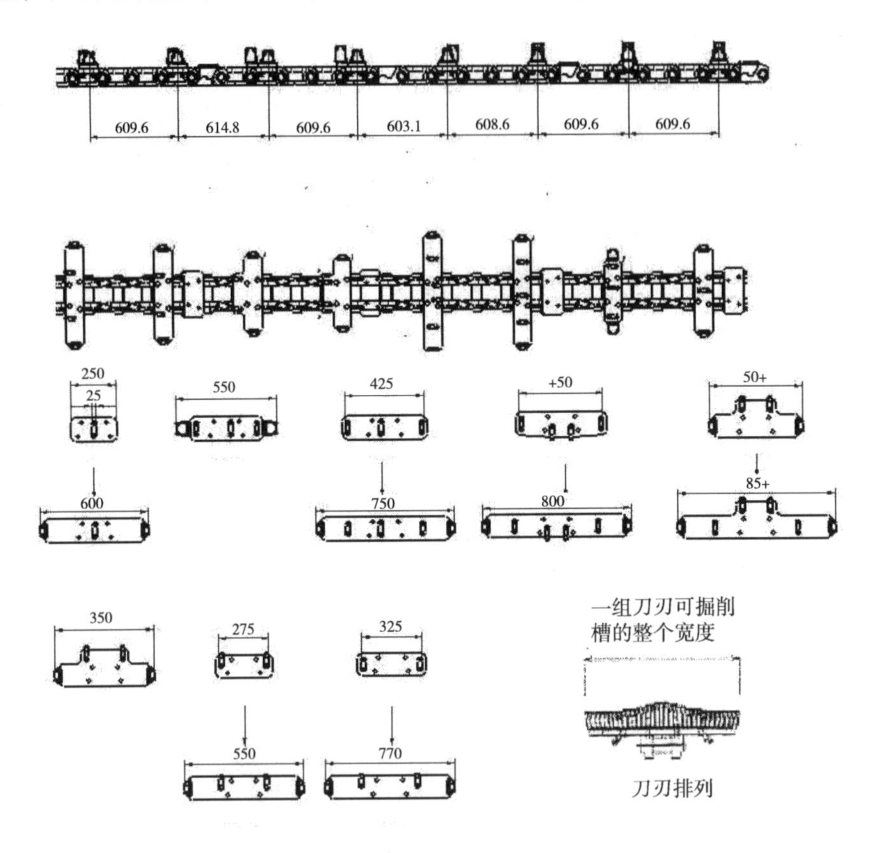

图 4　切削刀排布

其中 2 号刀具由于具备逆刃，故作为刀组的必备刀具，不可被替代。对各种形式的切割刀申请了多项专利。

4.8　专用倾斜仪（专利号：201310171219.3）

为了实时监控切削机构的工作状态以及成墙精度，在组成切削部分的各段切割箱体中，均匀布置了 TRD-D 工法机专用的倾斜仪若干。每支倾斜仪分为两段，分别检测 X、Y 轴两个方向的倾角值，通过倾斜仪上的弹性卡轮沿着方形管道插入切割箱体内部。各倾斜仪间通过连接杆连接，按施工最大深度设计 6 只倾斜仪同时监测切削机构在地底的实际工况。倾角检测

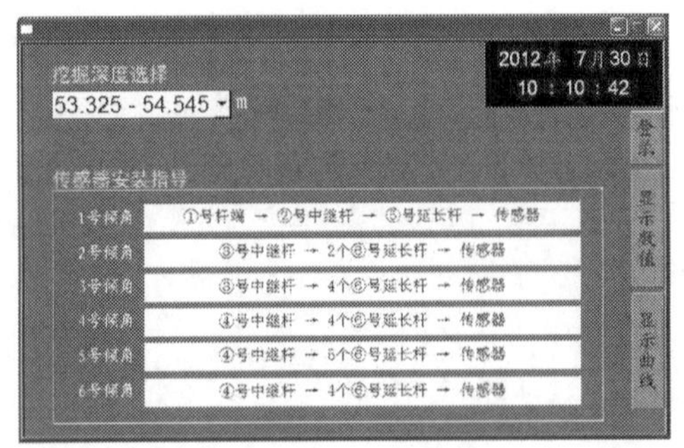

图 5　倾斜仪选择界面

精度高，通过换算，在显示屏上直观地显示为切割箱偏离位移量，供驾驶员及时纠偏。关于倾斜仪的深度选配方面，在屏幕内置的下拉框中可选择作业深度，根据界面上显示的倾角传感器、杆端、中继杆、延长杆的安装选配指导进行使用和操作。并且，系统内置的存储器会自动保存监控数据，以供需要时查阅。

倾斜仪的芯片采用进口高抗震型内核，检测精度高，响应速度快，能及时反馈出切削机构在地底的工作情况，避免突发性的埋钻事故。整个倾斜仪采用封闭式密封结构，通过防水接头相互连接。经实践检验，即使在泥水中长期浸泡，仍能保证正常工作。

4.9 引导轮可靠耐用，通用性强（专利号：201310486993.3）

引导轮安装在切割箱体的端部，具有高硬度和高耐磨性，并且轴承和密封均具有尖端技术保证其可靠性。切削机构的引导轮由于深埋于地底数十米处，工况恶劣，为了确保其转动灵活并且经久耐用，采用了多层＋迷宫密封形式。并且配备润滑油补油系统，通过主机平台上的润滑油泵，经由切割箱体内部的润滑油管路和配油阀组，每隔一段时间为引导轮内部补充润滑油脂，并维持引导轮内外部的压力平衡，保证其内部不受泥浆侵蚀。同时为了满足市场需求，TRD-D 工法机的引导轮具有高度互换性，可为市场上现有的进口 TRD 工法设备提供替换服务。

5 TRD-D 工法机功能特点

（1）专用步履底盘，稳定性强，移位精准

在 TRD 工法使用中，步履式底盘相对履带式底盘具备两大优势。一是稳定性优势。四只步履相对两条履带，接地面积提高了很多，加以八个支腿油缸作为支点，使得平台更为稳定，不受地平状态影响，为前端切削机构的出力最大化提供了有力的保证。二是移位精准度。机身沿成墙方向横向行走时，机身沿前步履轨道移动，直线度能够保证，前端切削机构相对较重，在对桩位时四个方向均很灵活精准，大幅提高了工作效率。

（2）低空作业，稳定安全

相比传统工法，TRD-D 工法机具备施工高度低的优势，使设备整体重心下降，更加安全稳定，排除了倾覆的可能性。而拆去上部立柱后，施工高度可降至 7m 以内，可以胜任类似室内、高架桥下等一些限高的项目工程。

（3）作业面广，不受场地外围限制

驱动部与门架之间设有双向移位机构，根据使用需要，将横切油缸安装在不同的位置，可供驱动部移位切割，使其横向行走范围覆盖整个门架，由此能够靠墙极限施工，离墙体安全距离 600mm 处施工。在一些空间狭小，或者紧靠建筑物的场合，

图 6 TRD-D 工法机与三轴钻孔机比较

TRD-D 工法机可借此优势满足其他同类设备无法达到的施工要求。

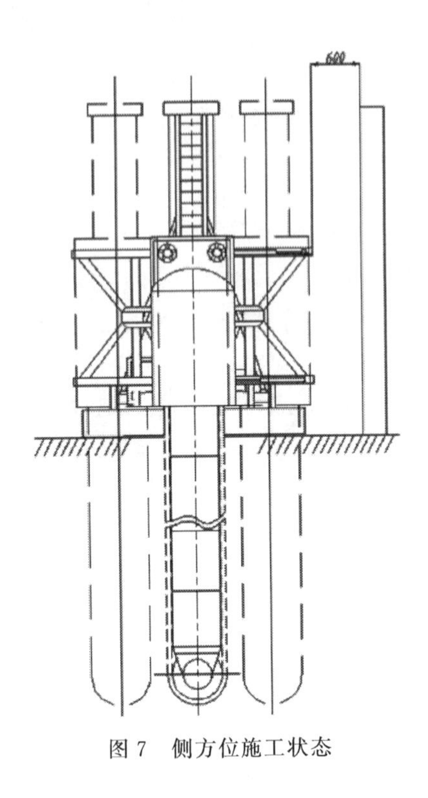

图 7　侧方位施工状态

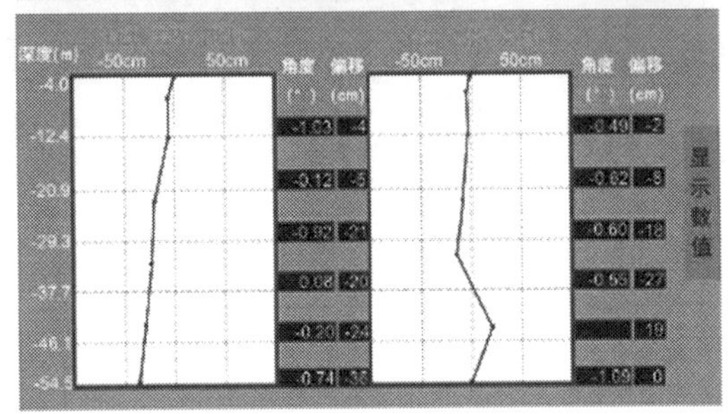

图 8　控制显示界面

(4) 全智能控制，操作便捷

驾驶员可以由驾驶室内的两个显示屏的监控数据来观察整机的工作参数。驾驶员通过其中一个显示屏对切割箱倾斜仪的设置和状态监测，指导施工操作控制。驾驶员通过另一个显示屏，对发动机、液压系统、切割速度、负载提升力、切削力等施工参数和整机工作状态监测，指导操作。通过智能系统自动控制垂直切削、动力超载、遇到障碍物应急处理等工作，减轻了劳动强度，操作轻松便捷。

6　应用案例

TRD-D 工法机自投入市场以来，完成了诸多工程施工，整机性能经受了各种地质条件的严峻考验，并获得很好的使用效果。主要重点工程及其施工特点如表 1 所示。

表 1　国际土协历任会长

项目名称	工程目的	壁厚	深度	工程难点
上海国际金融中心项目	止水帷幕	700mm	53m	需进入标贯大于 50 击的第⑦/2 粉砂层约 11.6m
上海虹桥商务核心区一期项目	止水帷幕	800mm	48m	三层承压含水层厚度较大，层底埋深约 68m，其他设备难以保证质量
上海前滩企业天地项目	止水帷幕	700mm	35m	对墙体垂直度的要求较高，一般工法工艺难以达到
天津富华国际广场项目	止水帷幕	850mm	24m	拐角搭接处离周边建筑物较近，其他设备无法完成

综上所述，TRD-D 工法机是一种符合地下施工发展趋势，工作稳定性好，性能可靠，相对施工成本低，功能全面，并经受了工程考验的具有显著高技术特点的新型地下连续墙施工设备。

CHUY3600 型履带式强夯机介绍

杨喜晶　梁守军　吴 慧　高维良　王顺顺

(北京南车时代机车车辆机械有限公司　北京　102249)

摘　要：本文介绍了南车北京时代自主研发的 CHUY3600 型履带式强夯机，主要包括其技术参数、机械部件以及液压系统和电气系统的介绍，目前该机型已成功实现批量生产和销售。

关键词：强夯机；技术参数；机械部件；液压系统

1　引言

CHUY3600 型履带式强夯机是一款集强夯、起重功能于一身的多功能强夯机。可应用于夯实地基的基础施工，包括处理碎石土、沙土、杂填土、低饱和度粉土、黏性土地基等。强夯工程范围涉及到工业与民用建筑，公路铁路路基、码头、机场、电站和人工岛等的建设，还可以从事施工现场的吊装作业与设备安装工作。

CHUY3600 型履带式强夯机安全保护措施齐全、操作方便、工作舒适、运输方便简洁、安装方便，该机具有以下主要特点：

（1）结构安全可靠

结构和机构设计的安全余量充分；采用两级防倾杆装置，配备工作限位系统，大幅度提高作业循环次数；底盘伸缩量大，安全可靠，整机经久耐用，性能稳定。

（2）整机性能稳固

采用全液压驱动，轮距加大，履带板接地面积增加，接地比压小，施工可靠性高，大幅度增加强夯工况稳定性；臂架采用高强度钢管焊接，前伸式鹅头结构更适合于强夯作业工况。

（3）动力强劲，夯击能力大

发动机马力十足，马达采用 A6VE160，卷扬起升机构最大单绳拉力达到 13t，动力强劲；无门架时重锤重量可达 18t，夯击能达 3600kNm；有门架时重锤重量可达 36t，夯击能达 8000kNm。

（4）施工效率高

提升机构单绳拉力大，可有效减少提升倍率；具备空钩快放功能，减少能量消耗并提升工作效率；空钩起升时最大起升绳速可达 117m/min，带载时最大起升绳速可达 90m/min，单次夯击时间小于 1.5min。

CHUY3600 型强夯机施工图及总图如图 1、图 2 所示。

图 1 CHUY3600 型强夯机施工图

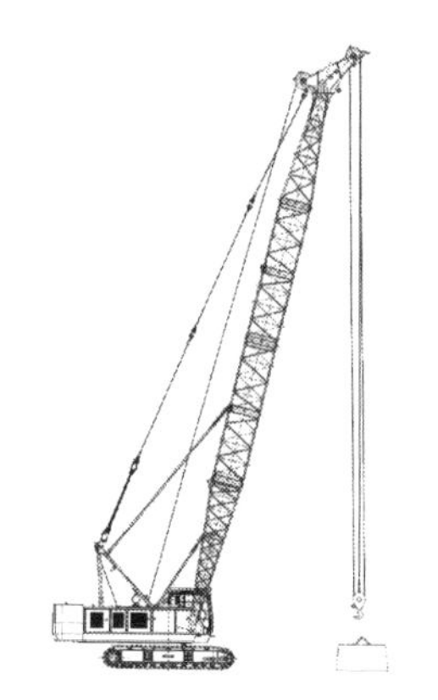

图 2 CHUY3600 型强夯机总图

2 技术参数

CHUY3600 型履带式强夯机的技术参数如表 1 所示。

表 1 CHUY3600 履带式强夯机技术参数表

项目	单位	参数	备注
夯击能	kN·m	3600	8000（带门架）
发动机功率/转速	kW/rpm	175/2000	
夯锤重量	t	18	36（带门架）
夯锤提升高度	m	20	
主臂长度	m	19～28	标配 25m
起升单绳拉力	t	13	卷筒第一层
	t	11	卷筒第三层
起升绳速	m/min	117	卷筒第三层
起升钢丝绳直径	mm	Φ 26	
起升钢丝绳长度	m	145	
主臂角度	°	78	
变副钢丝绳直径	mm	Φ 16	
变副绳速	m/min	60	卷筒第四层
回转速度	rpm	0～2.6	
行走速度	km/h	0～1.7	
接地比压	Mpa	0.062	
自重	t	58	主臂 28m 时
履带轨距×接地长度×履带板宽度	mm	2420×5150×780	履带架缩回
		3420×5150×780	履带架伸出
运输尺寸（长×宽×高）	mm	7200×3200×3070	

3 机械部件

CHUY3600 型履带式强夯机主要由下车、回转支承、上车、臂架、夯锤（选配）、脱钩器（选配）组成。整机采用全液压传动，动力由压力油传递，操作简单省力。

3.1 下车总成

CHUY3600 型履带式强夯机下车总成主要由 H 型梁和履带架总成组成。履带架总成由履带架、四轮一带和行走机构组成。每个履带架总成都带有独立的行走驱动装置，并通过驱动轮的传动来实现独立行走。除了定期更换齿轮油以外，履带架总成可以实现免维护，如图 3、图 4 所示。

图 3 履带架图

图 4 履带

H 型梁和履带架采用插入式连接。两个履带架之间用伸缩油缸调整之间距离，处于运输状态时，两履带架距离最小，主机运输无需拆卸履带架，保证运输过程的便利。处于工作状态时，履带架距离在伸缩油缸的拉力下伸展，处于最宽状态，增加整车工作时的稳定性。一般情况下履带架不用拆卸，特殊情况下，如保养、维修时，履带架需拆装时用吊车实现，如图 5、图 6 所示。

图 5 H 型梁

图 6 下车总成

3.2 上车总成

3.2.1 平台总成

平台是连接上、下车的关键承载结构件。驾驶室、动力装置、液压传动系统、液压油箱、燃油箱、起升机构、配重、A 型架、机罩等分别与其进行连接。平台可以实现 360°回转，并设有锁定装置，如图 7 所示。

图 7　CHUY3600 型履带式强夯机平台总成

3.2.2　动力系统

采用大功率的 WP10.240 发动机，输出功率 175kW，动力强劲，可以很好的满足对复杂环境的动力需求。

3.2.3　变幅装置

动定滑轮组的定滑轮组固定在 A 型架上，动定滑轮组和主臂顶节相连的两根拉索相联接，变幅卷扬通过收放钢丝绳来改变滑轮组和定滑轮组的距离，从而达到对主臂进行变幅的目的，操作手柄实现了臂架的起升和下降动作。

3.2.4　提升机构

采用性能可靠、维护方便的内胀外抱式卷扬机，具有空钩下放功能，工作效率高，内胀式卷扬机如图 8 所示，外抱闸如图 9 所示。

图 8　内胀式卷扬机

图 9　外抱闸

内胀外抱式卷扬机的原理图如图 10 所示，CHUY3600 型履带式强夯机所用卷扬机，外抱闸为常开式，内胀离合器为常闭式，空钩下放时，内胀离合器打开，卷扬自由落钩，当钩子接近地面时，关闭内胀离合器电控按钮，同时脚踩外抱闸刹车踏板，自由落钩停止。

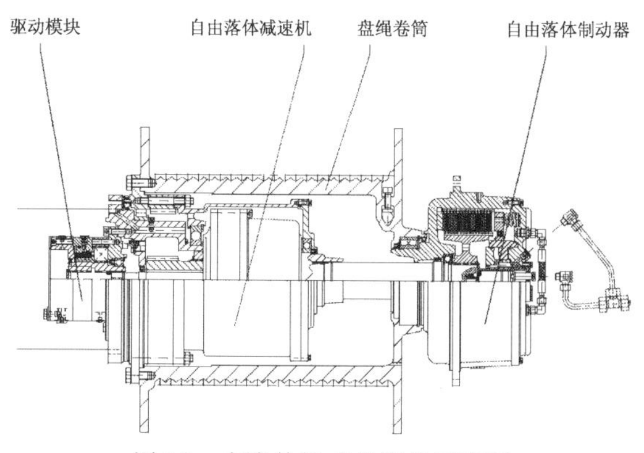

图 10　内胀外抱式卷扬机原理图

3.3 回转支承

回转支承是一种内齿式单排球式回转支承。外圈与转台连接，内圈和底盘上的支承座圈联接，螺栓均为高强度螺栓。

3.4 臂架

主臂有6.5m下节臂一个（如图11所示），6.5m上节臂一个，上节臂采用前伸式鹅头装置（如图12所示）。3m标准节臂1个，6m标准节臂1个，6m防后倾节臂1个。主臂长度28m（注意：不带门架时必须小于等于25m）。

图11　下节臂

图12　上节臂和鹅头

4 液压系统

液压系统主要包括起升回路、变幅回路、回转回路、行走回路、下车油缸回路、回油冷却回路等，液压系统原理框图如图13所示。

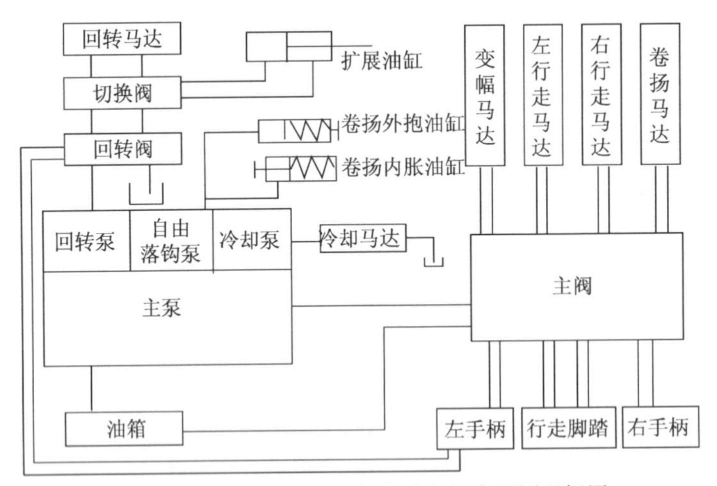

图13　CHUY3600型履带式强夯机液压原理框图

4.1 液压系统特点

此系统为开式系统。

主泵控制方式为交叉功率正流量控制，液压先导控制变量，具有功率限制，压力切断功能，可以满足多个执行元件动作要求。

独立的回转系统由一个定量齿轮泵和一个具有缓冲功能的换向阀及定量马达组成，具有回转缓冲功能，能使回转工作更加平稳。

4.2 液压系统工作原理

根据在工作过程中的作用不同，液压系统又可以分为控制回路和执行回路。这两个油路有独立的泵分别为其供油。

在控制回路中，先导泵通过先导阀给手柄和踏板提供控制油，操作人员通过操作手柄和踏板将控制油通入先导阀中，经过先导阀内部的逻辑控制将控制油通入执行回路中相对应的液压阀中，进而对执行回路进行控制。

在执行回路中，液压阀得到控制油之后会对液压油进行压力、流量和方向控制，通过相应的油路使执行机构进行相应的动作。

5 电气系统

原装美国的摩菲仪表系统，采用车载仪表方式，显示发动机转速、水温、机油压力、发动机小时数、液压油温度、主泵压力、燃油油位、发动机故障信息等。

当载荷接近或达到最大载荷时，力矩限制器就会报警并输出相关信号，限制机器向危险方向发展，起到了安全保护作用。

6 结论

南车北京时代自主研发的CHUY3600型履带式强夯机，结构安全可靠，整机性能稳固，拥有强劲的动力和强大的夯击能力，施工效率高，运输结构优化，具备卓越的操作性能和超高的抗疲劳使用寿命。主要性能参数达到国内领先水平。

该机型样机于2012年10月下线，2013年1月22日成功实现销售，出厂投入运用考验。经过一年多的实际应用，使用效果良好。目前该机型已实现批量生产和销售。

参考文献

[1] 王锡良，水伟厚，吴延炜．强夯机的发展与应用现状［J］．工程机械，2004（6）：31-35.

[2] 雷天觉．新编液压工程手册［M］．北京：北京理工大学出版社，2005.

TAR12 型液压锚杆钻机进给机构设计

李洪伍　吕后仓　庞恩敬

（北京南车时代机车车辆机械有限公司　北京　102249）

摘　要： 进给机构设计是液压锚杆钻机研发过程中的重要环节，本文对进给机构进行了分析设计，并运用 ANSYS Workbench 软件对桅杆部分进行了有限元计算，结果表明，桅杆的强度、变形符合设计要求，进给机构设计合理。

关键词： 锚杆钻机；进给机构；有限元计算

锚杆钻机作为岩土锚固工程的关键设备，在深基坑支护、边坡支护、隧道注浆钻孔、地源地热钻孔、高压旋喷等方面具有广阔的应用前景。目前国产锚杆钻机功能少、扭矩小、适用性低，而进口钻机虽然性能好，但价格昂贵。锚杆钻机作为桩工机械的新宠越来越受到用户的认可，南车北京时代率先研制成功 TAR12 型多功能液压锚杆钻机，具备液压履带行走、液压冲击回转、大扭矩的特点。能适应各种岩土锚固工程施工需要，其性能接近国外先进钻机，且具有高性价比。锚杆钻机进给起拔机构作为液压锚杆钻机的关键组成系统，起到向掘进面提供钻压及起拔钻具的关键作用，其性能参数及结构稳定性直接关系到整机性能的发挥。本文主要对锚杆钻机进给机构及桅杆强度刚度进行分析研究。

1　整机简介

TAR12 型多功能液压锚杆钻机结构如图 1 所示。整机由履带式行走机构、上车平台、变幅变角机构、钻桅和动力头组成。摆动式履带底盘上安装一组自适应油缸，可调节上车平台相对于下车的角度，使得钻机在不平整地面施工时通过自身调节使钻机重心处于最佳位置；多根油缸控制的变幅变角机构增强了钻机的灵活性，可实现钻进系统的多方位旋转或倾斜，

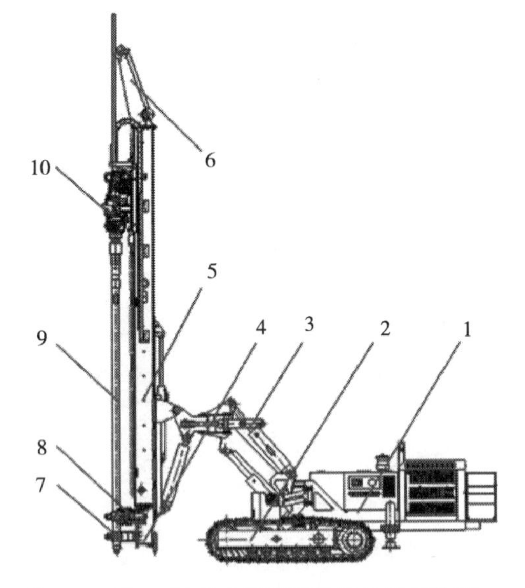

图 1　TAR12 型多功能液压锚杆钻机结构图

1—上车平台；2—履带式行走机构；3—变幅机构；4—下桅杆；5—中桅杆；6—上桅杆；7—静钳装置；8—动钳装置；9—钻具；10—动力头

保证了钻机在各种工况下均能施工，极大地提高了钻机对施工环境的适应性。钻桅是钻机重要的工作装置，由上桅杆、中桅杆、下桅杆、动钳、静钳、动力头小车组成，集成了加压进给、提升、动力头滑移、钻具固定卸扣等功能，保证了施工作业的稳定性；具备回转冲击功能的动力头最大扭矩达 12.7kN·m，可以完成回转跟管钻进、潜孔锤跟管钻进、偏心钻进等施工方案。

2 进给机构

进给机构安装于中桅杆，是锚杆钻机主要部件之一，其性能好坏直接影响整机的技术性能和施工质量。设计进给机构要具备以下两个主要功能：

（1）加压动力头。钻头在掘进的过程中，由于岩石具有弹性，岩石在钻具切入、破碎之前会先产生弹性应力状态，称为回弹现象。回弹会导致钻头与岩石脱离，所以为了使岩石与钻头保持良好的接触，需要给钻具施加一定的轴向力，同时轴向加压也有利于钻刃破碎岩石，从而实现高效成孔。施加在动力头的压力过大容易引起钻具弯曲、钻进阻力过大、钻刃磨损加剧等不良后果；压力过小不能保证合理的切削破坏，钻进速度缓慢。加压力的大小需要综合岩土性质、钻孔深度、钻进速度等因素。

（2）提升钻具。起拔钻具和减压钻进时都需要提升钻具。起拔钻具时，进给机构要克服钻具与岩土之间的摩擦力、钻杆和动力头的自重。一般地，钻孔深度越大，需要的起拔力也越大。减压钻进主要针对软土层施工，即钻进需要的加压力小于钻杆和动力头自重沿轴向的分力。这时，为了更好地成孔，需要给动力头施加提升力。

进给机构多采用机械进给机构和液压进给机构。机械进给机构依靠传统的机械传动装置对动力头施加运动所需要的力，其优点是结构简单、价格低廉、维修方便，缺点是劳动强度大、扩展功能少、可靠性较低。液压进给机构目前比较常用，它是依靠油液压力能驱动液压件对动力头做功，相较于机械进给机构，其优点是可以对动力头的运动进行无级调速，通过对油液压力的实时监测了解工况，功能较多更加方便施工操作；缺点是价格较高、结构较复杂、维修难度较大。

2.1 进给机构参数

进给机构的主要参数是衡量钻机钻进及起拔性能的重要指标，根据设计要求，进给机构主要参数拟定如表 1 所示。

表 1 TAR12 锚杆钻机进给机构技术参数

系统压力（MPa）	起拔力（kN）	加压力（kN）	正常起拔速度（m/min）	快速起拔速度（m/min）	进给速度（m/min）	加压行程（mm）
25	100	50	8	24	16	4000

2.2 进给机构方案

本机针对进给机构设计了三种方案，分别是“液压马达－链条”进给机构、“油缸－链条”倍速进给机构和“齿轮－齿条”进给机构。

（1）“液压马达－链条”进给机构。如图 2 所示，链条与动力头小车形成闭合的回路，链条拉动小车在进给梁上滑动，液压马达通过减速机将转矩传递给链轮。马达正转则动力头小车前进，实现加压钻进；马达反转则动力头小车后退，实现钻杆起拔；进给力与起拔力相等。其优点是：在设计过程中，进给行程不受限制，且结构比较简单。

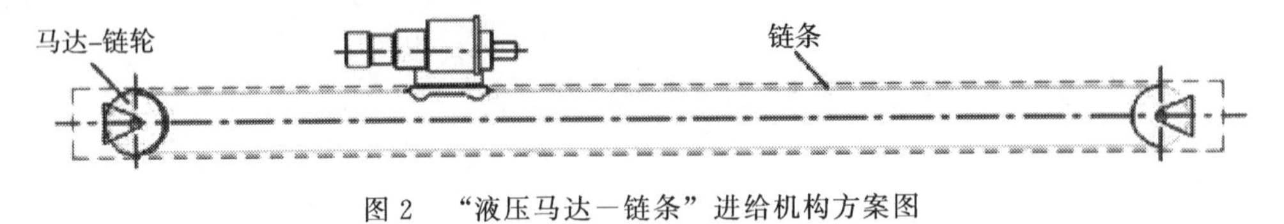

图 2 “液压马达一链条”进给机构方案图

(2)“油缸一链条”倍速进给机构。如图 3 所示，油缸缸筒固定在桅杆上，缸杆推动滑轮组小车直线运动，两根链条通过一定的缠绕方式和固定方式使得动力头能够上下运动。相对于普通的液压缸进给机构来说，它能够让动力头的运动行程和速度达到油缸的两倍，这样的倍速进给机构设计有效地提高了钻进效率。其缺点为滑轮的数量多、结构复杂；优点是成本较低。

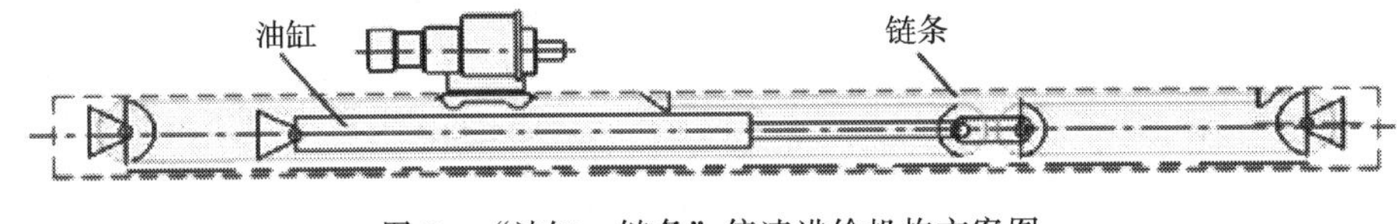

图 3 “油缸一链条”倍速进给机构方案图

(3)“齿轮一齿条”进给机构。如图 4 所示，低速大扭矩马达固定在动力头滑架上，并通过齿轮与固定在钻桅上的齿条啮合，马达正转则动力头前进，马达反转则动力头后退，且进给力与起拔力相同。该方案优点是行程不受限制，进给力和起拔力较大，但成本较高。

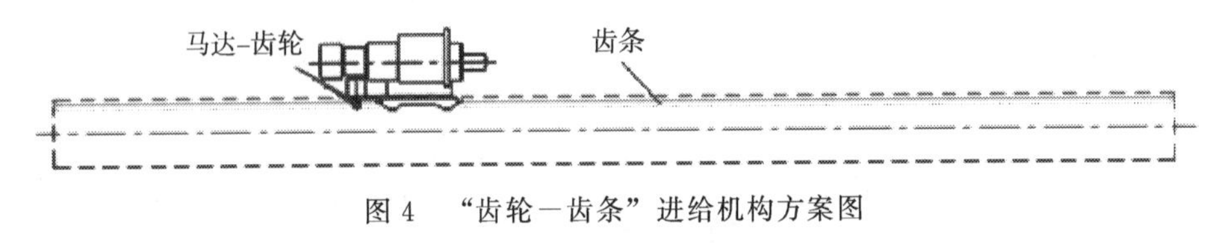

图 4 “齿轮一齿条”进给机构方案图

考虑到该型号钻机的实际进给、起拔力需求及经济型，TAR12 型液压锚杆钻机最终选择“油缸一链条”倍速进给机构作为设计方案。

2.3 进给机构设计

“油缸一链条”倍速进给机构设计如图 5 所示。链条的缠绕方式为：起拔链条一端连接动力头，另一端绕过定滑轮和动滑轮后固定在桅杆上；钻进链条与起拔链条的缠绕方式相同。加压钻进时，高压液压油进入油缸有杆腔，缸杆缩回，钻进链条拉动动力头前进，起拔链条作跟随运动，动力头位移为油缸位移的两倍；起拔钻杆时，高压液压油进入油缸无杆腔，缸杆伸出，起拔链条受力，动力头后退。

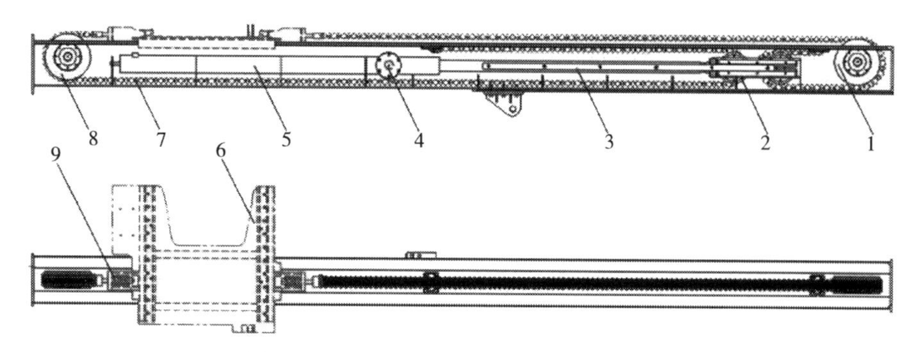

图 5 “油缸－链条”倍速进给机构设计图

1，8—静滑轮；2—动滑轮小车；3—滑道；4—法兰；5—油缸；6—动力头小车；7—链条；9—张紧装置

加压油缸设计如图 6 所示。缸杆杆头设计成螺柱可以有效避免缸杆的转动对链条传动的影响。油缸固定端设计在缸筒的前部，安装距相比两端固定方式减小了 2m，这能在很大程度上增强油缸的工作稳定性。

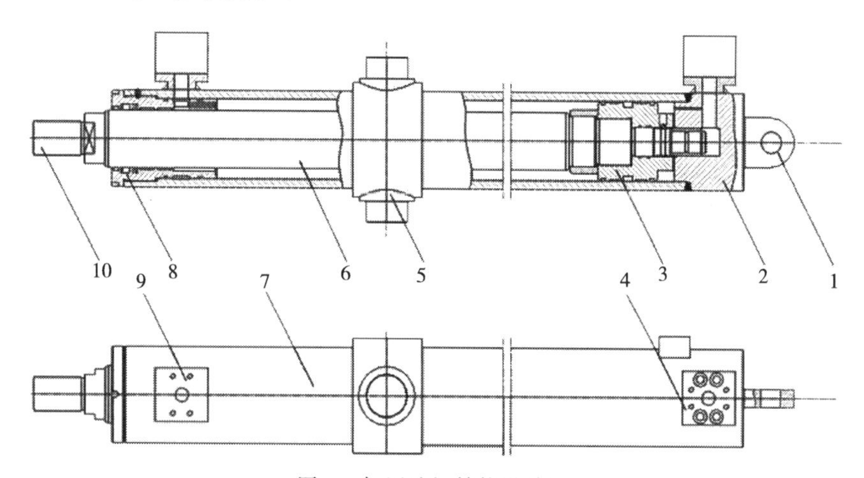

图 6 加压油缸结构设计图

1—安装吊环；2—油缸后端盖；3—活塞；4，9—油路块；5—油缸连接轴；6—缸杆；7—缸筒；8—油缸前端盖；10—螺柱连接头

油缸参数为：缸径 D=110mm；杆径 d=80mm；活塞行程 L=2000mm。

钻机进给力理论计算公式：

$$F_{进给}=\frac{P\times\frac{\pi}{4}(D^2-d^2)}{2}$$

通过计算可得 $F_{进给}$=51.5kN，即进给压力理论最大值可达 51.5kN。

钻机起拔力理论计算公式：

$$F_{起拔}=\frac{P\times\frac{\pi}{4}\times D^2}{2}$$

通过计算可得 $F_{起拔}$=110kN，即机构起拔力理论最大值可达 110kN。

可以看出，机构的进给力和起拔力达到了设计要求。

3 桅杆有限元分析

中桅杆总成主要由中桅杆箱梁、进给油缸、动滑轮组、定滑轮、板链组成。从结构和受力来看，较大应力容易集中在进给油缸安装孔、静滑轮安装孔、板链固定端、动力头小车滑道等地方。对中桅杆进行有限元分析有利于研究“油缸－链条”倍速进给机构的设计合理性，同时也有利于了解桅杆在极限工况下的应力应变情况，有助于后期的优化改进。

3.1 工况及对应边界条件

（1）加压钻进工况有限元计算

在这种工况，动力头处于上限位处，钻杆对动力头的支反力为 50kN，动力头施加的扭矩达到 12.7kN · m。加压钻进加载如图 7 所示。

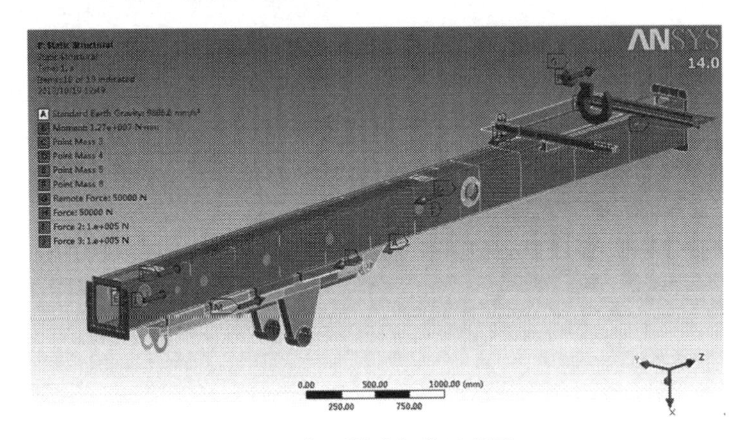

图 7　加压钻进加载示意图

（2）钻具起拔工况

在这种工况，动力头处于下限位处，钻杆对动力头的支反力为 100kN，动力头施加的扭矩达到 14.9kN · m。钻具起拔工况加载如图 8 所示。

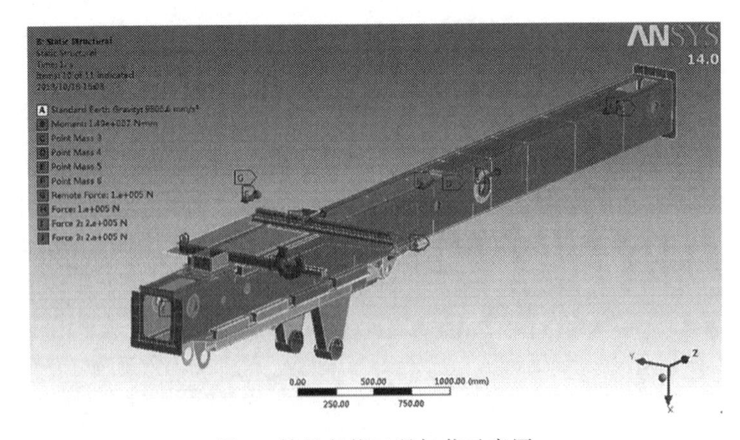

图 8　钻具起拔工况加载示意图

3.2　分析与计算结果

（1）几何模型

中桅杆几何模型如图 9 所示。动力头、滑轮、动滑轮小车等均以质点简化，忽略焊缝、小孔等对分析计算影响微小的部位。

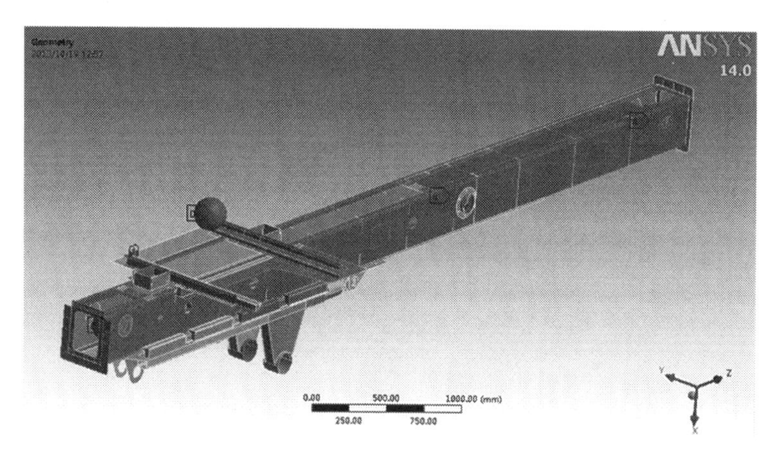

图 9　中桅杆几何模型图

几何模型采用自动网格划分，模型共生成 123125 个节点，124771 个单元。结构的网格划分如图 10 所示。

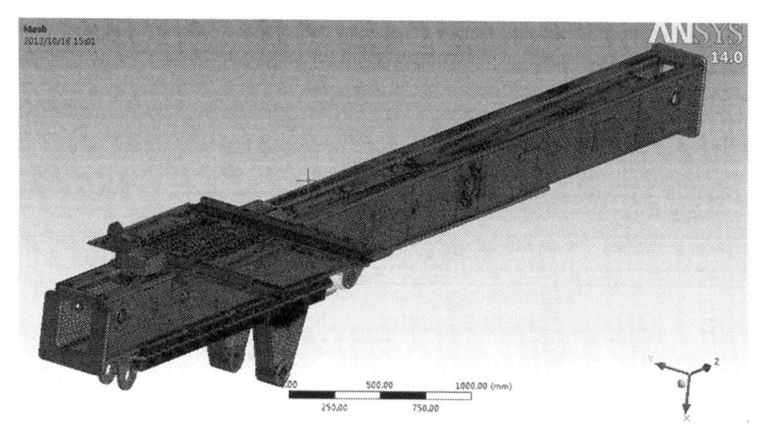

图 10　中桅杆网格划分示意图

（2）加压钻进工况分析结果

加压钻进工况应力分布云图如图 11 所示。最大应力在链条-桅杆上板连接处，为 230.27MPa，材料强度安全系数＝345/230.27＝1.5，达到了设计要求。

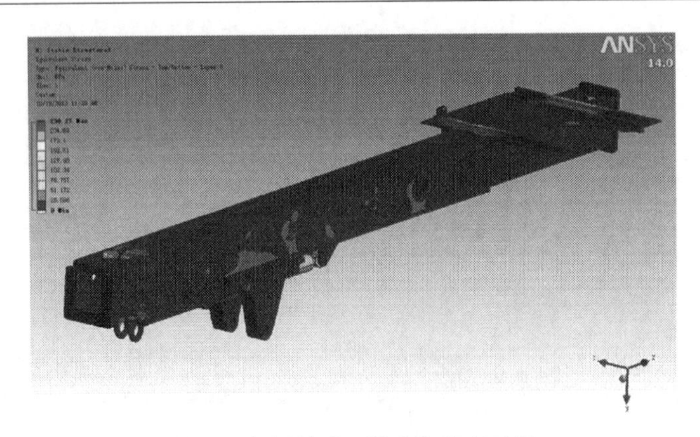

图11　加压钻进工况应力分布云图

加压钻进工况变形分布云图如图12所示。最大变形为33.84mm，位于动力头小车滑道末端。中桅杆全长约6700mm，故最大变形量约为5‰，非常微小，满足刚度要求。

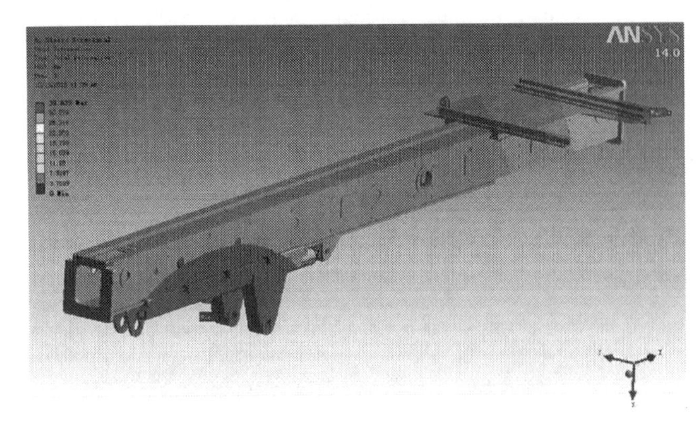

图12　加压钻进工况变形分布云图

(3) 钻具起拔工况分析结果

钻具起拔工况应力分布云图如图13所示。最大应力在链条-桅杆上板连接处，为199.08MPa，材料强度安全系数=345/199.08=1.7>1.5，达到了设计要求。

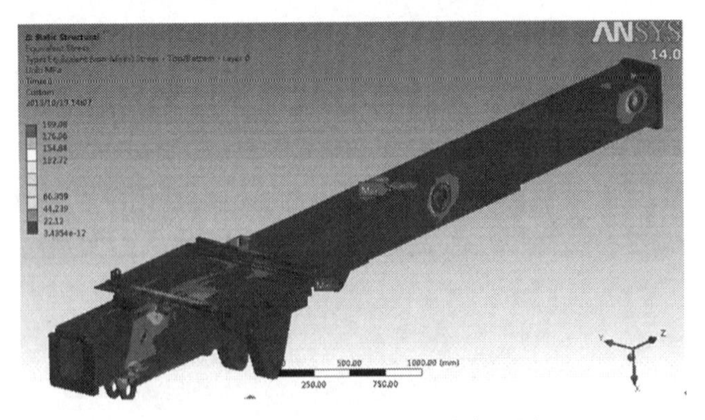

图13　钻具起拔工况应力分布云图

钻具起拔工况变形分布云图如 14 所示。最大变形为 17.13mm，位于中桅杆与上桅杆连接处。中桅杆全长约 6700mm，故最大变形量约为 3‰，非常微小，满足刚度要求。

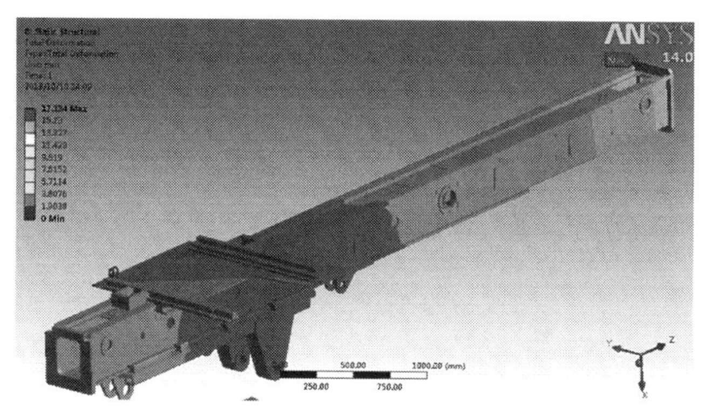

图 14　钻具起拔工况变形分布云图

4　结论

（1）设计了 3 种进给机构方案，综合各种因素后选择“油缸一链条”倍速进给机构为设计方案，设计结果达到了功能要求。

（2）利用有限元软件对中桅杆结构进行了强度刚度校核，结果表明，进给机构布置合理，中桅杆应力变形合格。

参考文献

[1]　成大先．机械设计手册（第 5 版）[M]．北京：化学工业出版社，2007.

UMR-6多功能微型桩钻机液压系统设计

李　游

（湖南优力特重工有限公司　湖南长沙　410200）

摘　要： 本文主要介绍UMR-6多功能微型钻机液压系统设计计算、设计解析、主要参数、施工工艺、部分动作液压系统图。

关键词： 液压系统设计；主要参数；施工工艺；液压系统图

1　多功能微型桩钻机现况、施工工艺及系统参数

微型桩钻机的使用起源于德国，多功能微型桩钻机施工是基础施工行业一个重要分支，在国外有较为成熟的技术和稳定的市场，由欧洲施工工艺演变而成。这类设备主要用于微型桩钻孔、锚固护坡、抗地表变幅、隧道护壁、高压旋喷等功能，可应用于基础施工、深基坑施工、矿山施工、水利施工以及隧道施工等领域。

随着施工工艺的不断更新与客户要求的不断提高，微型桩钻机控制系统与结构设计在不断优化，功能在不断扩展延伸，除了能够满足原有的微型桩工艺外，又新增加了潜孔锤、锚固护坡、深基坑施工工法，隧道凿岩工法，旋喷工法等，自此，成为世界基础施工行业一款重要的设备，并在全球范围内拥有较为稳定的需求量。

综合多种施工工法要求，UMR-6多功能微型桩钻机具备以下动作及参数：履带行走遥控控制，行走速度无级可调；变幅装置相对于主机车身水平±90°转动；桅杆装置相对于变幅装置±180°转动；动力头低速档转速在10～47.7r/min范围内无级变速，高速档转速在10～95.4r/min范围内无级变速，最大输出扭矩9235.2N·m；进给力在0～40kN范围内无级可调，起拔力40kN；动力头推拉速度16.9m/min，最大推拉速度36.2m/min；动力头推拉行程3100mm；钻孔直径50～320mm，钻孔深度80m；液压系统设有发动机保护功率，防止发动机熄火。

2　UMR-6多功能微型桩钻机的液压系统设计与计算解析

2.1　主要系统参数

发动机额定转速2200r/min，额定功率为92kW，最大输出扭矩530N·m（转速1400～1500r/min）。

液压系统最大功率66kW，主泵型号为A11（德国力士乐），排量75mL/r；合流齿轮泵PLP（意大利凯斯帕），排量34mL/r；动作齿轮泵PLP，排量16mL/r；主系统压

力205MPa。

2.2 工况分析

UMR-6钻机液压系统需要执行4大功能：行走、动力头回转、动力头进给与起拔、结构回转及油缸动作。

2.2.1 钻机行走系统

UMR-6钻机的行走主油路如图1所示。

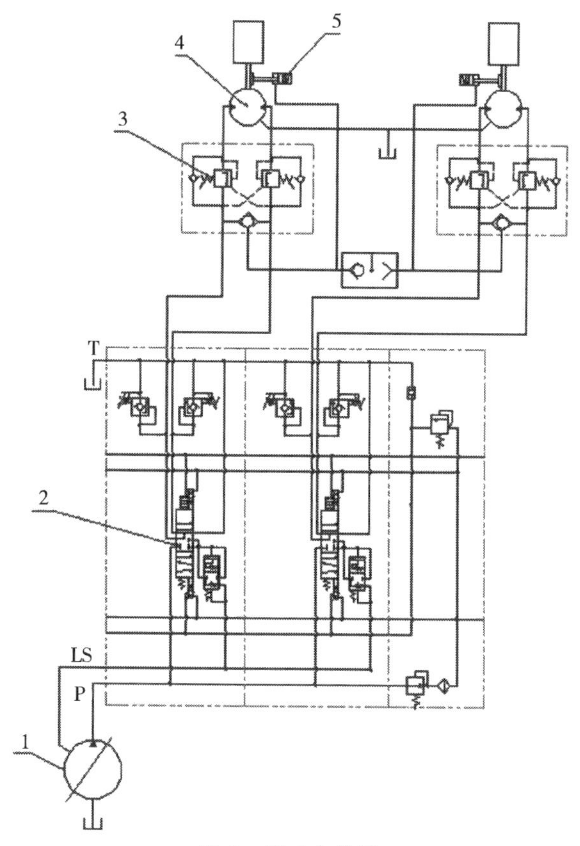

图1 行走主油路

1—泵；2—电液换向阀；3—平衡阀；4—行走马达；5—制动油缸

行走部分采用左右两套互不干涉的履带行走装置来完成钻机行走运动。行走油路由负载敏感主泵供油，保证两边履带遇到不同负载时钻机能顺利通过，不至于跑偏。平衡阀能保证钻机在行进过程中两端压力一致，行走平稳。行走装置由有线遥控控制，能更加准确迅速地进行施工定位，机手操作更加方便安全。

行走系统油路包括左右履带行走油路和缓冲制动油路。

行走系统主要元件为泵、电液换向阀、平衡阀、行走马达、制动油缸。

2.2.2 动力头回转系统

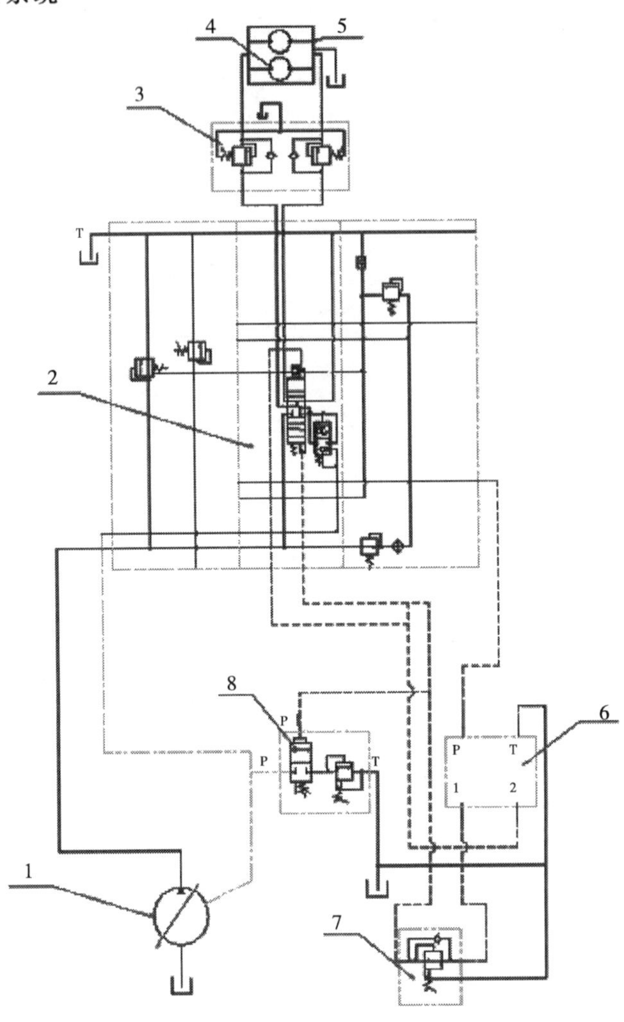

图 2 动力头油路

1—泵；2—液控换向阀；3—平衡阀；4—动力头马达；5—马达换向阀；
6—先导手柄；7—减压阀；8—功率保护阀

动力头回转油路要求及原理：根据施工工艺要求钻机动力头在10～47.7r/min和10～95.4r/min两档范围内无级调速。马达换向阀改变马达串并联组合方式。动力头回转油路采用变量泵和定量马达构成先导控制无级调速回路，钻机施工地质多变，负载大小不一，则要求动力头输出能随负载的变化自动调节转速和扭矩，恒功率变量系统能适应负载变化的工况，即负载变化，则动力头输出转速和扭矩变化，当负载变大时，动力头输出转速减小，扭矩加大；反之相反。恒功率变量系统能充分利用发动机的功率，达到最佳的钻进效果。功率保护阀能保证钻机在遇到大负载、钻具被卡住情况下发动机不熄火。

在恒功率变量泵和定量马达的回路中，液压马达输出扭矩为：

$$P_m = Q \times P \times \eta \quad (1)$$

$$P_m = T_m \times Q_m \times \eta_{m1} \quad (2)$$

$$Q_m = V_m \times N_m \times \eta_{m2} \quad (3)$$

$$P_m = T_m \times N_m \times \alpha m \quad (4)$$

$$\alpha_m = \eta_{m1} \times V_m \times \eta_{m2} \quad (5)$$

$$P_m = Q \times P \times \eta = T_m \times N_m \times \alpha_m \quad (6)$$

$$Q \times P = T_m \times N_m \times \beta \quad (7)$$

式中　Q —— 变量泵输出流量；

P —— 变量泵输出压力；

η —— 变量泵机械效率；

P_m —— 系统给予液压马达的输入功率；

T_m —— 液压马达输出扭矩；

Q_m —— 系统给予液压马达的输入流量；

η_{m1} —— 液压马达 1 的机械效率；

V_m —— 液压马达排量；

N_m —— 液压马达输出转速；

η_{m2} —— 液压马达 2 的机械效率；

α_m、β —— 常数。

综上可得：在恒功率变量泵、定量马达系统中，变量泵的输出流量 $Q \times$ 输出压力 $P =$ 液压马达的输出扭矩×转速×常数，即钻机在钻进过程中遇到不同的负载，则动力头输出不同转速和扭矩。当遇到大负载时，动力头输出转速减小，输出扭矩加大，保证功率恒定。

参考摆线马达性能参数，选择排量 390mL/r 的马达，动力头马达需要变速后输出转速和扭矩才能达到施工工艺要求。变速箱设计速比 $i = 4.03$。

设定动力头回转油路系统压力 205bar[1]，系统流量 150L，根据样本参数计算后得出马达输出扭矩 1145.8N·m，马达输出转速 384.6r/min，动力头由两马达驱动。

一档串联马达动力头输出参数：

输出扭矩 $T_{c1} = 1145.8\text{N}\cdot\text{m} \times 4.03 = 4617.6\text{N}\cdot\text{m}$；

输出转速 $N_{c1} = 384.6\text{r/min} \div 4.03 = 95.4\text{r/min}$。

二档并联马达动力头输出参数：

输出扭矩 $T_{c2} = 1145.8\text{N}\cdot\text{m} \times 4.03 \times 2 = 9235.2\text{N}\cdot\text{m}$；

输出转速 $N_{c2} = 384.6\text{r/min} \div 4.03 \div 2 = 47.7\text{r/min}$。

动力头油路包括：回转主油路、先导控制油路、功率保护油路、先导调节油路。

主要控制元件包括：泵、液控换向阀、平衡阀、动力头马达、马达换向器、先导手柄、减压阀、功率保护阀。

[1] $1\text{bar} = 10^{-5}\text{Pa}$。

2.2.3 动力头进给与起拔

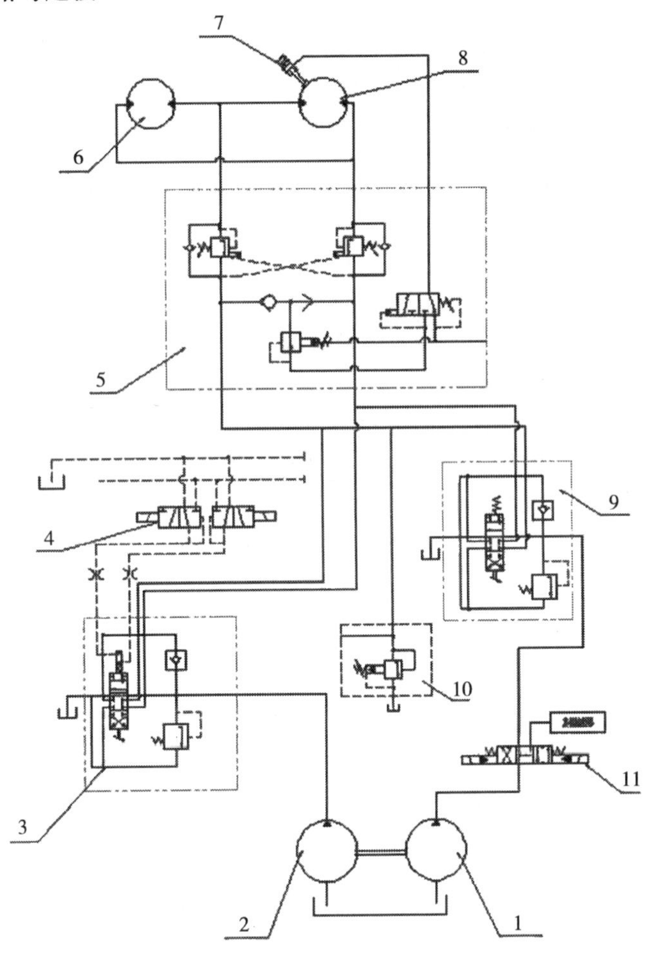

图 3 动力头推拉原理图

1—泵 1；2—泵 2；3—换向阀；4—电磁阀；5—平衡阀；6—马达 1；
7—制动油缸；8—马达 2；9—换向阀；10—溢流阀；11—换向阀

动力头进给与推拉要求及原理：UMR-6 多功能微型桩钻机动力头推拉由两马达输出，在进给过程中，进给力的大小与孔底地质硬度、钻具重量、钻具和孔壁的摩擦力等因素有关，且受制于钻机重量的大小。以钻机重量、孔底地质硬度这两大因素为依据设定进给压力，保证钻机具备最高施工效率的同时，钻进过程钻机不出现大幅，摆动造成偏孔的现象。在进行冲洗孔工艺时，根据孔深度和使用介质的不同，动力头进给应具备相应的进给速度。动力头进给与推拉油路是微型桩施工工艺操作的重点，UMR-6 进给、推拉系统是总结了大量施工经验后计算论证得出的。

泵 1 输出时，动力头进给与推拉为低速档；电磁阀打开后，通过先导液控技术泵 2 输出合流后为高速挡。该技术的使用保证在钻进过程中钻具不受地质硬度变化影响，在一定钻压范围内保持稳定，因此保护了整个钻进传动系统，且简化操作，大幅度提高了钻机自动化程度和钻进效率。

根据施工工艺和 UMR-6 钻机各方面因素得出以下公式：

马达扭矩：$T=V_g\times P(P')\times\eta\times A$ (1)

两马达并联扭矩：$T_m=2T$ (2)

$T_m=F\times R$ (3)

$Q_1=V_1\times N$ (4)

$Q_2=V_2\times N$ (5)

$Q_m=V_g\times N_m$ (6)

$T_m=2\times V_g\times P\times\eta\times A=F\times R$ (7)

$F\times R=V_g\times P\times\eta\times B$ (8)

综合式（4）、（5）、（6），可得

一挡马达转速：

$N_1=V_1\times N/V_g$。

二挡马达转速：

$N_2=(V_1+V_2)N/V_g$。

式中 V_g——马达排量；

P ——进给时马达进出口压差；

P'——起拔时马达进出口压差；

η ——马达机械效率；

A、B——常数；

R ——链轮节圆半径；

F ——链条输出拉力；

Q_1——泵 1 输出流量；

Q_2——泵 2 输出流量；

Q_m——输入马达流量；

N_m——马达输出转速。

综上所述：在施工过程中根据地质硬度、施工角度等因素设定 P 、P'压力，达到最大施工效率，减少人工成本的投入。

2.2.4 结构回转及油缸动作

回转副的选择和安装方式要根据负载特性、运动形式、施工环境妥善选择。在设计过程中主要考虑回转副在回转范围内是否存在干涉。

油缸的安装方式要尽量使所受载荷沿动作方向。

油缸尺寸计算：

综合 UMR-6 钻机的工作状况和常见施工工艺要求计算油缸尺寸。

无杆腔：

$$P_1A_1-P_2A_2=F/\eta \quad (1)$$

有杆腔：

$$P_1A_2-P_2A_1=F/\eta \quad (2)$$

$$A_1=\pi D^2/4 \quad (3)$$

$$A_2=\pi(D^2-d^2)/4 \quad (4)$$

当供给油缸的流量为Q时，油缸速度（没有速比要求时）：

慢速 $$V_1=Q/A_1=4Q/(\pi D^2) \quad (5)$$

快速 $$V_2=Q/A_2=4Q/[\pi(D^2-d^2)] \quad (6)$$

式中 P_1——油缸的工作腔压力；

P_2——油缸的回油腔压力；

A_1——油缸无杆腔的有效面积；

A_2——油缸有杆腔的有效面积；

D——油缸内径；

d——活塞杆直径；

F——油缸输出最大负载；

η——油缸的机械效率。

支撑油缸只起到固定支撑设备的作用。下面以支撑油缸为例：该油路系统压力设定为100bar，设备总质量6300kg，设备安装4根支撑油缸。

$S=(F/P)/4=(63000/100)/4=157.5\text{mm}^2$

$S=\pi D^2/4$

$D=14.2\text{mm}$

式中 S——支撑油缸无杆端有效面积；

F——单根油缸受力大小；

D——支撑油缸内径。

活塞杆直径d的经验计算：

受拉时：

$$d=(0.3-0.5)D$$

受压时：

$d=(0.5-0.55)D$ （$P<50\text{bar}$）

$d=(0.6-0.7)D$ （$50\text{bar}<P<70\text{bar}$）

$d=0.7D$ （$P>70\text{bar}$）

油缸壁厚δ与油缸外径的计算：

当$\delta/D\leqslant 0.08$时：缸筒最薄处壁厚$\delta\geqslant P_yD/2[\sigma]$。

式中 δ——缸筒壁厚；

D——油缸内径；

P_y——油缸实验压力；

$[\sigma]$——缸筒材料许用应力。

当$\delta/D=0.08-0.3$时，$\delta\geqslant P_yD/(2.3[\sigma]-3P_y)$。

当$\delta/D\geqslant 0.3$时，$\delta\geqslant D/2\{([\sigma]+0.4P_y)/([\sigma]-1.3P_y)^{1/2}-1\}$。

油缸长度和活塞杆直径的校核：

油缸长度根据工作所需的最大行程而定，活塞杆长度根据油缸长度而定。对于工作行程受压的活塞杆，当活塞杆长径比大于15时，应对活塞杆进行压杆稳定性验算。

活塞杆直径校核：$d \geqslant [4F/(\pi[\sigma])]^{1/2}$

式中　d ——活塞杆直径；

F ——油缸载荷；

$[\sigma]$——活塞杆材料许用应力。

变幅油缸在工作过程中起到变幅角度的作用，主要考虑是否满足变幅角度且在变幅角度内是否存在死角和干涉。动臂油缸主要考虑安装过程是否存在干涉。根据以上计算及分析结果，综合油缸的负载、运动方式选择、确定油缸最终参数。

3 结论

UMR-6 多功能微型桩钻机具备先进的液压系统及灵活、可变的结构特性，相比同类钻机降低了能耗、简化了操作、减少了人工的投入。随着钻进工艺技术的发展，人工成本越来越高的大局面下，UMR-6 多功能微桩钻机的优势将随之凸显。

参考文献

[1] 章宏甲，等．液压传动［M］．北京：机械工业出版社，2002.

[2] 官忠范，等．液压传动系统［M］．北京：机械工业出版社，1997.

[3] 成大先，等．机械设计手册［M］（第 4 版）．北京：化学工业出版社，2002.

[4] 贾铭新，等．液压传动与控制［M］．哈尔滨：哈尔滨船舶工程学院出版社，1993.

[5] 赵贵祥．钻探液压技术［M］．北京：煤炭工业出版社，1985.

[6] 武汉地质学院，等．岩心钻探设备及设计原理［M］．北京：地质出版社，1980.

方桩截桩机在预制钢筋混凝土方桩截除中的应用

辛 鹏 周 辉

（江苏泰信机械科技有限公司 江西无锡 214100）

摘 要：本文结合方桩机在钢筋混凝土方桩截除工程中的实例，介绍方桩机的组成结构，着重阐述了方桩机的施工工艺，并对施工成本进行分析统计。通过施工结果表明，使用方桩机截除方桩，效果相比人工破桩提高非常明显。

关键词：方桩机；施工工艺；经济分析

近年，钢筋混凝土预制方桩以其生产加工方便，沉桩速度快，接桩安全可靠等优点，特别适用在以摩阻为主，端承力为辅的软土地基中，同时也缩短了建筑工期。但在沉桩后对上部的桩头进行破除时，效率往往很难得到提高。现在对桩头的处理方法主要有：风镐，液压镐，破碎锤等，主要是通过外力冲击作用来破坏桩体混凝土，易对母桩造成影响，并且施工效率低，成本高，噪声大，人工施工时的环境危险复杂，安全风险高。

本文以江苏泰信机械科技有限公司生产的 KP500S 方桩机及配套的 KPS15 液压泵站在徐州宿迁一处工地施工为实例，对方桩机的结构、施工工法和施工成本进行分析，为方桩机作业工法的推广积累一些经验。

1 方桩机构成及简介

方桩机（图 1）又名全液压式截桩机，是一种通过动力源给其多个油缸同时提供高压液压油，油缸直接驱动钎杆，同时挤压桩身，利用钎杆头的特殊形状，将混凝土破碎的设备。主要由截桩机架、油缸、钎杆、吊链、油管等部件组成。

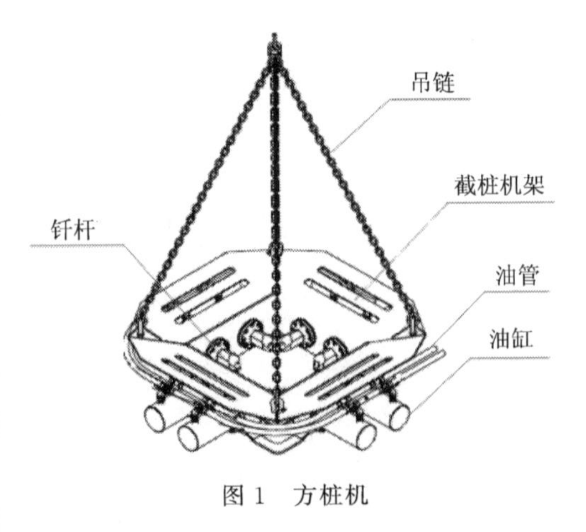

图 1 方桩机

2 施工工地简况

地处于徐州宿迁市内，为一个商品房的二期工程，设计楼房共 8 栋，采用钢筋混凝土预制方桩为桩基础，桩径：400mm × 400mm。沉桩标高后需截桩高度 1.2m 左右。每栋楼盘沉桩 120 根左右，整个工程方桩共 955 根。甲方要求每栋楼在沉桩后 3 天内完成破桩。第一栋楼采用人工风镐破桩，效率很不理想。从第二栋楼开始方桩机进场施工。施工现场如图 2 所示。

图 2　施工现场

3　方桩机截桩施工

3.1　施工准备

（1）选用 KP500S 型方桩机进行截桩施工，动力源采用 KPS15 液压泵站，设备移动采用 50 塔吊一台。KP500S 方桩机主要参数见表 1。

表 1　KP500S 主要参数

方桩机	最大压力（MPa）	钎杆最大压力（kN）	油缸数（个）	油缸推进行程（mm）	整机重量（t）
KP500S	30	270	8	130	0.90

（2）根据场地大小，液压泵站电缆使用 60 米。泵站与方桩机连接的液压胶管为 80 米。

3.2　施工工艺流程（见图 3）

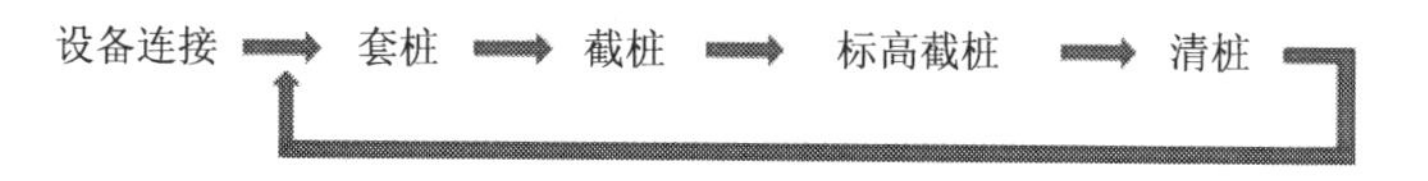

图 3　施工工艺流程

3.3　施工过程

（1）设备连接

塔吊先将 KPS15 液压泵站吊到桩群的正中间，检查液压油油位后，连接油管和电缆，开机并确认油泵转动方向正确。

（2）套桩截桩过程

用塔吊将 KP500S 吊起，并以它为移动载具，由施工人员指挥辅助将方桩机套入桩身，在截第一段时，在距离桩上端面 400mm 左右处截（图 4），以后往下每隔距离不大于 300mm 左右截一次。在截最后一段时先清除掉落在桩体周围的碎混凝土，再对准标高线截最后一次。

（3）清桩

截完后，将截桩机转移至下一根桩，重复上一步。剩下截过的碎桩（图 5），由两名施工人员配合使用钢筋钳将横筋剪断，并用铁钎将碎混凝土清除，回收散落的钢筋。

图 4　第一次套桩

图 5　截完后的碎桩

（4）特殊桩

由于现场在一基坑中还有 6 根长桩。需截的长度在 3M 以上。在使用上述方法截碎后，将主钢筋超出的部分用气割切断，最后再用塔吊将切掉的桩体吊出基坑后处理（图 6），并回收钢筋。

图 6　吊运切割下的碎桩

4　经济分析

此工地每根桩平均高 1.2 米，甲方提供电源和塔吊，截桩费 35 元每根，截下的钢筋由乙方处理。现场估算每根桩截下的钢筋值 5 元。我们通过人工截桩和设备截桩两种方式对比来进行经济分析：

4.1　人工破桩（8 小时）

（1）截桩效率：1 小时一根，每天截 8 根，毛收益：8×（35＋5）＝320 元。

（2）截桩成本：

a. 风镐钎杆损耗：

钎杆成本 20 元/根，风镐钎杆在打磨修理后能有限的重复使用。按每天消耗 5 根计算。每根桩损耗：5×20/8＝12.5 元/根。

b. 设备折旧费：

按国家规定，机械折旧年限为 10 年，固定资产净利残值率为 5%，我们按 5 年，残值率 5%计算。

空压机和风镐购置成本：1500＋250＝1750 元。

年折旧率＝（1－预计净利残值率）/预计使用年限×100%。

年折旧额：1750×（1－0.05）/5＝332.5元。

日折旧额为：332.5/365≈1元/日。

c. 人工费用：按每人150元一天。

每根桩人工成本：150/8≈18.75元/根。

d. 工人午餐费：20元（每人一天）。

换算成每根成本：20/8＝2.5元/根。

e. 其他费用：按每根桩1元计算。

总成本：1.25＋1＋18.75＋2.5＋1＝24.5元/根。

人工截桩日收益：8×（40－24.5）≈124元。

4.2 KP500S截桩：(8小时)

设备准备时间：半小时。包括：吊运泵站，接电缆和液压胶管。

（1）截桩效率：7分钟/根（表2），每天可截桩：

（8－0.5）×60/7＝64根，毛收益：64×45＝2880元。

（2）截桩成本：

a. 钎杆损耗：340/2000×8＝1.26元/根。

其中340为钎杆成本，单位：元。2000为钎杆寿命，单位：根。8为每台设备钎杆数。

b. 人工费用：按每人150元一天，标准配三人。

每根桩人工成本：150×3/64≈7元/根。

c. 工人午餐费：60元。换算成每根成本：60/64≈1元/根。

d. 设备折旧费：

按国家规定，机械折旧年限为10年，固定资产净利残值率为5%，我们按5年，残值率5%计算。

设备采购成本：

KP500S方桩机加KPS15液压泵站采购成本：150000元。

年折旧率＝（1－预计净利残值率）/预计使用年限×100%。

年折旧额：150000×（1－0.05）/5＝28500元。

日折旧额为：28500/365≈78元。

换成每根桩成本：78/64≈1.22元/根。

其他成本：如液压油损耗，维护，维修费用等，我们按每根2元估算。

每根桩总成本为：1.26＋7＋1＋1.22＋2≈12.5元。

日收益：64×（40－12.5）＝1728元。

表2 截桩时间统计表

桩号	桩径（mm）	桩高（m）	时间
TY2-01	400×400	1.18	6′43″
TY2-02	400×400	1.23	6′52″

续表

桩号	桩径（mm）	桩高（m）	时间
TY2-03	400×400	1.17	6′42″
TY2-04	400×400	1.19	6′40″
TY2-05	400×400	1.21	6′45″
TY2-06	400×400	1.17	6′35″
TY2-07	400×400	1.20	6′48″
TY2-08	400×400	1.22	6′36″
TY2-09	400×400	1.15	6′34″
TY2-10	400×400	1.19	6′52″
平均时间			6′39″

通过对上述数据分析，人工破桩主要靠施工人员数量来提高效率，但“人海战术”的效率非常低，已经越来越不能满足现代施工的要求。在方桩机的成本构成中，工人的费用也占了大部份，对其后续改进空间很大。相对人工破桩，方桩机操作简单、高效的特点，也使得其可以创造出较好的经济效益。

5 结论

随着人力成本的不断高涨，用机器设备取代人工施工的趋势也越来越明显。通过方桩机在宿迁的施工案例，与其他破桩方式相比，方桩机具有以下突出的优点。

（1）有效减少施工人员数，提高施工效率，降低了施工成本，施工时能根据现场施工工况选择合适的工作平台；

（2）新的截桩方式，对母桩无影响，能有效保证工程施工质量；

（3）对狭小低洼空间适应性强，通过选择不同平台的配套及调整吊链长度，适应不同的施工环境；

（4）施工时设备及桩头与操作人员安全距离大，人员无需进入基坑作业，可有效预防安全风险。

参考文献

［1］中国建筑标准设计研究院组织．04G361预制钢筋混凝土方桩（国家建筑标准设计图集）——结构专业［S］．北京：中国计划出版社，2008.

［2］过镇海．钢筋混凝土原理［M］．北京：清华大学出版社，2013.

旋挖钻机桅杆部分液压节能技术

张小宾　徐丽丽

（北京南车时代机车车辆机械有限公司　北京　102249）

摘　要：旋挖钻机进入中国市场十余载，国产化水平日益攀升，市场竞争日益激烈。而在全球工业技术攀升的同时，不得不面对的是环境与能源问题。本文围绕旋挖钻机桅杆部分液压回路，进一步优化，使之达到节能高效的目的。

关键词：旋挖钻机；桅杆；液压；节能

0　引言

旋挖钻机的成孔作业具有高速灵活的特点，在国内桩工机械市场有着极其重要的地位。目前国内开发了大量大、中、小等不同级别的旋挖钻机，市场竞争非常激烈，然而无论是国内市场还是国际市场，只有拥有高可靠性和高施工效率的产品才能占据市场。对于客户来说，高效节能的产品才是他们的首选。对于大多数厂家的旋挖钻机都差距不大，因此提高钻机的工作效率，向节能减排方向发展旋挖钻机，是当下旋挖钻机厂家提升市场竞争力的重要突破口。

1　现有旋挖钻机桅杆机构介绍

1.1　液压原理图（如图 1）

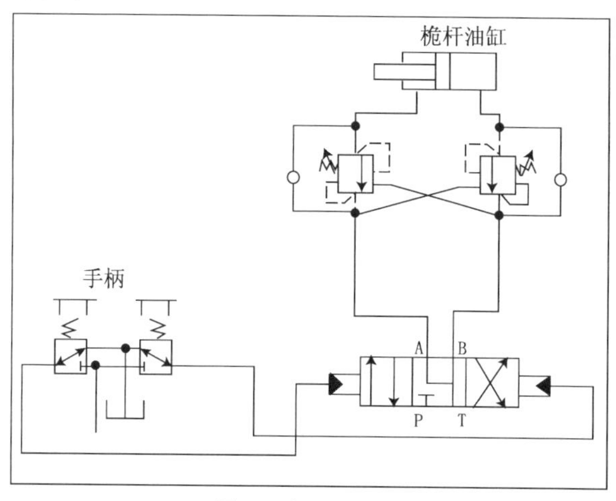

图 1　液压原理图

1.2 桅杆部分液压回路液压元件构成

如图 1 所示，旋挖钻机桅杆部分液压回路液压元件有：手柄先导阀，片式多路阀，双向平衡阀与桅杆油缸。

1.3 工作原理

如图 1 所示：旋挖钻机起桅时，手柄右先导阀打开，先导油推动换向阀，换向阀右位工作，液压油经 P 口进入，经平衡阀进入桅杆油缸无杆腔，油液推动油缸活塞顶出活塞杆，桅杆立起；旋挖钻机倒桅杆时，手柄左先导阀打开，先导油推动换向阀，换向阀左位工作，液压油经 P 口进入，经平衡阀进入桅杆油缸有杆腔，油液推动活塞，活塞杆收回，实现旋挖钻机倒桅工作。

2 旋挖钻机桅杆部分液压节能回路设计

2.1 设计思想起源

旋挖钻机在倒桅过程中，由于桅杆的重力作用，使整个系统承受负载，桅杆节能技术可以将桅杆下落的重力势能转化为液压能进行再利用，这样可以显著提高系统能量的利用率，从而实现桅杆部分液压节能效果。

2.2 主要研究目的

开发高效节能的新一代旋挖钻机，减少旋挖钻机的操作时间，降低噪声，提高旋挖钻机操作的平稳性，提升旋挖钻机市场竞争力。

2.3 液压原理的拟定（如图 2）

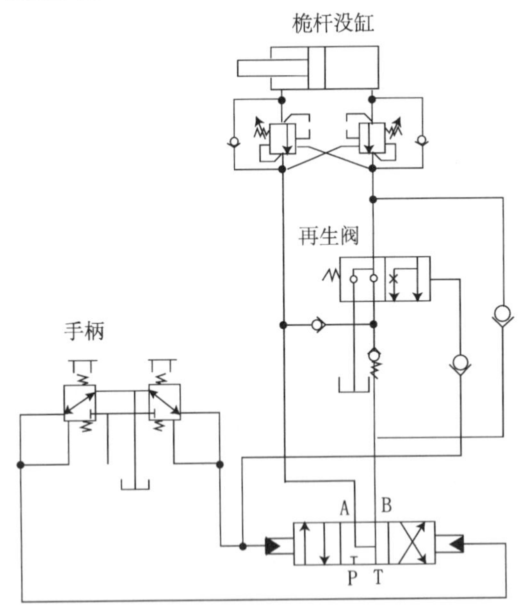

图 2 优化后的液压回路

2.4 桅杆部分液压回路优化后液压元件构成

如图 2 所示，桅杆部分液压回路优化后液压元件有：手柄先导阀、片式多路阀、再生阀、四个单向阀、双向平衡阀与桅杆油缸。

2.5 再生阀内部结构图（如图3）

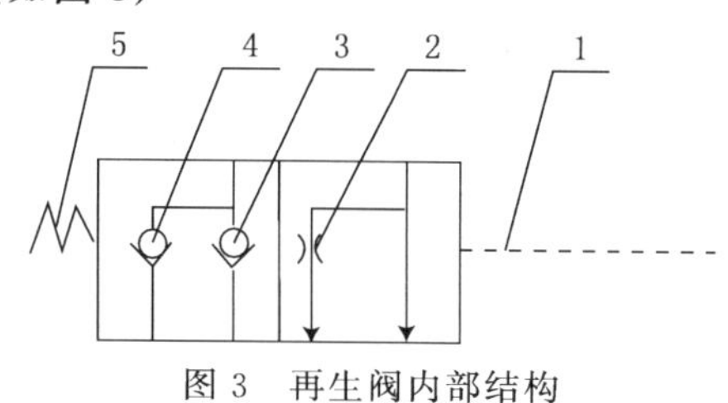

图3 再生阀内部结构

1—先导油路；2—阻尼孔；3—单向阀；4—单向阀；5—弹簧

2.6 桅杆部分液压节能技术工作原理

如图2所示：立起桅杆起时，手柄左先导阀打开，先导油推动换向阀右位工作，液压油从P口进入，经过单向阀进入油缸大腔，桅杆立起；倒下桅杆时，手柄右先导阀打开，先导油分为两路，一路推动换向阀到左位工作，另一路将再生阀阀芯推向左侧，再生阀右位工作，压力油经A口进入小腔。同时，油缸大腔液压油经过再生阀，一部分推开单向阀进入油缸小腔，一部分经节流后回油箱，减小了能量损失，提高了工作效率。

3 结论

本文通过对旋挖钻机桅杆部分液压回路现有状况与节能技术的对比，向读者详细介绍了桅杆部分节能技术的工作原理以及元件的构成。在全球环境日益恶劣的今天，任何一项工业的节能减排技术，都迫在眉睫。

参考文献

[1] 徐斌．工程机械的节能技术［J］．工程机械与维修，2006（7）：27-31.

[2] 张海洋．工程机械液压系统节能措施及发展趋势［J］．公路与汽运，2008（4）：202-206.

[3] 范存德．液压技术手册［M］．沈阳：辽宁科学技术出版社，2005.

旋挖钻机在回填地层施工工法研究

傅文森　密启欣　扈宝元
(北京南车时代机车车辆机械有限公司　北京　102249)

摘　要： 回填地层组成复杂，稳定性差，旋挖钻机在回填地层进行基础桩施工时，经常发生塌孔现象，甚至发生卡钻、埋钻等事故，严重影响钻机施工效率。本文通过对各种工法特点的对比，详细介绍了三种适合回填地层施工的工法。

关键词： 回填地层；旋挖钻机；工法

1　引言

回填地层是在地势低洼或相对低洼地带填入大量成分复杂的物质形成的地层，常见于山区施工和城市旧城改造中。山区施工时由于山区平坦面积狭小，为保证拥有足够的施工空间，经常需要将山尖削平，回填低谷；在旧城改造过程中，由于产生大量建筑垃圾，使得回填地层大面积存在。随着我国基础设施建设的不断加速，在旋挖钻机桩基础施工时经常会遇到回填地层。

2　问题分析

回填地层的地质特点是地层组成成分复杂，含有大量坚硬的石块或混凝土块，且地层空隙较大，成分间基本无黏聚力，大深度的回填地层中基本无地下水分布。由于回填地层的以上一系列特点，使得回填地层的原有地基承载力有限。所以在回填地层施工过程中，为保证建筑结构的安全，常采用钻孔灌注桩的方式来提高地基承载力，以达到设计要求。旋挖钻机由于具有施工效率高、污染低的优点，使得国内在回填地层特别是在山区回填地层的基础桩施工中基本采用旋挖钻机进行施工。然而，旋挖钻机在回填地层施工时同样也面临着问题：(1) 由于回填地层的地层空隙大，导致在施工过程中泥浆流失严重，这必然增加施工成本，同时造成污染；(2) 由于回填地层内部成分间基本无黏聚力，这使得旋挖钻机在施工过程中经常发生孔壁坍塌的情况，严重时甚至发生卡钻、埋钻等事故，如图1所示。这将严重阻碍工程进展。

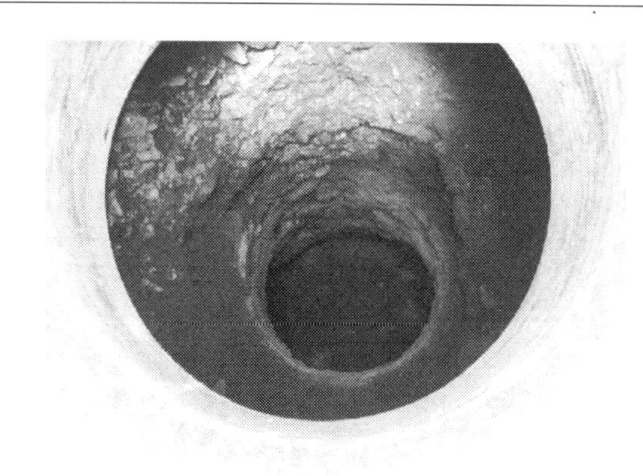

(a) 提钻后发生塌孔

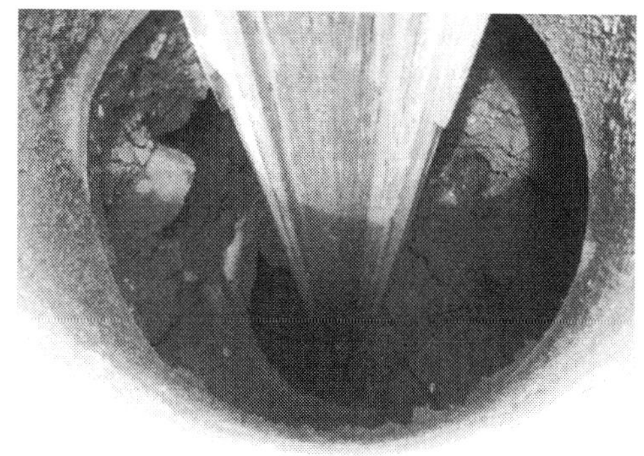

(b) 钻进时发生埋钻

图 1　旋挖钻机在回填地层施工遇到的问题

3　解决方案

为避免旋挖钻机在回填地层施工过程中出现塌孔现象，并尽可能减少泥浆流失，本文提出以下几种解决方案：

(1) 采用在回填地层中灌注混凝土的方法。在反复塌孔的桩孔内注入特制的混凝土，待混凝土初凝完成后（大约 24h）继续钻进，这样能明显减少施工过程中的塌孔次数，提高施工效率。为保证此方法的有效性，在灌注混凝土时应保证混凝土注入高度高于塌孔孔底 1～2m，且混凝土强度应根据回填地层有所区别，塌孔现象越严重的地层，所需混凝土的强度越高，一般选取混凝土强度为 C10～C30。如果混凝土强度过高，会使得混凝土初凝后钻进难度增加，反之，如果混凝土强度过低，则起不到粘合作用。另外，混凝土的骨料颗粒含量要少，在水灰比不变的情况下增大水泥用量，这样利于增大混凝土的流动性，使得混凝土流入地层间隙中，充分起到粘合的作用。在空隙较大的回填地层中，为避免混凝土过分流失，可适当增加混凝土骨料颗粒的含量。图 2 为在贵阳大学城建设施工中采用混凝土灌注法的施工效果。

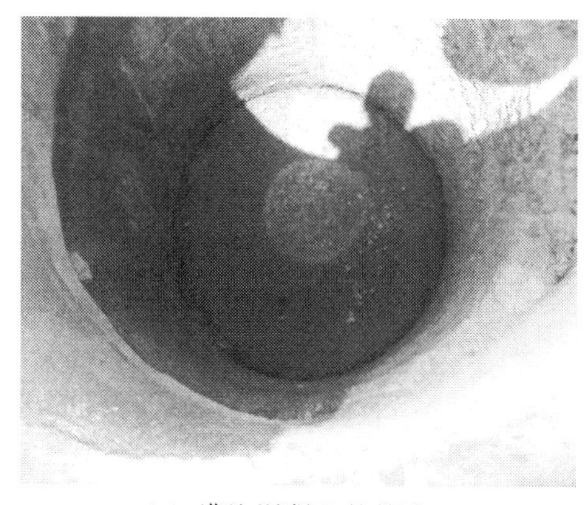

(a) 灌注混凝土的桩孔

(b) 采用灌注混凝土法完成的桩孔

图 2　采用灌注混凝土法的施工效果图

此方法利用混凝土的凝固起到粘合作用，同时，通过合理控制混凝土骨料颗粒的含量减少混凝土的流失。对回填地层中石块较少的地层施工时采用混凝土灌注法，能够显著提高施工效率且护壁作用明显。但如果回填地层存在大量大型石块，当旋挖钻机遇到大型石块时，大型石块在动力头扭矩的作用下会发生移动，这将造成孔壁的不稳定性，降低护壁效果。

(2) 采用黏泥护壁法。向桩孔内投放质量好的黏泥，通过钻斗正反旋转，使黏泥充分附着在孔壁上。黏泥护壁法与灌注混凝土法原理相似，是利用黏泥的黏性使回填地层不同成分黏结在一起，进而防止孔壁坍塌。

通过采取向桩孔内投放黏泥的方式来完成回填地层桩孔护壁的最大优点是操作简单，施工成本低。虽然黏泥对回填地层不同成分间的粘合效果不如灌注混凝土，但黏泥价格便宜，有时甚至不需要购买，不需加工可直接使用。另外，采用黏泥护壁可以省去混凝土初凝的时间，大大提高了施工效率。但是，黏泥护壁与灌注混凝土护壁面临着同样的问题，当地层中含有大量大型石块时，护壁效果有所降低。

(3) 采用全护筒护壁。全护筒护壁操作复杂，施工成本较高，施工效率低，并且国内的旋挖钻机动力头很少自带护筒驱动器，使得全护筒施工在国内还很少使用。一般只有在回填地层中存在大量大型石块时才采用全护筒护壁。

4 结论

回填地层成分复杂，特别是山区的回填地层往往含有大量石块，这就加大了旋挖钻机的施工难度。只有在充分了解施工地层性质的基础上才能确定可靠的施工方案。在回填地层施工时，在大石块不多并且有黏土填充的情况下，应优先考虑黏泥护壁法，也可以采用灌注混凝土法。当回填地层含有大量大型石块时应当选用全护筒护壁的施工方法。

参考文献:

[1] 宋刚．旋挖工艺在复杂地层中应用的难点及解决措施 [J]．探矿工程，2005 (12).

[2] 邢树兴．厚回填土地层的旋挖钻机施工工法 [J]．建筑机械，2011 (02).

[3] 宋刚．硬岩地层旋挖钻进组合工艺的研究与应用 [J]．施工技术，2011 (02).

[4] 林伊方，王浩．泥浆护壁成孔灌注桩首次灌注时混凝土储备量的计算 [J]．浙江建筑，2010 (11).

[5] 于俊海，马喜林，陈涛．旋挖钻机施工工法及安全操作 [J]．工程机械，2009 (04).

旋挖钻机智能化控制技术概述

谷杨心　牛慧峰　冀　翼

（北京南车时代机车车辆机械有限公司　北京　102249）

摘　要：介绍国产旋挖钻机智能控制技术，及其与国外旋挖钻机智能化技术的差距。展望智能化旋挖钻机今后的发展方向、需要攻克的技术难点等。

关键词：旋挖钻机；智能化；故障诊断

经过十几年的发展，国产旋挖钻机产品规格已经比较齐全，性能基本能够满足目前国内的施工需要。但是，各企业旋挖钻机同质化严重，市场可能进入价格竞争的恶性循环，只有在产品上增加自己的特色，提高智能化技术水平，缩短与国外产品的差距，才能在市场竞争中抢得先机，争取更多的市场份额。

1　旋挖钻机智能化控制技术

旋挖钻机智能化控制技术基本能够满足施工需求，其中包括桅杆自动起桅、落桅、调垂动作，桅杆角度显示，回转角度显示，钻孔深度显示，机器工作状态显示，故障检测、报警及信息显示。但是，对于不断发展的施工需求，旋挖钻机的智能化控制技术也应该不断发展，勇于创新。

1.1　回转自动定位

旋挖钻机的主要作用是成孔作业，在钻机确定打孔位置后，钻进—提钻—回转—甩土—回转至孔位—钻进，以上操作循环进行，机手需仔细观察孔位是否对正，并进行适当的调整，成孔效率与机手操作熟练度密切相关。

回转自动定位通过精密的控制算法使旋挖钻机快速精确地自动对准钻孔中心，保证成孔质量，降低机手劳动强度，提高成孔效率。

该技术需要将回转控制的液压比例阀增加电比例控制功能，难点是控制策略中参数设置需要经过多次实验验证，以保证回转过程快、准、稳。

1.2　桅杆防砸保护

钻杆倒桅时，桅杆重心后移，若桅杆油缸受力过载，以致失控下砸，会导致桅杆塑性变形报废，经济损失巨大，甚至可能会危及现场施工人员的人身安全。

通过新增传感器，检测旋挖钻机在倒桅时是否存在危险，提示机手在落桅过程中降低钻杆位置，在检测到旋挖钻机存在危险时，限制落桅动作，提示机手先降低桅杆位置。

1.3 驾驶室防砸保护

桅杆在起桅和落桅过程中，由于左右油缸动作不同步，可能导致桅杆发生倾斜，此时桅杆有可能砸驾驶室或者油路板，导致变形，造成一定的经济损失。

通过增加传感器，限制旋挖钻机将变幅机构提起一定角度后，允许桅杆动作。

1.4 钻机防倾翻保护

旋挖钻机在地面倾斜或者履带收缩状态下，进行立桅、回转等操作，容易发生重心偏移致使设备失控倾翻，造成重大事故。

通过增加传感器，判断旋挖钻机是否有倾翻风险，并在立桅、回转等操作时提示先将履带伸展，在设备严重倾斜时，限制立桅、回转等操作，避免倾翻事故的发生。

1.5 故障诊断及故障代码显示

通过检测各传感器及其他信号输入元件，判定电气元件及设备运行的故障状态并进行诊断报警，自动生成故障代码，并记录故障信息。售后人员维修机器时，能够更快速、更准确地排除故障，提升产品售后服务质量。

2 旋挖钻机智能化发展方向及难点

旋挖钻机在智能化发展的道路上一路崎岖，部分功能实现难度大，国内外都致力于攻克，相信将来一定能够实现这些功能。

2.1 钢丝绳断裂保护

钢丝绳是旋挖钻机的重要组成部件，其可靠性对于设备的施工安全是及其重要的，但是钢丝绳是一种消耗材料，在使用过程中会不断磨损，从而导致强度降低。单凭肉眼不容易察觉钢丝绳的磨损状态，而钢丝绳一旦发生断裂，钻杆和钻头将会失控下落，造成严重事故。因此，如何检测钢丝绳强度并提前预警尤为重要。

2.2 专家库故障诊断系统

故障诊断系统一方面可以快速有效地解决设备的售后维修问题，提升产品售后服务质量，另一方面可以记录设备容易发生故障的原因，进而技术改善，提升产品质量。但是，专家库故障诊断系统的建立需要大量的数据支持，需要售后人员及技术人员提出可能遇到的故障，以及故障诊断方法，形成系统的专家数据库。

售后人员根据故障现象查询专家数据库，得到故障诊断及解决方法。设备出现严重故障时，通过GPS通信将故障代码及设备工作状态数据发送至公司，售后人员将积极前去现场排除故障。

3 结论

旋挖钻机的智能化控制技术的发展，降低了对操作手严苛的要求，提高了施工效率，降低了工作风险。有可能在将来，旋挖钻机和如今的地铁一样，能够实现无人操作，且没有任何的风险。随着智能化技术的发展，相信旋挖钻机的可靠性更高，效率更高，功能更强大。

驱动旋挖钻斗正反转交替冲击甩土的危害和解决钻斗顺利倒卸渣土的方法

于庆达　李小丰　王禄春

摘　要：本文通过严谨的力学计算和桩基工程施工作业的实际经验，论述了使用旋挖钻机钻打桩孔时操作旋挖钻斗正反转交替冲击甩土对钻机、钻杆及钻斗的危害。并提出了不使用以上操作而解决钻斗顺利倒卸渣土的方法。

关键词：旋挖钻机；钻打桩孔；钻杆；钻斗；正反转交替冲击甩土操作；倒卸渣土

0　引言

使用旋挖钻机取土成孔，向桩孔内放入钢筋笼和灌注混凝土成桩。该成桩施工方式已广泛用于铁路、公路、高架桥梁工程和高层建筑、工民建领域。

在旋挖钻孔施工中有很多机手喜欢驱动钻斗正反转交替冲击甩卸渣土。久而久之，养成习惯了，一上钻机，就是空斗也要正反转冲击几次。更有甚者，在交接班时用驱动钻斗正反转冲击发出的响声叫醒（或告之）同事来接班。殊不知该操作对钻杆、钻斗甚至钻机都有非常巨大的破坏作用。

旋挖钻机动力头的输出设计有正反转（一般钻机动力头的输出转速见表1），旋挖钻机动力头的反转输出是为短螺旋钻头甩卸渣料设计的。并且螺旋钻头甩卸渣料只反转一个方向，而不是正反转交替进行。

表1　钻机动力头的输出转速

级数	正转（r/min）	反转（r/min）	备注
一	7～28	7～28	
二	7～28	7～100	

1　驱动旋挖钻斗进行正反转交替冲击甩土操作的危害

驱动旋挖钻斗进行正反转交替冲击甩土操作对钻斗、钻杆、动力头以及动力头的液压驱动系统的危害很大。例如：造成钻杆方头的方、圆交界处在桩孔外开裂，钻杆节杆内键或节杆下部外键的承压侧面被冲压“堆”（被冲压朔性流动），内、外键焊缝开裂等。由于钻斗正反转交替冲击的能量巨大，其转换为液压能后，可把动力头液压驱动系统的液压胶管或液压接头冲击开裂。

现以安装在 R230 钻机上的 Φ406－5×（13）m 摩阻钻杆和 1.2m 单底空土钻斗（卸渣土状态）进行正反转交替冲击甩土操作时产生冲击能量的计算及其对构件的破坏为例，说明该操作的危害。

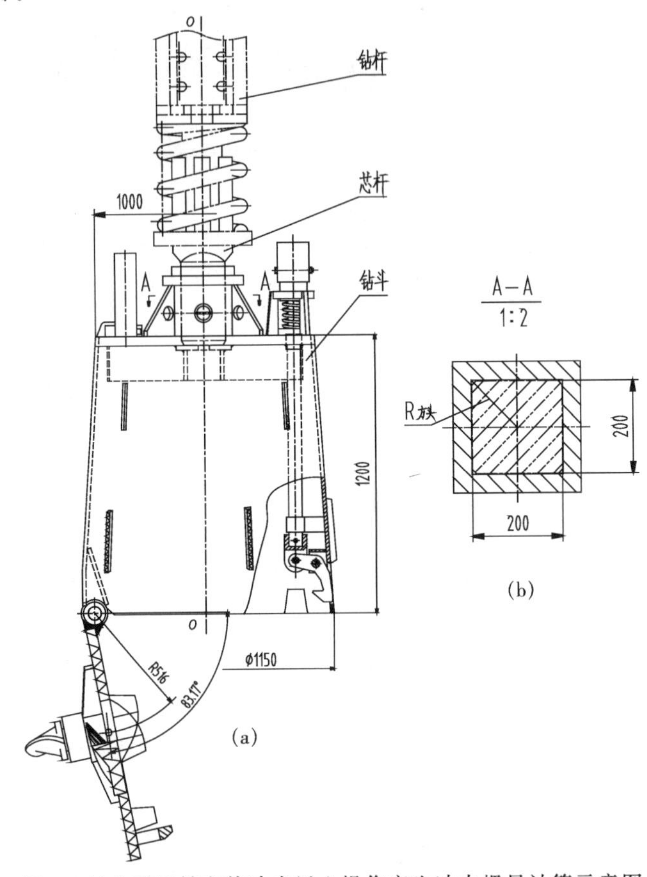

图 1　钻斗正反转交替冲击甩土操作产生冲击惯量计算示意图

1.1　计算 1.2m 单底土钻斗进行正反转交替冲击甩土操作产生的冲击能量（见图 1）

列出动力头驱动钻杆、钻斗正反转甩土操作时钻斗的能量方程。

（1）计算甩土操作时，钻斗绕其回转轴 $O—O$ 旋转的转动角速度：

$$\omega=\frac{2\pi n}{60} \tag{1-1}$$

式中　ω——钻斗的转动角速度（rad/s）；

n——钻斗的转速（r/min），假设甩土操作时钻斗的转速 $n=28$r/min。

将 $n=28$r/min 代入式（1-1），得：

$$\omega=\frac{2\pi n}{60}=\frac{2\pi\times 28}{60}\approx 2.93\ (\text{rad/s})$$

（2）计算以 $\omega_{斗}=2.93$（rad/s）正转旋转的钻斗冲击到假设静止不动的钻杆（方头）后对钻杆（方头）产生的冲量矩 $M_{斗冲}$。

根据动量定理（或冲量定理）有：

$$mv_2 - mv_1 = \int_{t_1}^{t_2} F\mathrm{d}t = I \tag{1-2}$$

设 F 为常量

则：

$$\int_{t_1}^{t_2} F\mathrm{d}t = F\ (t_2 - t_1) \tag{1-3}$$

作定轴转动的刚体，其圆周切线速度与角速度的关系为：

$$v = R \cdot \omega \tag{1-4}$$

式中　v——圆周切线速度（m/s）；

R——转动刚体的理论回转半径（m）；

ω——刚体的转动角速度（rad/s）。

将式（1-3）和式（1-4）代入式（1-2）得到钻斗对于钻杆的动量计算公式：

$$m_{斗}\ (v_2 - v_1) = F\ (t_2 - t_1)$$

$$m_{斗} R_{斗}\ (\omega_2 - \omega_1) = F\ (t_2 - t_1) \tag{1-5}$$

式（1-5）表示：以角速度 $\omega_{斗}$ 旋转的钻斗冲击到原静止不转的钻杆（芯杆）后与钻杆一起减速旋转，经过 $\delta_{t斗} = (t_2 - t_1)$ 后停止旋转（$\omega_2 = 0$）。钻斗对钻杆（芯杆）的作用动量为：$m_{斗} R_{斗}\ (\omega_2 - \omega_1)$，或钻斗对钻杆的力的冲量：$F\ (t_2 - t_1)$。由于直到钻斗和钻杆都停止了转动，才完成了钻斗对钻杆（芯杆）的冲击（能量转移）过程，所以 $\omega_2 = 0$，$t_2 = 0$。于是式（1-5）可以改写为：

$$m_{斗} \cdot R_{斗} \cdot \delta\omega_{斗} = F \cdot \delta_{t斗} \tag{1-6}$$

其中：$\delta\omega_{斗} = \omega_2 - \omega_1 = 0 - \omega_1 = -\omega_1$

$\delta_{t斗} = t_2 - t_1$

$\because \omega_1 = \omega_{斗}$，$\therefore$ 式（1-6）可写为：

$$m_{斗} \cdot R_{斗} \cdot (-\omega_{斗}) = F \cdot \delta_{t斗}$$

即：

$$-m_{斗} \cdot R_{斗} \cdot \omega_{斗} = F \cdot \delta_{t斗} \tag{1-7}$$

将式（1-7）两边都乘以钻杆（芯杆）方头回转半径 $R_{方头}$［见图 1（b)］，

则：

$$-m_{斗} \cdot R_{斗} \cdot R_{方头} \cdot \omega_{斗} = F \cdot \delta_{t斗} \cdot R_{方头}$$

$$\frac{-m_{斗} \cdot R_{斗} \cdot R_{方头} \cdot \omega_{斗}}{\delta_{t斗}} = F \cdot R_{方头}$$

令：

$$M_{斗冲} = F \cdot R_{方头}$$

则：

$$M_{斗冲} = \frac{-m_{斗} \cdot R_{斗} \cdot R_{方头} \cdot \omega_{斗}}{\delta_{t斗}} \tag{1-8}$$

或：

$$-M_{斗冲} = \frac{m_{斗} \cdot R_{斗} \cdot R_{方头} \cdot \omega_{斗}}{\delta_{t斗}} \tag{1-9}$$

公式中的负号表明钻斗将能量传递给钻杆（芯杆），钻斗减少能量。

式（1-9）中：$M_{斗冲}$——钻斗对于钻杆（芯杆）的冲量矩（$\mathrm{kg \cdot m^2/s}$）；

$m_{斗}$——钻斗的质量（kg），计算得：$m_{斗} = 1348$（kg）；

$R_{斗}$——钻斗的理论回转半径（m），$R_{斗} = \sqrt{\dfrac{J_{o-o}}{m_{斗}}}$，其中：经计算得

到 $J_{O-O}=315.21$ (J)，$m_{斗}=1348$ (kg)，所以，$R_{斗}=\sqrt{\dfrac{315.21}{1348}}=0.4836$ (m)；

$R_{方头}$——钻杆（芯杆）方头回转半径 $R_{方头}$，以200mm×200mm的方头计算，$R_{方头}=0.1\sqrt{2}$ (m)［见图1（b）］；

$\omega_{斗}$——钻斗的旋转角速度（rad/s），已知：$\omega_{斗}=2.93$ (rad/s)；

$\delta_{t斗}$——完成了钻斗对钻杆（芯杆）的冲击（能量转移）过程所用的时间（s），假定：$\delta_{t斗}=(t_2-t_1)=0.1$ (s)。

（3）计算以 $\omega_{杆}=2.93$rad/s 反转旋转的钻杆（芯杆）冲击到假设静止不动的钻斗后对钻斗产生的冲量矩 $M_{杆冲}$：

$$m_{杆}(v_2-v_1)=F(t_2-t_1)$$

$$m_{杆}R_{杆}(\omega_2-\omega_1)=F(t_2-t_1) \tag{1-10}$$

$$m_{杆}\cdot R_{杆}\cdot\delta\omega_{杆}=F\cdot\delta_{t杆} \tag{1-11}$$

式（1-11）中：

$$\delta\omega_{杆}=\omega_2-\omega_1=0-\omega_1=-\omega_1=-\omega_{杆}$$

$$\delta_{t杆}=t_2-t_1$$

式（1-11）可写为：

$$m_{杆}\cdot R_{杆}\cdot(-\omega_{杆})=F\cdot\delta_{t杆} \tag{1-12}$$

即：

$$-m_{杆}\cdot R_{杆}\cdot\omega_{杆}=F\cdot\delta_{t杆} \tag{1-13}$$

将式（1-13）两边都乘以钻杆（芯杆）方头回转半径 $R_{方头}$［见图1（b）］得到：

$$-m_{杆}\cdot R_{杆}\cdot R_{方头}\cdot\omega_{杆}=F\cdot\delta_{t杆}\cdot R_{方头}$$

$$\frac{-m_{杆}\cdot R_{杆}\cdot R_{方头}\cdot\omega_{杆}}{\delta_{t杆}}=F\cdot R_{方头} \tag{1-14}$$

令 $M_{杆冲}=F\cdot R_{方头}$，

则：

$$M_{杆冲}=\frac{-m_{杆}\cdot R_{杆}\cdot R_{方头}\cdot\omega_{杆}}{\delta_{t杆}} \tag{1-15}$$

公式中的负号表明钻杆将能量传递给钻斗，钻杆减少能量。

式（1-15）中：$M_{杆冲}$——钻杆（芯杆）对于钻斗的冲量矩（$kg\cdot m^2/s$）；

$m_{杆}$——钻杆的质量（kg），计算得芯杆的质量：$m_{杆}=1765$ (kg)；

$R_{杆}$——钻杆（芯杆）的理论回转半径（m），计算得：$R_{杆}=0.095$ (m)；

$R_{方头}$——钻杆（芯杆）方头回转半径 $R_{方头}$，以200mm×200mm的方头计算，$R_{方头}=0.1\sqrt{2}$ (m)（见图1（b））；

$\omega_{杆}$——钻杆的旋转角速度（rad/s），已知：$\omega_{杆}=2.93$ (rad/s)；

$\delta_{t杆}$——完成了钻杆（芯杆）对钻斗的冲击（能量转移）过程所用的时间（s），假定；$\delta_{t杆}=(t_2-t_1)=\delta_{t斗}=0.1$ (s)。

（4）钻斗以 $\omega_{斗撞}$ 转速正转旋转，钻杆以 $\omega_{杆撞}$ 转速反转旋转，在钻斗和钻杆具有相同旋转角速度数值（$\omega_{撞}=\omega_{斗撞}=\omega_{杆撞}$）时碰撞。经过（$\delta_{撞}=\delta_{斗撞}=\delta_{杆撞}$）时间后，钻斗和钻杆都停止转动，计算在这种工况钻斗和钻杆产生的冲量矩 $M_{撞}$：

$$M_{撞}=M_{斗冲}\times M_{杆冲} \tag{1-16}$$

将式（1-8）和式（1-15）代入（1-16）得：

$$M_{撞}=\frac{-m_{斗}\cdot R_{斗}\cdot R_{方头}\cdot \omega_{斗}}{\delta_{t斗}}\times\frac{-m_{杆}\cdot R_{杆}\cdot R_{方头}\cdot \omega_{杆}}{\delta_{t杆}}$$

$$M_{撞}=\frac{m_{斗}\cdot m_{杆}\cdot R_{斗}\cdot R_{杆}\cdot R_{方头}{}^{2}\cdot \omega_{斗撞}\cdot \omega_{杆撞}}{\delta_{t斗撞}\cdot \delta_{t杆撞}} \tag{1-17}$$

式中：$M_{撞}$——钻杆（芯杆）和钻斗相对旋转，相撞时钻杆对于钻斗产生的冲量矩（$kg\cdot m^2/s$）

$\omega_{斗撞}$，$\omega_{杆撞}$——分别为钻斗和钻杆相撞时钻斗和钻杆的旋转角速度。假设钻斗和钻杆相撞时其角速度数值相等（方向相反），均为原转速的一半，即：$\omega_{撞}=\omega_{斗撞}=\omega_{杆撞}=0.5\omega_{斗}=0.5\times2.93=1.465$（rad/s）；

$\delta_{t斗撞}$，$\delta_{t杆撞}$——分别为钻斗和钻杆相撞后，完成撞击（能量转移）过程所用的时间（s）。假设钻斗和钻杆相撞后到停转（完成撞击“能量转移”过程所用的时间）为原钻斗或钻杆完成能量转移过程所用的时间的一半，即 $\delta_{撞}=\delta_{t斗撞}=\delta_{t杆撞}=0.5\delta_{t斗}=0.5\times0.1=0.05$（s）。

式（1-17）可以改写为：

$$M_{撞}=\frac{m_{斗}\cdot m_{杆}\cdot R_{斗}\cdot R_{杆}\cdot R_{方头}{}^{2}\cdot \omega_{撞}{}^{2}}{\delta_{撞}{}^{2}} \tag{1-18}$$

将 $m_{斗}=1348$（kg），$R_{斗}=0.4836$（m），$R_{方头}=0.1\sqrt{2}$（m），$m_{杆}=1756$（kg），$R_{杆}=0.092$（m），$\omega_{撞}=1.465$（rad/s），$\delta_{撞}=0.05$（s）代入式（1-18），得：

$$M_{撞}=\frac{1348\times1756\times0.4836\times0.092\times0.02\times2.146}{0.0025}=1808040.8\ (N\cdot m)$$

$$\approx1808\ (kN\cdot m)$$

（5）驱动钻斗正反甩土操作时，钻斗与钻杆产生的动量冲击矩 $M_{斗杆冲}$ 为：

$$M_{斗杆冲}=M_{撞} \tag{1-19}$$

将 $M_{撞}=1808$（kN·m）代入式（1-19），得：

$$M_{斗杆冲}=1808\ (kN\cdot m)$$

1.2 分析和结论

1.2.1 分析

安装在 R230 钻机上的 Φ406－5×（13）m 摩阻钻杆和 1.2m 单底空土钻斗进行正反转交替冲击甩土操作时产生的动量冲击矩为：$M_{斗杆冲}=1808$（kN·m）；

R230 钻机的额定输出扭矩 $N=230$（kN·m）；

操作钻斗进行正反转交替冲击甩土时产生的动量冲击矩是钻机额定输出扭矩的

$p=M_{斗杆冲}/N=1808/230=7.86$ 倍；

钻杆的钢管、方头、内、外键（承压侧面）等构件及其焊接焊缝的强度（包括疲劳强度）是按钻机的额定输出扭矩［$N=230$（kN·m）］设计制造的。尽管在强度设计时留有一定的裕度，安全系数 $n=2\sim3$，取安全系数 $n=3$。则 $p_{去安}=7.86/3=2.62$ 倍。即考虑到强度设计裕度（安全系数 $n=3$），操作钻斗进行正反转交替冲击甩土时产生的动量冲击矩是钻杆所能承受的极限扭矩的 2.62 倍。

所以经常操作钻斗进行正反转交替冲击甩土，对钻杆（乃至动力头及其液压驱动系统）的破坏极大。该操作是造成钻杆方头的方、圆交界处在桩孔外开裂；钻杆节杆内键或节杆下部外键的承压侧面被冲压“堆”（被冲压朔性流动）；内、外键焊缝开裂等构件失效或故障的主要原因。

1.2.2 结论

由于操作钻斗进行正反转交替冲击甩土作业，严重破坏钻杆、钻斗和钻机的结构强度和疲劳强度，大大缩短其使用寿命，极易造成机件故障和施工事故。所以，不允许驱动钻斗进行正反转交替冲击甩土操作。

2 解决钻斗顺利倒卸渣土的方法

解决钻斗顺利倒卸渣土的方法很多，现仅介绍两种方法，供参考使用。

方法一：改变钻斗的结构形状，加大斗筒的锥度(见图 2)。

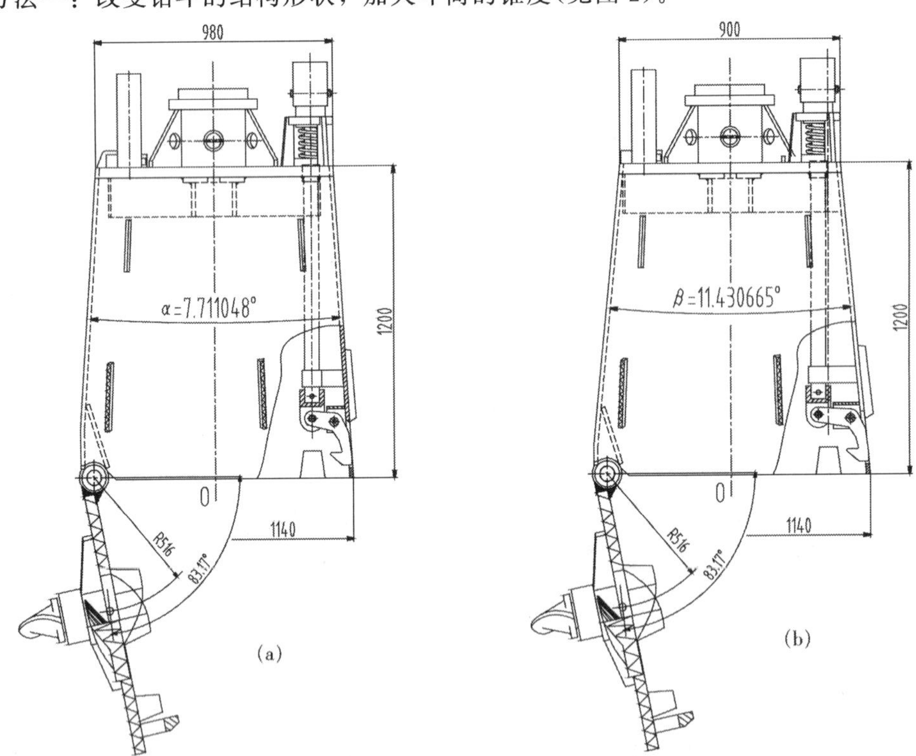

图 2 为便于倒卸黏性渣土，加大钻斗斗筒锥度示意图

图 2 (a) 所示为没有改造的原钻斗结构示意图，其斗筒锥角约为：$\alpha=7.71°$。图 2 (b) 所示为经过改造的，加大了斗筒锥度的钻斗结构示意图，其斗筒锥角约为：$\beta=11.43°$。

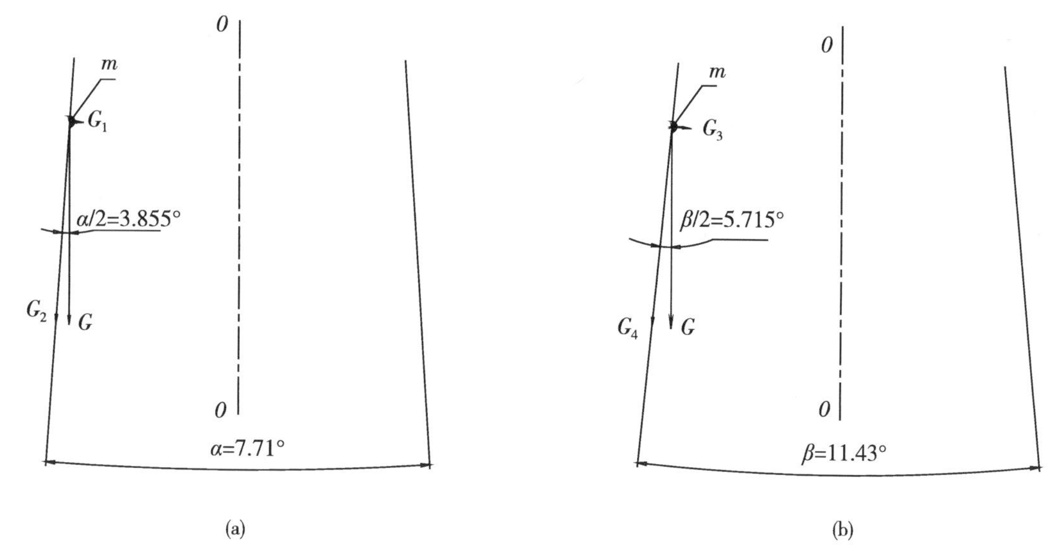

图 3　加大钻斗斗筒锥度，利于倒卸渣土的力学原理示意图

假设：质量为 $m=10$kg 的泥块分别粘贴在原钻斗和加大斗筒锥度的钻斗的筒壁上［见图 3（a）和（b）］。该泥块的重力均为 $G=mg=10\times9.81=98.1$（N）。

泥块的重力 G 产生两个分力：与筒壁平行的下滑力 G_2 和 G_4 和与筒壁垂直，方向是离开筒壁的力 G_1 和 G_3［见图 3（a）和（b）］。

已知：原钻斗的锥角 $\alpha=7.71°$［见图 3（a）］，

加大斗筒锥度的钻斗的锥角 $\beta=11.43°$［见图 3（b）］，

则：$\frac{\alpha}{2}=3.855°$，$\frac{\beta}{2}=5.715°$

$$G_1=G\times\sin\left(\frac{\alpha}{2}\right)=98.1\times\sin3.855°=6.6\ (\text{N})$$

$$G_2=G\times\cos\left(\frac{\alpha}{2}\right)=98.1\times\cos3.855°=97.88\ (\text{N})$$

$$G_3=G\times\sin\left(\frac{\beta}{2}\right)=98.1\times\sin5.715°=9.77\ (\text{N})$$

$$G_4=G\times\cos\left(\frac{\beta}{2}\right)=98.1\times\cos5.715°=97.61\ (\text{N})$$

以上计算说明：相同黏度和质量的泥块粘贴在加大斗筒锥度的钻斗的筒壁上，由其重力（G）产生的离开筒壁的力［$G_3=9.77$（N）］大于离开原钻斗筒壁的力［$G_1=6.6$（N）］。所以加大钻斗斗筒锥度，利于倒卸渣土。

方法二：采用旋挖钻斗钻进黏性土层的施工工法钻孔（见图 4）。

该施工工法的要点是：每钻进一定深度（如斗内渣土层厚度达到 25～30 cm）就上提一次钻斗（15～20 cm），让泥浆进入斗底和刚钻成孔底的空间［如图 4（b）、（d）的序 5］。继续钻进时这些泥浆被旋挖钻入钻斗内的渣土挤压形成“钻斗内渣土层间泥浆层”和“钻斗内渣土与斗筒内壁间泥浆层”［见图 4（c）、（d）的序 7 和序 4］。

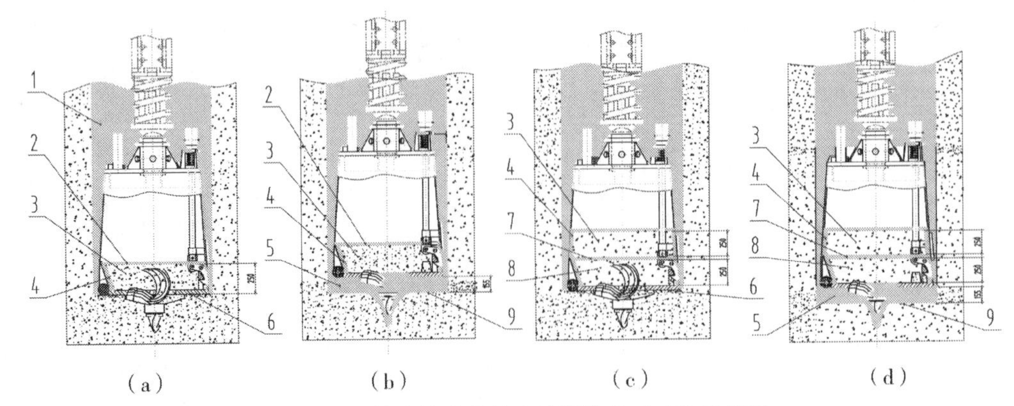

图4 旋挖钻斗钻进黏性土地层的施工工法示意图

1—孔内泥浆；2—旋挖钻进钻斗内渣土层表面泥浆；3—钻斗内第一层渣土；4—钻斗内渣土与斗筒内壁间泥浆层；5—钻斗底与孔底间泥浆；6—钻斗底；7—钻斗内渣土层间泥浆层；8—钻斗内第二层渣土；9—孔底

由于钻斗内渣土不是一次钻入的满斗整体渣土，而是多次钻入分层渣土。各层渣土间和各层渣土与斗筒内壁间有泥浆润滑。靠近筒壁的渣土不会被满斗整体渣土挤压粘贴在筒壁上。钻斗倒卸渣土时，打开斗底，靠自重，渣土会自行滑落出钻斗。所以采用该工法施工，钻斗可以很容易地倒卸渣土，尽管是黏性渣土，也不会粘贴在筒壁上。无须操作钻斗正反转甩卸渣土。

如果方法一和方法二同时采用，则钻斗倒卸黏性渣土会更容易，更方便。对于特别黏性地层的施工可以考虑。

参考文献

[1] 黎中银，焦生杰，吴方晓．旋挖钻机与施工技术［M］．北京：人民交通出版社，2010.

旋挖钻机在大直径硬岩地层施工工艺的研究

张继光　罗　菊　刘永光
（徐州徐工基础工程机械有限公司）

摘　要：旋挖钻机在硬岩地层钻进时，经常出现钻进困难、钻进效率低、机器故障率高等问题，导致施工效率较低。本文通过对分级钻进施工工序、分级方法的理论研究，提出了具体的施工工艺方法，并借助徐工 XR460D 旋挖钻机在徐州三环路高架桥中的施工进行实验验证，经验证此施工工艺可大大提高大直径硬岩钻进效率，极具推广意义。

关键词：旋挖钻机；大直径硬岩钻进；分级钻进；筒钻取芯

1　引言

旋挖钻机在大直径坚硬岩层钻进时，常出现钻进难、钻进效率低、机器故障率高的现象，导致旋挖钻机在大直径入岩施工中经济收益差、施工推广难等难题。解决旋挖钻机大直径硬岩地层钻进难，钻进效率低的问题，对旋挖钻机在硬岩层钻进施工的推广具有十分重要的意义。

本文结合徐工 XR460D 旋挖钻机（钻机性能如表 1 所示）在徐州三环路高架桥中的施工进行研究。此工况地质条件较复杂，岩层主要以灰岩为主，灰岩裂隙中等发育，且灰岩中溶洞发育多以中小型溶洞为主，灰岩最大饱和单轴抗压强度达 90MPa、钻孔直径为 2～3m，钻孔深度 30m 左右，施工难度较大，国内类似工况施工因为效率低、机器故障率高等问题，用户不能得到满意的经济收益，致使旋挖施工工法未在该工况施工中得到推广。

表 1　钻机性能

钻机型号	XR460D
最大输出扭矩（kN·m）	460
动力头最大加压力（kN）	300
最大钻孔深度（m）	120
最大钻孔直径（mm）	3500
整机工作重量（t）	152

2 目前技术现状

目前旋挖钻机在解决大直径硬岩地层钻进中，大多采用以下施工工艺：

（1）使用钻具组合施工工艺。即先使用筒钻钻进，然后使用螺旋钻头破碎，最后使用双底板捞砂斗捞渣。此种施工工艺，需频繁更换钻头，钻进辅助工时较多，导致效率较低，且截齿消耗量较大。

（2）采用在大直径桩孔的中心先用旋挖钻机合理“取芯”，再用冲击钻冲击成孔的方法。这样的组合方式大大加快成孔速度，但施工中必须配置旋挖钻机与冲击钻，任何单独一台设备无法有效施工。

（3）采用分级钻进施工工艺进行钻进。该工艺对大直径硬岩地层钻进较为有效，但由于目前研究及实践较少，存在分级方式混乱、不能合理使用钻头、没有规范的操作流程等问题，导致分级钻进施工工艺的优势无法发挥出来。

3 分级钻进的研究

通过对原有工艺的研究，发现分级钻进施工工艺极具研究价值，其工艺核心原则是将单次成孔较困难的大直径硬岩钻进，分成几个层次等级钻进，有效降低单次钻进难度，并通过各层次等级钻进间的相互影响，减小钻进难度，最终实现较大直径的钻进。

但由于目前对于分级钻进的研究还较少，理论缺乏，导致实际施工中施工工序、分级方法混乱，分级钻进的优势难以发挥，因此对于分级施工工艺的合理优化，将是解决大直径硬岩地层钻进问题的核心。

3.1 分级钻进理论研究

3.1.1 分级钻进施工工序研究

通过对分级钻进的现场资料收集及理论计算，将分级钻机各级钻进时钻具使用及操作流程整理如下（如图1所示）：

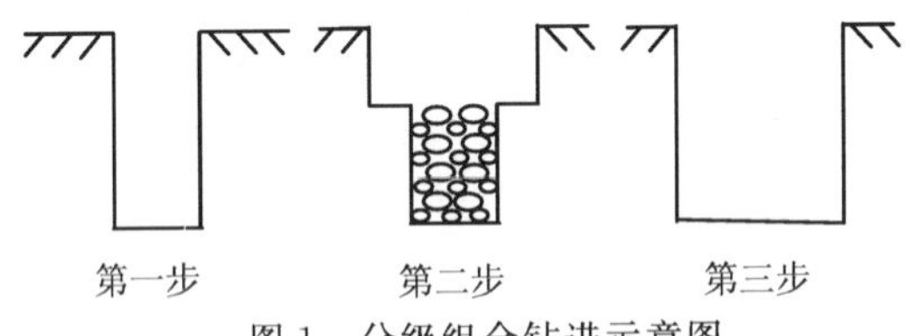

图1 分级组合钻进示意图

第一步：先使用小孔径岩石筒钻钻进，并配合小孔径捞砂斗清渣，反复配合钻进到设计终孔位置。

第二步：使用大孔径岩石筒钻进行扩孔，钻进到一定深度后，扩孔切削下来的碎石，会将小孔径空间填满。

第三步：当小孔径空间被填满后，使用小孔径捞砂斗进行清渣，然后再使用大孔径岩石筒钻继续扩孔，如此反复，最后使用大孔径捞砂斗清孔到设计孔深位置。

3.1.2 分级钻进方法研究

如何对桩孔进行分级设计一直是分级钻进研究的瓶颈，分级过少将导致每一级钻进难度增大，施工效率降低；分级过多将导致钻具配置增加，施工流程复杂，施工效率降低。只有最合理的分级才能将分级钻进的优势真正发挥出来。

根据J. Brych自由面岩石破碎理论，当旋转钻头附近存在有自由面时，钻头侵入时岩石会产生侧旁的破碎，有利于提高钻头入岩效率。钻头离自由面槽的距离在10cm之内时，钻进效率较高（如图2所示）。

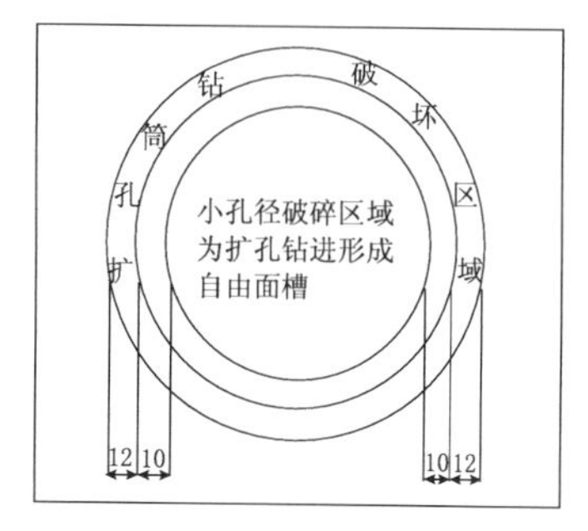

图2　分级原理图

为保证扩孔钻进时，小孔径破碎所形成的自由面，对扩孔钻进的有益影响，需保证筒钻内齿距小孔外径在10cm左右，加上筒钻破碎时自身所形成的12cm的圆环槽，便可确定分级方法。

由以上理论确定的每相邻钻孔直径差控制在44cm左右，但上述理论是建立在岩石完整的基础上，由于实际工况中，岩石存在一定破碎，且破碎程度差异较大，故实际分级时每相邻钻孔直径差控制在40～70cm，具体选择需根据地质资料。

3.1.3　分级钻进时操作原则

（1）第一级钻进时筒钻取芯优先的操作原则。

（2）扩孔钻进时使用岩石筒钻原则。如果使用双底板扩孔钻进，边齿受力，中心悬空，会出现钻头易磨损的问题，而且使用岩石筒钻扩孔钻进比使用双底板扩孔钻进施工效率提高了2倍。

（3）使用大孔径岩石筒钻进行扩孔原则。根据已施工小孔所容纳的土石方量与扩孔切削的碎石土石方量，计算当小孔空间填满时，大孔能扩孔的深度，合理安排扩孔钻进深度。

3.2　分级钻进现场试验

通过以上理论研究，对徐工XR460D旋挖钻机在徐州三环路高架桥施工工程，进行现场验证，如图3所示。

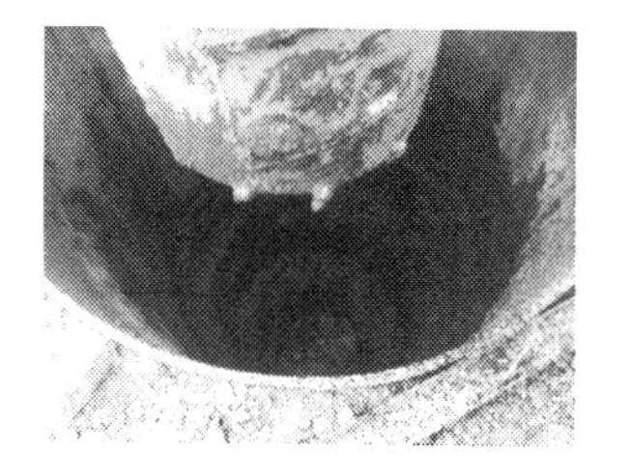
图3　现场分级钻进图片

通过大量试验，最终找出适合XR460D在不同强度灰岩的最佳分级方法（如表2所示）。

表2　分级方式

分级次数	孔径分级（m）	适应地层
二级	Φ1.5、Φ2.2	饱和单轴抗压强度小于50MPa
三级	Φ1.2、Φ1.5、Φ2.2	饱和单轴抗压强度小于70MPa
四级	Φ1.0、Φ1.2、Φ1.5、Φ2.2	饱和单轴抗压强度小于90MPa
五级	Φ0.8、Φ1.2、Φ1.5、Φ1.8、Φ2.2	饱和单轴抗压强度超过90MPa

由表2可看出，岩石强度越小分级次数越少，分级极差越大，最大可达70cm；岩石强度越大，分级次数越多，分级极差越小，分级极差应控制在30～40cm。通过上述试验情况可以看出，实际分级方法与理论提出的40～70cm极为吻合。

现场施工中，严格按照理论提出的分级工序进行施工，施工中工序流畅，各工序衔接较好，大大减少了因频繁更换钻头、工序衔接不上、现场施工混乱引起的施工时间浪费，大大提高了钻进效率。

3.3 分级钻进施工效果

采用上述分级钻进施工工艺，XR460D旋挖钻机于2012年7月在徐州三环路高架桥工地完成了250h施工作业。在不到一个月的时间里，成功施工直径2.2m桩孔30余根，取出岩心硬度最高达到90MPa，为旋挖钻机在大孔硬地层的施工积累了宝贵经验。

而采用原有施工工艺，旋挖钻机基本无法完成在如此强度、大直径地层施工。此工艺的研究大大提升了旋挖钻机在大直径硬岩地层中的钻进优势。

4 结论

通过分级钻进施工工艺的合理优化，提出的施工工艺在实际施工中表现出较大的优势，极具推广意义。由于借助具体工程进行试验研究，受试验投入限制，无法配置所有规格钻头进行分级钻进对比研究，后期还需借助不同工程进行逐一验证。

此工程通过分级钻进的合理应用，研究国产旋挖钻机在大孔径、高硬度地层的施工效率，提升了旋挖钻机在大直径硬岩地层中的钻进优势，推动了旋挖工法的普及。

参考文献

[1] 宋刚．硬岩地层旋挖钻进组合工艺的研究与应用［J］．施工技术，2011，40（2）：72-74.

[2] 孙秀梅，刘建福．坚硬“打滑”地层孕镶金刚石钻头设计与选用［J］．探矿工程（岩土钻凿工程），2009，36（2）：75-78.

[3] 柳正刚．旋挖钻进工艺在高架桥桩基工程中的应用［J］．山西建筑，2008（10）：153-154.

[4] 新型硬岩钻进双筒环形钻具的研制与应用［J］．地质装备，2012（2）：56-58.

中小型旋挖钻机入岩探讨

辛　鹏　张小园

（江苏泰信机械科技有限公司　江苏无锡　214100）

摘　要： 旋挖钻机入岩施工一直是长期困扰我们旋挖钻机施工的一大难题，尤其是中小型旋挖钻机的入岩施工更是难上加难。江苏泰信机械科技的旋挖钻机KR125A在四川中风化石灰岩层上施工，孔直径 Φ 900mm，成功入岩1000mm，并完整取出岩芯。体现出KR125A的高可靠性，较好解决了中小型旋挖钻机难以入岩的难题。

关键词： 中小型旋挖钻机；入岩；岩芯

1　中小型旋挖钻机入岩技术难点

中小型旋挖钻机入岩一直以来有以下几个技术难点：

（1）轴向加压力小；

（2）自身重量轻；

（3）岩石对设备本身冲击大。

由于旋挖钻机轴向加压力的不足，很难实现高效的破碎岩石“跃进式破碎”的形式，主要有两方面的原因：①岩石是具有各向异性、不均质、不连续的组织物，且岩石位于地底深处，地质条件复杂；②中小型旋挖钻机本身重量小，既要保证中小型旋挖钻机的机动和灵活性，又要保证自身的重量能够承受住岩石的反作用冲击力，同时又能保证自己的安全和稳定性，这样对中小型的钻机似乎是一个挑战。钻机的设计，以及适当的施工工法，都对旋挖钻机设计者提出了一个新的要求。江苏泰信机械科技生产的中小型旋挖钻机KR125A在这个方面做出了重大的突破，在四川工地中风化石灰岩上施工，孔直径 Φ 900mm，成功入岩1000mm，岩石单轴抗压强度达到30MPa，耗时是1.2h。工法是采用的是筒钻，利用截齿的研磨或者疲劳破坏，再配备特制的工具将岩芯折断，并用筒钻将岩芯完整取出。

2　入岩施工

2013年4月江苏泰信机械科技的KR125A旋挖钻机在四川重庆施工，地质条件为中风化石灰岩层，单轴抗压强度为30MPa，孔径 Φ 900mm，要求入岩1000mm，采用的是 4×9.5m机锁杆，采用的钻具是带截齿筒钻，主要原理是利用筒钻截齿的自转和公转，对岩石进行磨削，如图 1 所示。

旋挖钻机的加压施工方式主要采用“恒定加压与点动加压相结合的方式”，恒定加压主要是产生静载，为磨削岩石提供恒定的加压力，点动加压主要形成对岩石的一定冲击，实现岩石的局部破碎，这两种方式加压相互结合实现岩石的快速切削。由于岩石的软硬不均，转速会随着负载发生变化，造成钻进的过程中产生快慢交替的情况，亦对岩石造成一定的冲击作用，从而达到加速岩石切削的作用。

另外在钻进的过程中要不断产生加注水或者泥浆，主要是起到润滑和对钻斗降温的作用，减少钻头因为发热导致的设备损坏。

图 1　筒钻截齿

3　岩芯的取出

当使用筒钻钻进达到规定的要求时，需要将岩石进行切断并取出。因为小钻机自身重量轻以及扭矩小，不能直接将岩石切断，这就需要专用的楔形钻斗，如图 2 所示，利用楔形加压的原理，楔形钻斗的加压力 F 产生对岩芯的径向分力 F_1，最终将岩石折断。如图 3 所示，将楔块插入岩芯与孔壁的缝隙中，再施加加压力 F（利用钻杆下放形成的冲击力），从而将岩心成功地折断。再更换筒钻将折断的岩芯取出。

图 2　楔形钻斗

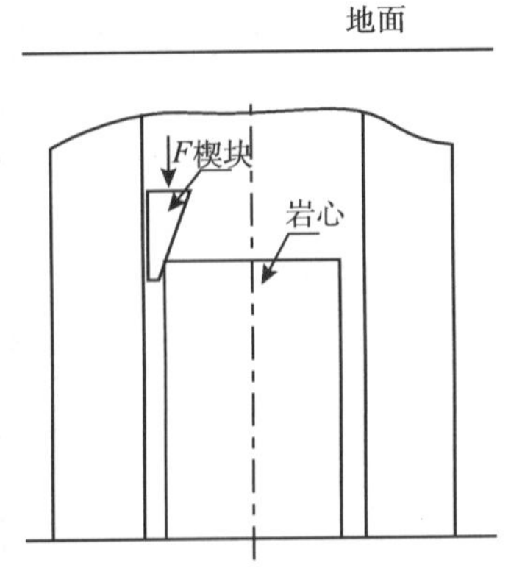

图 3　岩芯的取出

4 岩石的入岩机理分析

KR125A 旋挖钻机之所以能够成功地快速入岩，主要是由于钻机本身设计严格遵守欧盟的 EN791 安全设计标准，在充分考虑旋挖钻机安全性、稳定性的基础上，将整机重量进行合理分布后又实现其灵活性，可靠的设计结构可承受小型机锁杆的反作用力，从而实现较大的加压力传递和较高的入岩效率，取得了最优的结果。

KR125A 旋挖钻机充分考虑岩石破碎机理的三个区段：研磨破碎区段、疲劳破碎区段和跃进破碎区段（如图 4 所示）。

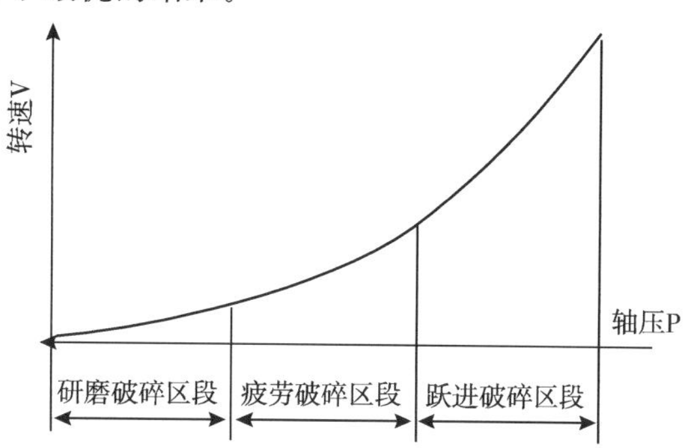

图 4 KR125A 旋挖钻机的三个区段

（1）研磨破碎区段：在较小的轴压力作用下，钻斗与岩石接触所产生的接触压力显著小于岩石的极限强度或者压入硬度，破碎是靠摩擦切削，此阶段的破碎颗粒小，钻头有一定的磨损。

（2）疲劳破碎区段：当压力载荷增加到一定的值，仍未达到岩石的极限强度或者压入硬度时，旋转钻头多次与岩石冲击接触，使得岩石产生微裂纹，微裂纹越多，岩石的强度就降低越多。当岩石的强度降低到一定的程度时，经过钻头多次冲击的岩石便会形成大颗粒的岩石碎屑，从而形成疲劳破碎。

（3）跃进破碎区段：在足够的轴压力作用下，钻头与岩石所产生的接触压力大于或者等于岩石的极限强度或者压入硬度时，则岩石产生跃进破碎。跃进破碎的颗粒比较大。

KR125A 入岩的岩石破碎机理，就是利用研磨破碎区段和疲劳破碎区段。解决了中小旋挖钻机的自身重量轻、提供轴压小的问题，在加压与动力头转速上取得合理的值，同时又能保持住中小钻机的机动灵活的优势。在取出岩芯的问题上采用有效合理的工法，以及合适的钻具，成功将完整的岩芯取出。

5 结论

（1）利用岩石的破碎机理，调整旋挖钻机的设计，配备合适的钻具，使得旋挖钻机入岩是完全可行的，并在实践中得到充分的论证。解决了中小型旋挖钻机不能入岩的问题。

（2）小型钻机由于其自身重量较轻，要实现入岩必须使用机锁杆以将整机重量传递到作业面，但较大的反作用力对整机结构的可靠性提出更高要求。

（3）在岩石上钻孔，必须配备合适的钻具，尤其是取出岩芯这个问题上，必须配备合适的工具，因此在钻机工具的研究也是必不可少的，并将是今后旋挖钻机入岩研究的一个大的方向。

（4）旋挖钻机的工法研究是必不可少的，例如，合理分配加压力与动力头转速的关系，入岩时候必须加注水或者泥浆，对钻具进行降温以及增加润滑。

（5）对中小型旋挖钻机尤为重要的是由于自身重量的限制，在保证稳定性的情况下，合理分配钻杆、钻具、桅杆与钻机总重量的比例关系，同时又能发挥中小旋挖钻机的灵活、耗油低的特点。

参考文献

[1] 马锁柱，张海秋．钻探工程技术［M］．郑州：黄河水利出版社，2009.

[2] GB 50007—2002 国家标准建筑地基基础设计规范［S］．北京：中国建筑工业出版社，2002.

[3] GB 50021—2001 岩土工程勘察规范［S］．北京：中国建筑工业出版社，2001.

关于液压挖掘机底盘应用于旋挖钻机制造的技术改造——辅助泵篇

薛　岩

（石钢京诚装备技术有限公司　辽宁营口　115004）

摘　要：由于旋挖钻机主要生产厂商的主导作用，目前国内市场上使用和销售的旋挖钻机底盘绝大部分来自液压挖掘机底盘，对于液压挖掘机底盘应用于旋挖钻机制造的改造主要是指上车部分液压系统的改造，因为任何液压挖掘机底盘的下车部分对于旋挖钻机都是无法使用的，必须使用旋挖钻机的扩履、低速、大扭矩底盘。本文着重解决液压挖掘机底盘应用于旋挖钻机制造没有辅助泵的问题。

关键词：旋挖钻机；液压挖掘机；底盘；辅助工作系统；辅助泵

1　概述

国内旋挖钻机制造对于底盘的选用形式上可分为液压挖掘机底盘和履带吊底盘两大类（国产自制旋挖钻机底盘不在本篇文章论述范围之内）。而且由于旋挖钻机主要生产厂商的主导作用，目前国内市场上使用和销售的旋挖钻机底盘绝大部分来自液压挖掘机底盘，其中又以卡特彼勒的液压挖掘机底盘居多。

对于液压挖掘机底盘应用于旋挖钻机制造的改造主要是指上车部分液压系统的改造，因为任何液压挖掘机底盘的下车部分对于旋挖钻机都是无法使用的，必须使用旋挖钻机的扩履、低速、大扭矩底盘。

本文着重解决液压挖掘机底盘应用于旋挖钻机制造没有辅助工作系统的问题。

对于旋挖钻机的工况来讲，独立于主工作系统的辅助工作系统是必须存在的，因为它的扩履、立桅、变幅、副卷扬等工况是与钻机的主工作流程完全独立或互锁的；而对于液压挖掘机来讲，所有的工作都是依靠一个主系统复合完成的。因此，当旋挖钻机制造使用液压挖掘机底盘时，增加一个独立工作的辅助液压系统就成为了我们必须要做的工作。

增加一个独立工作的辅助液压系统的关键在于增加一个独立的高压供油泵。对于液压挖掘机来说，由于没有此项工作要求，因此不会配备此高压油泵。在一些中、大型的液压挖掘机上，由于配置的主泵有些留有备用泵接口，只要是输出功率满足要求，用户只要增加相应的高压，液压泵问题就解决了。但是在很多挖掘机上使用的主泵（尤其是在中、小型挖掘机）上没有此备用泵接口，用户就无法直接解决独立高压泵源的问题。

无论是从无备用泵接口想要解决独立高压油源，还是从有备用高压泵接口而免装独立高压泵以降低旋挖钻机制造成本出发，用最低的成本和成熟的技术对液压挖掘机主液压系统进行改造而直接解决此问题都是最为有益的。下面就以斗山液压挖掘机底盘的液压系统改造为例进行详细论述。

2 斗山液压挖掘机主泵及主阀系统的工作原理

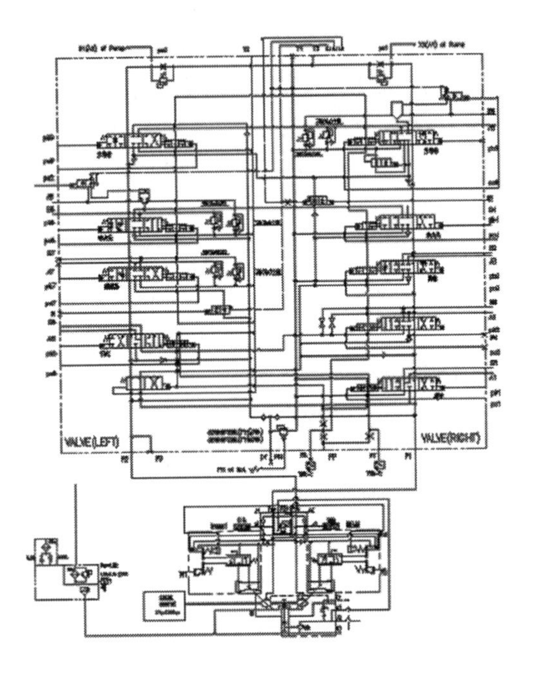

图 1 主泵与主阀的关系

斗山液压挖掘机底盘使用的主液压泵一般为力士乐或川崎柱塞式液压双主泵，其主液压泵与主阀的工作关系如图 1 所示。

由 1 号主泵负责右边一侧的主阀系统供油，2 号主泵负责左边一侧的主阀系统供油。在两侧主阀都不工作的时候，主泵维持最高 5MPa 的怠速压力以及设定的最低怠速流量，以节约发动机动力、减少系统发热，液压油液通过两侧主阀的中心通道低压回油，并将低压信号反馈给主泵。

两侧主阀中的每一片阀的动作都是由主泵系统中自带的低压控制油泵供油通过手柄实现的。当两侧主阀中有任何一片阀有动作时，主泵的中心低压回油通道被切断，同时切断主泵低压反馈信号。主泵进入大流量、高压工作状态。

主泵的怠速及工作状态是由主泵的内部反馈和从主阀引入的外部反馈进行平衡对比完成控制的，有外部反馈时是怠速工作状态，无外部低压反馈时进入高压、大功率工作状态。

3 应用于旋挖钻机的系统改造

因为旋挖钻机的辅助工作系统与主工作系统是不同时工作的，并且有互锁的要求。因此我们考虑采用借用一个主泵提供动力来解决辅助系统供油问题。

解决问题的关键是：(1) 辅助工作系统要与主工作系统在工作时完全独立，互相没有干扰；(2) 主泵提供的压力和流量要完全符合辅助系统的工作要求。因此我们在主泵、主阀和辅助阀之间增加了一个分流控制阀，完成主泵、主阀和辅助阀的相互控制和协调，从系统控制上首先解决了动力供给和相互独立工作的要求。

改造后的旋挖钻机液压系统如图 2 所示。其中分控阀的作用如下：

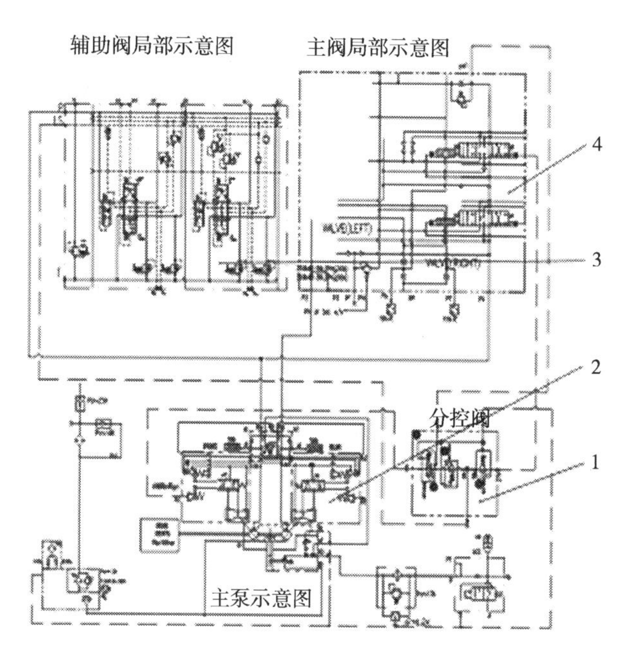

图 2 斗山无辅助泵供油液压原理图

1—分控阀；2—主泵；3—辅助阀；4—主阀

（1）在辅助阀不工作时保证原先主泵的怠速状态不变；

（2）在辅助阀不工作时对主阀的工作没有影响；

（3）在任何一片辅助阀有动作时有液压油推动一片备用主阀（当挖掘机底盘用于旋挖钻机时，主阀有富余片作为切断阀使用），使主泵结束怠速状态进入工作状态，从而使旋挖钻机辅助系统正常工作；

（4）使液压油推动主泵变量系统改变主泵的流量，以满足辅助系统的工作要求；

（5）产生符合系统工作要求的低压控制油，控制切断阀和主泵变量活塞的动作。

4 系统调试

（1）根据图 3 我们看到主泵的流量平衡是通过主泵的内部反馈系统和由 P_1 处引入的外部反馈实现的。因此，我们只要通过分控阀来调整进入 P_i 处的压力就可以改变主泵内部反馈和外部反馈的平衡关系，从而在新的平衡点上建立一个稳定的新流量。只要我们不断地调整分控阀的输出压力，就可以不断地改变主泵的输出流量，最终得到辅助工作系统所需的工作流量。

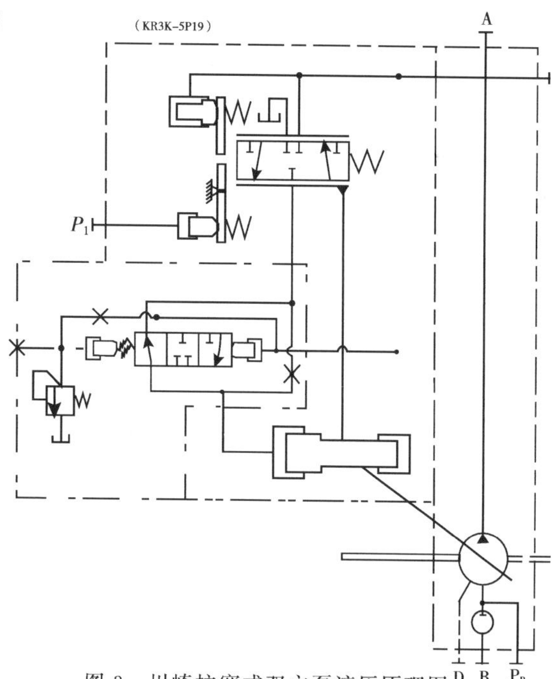

图 3 川崎柱塞式双主泵液压原理图

（2）所有的变量液压泵制造商在给用户提供液压泵时都会根据用户的要求出厂时对泵进行参数标定，在流量标定的同时对泵的变量系统进行机械限位。因此我们在进行液压系统调试的同时，也要对机械限位螺丝进行调整，否则就无法达到辅助系统使用的理想流量。

因为辅助系统使用的工作流量一定小于主工作系统的流量，所以我们需要调整的是主泵的最低工作流量。

(3) 从图 4 可以看出主泵的输出流量与先导反馈压力有关，先导反馈压力越低，主泵输出流量就越小；反之，就增加主泵流量。调整主泵的最低工作流量，就要降低主泵的先导输入压力 P_i，也就是需要降低分控阀的输出压力 P_{psi}。

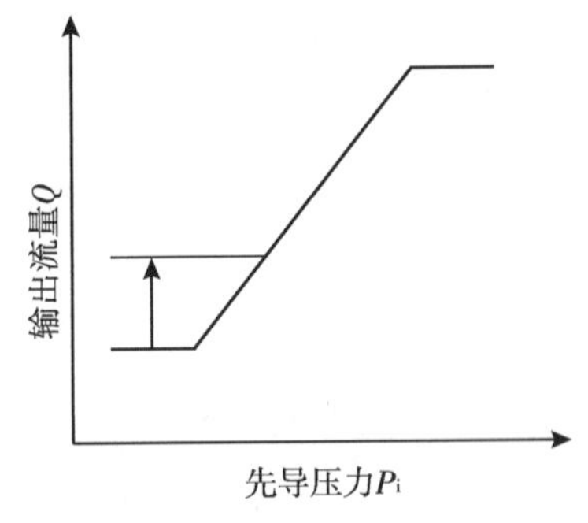

图 4 最小流量调节曲线

在调节分控阀输出压力 P_{psi} 的同时，我们需要松开主泵流量调节器最低液压调节端的锁紧螺母 808，然后调调整流量调节螺栓 953（953 为主泵最低流量调节螺栓，954 为主泵最高流量调节螺栓），用液压系统分控阀和流量调节螺栓交替调整，直到主泵的最低输出工作流量达到我们满意的辅助系统工作流量为止，最后锁紧主泵流量调节器最低液压调节端的锁紧螺母 808，流量调整至此结束。整个液压系统的改造和调试至此就完成了。主泵流量调节机构如图 5 所示。

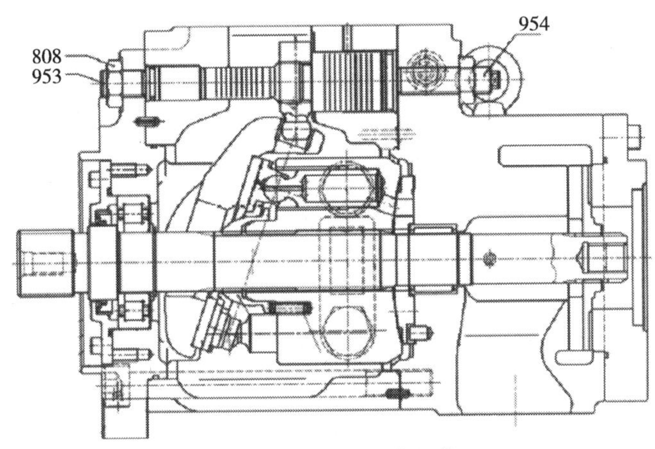

图 5 主泵流量调节机构

5 结论

通过对液压挖掘机液压系统的改造并增加了分流控制阀，使原有的液压挖掘机系统完全满足了旋挖钻机的使用工况要求，只要旋挖钻机的辅助阀有动作，就有来自主泵的、符合辅助系统的工作要求的高压液压油供辅助系统完成相应的工作。主工作系统和辅助工作系统实现了完全的独立工作。降低了旋挖钻机的制造成本和用户的使用成本。

伸缩臂挖掘机在基坑工程中的应用

辛　鹏　沈春燕
（江苏泰信机械科技有限公司　江苏无锡　214174）

摘　要： 近年来国内外建筑行业的发展趋势良好，对地下空间的利用率越来越高，有效地从地下室坑基取土对目前的施工工况提出了更高的要求。本文通过对目前基础工程中常见密闭空间（地下广场、地下车库等）取土施工工法的深入分析比较，论证伸缩臂在该工况中具有广泛的推广价值，施工深度深，取土容量大，大大提高了工作效率。

关键字： 伸缩臂；抓斗；取土深度；效率高

1　引言

城市规模在不断扩大，对土地资源的需求与日俱增。城市地下空间的合理开发与利用对节约城市用地、节约能源、改善城市交通、减轻城市污染、扩大城市空间容量具有重要作用。人类对城市地下空间的开发迄今已有100多年的历史，随着我国城市化进程的不断加快，大城市地铁、地下车库、地下购物广场公共设施的建设，地下空间作为新型的国土资源越来越受到重视，充分利用地下空间进行城市立体化再开发、扩大空间容量、改善用地结构、提高城市土地集约度被认为是解决“城市综合症”的良药。

目前地下空间利用的一层深度已不能满足现在的城市需求，出现了地下两层、三层甚至更深的建筑。华中第一高楼基坑深达35m，超出了挖掘机施工作业的深度范围，所以怎么有效从地下室坑基取土成为基础工程中的新难点。

2　挖掘机

表1　挖掘机参数

整机重量（t）	20	25	27	33	36
最大挖掘深度（mm）	6670	6950	7230	7380	7380
挖斗容量（m^3）	0.91	1.2	1.3	1.38	1.62

注：表1数据取自HITACHI公司挖掘机。

最初阶段，地下室坑基取土，比较浅的坑基，使用挖掘机操作直接取土。当坑基深度超出挖掘机施工作业范围时，需要两台挖掘机相互配合完成取土任务，调用起重机将一台挖掘机下放到基坑里，通过将土堆高到基坑外面挖掘机可以施工作业的范围内，再进行取土。这种工法适合深度比较浅的基坑。挖掘机参数如表1所示。

近年来，由于市场需要，加长臂挖掘机的出现有效缓解了挖掘机取土深度浅的问题。

加长臂挖掘机有两段式挖掘机加长臂和三段式挖掘机加长臂两种类型，两段式挖掘机加长臂主要适用于土石方基础和深堑挖掘作业，河道清淤；三段式挖掘机加长臂主要适用于高层建筑的拆卸等工程。加长臂越长，挖掘机稳定性越差，取土量减少，工作效率低；同时为确保施工安全，需要在加长臂挖掘机底盘加配重块，增加成本。

加长臂挖掘机的取土量小，工作效率低，所需回转空间大，不适合在狭小密闭空间施工，作业延长工时，增加建造成本。

加长臂挖掘机的参数如表2所示，工作施工图如图1所示。

表2 加长臂挖掘机参数

整机重量（t）	20	25	30	35
加长臂长度（mm）	18000	20000	22000	24000
加长臂重量（t）	4.8	5.6	6.6	7.5
挖斗容量（m^3）	0.4	0.45	0.5	0.6
最大挖掘深度（mm）	14000	16000	18000	20000

图1 加长臂挖掘机施工图

3 伸缩臂

随着建筑工程和国防等工业的发展，伸缩臂结构在工程实践中得到了广泛的运用。其优点在于：它在小幅度时具有较大的承载能力，在允许的荷载情况下又具有较长的作业距离和较高的作业高度。目前伸缩臂结构多用于工程车辆或其他运输工具上。伸缩臂挖掘机主要针对挖掘机受其固有结构的影响，普遍存在动臂或斗杆伸缩性受限，导致其挖掘深度相应受到影响，难以满足施工现状的要求而开发的。伸缩臂挖掘机如图2所示。

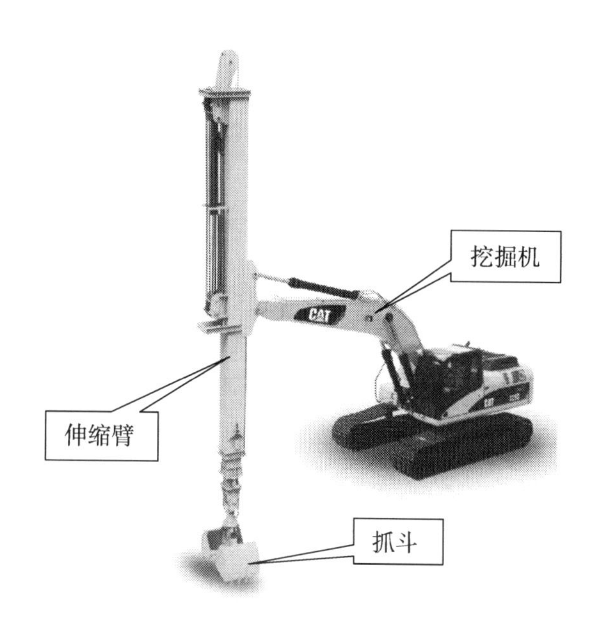

图 2 伸缩臂挖掘机

3.1 伸缩臂的特点

(1) 有效作业距离大，作业深度深。通过伸缩臂结构可以达到较远的距离，通过伸缩臂的变幅可以达到较深的作业深度，这是传统挖掘机不能比拟的。

(2) 能越过部分障碍直接施工作业。采用伸缩臂装置可以跨越小沟、台阶完成施工要求。由于具有负的变幅角度，也可对停机面的沟渠进行清沟或修破、平整等作业，因而更加适合在野外条件下使用。

(3) 具有较好的作业安全性能。伸缩臂挖掘机具有负载伸缩功能，在不平路面进行堆高作业时，可在远离堆垛点的位置停车，运用伸缩、变幅动作完成施工作业。

(4) 易更换多种属具，扩大作业范围。

3.2 伸缩臂分类

(1) 滑移式伸缩臂通过伸缩缸及滑块的作用使移动体在固定体上“滑移”，所以这种称作滑移式伸缩臂。其主要部件有：固定体、移动体、滑块、伸缩缸等。这种形式的伸缩臂有受力大、结构简单、生产成本低等优点，但其行程较小，一般其行程在 4.0m 内，且一般也只能设计成二段式的，一般都用在深坑作业的挖掘机上。

(2) 套入式伸缩臂又称内藏式伸缩臂，其结构是第一段为固定体，其余的都是移动体，所有的移动体都装在固定体内。其原理是一段接二段、二段接三段……再通过行程油缸来使其伸出或缩回，只有一个固定体，有两个或两个以上的移动体，行程油缸条数是所有的移动体减去一。这种形式的伸缩臂有更大的作业半径，一般用在深坑作业的挖掘机上。

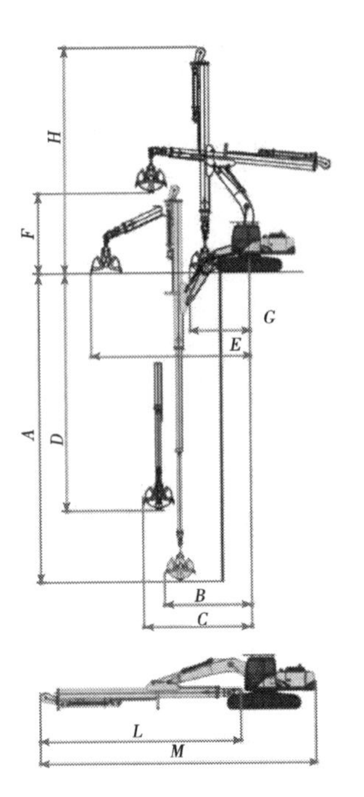

图 3　伸缩臂挖掘机地下室取土示意图

表 3　伸缩臂挖掘机施工参数

参数＼规格	KM180 施工参数	KM260 施工参数
1. 最大挖掘深度（mm）	19500	24800
2. 最大挖掘深度时最大挖掘半径（mm）	5760	6430
3. 最大垂直挖掘半径（mm）	7350	8160
4. 最大垂直挖掘半径时最大挖掘深度（mm）	17030	20010
5. 最大作业半径（mm）	10050	9890
6. 最大吊装高度（mm）	5980	5370
7. 最小作业半径（mm）	3790	5190
8. 作业时最大高度（mm）	12980	14500
9. 伸缩臂长度（mm）	8800	11700
10. 整机运输长度（mm）	12100	17100
11. 伸缩臂重量（kg）	3450	4950
12. 配置抓斗重量（kg）	990	990
13. 推荐配备挖掘机吨位（t）	≥20	≥29

注：上表数据取自江苏泰信机械有限公司伸缩臂样本。KM160 伸缩臂配备 CAT320 挖掘机，KM260 伸缩臂配备 CAT329 挖掘机，表中配备抓斗型号为 KS45T。

图 3 是将抓斗装配在伸缩臂挖掘机上在空间受限的地下室进行取土作业。不需要将挖

掘机下放到地下室坑基。表3为伸缩臂挖掘机施工参数，从中不难看出，在相同整机重量的情况下，相比于挖掘机、加长臂挖掘机，同吨位的伸缩臂挖掘机有下列优势：

（1）作业深度更大；

（2）更高的整机稳定性；

（3）相同油缸行程，实现多倍率的伸长量；

（4）下放收缩臂体速度成倍加快；

（5）贝壳斗单次取土容量更大；

（6）施工效率更高。

4 结论

伸缩臂挖掘机应用于受工作半径以及深挖范围限制的特殊作业环境，可以灵活地增减其作业半径与挖掘深度范围，垂直作业深度大，有效地提高了工作效率。

可以预见，随着建筑行业对施工效率的要求越来越高，伸缩臂挖掘机辅具将在日后的各种建筑的深基坑开挖取土施工中，被更快更广地普及使用。

参考文献

[1] 史佩栋．桩基工程手册［M］．北京：人民交通出版社，2008.

[2] 中国建筑科学研究院．GB50007—2002 建筑地基基础设计规范［S］．北京：中国建筑工业出版社，2002.

大型旋挖钻机桁架式桅杆结构设计分析

刘鑫鹏　张进平

（郑州宇通重工有限公司　河南郑州　450051）

摘　要：本文主要描述了大型旋挖钻机的发展，介绍了适用于大型旋挖钻机的结构及轻量化设计思路，对旋挖钻机的桅杆进行重点分析，旨在减轻大三角支撑结构旋挖钻机桅杆的重量，并研究桁架式桅杆在大型旋挖钻机上的应用，利用力学分析软件，针对桁架式桅杆不同的截面结构、腹管结构进行了分析对比，选择最合理的结构形式。使用桁架式桅杆使桅杆节约了40%左右的钢材，并减小了液压元器件的选型规格，优化了旋挖钻机结构，提高了旋挖钻机使用性能。

关键词：大型旋挖钻机；轻量化设计；大三角支撑结构；桁架式桅杆；结构设计分析

1　大型旋挖钻机的发展

旋挖钻机主要适用于各种交通设施、高速公路、铁路桥梁的桥桩建设，及其他大型建筑的特殊结构——承重基础桩。它由于具有功率大、钻孔速度快、自动化程度高、钻孔口径大、定位准确、工作效率高、施工成本低等特点，在施工中的优势越来越突出。

随着区域城市一体化和各种交通基础工程施工的普及，跨河、跨江大桥或大型建筑的桩基础设计的桩径、桩深都趋向于大而深的现象越来越普遍。部分桥梁桩已经达到桩径在3～5m，桩深在100～130m的要求，旋挖钻机也随着施工工程的需要逐渐趋向于大型化。

2010～2012年，国内外主流厂家纷纷推出大型旋挖钻机，德国宝峨公司推出BG48旋挖钻机，最大钻孔直径3.0m，最大钻孔深度105m；意大利土力公司推出SR100旋挖钻机，最大钻孔直径3.5m，最大钻孔深度91m；南车推出亚洲最大TR550D旋挖钻机，最大钻孔直径4.0m，最大钻孔深度130m；三一推出SR460旋挖钻机，最大钻孔直径3.5m，最大钻孔深度120m；徐工推出XR460D旋挖钻机，最大钻孔直径3.5m，最大钻孔深度120m；中联重科推出ZR420旋挖钻机，最大钻孔直径3.0m，最大钻孔深度122m；宇通重工推出YTR420旋挖钻机，最大钻孔直径3.0m，最大钻孔深度120m。

纵观以上大型旋挖钻机的整体结构，主要都是以宝峨为原型的大三角支撑结构，土力仍延用平行四边形结构。大三角支撑结构的旋挖钻机在整机稳定性方面具有很大的优势，尤其是在硬岩、深孔施工时，大三角支撑结构备受好评。大三角支撑结构的旋挖钻机，因设计时考虑到拆装的方便性，并增加支地油缸等措施，运输时可降低运输重量，但在短距离转场施工时较为不便。

2 桁架式桅杆在大型旋挖钻机上的应用

大三角支撑结构特殊的结构特点决定了在起桅工况和起拔工况时稳定性差别较大。在旋挖钻机起桅工况时，桅杆总成处于前趴式状态，桅杆总成的质心位置离回转支承中心的距离是配重质心位置离回转支承中心距离的数倍。而在旋挖钻机起拔工况时，桅杆总成处于竖直状态，工作装置（包含桅杆总成、钻具）的质心位置离回转支承中心的距离与配重离回转支承中心距离几乎相等。

旋挖钻机起桅工况如图1所示。

图1 旋挖钻机起桅工况

为保证整机在起桅工况时不发生翻车事故，整机质心位置应落在稳定区域内，只能通过增加一定的配重来平衡，这样就增加了整机重量和运输重量。然而，起桅工况下质心是动态变化的，将逐渐靠近回转支承中心，当桅杆竖直时，桅杆质心位置距离回转中心的距离和配重距离回转中心的距离相差不大，这就形成了旋挖钻机在行走、转场时配重过重，整机质心后移，降低了行走、爬坡等性能，并且钻机在硬岩施工过程中，加压力增大时存在后侧倾翻的危险。

为了很好地解决这一问题，实现旋挖钻机的轻量化设计，通过对旋挖钻机桅杆结构的分析，大部分厂家都将桅杆、滑轮架采用桁架式结构来减轻桅杆重量。

某企业旋挖钻机桁架式桅杆如图2、图3所示。

图2 某企业旋挖钻机桁架式桅杆（一）

图 3 某企业旋挖钻机桁架式桅杆（二）

桁架式桅杆的结构简单，便于制造加工，且减轻了桅杆重量，节约了大部分钢材，并具有减小风阻、吸收冲击和振动的作用，越来越多地被大型旋挖钻机使用。

3 宇通 YTR420 旋挖钻机桁架式桅杆应用与研究

图 4 桁架式桅杆

在 YTR420 旋挖钻机研发过程中，研发人员就整机轻量化做了大量研究。为尽可能地降低旋挖钻机使用的钢材量，利用有限元分析对整机结构进行了优化改进，对一些载荷较大且易产生疲劳破坏的结构件，较多了采用 Q460 以上的高强度钢材，并着重对桅杆进行了优化设计，最终采取箱型梁和桁架式的组合型变截面桅杆。考虑到下桅杆需要承受扭矩，而中桅杆和上桅杆只承受正压力和弯矩，因此将下桅杆设计为箱型梁结构，中桅杆和上桅杆设计为桁架式结构。也有部分厂家将全部桅杆设计为桁架式结构，但通过实际施工应用发现，桁架式桅杆的抗扭能力较差，容易出现疲劳破坏，因此主要承受扭矩的桅杆不建议设计为桁架式结构（如图 4 所示）。

3.1 桁架式桅杆的截面结构设计分析

根据履带式起重机臂架的设计经验，桁架式桅杆的截面设计为主弦管、腹管及导轨的组合型结构。

利用 CATIA 建立的三维模型示意图如图 5 所示。

图 5 利用 CATIA 建立的三维模型示意图

针对上述结构进行有限元分析，在桅杆承受最大起拔力工况下，计算桁架式桅杆的变形及受力。

起拔力工况下桅杆的变形情况如图 6 所示，最大位移量为 49.7mm，桅杆向后弯曲变形趋势明显。

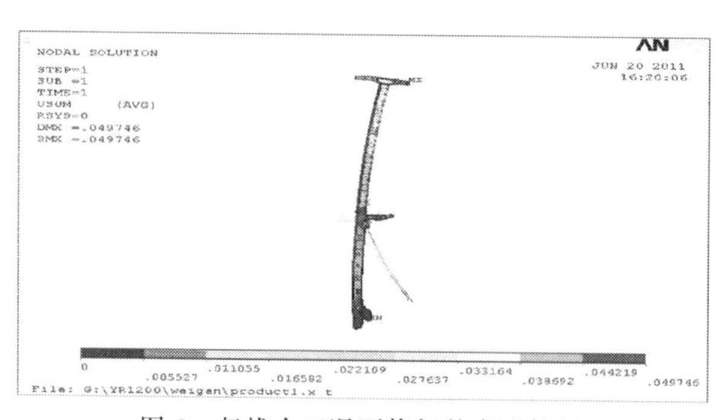

图 6 起拔力工况下桅杆的变形情况

起拔工况下桅杆的应力分布如图 7、图 8 所示，桅杆局部存在应力集中，且最大应力为 367MPa，是在鹅头滑轮架横梁位置，主弦管局部位置应力在 100MPa 左右。

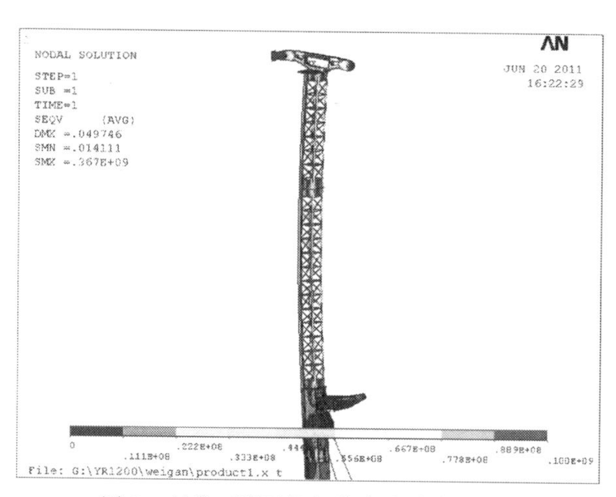

图 7 起拔工况下桅杆的应力分布（一）

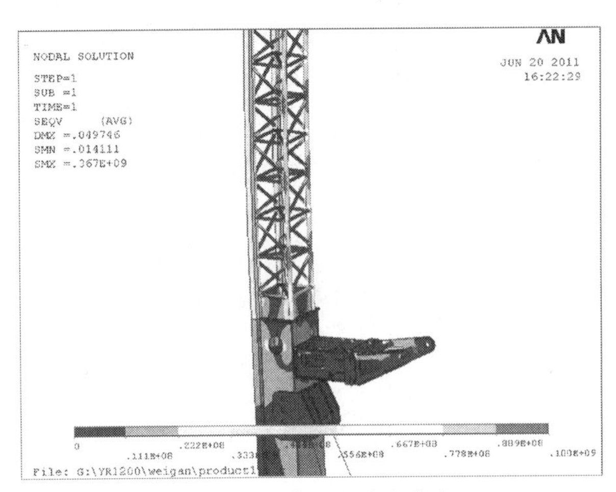

图 8　起拔工况下桅杆的应力分布（二）

通过对该结构的分析，导轨的存在使得主弦管在承受同样的正压力载荷下，前后强度不均衡，主弦管产生的应变不一致，在主卷扬提升力的交变载荷作用下，一侧主弦管容易发生疲劳破坏，此结构需要优化。

根据以上结构分析，将导轨附近主弦管去除，这样来保证桅杆承受正压力载荷时前后强度均衡。桅杆截面结构设计为主弦管、腹管、侧板及导轨的组合型结构。

利用 CATIA 建立的三维模型示意图如图 9 所示。

图 9　利用 CATIA 建立的三维模型示意图

针对上述结构再次进行有限元分析，在桅杆承受最大起拔力工况下，计算桁架式桅杆的变形及受力。

起拔力工况下桅杆的变形情况如图 10 所示，最大位移量为 13.3mm。

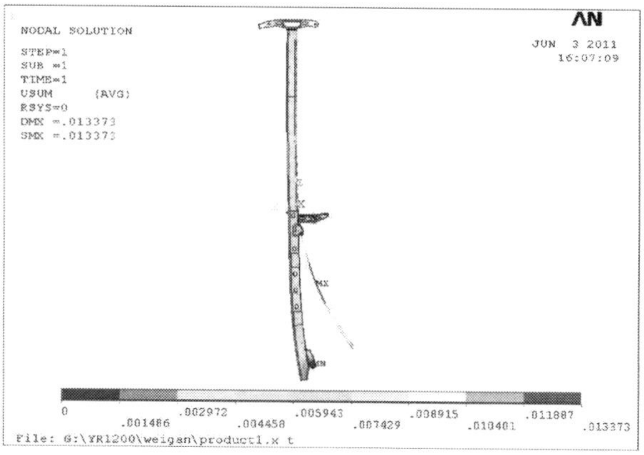

图 10　起拔力工况下桅杆的变形情况

起拔工况下桅杆的应力分布如图 11 所示，桅杆局部存在应力集中，且最大应力为 364MPa，是在鹅头滑轮架横梁位置。但该结构主弦管的应力明显改进，应力基本在 40MPa 左右。

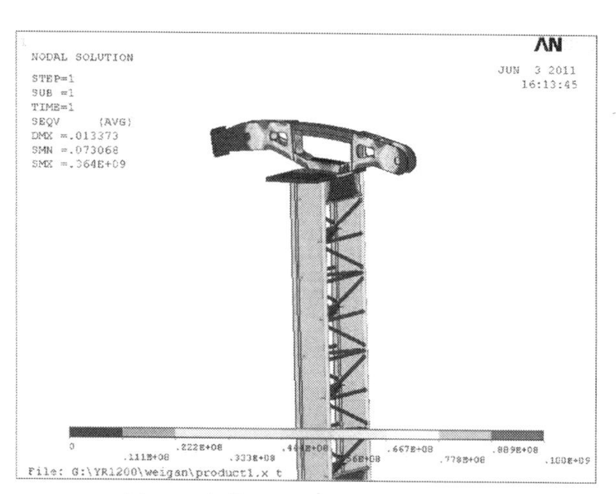

图 11　起拔工况下桅杆的应力分布

改进后的结构，在桅杆起拔工况下，明显地减小了桅杆变形位移量，并且降低了主弦管的应力分布，桅杆前、后强度均衡，应力基本都在 40MPa 左右，而桅杆材料的屈服强度都在 400MPa 以上，安全系数足够，改进桅杆结构设计合理。鹅头滑轮架应力过于集中，仍需要改进优化，此处省略。

3.2　桁架式桅杆的腹管结构设计分析

桁架式桅杆的腹管数量和布置形式，对桅杆的结构强度也有一定的影响。参照履带式起重机的臂架结果，将腹管结构设计为如下四种类型（如图 12～图 15 所示）。

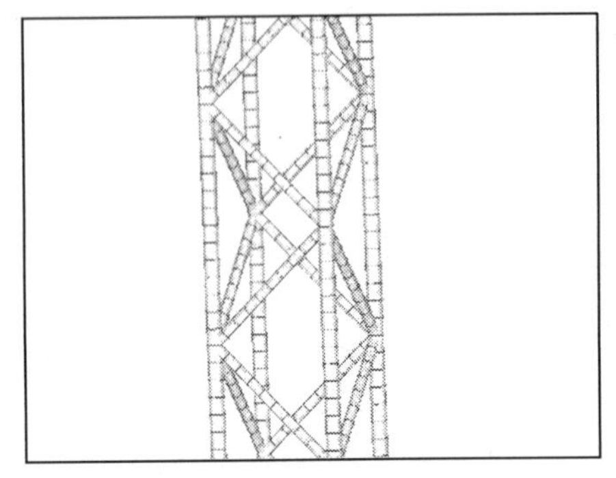

图12　第一种结构类型

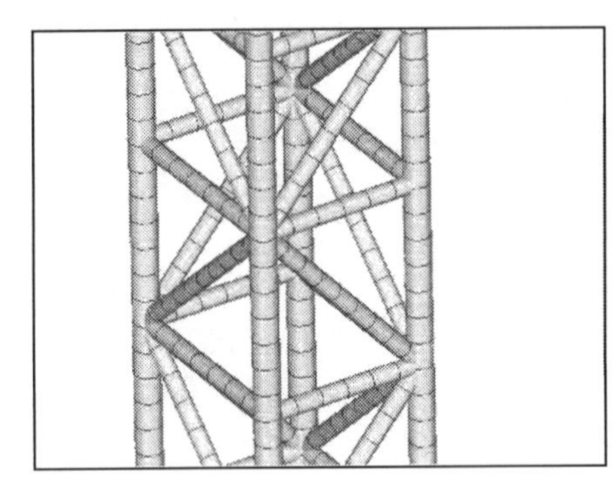

图13　第二种结构类型

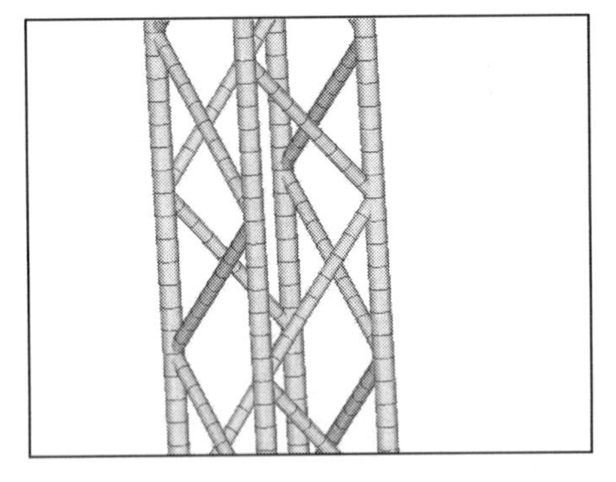

图14　第三种结构类型

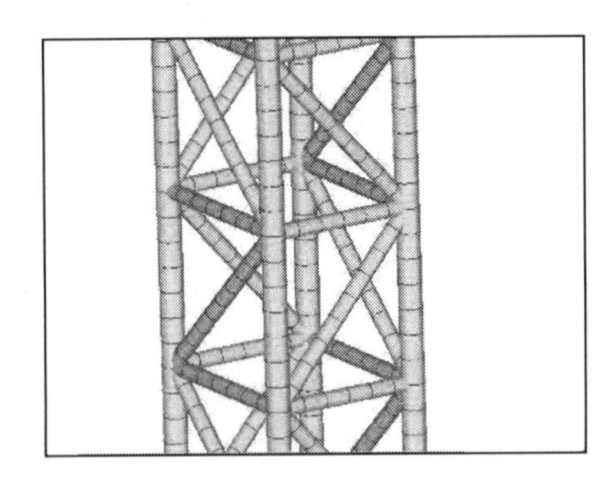

图15　第四种结构类型

针对不同结构类型和节臂数量的桅杆，施加一定的正压力和弯矩后，利用有限元分析的结果如图16所示。在同等载荷情况下，第二种结构桅杆的变形量较小，且受节臂数的影响也较小。

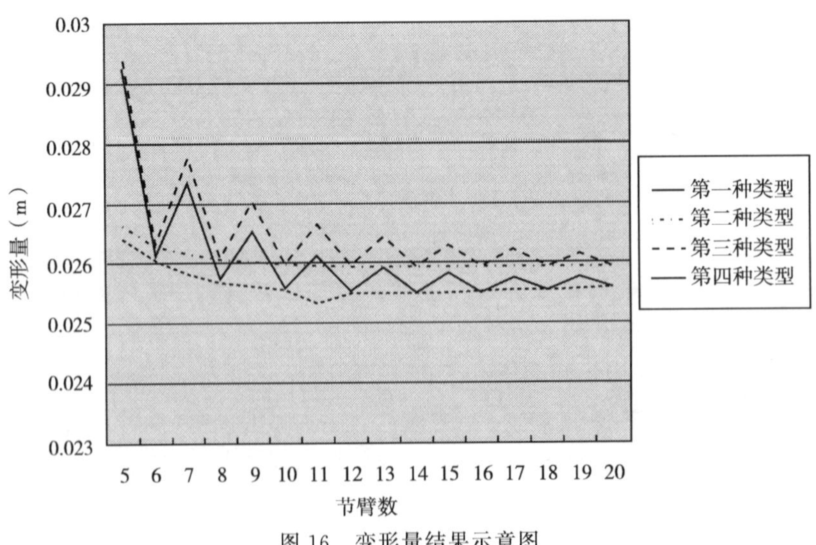

图16　变形量结果示意图

4 结论

经过以上桁架式桅杆的结构分析对比，YTR420 旋挖钻机桁架式桅杆在截面结构、腹管结构及弦管、腹管直径、壁厚等方面都进行了合理的选择与取舍。它的成功应用不但减轻整机重量，节约 40%左右的钢材，还减小了重力对桅杆油缸及其他结构件的影响，降低了桅杆油缸的选型规格。

旋挖钻机趋向两极化的趋势日益明显，特别是大型旋挖钻机的研发，使用桁架式结构并选择合理的结构形式，可使整机更加轻量化，节约钢材的同时提高了旋挖钻机性能。

参考文献

[1] 黎中银，焦生杰，吴方晓. 旋挖钻机与施工技术［M］. 北京：人民交通出版社，2010.

[2] 陈建忠. 旋挖钻机结构分析与发展［J］. 交通科技与经济，2008（3）：77-78.

[3] 赵伟民，冯欣华，姜文革，等. 旋挖钻机常用钻桅截面结构的有限元分析［J］. 建筑机械化，2006（12）：39-42.

[4] 秦四成，姚宗敏. NR22 型旋挖钻机桅杆的有限元分析［J］. 工程机械，2007，12（38）：11-15.

行走工程机械液压油箱的设计

徐丽丽　张小宾
（北京南车时代机车车辆机械有限公司）

摘　要：详细介绍了行走工程机械液压油箱的结构，油箱附件的功能与安装位置以及油箱的材料和表面处理。

关键词：液压油箱；附件；结构

由于行走工程机械具有移动性的特点，所以其液压油箱的设计与普通液压油箱设计有所不同。

1　油箱容量的确定

油箱的总容量包括油液容量和空气容量。油液容量是指油箱中油液最多时，即液面在液位计的上刻线时的油液体积。为了更好地沉淀杂质和分离空气，油箱的容量（液面高度只占油箱高度80%的油箱容积），在最高液面以上要留出等于油液容量的10%～15%的空气容量，以便形成油液的自由表面，容纳热膨胀和泡沫，促进空气分离，容纳停机或检修时自重流回油箱的油液。

油箱容量的大小与液压系统工作循环中的油液温升、运行中的液位变动、调试与维修时向管路及执行器注油、循环油量、液压油液的寿命等因素有关。

为了更好地沉淀杂质和分离空气，油箱的有效容积（液面高度只占油箱高度80%的油箱容积），行走工程机械一般取为液压泵每分钟排出的油液体积的0.5～1.5，也就是必许保证有足够的油。一般采用经验公式：

$$V=(1.2\sim1.25)\times(0.2\sim0.33)\times(Q_b+Q_g)$$

式中　V——油箱的有效容积（L）；

Q_b——液压泵的总额定流量（L/min）；

Q_g——液压油缸的容量（L）。

对于行走工程机械，由于油箱的容积比较小，其散热只占一小部分，油液主要靠风扇进行冷却，因此对于油箱的容积只需要验证液压油缸在全伸状态时，油箱的液面不低于最低液位，液压油缸在全缩状态时，油箱的液面不高于最高液位。

2　行走工程机械油箱的结构设计

2.1　基本结构形式

行走工程机械上所应用的油箱大部分是利用折边机折弯成形。箱底面及端部，以及箱底面和侧面分别折成U形断面，再焊好加油口和中间隔板等附件后，扣合拼焊而成。这种结构的液压油箱具有以下优点：下料精度要求不高；对原材料机械性能适应力强；折边部位可随意调整，适合多品种小批量生产；不用模具，大大节省了费用，缩短了生产周期等等。

箱壁上一般要安装清洗孔（当箱顶与箱壁为不可拆连接），清洗孔也可安装在油箱顶部，清洗孔的数量和位置应便于用手清理油箱所有内表面。清洗孔法兰盖板应该能由一个人拆装。法兰应配有可以重复使用的密封件。

为了便于油箱的搬运，应在油箱的四角的顶部或箱壁焊接吊耳。

箱底部最低点应设置放油塞，以便油箱清洗和油液更换。为此，箱底应朝向清洗孔和放油塞倾斜，倾斜坡度通常为1/25～1/20，这样可以使沉积物聚集到油箱中的最低点。

为了延长油液在油箱中的逗留时间，促使油液在油箱中的循环，从而更好地发挥油箱的散热、除气、沉淀等功能，需要在油箱内部设置隔板，隔板高度最好为箱内液面高度的3/4，隔板下部应该开有缺口，隔板与油箱内表面之间的焊接方式应该采用满焊。隔板的设置给油箱内部清洗带来一定的困难，在清洗孔和放油口的设置上应作相应的考虑。

对于行走工程机械液压油箱设计还应该注意的几个问题：

（1）重量的平衡，保持整车合适的重心；

（2）良好的散热，确保油温不太高，因此要考虑安装的位置，整车的通风道设计；

（3）要考虑工况，防止油液漏出或者外界恶劣环境中脏东西的进入，比普通系统要求更苛刻；

（4）充分考虑布局，形状不一定规则，和相邻的部件要协调。

2.2 油箱附件（见图1）

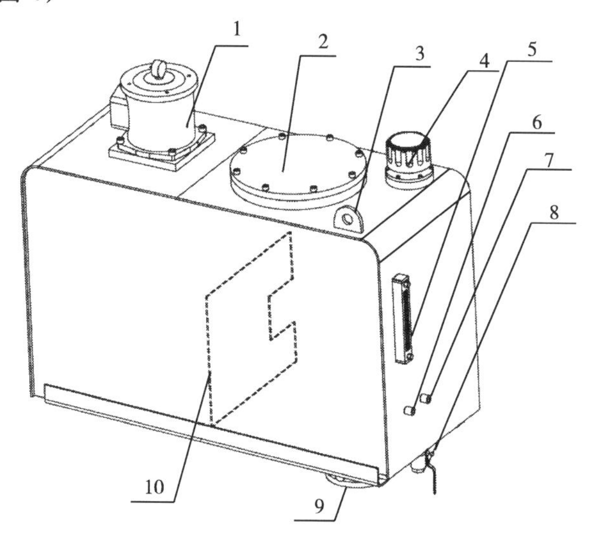

图1 油箱附件

1—回油滤油器；2—清洗孔盖板；3—吊耳；4—空滤器；5—液位计；
6—液压传感器接头；7—温度传感器接头；8—放油阀；9—吸油口法兰；10—隔板

（1）空滤器

空滤器设置在箱顶上，空滤器通常和注油口为一体结构，取下空滤器可以注油，空滤器精度最小应为40μm，其流量应为液压泵流量的1.5～2倍。空滤器与油箱顶的连接采用法兰式连接，法兰直接焊接到油箱顶上，空滤器用螺栓或螺纹连接到法兰上。对行走工程机械，滤清器安放位置应考虑车辆爬最大坡度和下坡时不致使油液从其中溢出。

（2）液位计

液位计一般安装在油箱侧壁靠近注油口的位置，以便在注油时观察液面。液位计的下线至少应比吸油过滤器或吸油口上线高出75mm，以防空气吸入。液位计的上刻度线对应着油液的容量。液位计与油箱的连接处有密封措施。另外根据需要，液位计也可选择带有温度计的结构。

（3）过滤器

保持液压油的清洁是液压系统正常工作的必要条件。当液压油中存在杂质时，这些杂质轻则会加速元件的磨损、擦伤密封件，影响元件及系统的性能和使用寿命；重则堵塞节流孔，卡住阀类元件，使元件动作失灵以至损坏。过滤器的作用就在于不断净化油液，使其污染程度控制在允许的范围内。

1）吸油过滤器

吸油滤油器一般做保护型过滤器用，用来保护液压泵不被较大颗粒污染物所损坏。常常安放在液压油箱的里面液压泵的吸油管路上，吸油滤油器的过滤精度一般选择在40～125μm较合适。但是，在泵吸油口安放过滤器后，一定会使吸油阻力增加。有些变量泵，特别是某些负荷敏感泵，其吸油口的真空度是有严格要求的。为了达到所需的真空度要求，不装吸油滤油器。如果要使用吸油过滤器，最好用自封式或装在油箱的上平面上，在较好的环境条件下，不建议使用吸油过滤器。

另外，液压油箱结构合理、清洗方便，能保证液压油箱较高的清洁度，也能保证泵不受大颗粒污染物的损害。

2）回油滤油器

回油滤油器一般做工作型过滤器用，常选用精滤器。回油过滤器要足够大，必须保证油液的出口始终淹没在液面以下，以防产生泡沫。因为系统的最大回油流量可能大于液压泵的流量。选用箱顶上安装的回油过滤器时，可简化管路，更换滤芯也比较方便，但必须用带有滤芯堵塞指示器的过滤器。

2.3 油箱上管路的配置

（1）吸油管和回油管

液压系统的吸油管和回油管要尽可能地分开，分别进入由隔板隔开的吸油区和回油区，管端应加工成朝向箱壁的45°斜口，这样既可以增加开口面积，又有利于沿箱壁环流。为了防止空气吸入吸油管或混入回油管，以免搅动或吸入箱底沉积物，管口上缘至少要低于最低液面75mm，管口与箱底、箱壁距离一般不小于管径的3倍。

吸油管前建议安装粗过滤器，安装位置要便于装卸和清洗过滤器，以清除较大颗粒杂质，在回油管上安装精过滤器，以滤除细微颗粒杂质，保护液压元件。

回油管应插入最低液面以下200mm，以防止回油冲入油液使油中混入气泡。

（2）泄油管

泄油管应尽量单独接回油箱并在液面以上终结。如果泄油管通入液面以下，要采取措施防止出现虹吸现象。

3 油箱的材料和表面处理

油箱应有足够的刚度和强度。油箱一般用2.5～4mm的钢板焊接而成，尺寸大的油箱要加焊角板、筋板以增加强度。油箱的箱顶、箱壁、箱底和隔板的常用材料为Q235A钢板，也可用不锈钢，吊耳常用材料为35钢。外壁如涂上一层极薄的黑漆（不超过0.025mm厚度），会有很好的辐射冷却效果。铸造的油箱内壁一般只进行喷砂处理，不涂漆。对油箱内表面的防腐处理要给予充分的注意。常用的方法有：

（1）酸洗后磷化。适用于所有介质，但受酸洗磷化槽限制，油箱不能太大。

（2）喷丸后直接涂防锈油。适用于一般矿物油和合成液压油，不适合含水液压液。

（3）喷砂后热喷涂氧化铝。适用于除水－乙二醇外的所有介质。

（4）喷砂后进行喷塑。适用于所有介质。但受烘干设备限制，油箱不能过大。

（5）考虑油箱内表面的防腐处理时，不但要顾及与介质的相容性，还要考虑处理后的可加工性、制造到投入使用之间的时间间隔以及经济性，条件允许时采用不锈钢制油箱无疑是最理想的选择。

4 结论

在工程机械液压系统的设计中，液压油箱的设计起着至关重要的作用。液压油箱在液压系统中的主要作用为储油、散热、分离油中所含空气及消除泡沫及沉淀液体介质中的杂质等作用。油箱设计的好坏直接影响液压系统的工作可靠性，尤其对液压泵的寿命有重要影响。因此，合理地设计油箱是非常重要的。

参考文献

[1] 范存德．液压技术手册[M]．沈阳：辽宁科学技术出版社，2005.

[2] 张利平．液压站的设计与使用[M]．北京：海洋出版社，2005.

新型螺旋钻机浅成孔施工技术

辛 鹏　张小园

（江苏泰信机械科技有限公司　江苏无锡　214100）

摘　要： 基础施工中的浅桩施工一直是困扰施工的一大难题。目前来说主要采用人工挖孔、挖掘机挖坑（电线杆类等的安装）、手持式挖孔机以及拖拉机改装钻孔机等，这些设备简单，成孔深度有限，成孔质量差，并且成孔速度慢，效率低下，拆装不方便，不能有效发挥设备的一机多用。在人工成本愈来愈高的今天，已经不能满足目前的施工所要求的施工质量好、效率高的要求。螺旋钻机施工成孔效率高、成孔质量好、安装维修方便，能满足施工要求。

关键词： 螺旋钻机；浅桩；施工

浅桩的施工目前在工民建基础施工中占据越来越重要的地位。从水泥电线杆、路灯杆的钻孔，太阳能光伏发电中太阳能板支架的钻孔，到植树造林、篱笆的钻孔，再到防风沙墙基础施工的钻孔，还有房屋的地基的钻孔等等。随着浅桩施工的用途范围越来越广，对于浅桩施工的要求越来越高，并对施工的设备提出越来越高的要求。主要有：

①成孔速度快；

②成孔的质量高；

③设备维护方便，操作简单；

④产品的适应性好。

目前国内施工的主要是人工挖孔，或者手持式人工钻孔；简易的改装钻孔机人工挖孔或者钻孔。

不足之处：工作效率低；人员劳动强度大；施工的直径、深度范围有限；成孔的质量低等，并且随着人工成本越来越高，这种钻孔的施工成本肯定会越来越大。

简易的拖拉机改装钻孔机。

不足之处：设备的使用范围有限，不能实现多种地形的施工，设备移动不方便；设备的钻孔的扭矩小和速度低，设备施工的直径、深度范围有限，这样导致施工工作效率低，但比人工高。设备不能满足钻孔入岩要求。

螺旋钻机是一种适合浅桩施工的最有利设备，它具备成孔速度快、成孔质量高、设备维护方便、操作简单、产品使用范围广等优点。目前广泛应用于电力、电信、市政、公路、建筑、林木、光伏电站、防风墙等各种地质土层上的柱杆、木桩、桥墩、林木等钻孔工程，可以实现多功能施工的特点，设备施工效率高，能适用于填土层、黏土层、粉土层、淤泥层、砂土层以及含有部分卵石、碎石的地层。采用岩芯钻头还可以嵌入岩层。

螺旋钻机作为挖掘机的附属装置，目前挖掘机在国内市场上保有量越来越多，并且挖掘机的技术越来越成熟，但是挖掘机的附属装置有限，作业的形式单一，目前主要是挖土和破碎锤破碎作业。

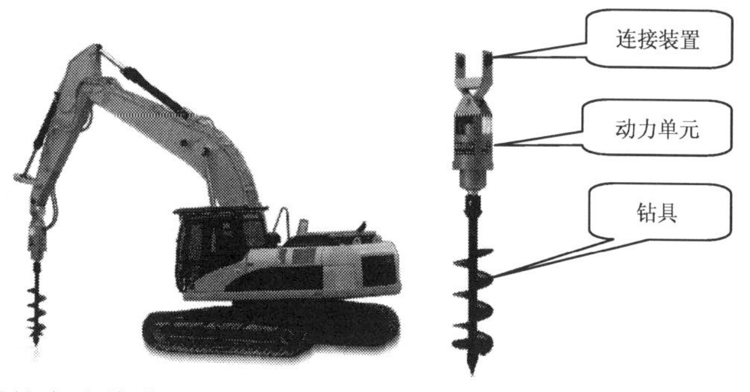

螺旋钻机主要是由连接装置、动力单元、钻具组成。

其中连接装置主要是将螺旋钻机与挖掘机连接在一起。动力单元主要采用低速大扭矩马达再配合减速机可输出强劲动力。钻具的可挖掘直径和深度范围广，钻头可以采用岩芯钻头，钻入岩层。

螺旋钻机主要与挖掘机相连，以挖掘机为动力源挂载螺旋钻机，是全液压驱动式螺旋钻机，操作简单，安装方便迅速，与挖掘机用销轴机械联接，液压部分仅需两根胶管联接；驾驶员只需在驾驶室一个人就可以完成钻孔施工作业，利用挖掘机上自有的动臂油缸和斗杆油缸进行钻孔作业，来实现对孔的位置的调节；流量、压力在一个很大的范围内实现可调节，适合大功率钻孔施工工作。挖掘机应用范围十分广阔，在施工工地使用频繁，市场保有量大，产品成熟稳定。螺旋钻机的使用，使挖掘机实现多功能化，并大大提高工作效率，缩短施工周期；而手提或手推式挖坑机虽重量轻且便于操作，但挖坑直径和挖坑深度大大受限。

根据是否配有减速机，螺旋钻机分为两种：一是全液压驱动式螺旋钻机，二是马达与减速机联合驱动式挖土钻。一般中小孔径施工的螺旋钻机采用全液压驱动式螺旋钻机，所配合的挖掘机以中小型挖掘机为主；而大孔径施工的螺旋钻机是以马达与减速机联合驱动式为主，所配合的挖掘机以中大型挖掘机为主。

以江苏泰信机械生产的螺旋钻机为例：

技术参数	
挖机吨位 Excavators	6~13 t
额定输出扭矩 Torque	6000 N·m
额定工作压力 Pressure	140 bar
流量范围 Oil flow range	65~135 L/min
螺旋钻头直径范围 Auger diameter range	150~600 mm
转速范围 Speed of rotation range	5~35 RPM

注：钻孔深度由与之相联的挖掘机决定

中小型 KA600 螺旋钻机

技术参数	
挖机吨位 Excavators	≥16 t
额定输出扭矩 Torque	20000 N·m
额定工作压力 Pressure	180 bar
流量范围 Oil flow range	≥150 L/min
螺旋钻头直径范围 Auger diameter range	150~1200 mm
转速范围 Speed of rotation range	15~25 RPM

注：钻孔深度由与之相联的挖掘机决定

大型 KA2000 螺旋钻机

正在施工中的 KA600 螺旋钻机，施工地点湖南长沙，钻孔用于种植茶树，孔径为400mm，钻深 1.8m，平均钻一个孔需要 3 分钟，成孔质量好。

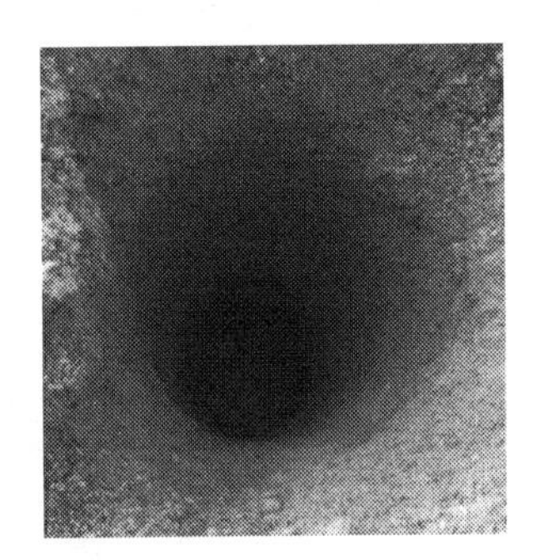

总之，螺旋钻机在浅桩具有很大的优势，具有成孔效率高、成孔质量好等优点，设备结构简单，易于维修，操作方便，能大大降低操作者的劳动强度。由于与挖掘机的配合，使得钻孔施工能够在全天候下作业，受恶劣天气等外界不利环境的影响降到最低；同时不再受到地形等地质条件的限制，大大增加了钻孔施工的范围，并能大幅度缩短工期，加快施工进度。钻具的合理选择，可以实现入岩施工和在冻土层上施工。

结论：螺旋钻机在浅桩施工中具备其他设备无法比拟的优势，与挖掘机相联接，增加挖掘机的一机多用的特性，扩大钻孔施工的直径、深度的范围，把受天气、地形等不利条件施工的影响降低到最小，是浅桩钻孔施工的最佳选择。

参考文献

[1] 马锁柱，张海秋．钻探工程技术．郑州：黄河水利出版社，2009.

[2] GB50007－2002 国家标准建筑地基基础设计规范．北京：中国建筑工业出版社，2002.

[3] GB 50021－2001 岩土工程勘察规范.

电气自动控制系统在桩机设备上的应用

欧新勤　李素俊

（广州卓典鑫懋电气工程有限公司　广东广州　510440）

摘　要：本文关于桩机电气自动化操作系统及其原理具有首创性。它扼要介绍了桩机动力头电机、动力头跟加压同步、动力头恒扭矩、加压恒扭矩等问题的相关解决方案，特别是在低速情况下。基于此，我公司创建了与之结果相匹配的自动化操作。通过在实际工程中的运用，不仅取得了理论与实际操作结果的对比资料，而且对桩机的合理性、优越性、可行性、简易操作性、稳定性、经济节能性、环保性等进行了合格验证。目前，已在全国广泛推广。

关键词：自动化系统；同步控制

0　引言

长螺旋钻机是完成钻孔灌注桩的一种桩工机械。随着经济和科学技术的发展，城市中出现了越来越多的高层建筑和超高层建筑，对地基的承载能力要求越来越高，排土类型桩产生大量的泥土会增加节能减排的负担压力，已引起工程界的关注。另外，传统的桩机对土层施工的适应性单一，不能很好地对动力输出环节进行控制，电机不同步影响扭矩输出，大部分都在非同步状态下损耗掉，导致钻杆掩埋深土层内，动力输出不够，无法将其取出，甚至因动力不足不能满足国家设计的桩深施工要求，造成成桩的桩基承载力达不到要求，严重影响其成桩效率和质量，直接造成巨大经济损失及资源的浪费，从而大大降低了生产效率和生产质量。

1　概述

长螺旋钻机、新型螺杆桩机及新型挤扩桩机是一种通过嵌入电气自动化控制系统，为提高工作效率而输出大扭矩动力头带动钻杆钻头向地下快速干式钻进成孔的打桩设备，立柱采用筒式或方式结构，三点支承，该钻机按国家标准进行设计生产。

2　自动化系统的方案设计

电机驱动的桩机自动化控制系统有着核心的地位，传统电机驱动的桩机如 CFG 等，都是简单落后的接触器控制，对电机力矩的使用效率比较低，动力头两个电机存在不同步，致使一部分扭力相互抵消，降低了动力头扭矩输出，且存在低速时扭矩相当低的现象，不能实时监控打桩过程的数据。因此，有必要在桩机内嵌入智能化的自动控制系统，提高设备的打桩效率以及用打桩数据控制成桩质量。

3 系统同步控制原理

如图 1 所示，桩机上部两台电机（M1，M2）为动力头，并联结构方式，同时作用并带动螺杆，两电机的转速与力必须同步，否则影响机构正常工作。经我们对 590 直流调速器 1（控制 M1 电机）和 590 直流调速器 2（控制 M2 电机）的内部进行周密同步程序运算，同时在 PLC 精密的逻辑控制下，才给予钻杆动力（旋转与进给）。钻杆将动力头的加/减速、泥土压力及阻力的变化信号传送到 PLC 内部，PLC 对这些数据进行周密的运算处理，从而使整个设备上面的电气元件有相应的动作来完成整个控制。人机界面和 CPU 联合控制逻辑和运算，操作简便、清晰，能够时刻扫描动力头和卷扬的电流及出力情况，并能记录、储存及打印管理。这种尤为人性化的设计，给施工者和单位等带来较大的方便，同时也大大提高了设备的安全系数。电气控制实物图如图 2 所示。

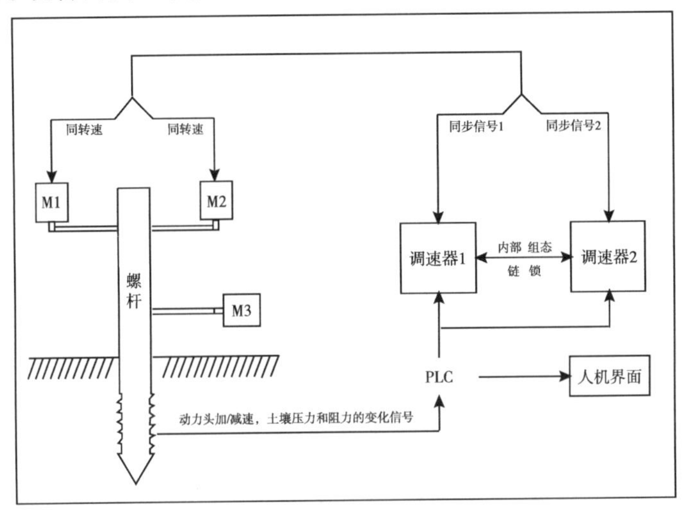

图 1 同步控制示意框图

4 系统特点

图 2 电气控制实物图

（1）动力头双电机高精度扭矩同步，大大地减少了扭矩的损耗，提高了有效的输出扭矩。

（2）主卷扬提高钻杆打桩及退桩的上下移动速度，在 PLC 程序的智能控制下，打桩/退桩能同步保持在一定的限速下工作，保证了与混凝土泵送速度一致，提高成桩的质量。

（3）实时记录施工过程中的数据及各个部分的工作状态，操作人员能实时通过监视电机的电流情况从而了解地层的大致状况，与地勘的资料进行对比分析，形成更准确及有效的现场施工方案。

地基处理

液化闸基地基处理方案剖析

刘光华[1]　许厚材[2,3]

（1. 北京市水利规划设计研究院　北京　100048；
2. 北京城建五建设工程有限公司　北京　100029；
3. 北京城建集团有限责任公司　北京　100088）

摘　要：水工闸结构类型多，既有高荷载偏心闸室翼墙，又有延长渗径的护坦、消力池等结构，承载及渗透为主要地基要求，单一地基处理方法难以满足要求，需多种地基处理联合使用。本文针对液化闸基的地基处理方案，从地基处理桩体材料性状、置换能力角度，进行技术、安全可靠等方面深度分析，结合闸结构要求，提出振冲碎石桩、素混凝土桩综合地基处理方法。经过检测达到消除液化，提高承载能力，满足结构荷载、渗流及渗透变形要求。

关键词：液化；地基处理；复合地基；振冲碎石桩；素混凝土桩

1　引言

地基处理是利用工程技术措施对地基土体进行加固，改善地基土的工程力学特性，主要为：降低地基土的孔隙率和压缩性；提高地基土的抗剪强度；改善地基土的透水性；改善地基土动力特性，提高抗震性能。

地基处理主要工作就是地基处理方法的选择与设计施工。对于地基复杂、工程地质问题较多的场地，须详细分析地基土的地质成因、地基土物理力学性质、地基土组合状况及性质、水文地质条件等，还需考虑施工对邻近建筑物可能产生的影响等[1]。概述地说，地基处理方法的选择主要考虑场地的工程地质条件、结构形式及对地基的要求、环境条件等。

闫明礼、张东刚等研究员对建筑工程的地基处理、复合地基研究成果颇丰，工程实践也广泛，北京地区采用复合地基的工程也较多，但由于水利工程与建筑工程地基要求有所不同，特别是结构荷载的偏心、结构内外水位的骤变、地基土体渗透变形破坏等，水利工程的地基处理方案选择及设计与建筑工程地基处理有更多的侧重点，考虑得更全面、复杂。多种地基处理的联合使用既能解决地基液化又能较大提高地基承载力。

本文针对潮白河流域上的某水利工程闸，主要为液化砂土地基，且地基承载力不满足闸基结构荷载要求，根据地基处理要求确定复合地基的桩体材料性状、桩体作用，剖析闸基的地基处理方案。

2 复合地基方案与水利结构适宜性分析

平原河流上闸基主要的工程地质问题为地基土均匀性、地基承载力不足、砂性土液化、渗流及渗透破坏变形等，为此在分析闸基地基处理方案时需要综合砂土液化、地基承载力、渗透变形等。

根据地基处理形成复合地基的桩体材料性状、桩体置换能力作用，划分为高粘结强度桩复合地基、一般粘结强度桩复合地基、散体桩复合地基三大类[2]，其桩土应力比值逐渐变小，桩体承担的荷载份量逐渐变小。

根据复合地基分类，结合水工闸结构荷载、渗透等特征，剖析闸基地基处理的适宜性。

2.1 高黏结强度桩复合地基

主要以素混凝土桩、CFG桩、钢板桩等增强体为主形成的复合地基，桩体置换作用大，桩土应力比达到无穷大（桩体周边土体提供侧向摩阻，桩端土体提供垂向承载），桩长及桩端土体力学性质对复合地基承载能力影响程度大。场区存在液化砂层须考虑液化层的负摩阻力。高粘结强度桩体承载能力大，形成复合地基时褥垫层应采用较大厚度以适应桩土应力分配。

对于闸室及翼墙承受荷载较大的闸结构，采用高粘结强度桩复合地基是科学、合理可行的地基处理方案，但对于闸基上游铺盖及下游消力池及海漫，结构荷载较小，对地基承载力要求不高，高粘结强度桩复合地基处理方案显然是不符合实际要求的。

另外，高粘结强度桩复合地基对改善场地的地下水渗流场的效果弱。

2.2 一般黏结强度桩复合地基

以水泥土桩、旋喷桩、石灰桩等地基增强体形成的复合地基。整个复合地基承载力是由桩体及原状土两者共同提供承载力的，充分利用桩间土的承载能力，桩体承载能力考虑到桩间土体提供侧摩阻力及桩端底土层提供承载力，其桩土应力比远小于高粘结强度桩复合地基。这种增强体组成的复合地基需通过一定厚度的褥垫层来调节桩土应力比，充分发挥桩间地基土的承载能力，使复合地基承载结构荷载合理，地基变形小而均匀。地基处理方案显然有很大优化空间。

对于筏板基础，结构荷载不是很大情况下，一般粘结强度桩复合地基能达到水利工程结构荷载要求。对于结构荷载大、超高层建筑物等，由于复合地基承载力是由桩体及原状土两者共同提供，显然是很难达到很大承载力要求[3]。

一般粘结强度桩与地基土形成的复合地基也无法改变场地地下水的渗流场。

2.3 散体桩复合地基

如振冲碎石桩、砂桩等增强体，主要解决地基砂层液化，同时达到提高地基土层的承载力要求。散体桩提供承载力的作用机制主要依靠周围土体的约束接受基础结构的垂向荷载，桩端土体承载能力对复合地基承载能力影响不大。散体桩体本身不存在粘结强度，主要以一定深度的压涨区来承担荷载及分散荷载，桩间土对复合地基承载能力影响大，桩体置换作用小。复合地基桩土应力比为2～3，一般不超过4。压涨区以下桩体承担荷载收敛很快，扩散荷载效果差，提高桩长对复合地基提高承载能力不大，即便是桩端为密实的土体。

对于水工建筑物闸基来说，闸门启闭水位骤变，使得闸区地下水位变化大而快，人为控制影响大，地下水流场结构变化大（包括流向、流速等），对地基影响大。渗透变形破坏是水利工程中一个重要的工程地质问题，是与房屋建筑工程的重大区别之一，因此是地基处理方案设计时必须考虑的一个问题。

根据渗流及渗透变形理论，闸基采用散体桩复合地基时，碎石散体桩材料被振冲或挤密加入地基土体后可能改变地基土层渗透特性，进而影响地下水渗流场，改变渗流势（流线及等势线）。由于粗颗粒碎石填入，还可能造成渗透变形类型、形式的改变（由流土向过渡型、管涌型转变），主要影响因素为原状土体及散体桩材料组合后的颗粒级配问题。在级配均匀的砂性土地基中，散体桩复合地基形成后颗粒级配的不均匀系数变大，渗透变形形式极有可能由流土型转为管涌型，复合地基本身比原状土层允许水力比降变小，而闸门的启闭，水位骤升、骤降，随之渗流场的水力坡降骤然增大，造成工程防渗措施改变及投资增大。在流场水力比降大的区域采用散体桩复合地基应采用具有一定级配的散体桩材料并做好反滤层。

另外，散体桩复合地基中地下水在散体桩碎石中渗流速度相对较大，进入挤密的原状土中，地下水的渗流速度减少，而使得水流的流体内部压力增大，也就是孔隙水压力增大，减少有效应力，消弱抵抗液化能力，这主要靠垂直排水能力来解决，即散体桩布置性（桩径、桩间距）。

3 闸基工程地质概况

闸址区位于潮白河河流冲洪积平原。河道两岸地形较为平坦，地面高程为15～17m。地貌单元呈现为河流切割及沉积特征。

根据野外勘探结果，土质鉴别、孔内原位试验及室内土工试验结果，得出各土层的岩性及物理力学性质，见表1及图1所示。

根据现场原位标准贯入试验及室内土工试验分析成果，结合工程地质剖面图，进行综合工程地质分析，闸址场区存在如下主要工程地质问题：砂性土振动液化、地基土均匀、地基承载力不足、渗漏及渗透变形[3]。

表1 土体物理力学性质表

岩土名称	压缩模量（MPa）	内摩擦角（°）	承载力（kPa）	备注
粉土	$E_s=5$	20	110	
粉细砂	$E_0=4$	20	100	$\omega_N=12\sim22$、$\omega_{Cu}=2.0\sim3.7$
细砂	$E_0=7$	26	160	$\omega_N=23\sim35$
粉黏	$E_s=6.5$	20	150	
中砂	$E_0=10$	28	250	$\omega_N=32\sim50$

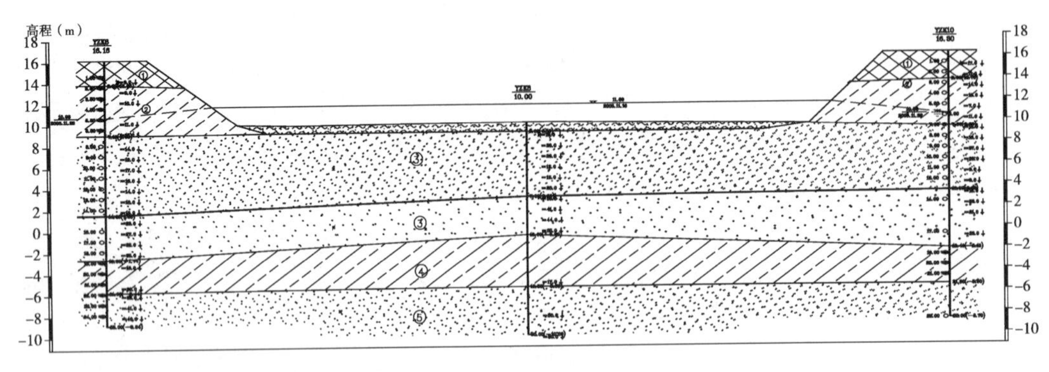

图1　闸基工程地质剖面图

4　闸基地基处理方案研究

根据上面对地基处理方案分析，结合闸基具体的工程特征，考虑到闸址场区主要工程地质问题是砂土液化、地基承载力不足及渗流渗透破坏，地基处理应针对性进行方案选择与设计。

砂土液化是受地震、渗流等影响饱和土体中孔隙水压力的上升，土体中的有效应力及抗剪强度减至零，成为类似液体状态的现象。产生及积累孔隙水压力是产生液化的本质因素，对砂土层不产生超孔隙水压力基本上是不可能抑制防止，只能是采取换填、夯实等措施以减少产生孔隙水压力；减弱或消除液化就得从孔隙水压力积累着想，高粘结强度桩及一般粘结强度桩桩体都无法达到消除和减弱孔隙水压力的积累，对于深厚的松散、稍密的砂土层场区，选用碎石散体桩材料作为排水通道，能及时排走孔隙水，降低或无法积累孔隙水压力，达到消除液化。

地基承载力不足，不改变原状地基土的物理力学性质只有加入增强体形成复合地基，调整面积置换率达到设计结构承载力要求，在不同的荷载分布情况下，可以局部调整置换率，采用多种桩体布置形式以达到基础应力分布均匀合理。综上所述，对于该具体的工程类型及工程荷载、工程地质条件等因素约束，选用振冲碎石桩消除砂土地基液化势，并联合素混凝土桩提高承载力的地基处理方法。

针对渗流渗透破坏，渗流主要靠延长渗径考虑，选用碎石散体桩复合地基时，在水流场逸出段，水力比降大应采用具有一定级配的散体桩材料，并适当做好反滤，防止因渗透变形类型的改变造成渗透破坏。

5　闸基地基处理设计

闸基闸室、翼墙段设计结构荷载较大，场区要消除地基的液化外，地基持力层还需要较大幅度提高地基承载力。用碎石桩可消除液化，承载力远达不到要求，此时可将碎石桩和素混凝土桩联合使用。除闸室部分外采用碎石桩主要消除场地液化问题，闸室基础联合使用碎石桩和素混凝土桩，先施工碎石桩，后施工打素混凝土桩，对桩间土都有良好的挤密效应。碎石桩作为良好的排水通道，可避免地震荷载在土体中引起超孔隙水压力的积累，素混凝土桩起置换作用，有效传递垂直荷载能力，可满足结构更高承载力要求。实际上，在动荷载作用下，素混凝土桩在复合地基中桩体作用显著，桩体的动刚度大于桩间土的动刚度，桩体承担较多的动剪应力，桩体在复合地基中起到减震效应，从而提高了抗液化的能力，所以散体碎石桩和高粘结强度素混凝土桩的联合作用消除液化势的可靠性高，提高承载力能力更大。

在确定地基处理方案后，主要进行地基处理设计工作，其主要工作内容为一般区域可根据消除液化结合地基承载力要求确定碎石桩的直径、间距、深度；闸室、翼墙段设计结构荷载大区域，根据振冲碎石桩复合地基的桩间土承载能力及结构荷载要求确定高粘结强度素混凝土桩桩径、间距、深度。

碎石桩直径一般为 400～800mm，处理深度应达到液化层底部，深度一般不超过 8m。

碎石散体桩间距（即平面布置）：由于规程规范没有对处理液化振冲碎石桩间距作出明确规定，根据国内外研究人员的试验研究成果，特别是日本柳掘义秀等人室内排水桩进行模型试验研究，排水桩可大幅度降低砂土的液化势，消除超孔隙水压力，降低砂土产生液化的临界相对密度。美国教授 B. Seed、Booker 等人试验研究，液化砂基中设置一定桩径与桩间距比的砾石排水桩，地基的任何部位都不会产生液化[4]。根据液化试验研究，砂性土中设置 Φ800mm、间距 3200mm 的碎石桩，地基无法积累孔隙水压力，地基不会发生液化。从安全角度考虑，桩间距可取为 2500mm，碎石桩梅花形布置。

根据碎石桩复合地基的桩间土承载能力及结构荷载要求确定素混凝土桩的直径及间距，但素混凝土桩深度一般要求桩端进入密实砂层或硬塑的细粒土层，根据现场实际施工情况，结合工程地质剖面图综合判断确定处理深度，本工程素混凝土桩桩端选用底部中砂层。

碎石桩采用振冲施工方法，利用振冲器偏心转体产生水平振动，在振冲器周围砂土受循环剪切荷载作用产生预液化，土体颗粒在重力、上覆土压力及填料振动挤压的作用下重新排列分布组合，体积收缩，孔隙比减少，形成密实的砂土地基，提高桩间土密实度、承载力等。振冲施工方法进一步消除液化，提高承载力。

根据场区工程地质条件，结合闸基结构特征、结构荷载等综合因素，本工程闸基地基方案主要为碎石散体桩消除液化提高承载力，闸基及翼墙部分采用振冲碎石散体桩高粘结强度素混凝土桩联合使用形成复合地基改善地基工程力学特性，消除地基液化及较大提高地基承载力，满足工程结构荷载及地基稳定性要求。

在地基处理桩体上部铺填一层厚 30cm 的砾石垫层，砾石垫层既作与碎石桩体相连形成水平排水通道，又作复合地基褥垫层调节桩土应力比，垫层可自成抗振体系，对下卧土层起到减振效应，增强整个地基的抗震性能。

本工程地基处理设计参数见表 2，地基处理平面布置图如图 2 所示。

表 2　地基处理方案基本参数

桩体类型	桩径（mm）	桩间距（mm）	桩长（m）	复合地基承载力（kPa）
碎石桩	800	2500	8	160
素混凝土桩	400	碎石桩三桩中心	16	200～250

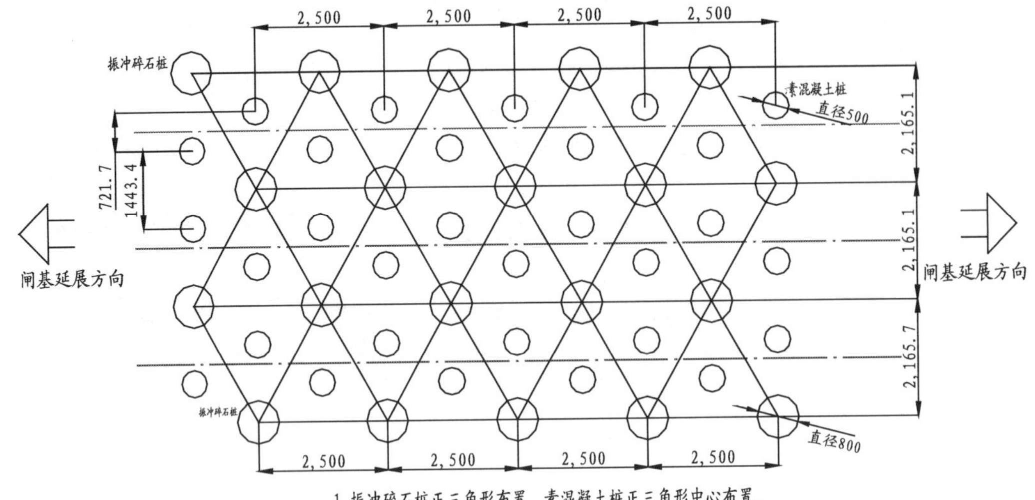

图 2 地基处理平面布置图

6 地基处理效果

闸基地基处理后进行原位测试，对桩间土进行原位测试试验，钎探击数普遍提高200%以上，密实度得到很大的提高。标贯击数一般为 23～40 击，提高 50%～100%，密实度达到中密以上，表明振冲处理后桩间土达到抵抗液化的能力。根据静载试验，素混凝土桩复合地基承载力达到 250kPa，满足闸室、翼墙结构荷载要求。

7 结论

碎石桩振冲施工能有效地改善地基土体的动力特性，消除砂土地基液化势，增强抗震性能，提高承载力。素混凝土桩高粘结强度桩体桩端进入密实砂层具有良好的传递荷载能力，能获得很高、可靠的承载力。振冲碎石桩与素混凝土桩联合使用地基处理方法消除液化和提高地基承载力起到很好的效果。砾石垫层作为复合地基褥垫层调节桩土应力比，砾石垫层对下卧土层起到减振效应，增强整个地基的抗震性能，又可为水平排水通道。水力比降大的区域采用散体桩复合地基应采用具有一定级配的散体桩材料并做好反滤层。

确定地基处理方案应根据场地工程地质条件、工程结构类型及使用要求等，还需考虑施工环境影响，两种地基处理方法联合使用应不发生互相减弱效应的现象。对于水利工程的地基处理应结合水利工程特有的工程特性，地基处理应与水工结构工程设计协调一致，对满足结构荷载要求外，还应考虑水利工程其他功能要求，综合考虑地基处理方法，满足水利工程结构对地基的要求。

参考文献

[1] 叶观宝，叶书麟，等．地基加固新技术［M］．北京：机械工业出版社，1999.
[2] 闫明礼，张东刚．CFG 桩复合地基技术及工程实践［M］．北京：中国水利水电出版

社，2006.

[3] 北京市水利规划设计研究院．闸基工程地质勘察报告 [R]，2012.

[4] Seed H Bolton，Booker R John Stabilization of Potentially Liquefiable Sand Deposits Using Gravel Drains [J]. ASCE，1977，103 (7)：757-768.

崛起世上的中国护珠斜塔
——"上海比萨斜塔"

赵锡宏[1]　陈德坤[2]
(1. 同济大学土木工程学院；2. 同济大学建筑设计研究院)

0 引言

前后历经200年才建成的意大利比萨斜塔，屹立900多年，斜而不倒，成为举世宠儿。中国学者和技术专家，曾多批多次参与抢救，提供纠偏方案。殊不知在自己眼皮下竟有一座比它的年龄更长，斜度更大的"护珠塔"，却少有人关注。护珠塔乃上海地区历史文化积淀的一颗明珠。本文试图初步探索此千年古塔斜而不倒之谜，为中国数千座现存古塔的保护、抢救提供借鉴。古为今用，并为今日高层建筑抗风制振提供启示！

1 护珠塔概况

护珠塔，位于今上海市松江区佘山镇天马山的中峰之右，建于北宋元丰二年（公元1079年），砖木结构，八角七级。南宋淳佑五年（公元1245年）重修，清乾隆五十三年（公元1788年）遭火灾，只剩下砖砌塔身。1982年经勘测确定，该塔顶部垂直线与塔中心相距2.27米，塔身向东南倾斜6°51′52″。火灾后历时199年，护珠塔竟出现斜而不倒的奇迹。1987年12月，护珠塔的加固修缮工作全面完成。

护珠塔的现状，如图1、图2所示。

图1　护珠塔正面

图2　护珠塔侧面

2 1980年代加固的利弊

2.1 利在“安全”

钢筋混凝土灌注“蟹脚撑”，似“蟹爪”向四面八方横向伸出，直接连结。1982年，护珠塔被列为上海市级文物保护单位，1983年成立的“天马山护珠塔修缮组”，确定“按现状加固，保持斜而不倒”的修缮方案；制订以民族传统建筑工艺和现代建筑相结合的科学修缮方法，采用我国传统修建古塔的工艺，并根据实际情况，采取横向层层加箍（先用竹木架支撑，扶住塔体；再在每层腰檐筑铁箍）；纵向面面加筋，从塔顶贯穿而下，使七层宝塔层层连接，到达塔基后，并与地下岩石，塔基和山岩结成一体，以支撑塔身，保持斜而不倒的奇姿，外貌不变，经测定，修缮后的护珠塔，可抗6级以下地震和10级以下风力。维修工作于1987年12月竣工，近30载斜而不倒。

应予指出：1982年经勘测确定，塔身向东南倾斜6°51′52″，1987年加固，2012年监测两次，结果表明有减少倾斜的趋向. 其原因正在进一步探讨中。

2.2 弊在文物价值大幅丧失

对比意大利比萨斜塔的慎重、循序渐进“纠偏”的思路和方案，我们则是“决心大、勇气足、方法先进”，“一劳永逸”，但文物价值丧失过半，现在游人看到的是一座已非原作，而是“拄着钢筋混凝土拐棍”的赝品斜塔，名为采用“民族传统建筑工艺和现代建筑相结合修缮方法”，实是违背“修旧如旧”原则。

但是，此次修缮并不意味着完全丧失全面、深入考察护珠斜塔历经数百年雨雪风霜（甚至地震）依然雄姿屹立之谜的机会。

事物是一分为二的，30年前，我们对于文物保护经验不足，理念滞后，有些问题想不到，当时能想到该方案，并有效实施，是当年技术人员、工匠师傅智慧的体现，也是领导的决心，确保这30年安然无恙。

3 向前看，求弥补之道

现在仍可从不同角度，多方面继续考察、分析、探索斜塔屹立千年之谜，包括：基础、结构、材料、地质、地理等方面。向前人、古代智人学习，古为今用！

先人对基础的处理和工艺技术值得今人取经，可惜，此塔的基础可能已面目全非，考证原作受阻，但对残存塔身和环境仍可考察。对于修缮前的塔基（包括基础和土基）需进一步查阅修缮前现存的相关地质勘探资料，或寻找补救措施。

护珠塔，在1980年代修缮之前，无任何保护，只有破坏，却能斜而不倒，值得深究！

3.1 塔身结构

护珠塔的建筑结构有特殊之处，现场考察可发现塔身是一个八角形、八面体结构，每层有四个塔门，隔面而开，而且每层的门，互相错开，不开在同一个方向的墙面上，有助于使每个没开门的墙面，像四条腿一样支撑着每一层塔身。每层墙面之间既相连又不全部承受一层的压力，使塔身受力均匀。

3.2 塔身材料（包括制作工艺）

护珠塔使用的材料是古代建筑常用的，用糯米烧成很黏稠的粥，打成浆，和石灰、砂子拌在一起制成的建筑材料，糯米料浆粘牢砌块（砖），具较强粘结力。塔身作为悬臂梁具一定抗弯折、抗拉能力，整体坚固，犹如现代钢筋混凝土结构。

古人在材料配伍、制作工艺等方面，都有独到之功。例如，近年考古发现的，元朝的能工巧匠，用瓷土加高岭土及用“铁高”“锰低”的材料配制的绘画原料，烧制出的青花瓷，被誉为百瓷之冠的绝世国宝；在法门寺周边发现的2000多年前古墓陪葬品，由新疆和田玉制成的玉衣，仍清白耀眼，等等。古人的巧夺天工之术，值得今人借鉴、取经。

3.3 地理环境

护珠塔位于上海市松江区天马山中峰（是“云间九峰”之一），周围群峰环绕，周边参天林木护卫，拦阻巨风袭击塔体，实为天助。

有一则神秘的传说，在塔的东面20米处，有一株古银杏树，相传是周文达所植，古树分枝呈龙爪状，向西扑抱塔身。当地老人云，此银杏树是山神之手，支撑着护珠塔，所以几百年来斜而不倒。可理解为树根固土，加固斜塔东南方基土，有缓解倾斜扩大之功。

3.4 建筑形体（屋檐 、廊道的“神助”）功能

1788年因火灾，毁尽木结构，如何重现木结构原形，只能靠联想，并参照周边古塔。江南一带，多为阁楼式，特别是上海地区，如上海龙华塔，见图3。

龙华塔系砖木楼阁式塔，八面七层，总高41.03m（自底层围廊地坪面算至塔尖），护珠塔应与它类似，可借鉴，进一步分析正在进行中。

图3 龙华塔

4 塔体倾斜源由

考察护珠塔倾斜源由，有助于探索中国古塔的保护和更合理、科学的纠偏方案。

4.1 挖宝说

据说几百年前，护珠塔塔底被挖出一个大洞（参考图1和图2）。这个洞三米见方，据说是一批盗宝贼听说塔里有宝贝（又传说是舍利子），利用漆黑夜晚，挖宝不止，在砖缝里发现唐代的通宝元宝，女子摸后得贵子。

此外，在一幅明代描绘天马山风景的古画中，护珠塔的形象垂直耸立于山间，说明护珠塔至少在明代时没有倾斜。那到底是什么原因使护珠塔倾斜成这样？根据挖宝说，似乎护珠塔倾斜的原因是挖宝引起的，但不可思议的是，塔身并没有向倾斜破损的西北大洞方向倾斜，而是向相反的东南方向倾斜。

也有另一说，后人在塔砖缝中发现宋代元丰钱币，遂不断拆砖觅宝，使塔底西北角砖身逐渐被拆去，形成2米直径的大窟窿。

4.2 斜坡说

早年参与护珠塔保护工作的中国著名古建筑专家杨家佑曾说：塔建在一个山坡上，从土层来讲，东南土深一点，西北土浅一点，那么，它的基础是一边硬一边软，为塔倾斜的最主要原因。另外，乾隆时期的大火对塔身破坏比较严重，进一步加剧了塔身的倾斜。

4.3　火烧说

“乾隆五十三年（公元1788年），护珠塔经历一场火灾，塔顶全部烧毁，木结构荡然无存。”据传说，护珠塔之所以会发生该次大火，也与塔藏舍利子有关。传说塔里埋藏舍利子后，人们都来朝圣，香火兴旺，到清代乾隆年间，朝拜时焰火掉入塔心里，造成火灾。烧去塔心木及扶梯、楼板等，塔梯、腰檐、平座也都被毁坏，仅剩砖砌塔身。现在塔身上截西南角留残木一段，便是明证。

4.4　纠偏说

传说，带有民间杜撰，用予求解已发生而未可知的现象，含戏说成分，开挖的洞在底层下部两个墙面上，开挖颇讲究，成拱形曲面，像是有意挖的，目的想纠偏，增加西北方向的变形，可是挖错位置，应略挖西北方基础下底土（土基）才是。可能开始时挖小洞，无效，继续扩大，仍无效，不敢再挖，乃成今日模样。

经受力分析，挖了大洞，成拱面，仍具“土拱”支撑作用，从其拱脚也可见。虽暂未伤大局，但引起塔体内部应力重分布，静载重心轴向东南移动，塔身逐步向东南方倾斜。这可能是塔身并没有向倾斜破损的西北大洞方向倾斜，而是向相反的东南方向倾斜的原因。

5　结论

考察护珠千年古塔，数百年斜而不倒的奥秘，追寻其倾斜源由、动因和发展，目的为承前启后，继承、发扬先祖的智慧，弥补其不足。我们已拟定相应规划，收集、整理、完善经得起考验的历史文献资料和进一步系统的科学实验。同时达到另一目标：通过研究、考察（修缮后动态）、全面“体检”（包括塔身上下，内外及下身周边）、论证，确认现塔的安全性，是否存在隐忧？并进一步采取维护、加固措施，为民众提供一个休闲、旅游、观光的好去处；研究可行性加固、修缮方案，再现历史遗存风貌，为上海地区增添一道历史、文化绚丽的风景线！

以上初步分析，作为探索，抛砖引玉！以引起各方关注，让被埋没的千年奇塔，扬名神州大地，漂洋过海！

此外，国内尚遗存古塔数千座（多数倾斜），需有组织有计划进行保护和抢救。仔细考察，了解地情、塔情，纠偏时，顺应古人匠师工艺思路，顺其自然，让病体逐步适应，顺序渐进纠偏，避免常用的“一边勤挖土，另一边作混凝土灌浆加固”的误导措施。

护珠塔大事记

1. 建造于北宋元丰二年(公元1079年)
2. 重修　（公元1245年）相隔166年
3. 灾害　（公元1788年）相隔543年
4. 加固　1987年　相隔199年
   动工　1984年　（1983成立修缮组）
   竣工　1987年12月

参考文献

[1]　上海市测绘院浦东分院. 上海市文物局（第二次）上海市13处古塔检测成果报告，2013.

[2] 乐平. 上海宋代护珠塔斜塔千年不倒之谜今解“佛教在线”. 2005.
[3] 陈海民. 上海市龙华塔保护建筑勘察及有限元分析，住宅科技，2012.

感 谢

作者在撰写本文过程中，得到上海市文物局李孔三处长，谭玉峰研究员，上海市测绘院浦东分院康明总工程师以及上海现代集团历史建筑保护研究院陈民生总工程师提供宝贵的资料和启迪，还有本组汤永净和袁聚云两教授的大力支持，深表谢意。

护珠塔与中国古塔歪而未倒之谜初探

陈德坤[1]　赵锡宏[2]　汤永净[2]　袁聚云[2]

（1. 同济大学建筑设计研究院　上海　200092；

2. 同济大学土木工程学院　上海　200092）

摘　要： 本文是上篇《崛起世上的中国护珠斜塔》的姊妹篇。现存古塔数千座，上海地区就有 13 个古塔，业界俗称“十塔九歪”，为何“歪而未倒”，本文试图解谜。

关键词： 中国古塔；歪而未倒；流变模型；黏弹对应性原理；流变参数；系统辨识；回归拟合

0　引言

中国古塔是古代高层建筑的典型代表，我国也是世界上建塔最多的国家，现存古塔数千座。这些古塔在结构、设计、施工和工艺等方面为中国和世界建筑史增添了光辉的一页，也为建筑界留下了许多启示和不解之谜。

现行有关古建筑保护的研究与探索，偏重于历史价值、艺术价值、观光价值等物质遗存本身的保护，这是必要的。本文（结合申请的课题）侧重在探索科学价值，特别是其非物质文化方面，追寻护珠塔等古塔倾斜源由、动因和发展，目的为承前启后，继承、发扬先祖的智慧，分析其思路和工艺实践、技术措施，弥补其不足，前行发展！

通过理论探索、实地考察、勘测、试验研究、各类物性参数的测定、修缮工艺等的可行性论证，在理论与实际相结合原则下，为探索再现历史遗存风貌作准备，将来为上海地区（有 13 个古塔）增添一道历史、文化绚丽的风景线！更好的体现其物质遗存的历史价值、艺术价值、观光和科学文化价值。

1　“十塔九歪”必然趋势

受力不均是古塔的最大隐患，危害尤甚是风力（包括可承受的中下地震等），在水平力作用下，作为悬臂梁的塔身受到水平剪力和弯矩的作用，传到基础，再传到地基，弯矩还将引起地基水平截面受力不均状态（一边压应力增大，另一边压应力减小），造成地基的不均匀沉陷。

即使没有水平力作用，塔身的自重或活载，也会有可能引起偏心，造成地基的不均匀沉陷。这样，势必引起塔身倾斜。此后，在各种状态下，一般说，塔身的倾斜将继续发展。

1.2 土质不均引起

地基下面土层，土质不均，土性差别，厚度差异等，在塔体及上覆垫层重力荷载作用下，土基相对较厚及软弱一侧产生较大变形，由于沉降变形差异，地基产生不均匀沉降，导致塔体的倾斜。

1.3 水患引起

即使在塔身未斜、荷载未变化的情况下，由于地下水位的变化，或雨水侵袭，也会引起地基的不均匀沉陷（与土质不均耦合叠加），引起塔体倾斜。

因此，“十塔九歪”乃必然趋势，只是迟早或程度而已。更确切说，“十塔十歪”。

以上定性初步分析，尚待试验验证、定量描述、公式演算，各种状态下各自所占权重和概率还需作进一步研究。

2 借助流变力学探索护珠塔及中国古塔屹立至今之奥秘

2.1 工程结构和材料的蠕（徐）变与回复

从流变学观点来看，一切材料都在变，都在流，“万物皆流，万物皆变”，在上帝面前，山在动，山在流，古塔也不例外。

在各种外部荷载激励下，塔体随时都在作竖向、水平运动（包括转动），但当外部激励消失后（例如风荷载），塔身也动，向相反方向回复（护珠塔的局部监测资料已显现此苗头），局部回复必然存在，这是缓解古塔斜而未倒的重要动因。

可采用以下两个流变模型，即Schwedoff模型（图1）和Burgers模型（图2）分别形象地表达了线黏弹性［Schw］体（也称三参量标准线性体或广义开尔文体、Merchant模型）、［Bu］体的蠕变与回复历程。这两种流变模型可用以反映古塔在地基受力过程中的流变行为。

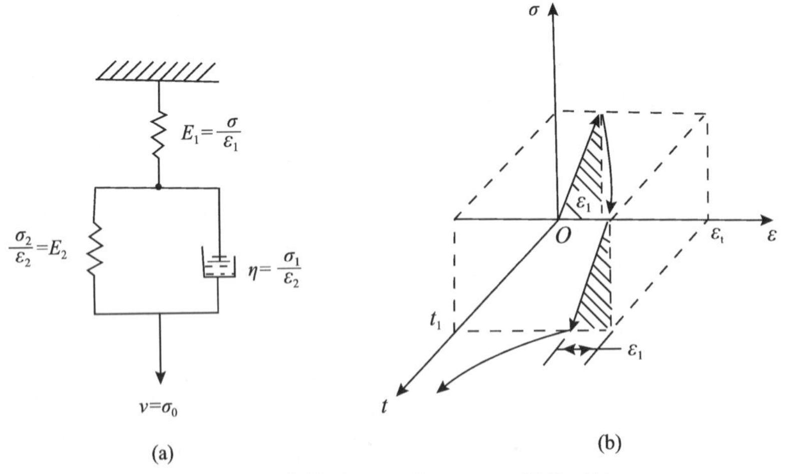

图1 三元件模型（a）和σ-ε-t行为（b）

塔体在可允许水平荷载（特别是风荷载或中下地震等）作用下，如上面所述，此水平荷载还将引起弯矩，并传给下部结构的基础和地基，弯矩将引起地基法向应力分布不均、地基变形不等以及不均匀沉陷，引起塔身倾斜。但此类水平荷载，常是短暂的，一旦水平荷载消失，土体的流变行为将逐渐回复，地基的沉陷状态，在一定程度上向原状态回复，土体自动在纠偏。

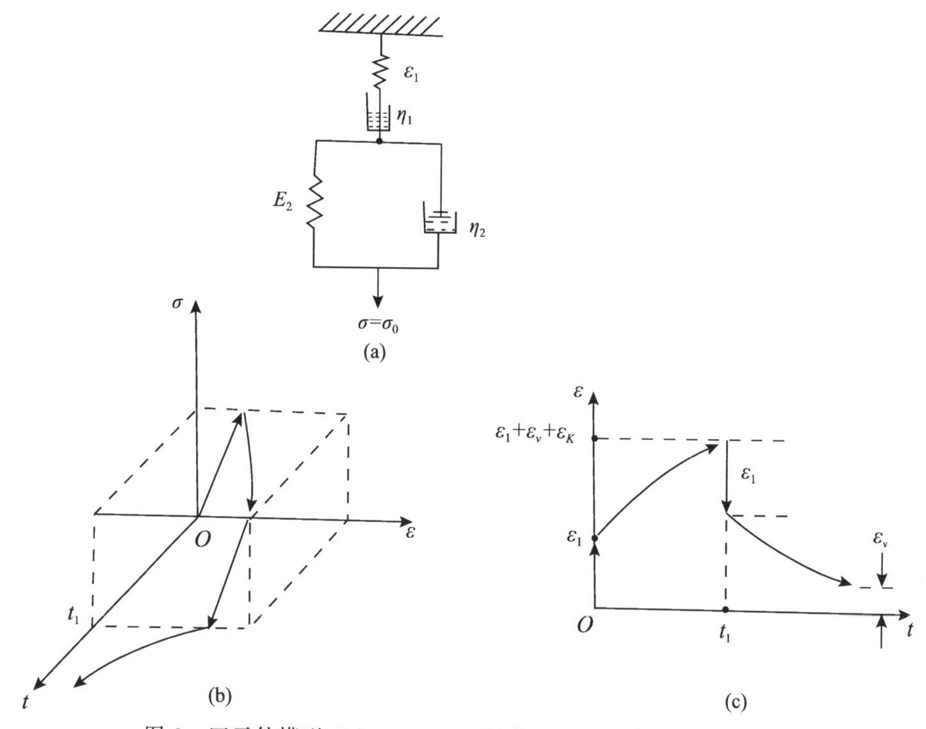

图 2　四元件模型（a）、σ－ε－ t 行为（b）以及蠕变和回复（c）

2.2　基础和地基对荷载应力的扩散作用

在内外因作用下，塔体的徐变与回复，不仅在水平方向，且在竖向也发生，特别还应关注各种荷载作用下（恒载或短暂荷载）引起的基础应力都随即向周围土体放射性扩散，应力的不均分布也随深度递减，因而地基沉陷不均匀也在动态中，自我调节，不断均化。

下面从理论上作初步探索。

3　古塔下部结构的应力分布分析

下部结构包括基础和地基，关键是地基的应力分布，分析方法，从简单到复杂。

一般说，土体属黏弹塑性体，也可作为线黏弹性体考虑，以下作简要论证，先考虑弹性体，再考虑线黏弹性体。

3.1　受法向集中力，半空间弹性体的应力分布

设有半空间弹性体，在水平边界上受法向集中力 P，如图 3 所示，这是轴对称空间问题，对称轴即力 P 的作用线，若把 Z 轴置于力 P 的作用线上，坐标原点为 P 的作用点。

按弹性理论的位移法求解弹性体空间问题，将几何方程代入物理方程，得到用位移分量表示应力分量的弹性方程，再把它代入平衡微分方程，从而得到按位移求解空间轴对称问题的基本微分方程。

不计体力，则位移分量应满足的基本（偏）微分方程（组）进一步得到简化，为

$$\left.\begin{aligned}&\frac{1}{1-2\nu}\frac{\partial e}{\partial r}+\nabla^2U_r-\frac{U_r}{r^2}=0\\&\frac{1}{1-2\nu}\frac{\partial e}{\partial z}+\nabla^2w=0\end{aligned}\right\}\quad(1)$$

式中 $e=\frac{\partial Ur}{\partial r}+\frac{Ur}{r}+\frac{\partial w}{\partial z}$

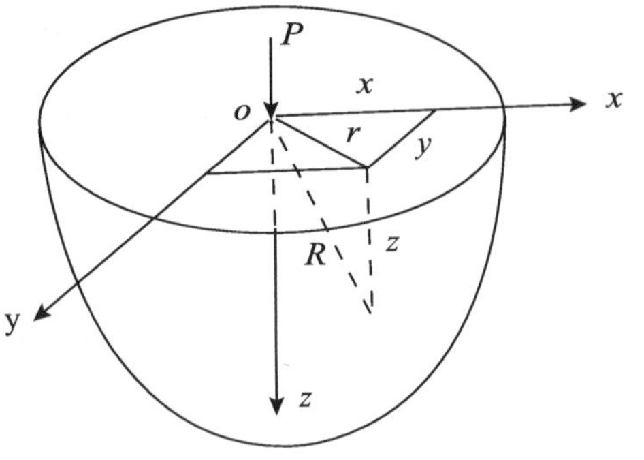

应力边界条件要求

$$\left.\begin{aligned}&(\sigma_z)_{z=0,\ r\neq0}=0\\&(\tau_{zr})_{z=0,\ r\neq0}=0\end{aligned}\right\}\quad(2)$$

（当 $z=0$，$r=0$ 时，为奇点）

图 3

而在 O 点邻域的边界上受面力作用，其应力分布虽未知，但它等效于集中力 P，应满足力平衡条件，即满足

$$\int_z^{\infty}\sigma_z2\pi r\mathrm{d}r+p=0\quad(3)$$

由以上诸式，在直角坐标系下，可解得 6 个应力、3 个位移分量（在柱坐标下，减为 7 个），其中

$$\sigma_z=\quad-\frac{3Pz^3}{2\pi R^5}\quad(4)$$

竖向位移 $\quad w=\frac{(1+\nu)P}{2\pi ER}[2(1-\nu)+\frac{z^2}{R^2}]\quad(5)$

式中 $R^2=x^2+y^2+z^2$ $\quad$ 或 $\quad R=(r^2+z^2)^{1/2}\quad(6)$

3.2 半空间黏弹性体的应力分布

式（4）、式（5）可借以分析集中荷载作用下弹性地基的应力分布和位移（及沉降），但地基土非弹性体，而是黏弹塑性体或黏弹性体。不妨视为（半空间上）线黏弹性体，根据流变学理论，可采用三参量 Schwedeff 模型或四参量 Burgers 流变模型模拟。因弹性解已知，可按“黏弹对应性原理”方法求解。何谓“黏弹对应性原理”？下面作简要阐释。

在流变学中，用若干基本元件，如“弹簧”、“粘壶”（“滑块”）等，用来反映、刻画物性，可得到若干基本的模型，如 Maxwell 模型、Kelvin 模型、Schwedeff 模型及 Burgers 流变模型，分别简记为［M］体、［K］体、［Schw］体、［Bu］体，其中［Schw］体、［Bu］体的蠕变和回复行为如图 1、图 2 所示。

以上四种基本模型的蠕（徐）变与回复过程表明，应变或应力响应都是时间的函数，它们反映材料受简单荷载时的黏弹性行为。由此可定义两个特征量（函数），徐变柔量和松弛模量。

为表达简要，引进 Heaviside 单位阶跃函数 $I(t)$

$$\left.\begin{aligned}&I(t)=\begin{cases}0&\text{当 }t<0\\1&\text{当 }t\geqslant0\end{cases}\\&I(t-t_0)=\begin{cases}0&\text{当 }t<t_0\\1&\text{当 }t\geqslant t_0\end{cases}\end{aligned}\right\}\quad(7)$$

$I(t)$ 在物理上描述某量在 $t=0$（t_0）突变至一个单位，然后保持恒定的过程。于是

$f(t)I(t)$ 的图形等于函数 $f(t)$ 的图形在 t 的负半轴部分被削去，在 $t=0$ 处有从 0 到 $f(0)$ 的跳跃值。

于是，黏弹性材料，在$\sigma(t)=I(t)\sigma_0$作用下，随时间而变的应变响应可表为

$$\varepsilon=J(t)\sigma_0 \tag{8}$$

式中，$J(t)$ 称为徐变柔量或徐变函数。它表示单位应力作用下 t 时刻的应变值，一般是随时间单调增加的函数。模型的徐变柔量为

[M] 体
$$J(t)=\frac{1}{E}+\frac{t}{\eta} \tag{9}$$

[K] 体
$$J(t)=\frac{1}{E}+\left(1-e^{-\frac{E}{\eta}t}\right) \tag{10}$$

[Schw] 体
$$J(t)=\frac{1}{E_1}+\frac{1}{E_2}\left(1-e^{-\frac{E_2}{\eta}t}\right) \tag{11}$$

[Bu] 体
$$J(t)=\frac{1}{E_1}+\frac{t}{\eta_1}+\frac{1}{E_2}\left(1-e^{-\frac{E_2}{\eta_2}t}\right) \tag{12}$$

类似的，当在$\varepsilon(t)=I(t)\varepsilon_0$作用下，随时间而变的应力响应则可表为

$$\sigma(t)=Y(t)\varepsilon_0 \tag{13}$$

式中，$Y(t)$ 称为松弛模量，它是随时间增加而减小的函数。

由式（8）、式（13）可发现，线黏弹性流变体，其应力、应变关系类似弹性体的虎克定律。

前述表达的本构关系，只含单一的应力、应变，可把它推广到三维情形，并把它们与弹性体对比。

在三维状态，线弹性体本构关系为

$$e_{ij}=\frac{S_{ij}}{2\mu} \quad 或 \quad S_{ij}=2\mu e_{ij}=2Ge_{ij} \tag{14}$$

$$\varepsilon_{kk}=\frac{\sigma_{kk}}{3K} \quad 或 \quad \sigma_{kk}=3K\varepsilon_{kk} \tag{15}$$

分别称为畸变方程和体变方程，即形变和体变。

这表明应力偏张量（各分量）与应变偏张量（各对应分量）成正比，平均应力（$\frac{\sigma_{kk}}{3}$）与体应变（ε_{kk}）成正比。

类似地可导得，黏性体的畸变方程和体变方程为

$$\left.\begin{aligned} S_{ij}&=2\eta\dot{e}_{ij} \\ \dot{\sigma}_{kk}&=3K\dot{\varepsilon}_{kk} \end{aligned}\right\} \tag{16}$$

为了研究黏弹性体在荷载作用下的应力、应变、位移状态，如同弹性体或连续体力学一般问题一样，必须建立三组基本方程，即平衡方程、几何方程、本构方程；这组方程描述物体内任意点处诸力学量的内在联系与必须满足的普遍规律；但由于具体物体的构形不同，荷载方式与条件各异，故应力、应变或位移还必须满足物体特定的边界条件和初始条件，构成等温条件下线黏弹性体定解问题。

从基本方程和定解条件看，黏弹性体的定解问题与弹性体相比，除时间因素外，主要

区别在物性本构关系方面，从前述式（14）、（15）与（16）式的对比中，有某种相似性，且发现弹性体的本构关系乃黏弹性体本构关系的特例。但由于增加了时间因素，使黏弹性体求解问题比弹性体复杂得多。而许多类似条件下的弹性体，其结果已知，于是人们想到能否利用现成的弹性体的结果，通过适当媒介导出黏弹体的解答，H. Lee（数学家）作了关键贡献，借助 Laplace 变换，为后来称为“黏弹对应性原理”奠定了基础。此后人们把它应用于，借助已知的弹性体解答导得相应的黏弹性体的解答。

我们把注意力关注于物性本构关系方面，其中黏弹性体的本构关系，将式（16）以微分算子形式表达。

$$P_1(D)\ S_{ij}=Q_1(D)\ e_{ij} \tag{17}$$

$$P_2(D)\ \sigma_{kk}=Q_2(D)\ \varepsilon_{kk} \tag{18}$$

然后借助 Laplace 变换，可使（f，t）平面上关于 $f(t)$ 的微分方程（及定解条件），转化为在其映象平面（$\hat{f}$，S）上，关于 $\hat{f}(s)$ 的代数方程，使黏弹性和弹性问题的本构关系互相对应。

像空间上的“弹性体”，其弹性常数

$$2\hat{G}=\frac{\hat{Q}_1(S)}{\hat{P}_1(S)}3\hat{K}=\frac{\hat{Q}_2(S)}{\hat{P}_2(S)} \tag{19}$$

对于体积应变完全弹性的黏弹性体，$\hat{P}_2(S)=1$，$\hat{Q}_2(S)=3\hat{K}$。

于是，线黏弹性定解问题经 Laplace 变换后，形式上与线弹性问题相同。因此，可把它看成是变换空间上的“弹性体”，其“弹性”常数，$2\hat{G}=\frac{\hat{Q}_1(S)}{\hat{P}_1(S)}$，$3\hat{K}=\frac{\hat{Q}_2(S)}{\hat{P}_2(S)}$，且边界$\partial\Omega_\sigma$上受面力 $\hat{T}_i$的作用，$\partial\Omega_u$上给定位移$\hat{u}_{i0}$，于是利用已知的弹性体解答，可得到变换空间上的应力、应变、位移$\hat{\sigma}_{ij}(x_k, S)$、$\hat{\varepsilon}_{ij}(x_k, t)$、$\hat{u}_i(x_k, t)$。再通过 Laplace 逆变换，求得黏弹性问题解答，$\sigma_{ij}(x_k, t)$、$\varepsilon_{ij}(x_k, t)$、$u_i(x_k, t)$。

这种通过相应弹性体解答求得线黏弹性问题解答的方法，称为“黏弹对应性原理”。

利用“黏弹对应性原理”，求变换空间上的“弹性解”，再经过 Laplace 逆变换，求得黏弹性问题解答，这在数学上大大简化了求解过程，但在进行逆变换时，仍感繁琐与困难，问题在于需处理反复的分项分式，需有数学处理技巧。

根据笔者的推导，提出数学处理技巧六步骤，避免分解分项分式或减少其复杂性，并把多项式 $P(D)$ 推广到有理分式。

（1）先求相应问题的弹性解（已知）。

（2）根据材料特性，选择模拟的流变（力学）模型，用算子形式表达其流变方程。

（3）确定 $P_1(D)$（及 $Q_1(D)$、$P_2(D)$、$Q_2(D)$）的表达式，并取其 Laplace 变换，相关变换式如下。

$$\text{令}\ 2\hat{G}=\frac{\hat{Q}_1(S)}{\hat{P}_1(S)},\ 3\hat{K}=\frac{\hat{Q}_2(S)}{\hat{P}_2(S)}\quad\text{或}\quad\hat{E}=\frac{\hat{Q}(S)}{\hat{P}(S)}$$

求 $\frac{1}{\hat{E}}$（一维时）或 $\frac{1}{2\hat{G}}$（三维时）的表达式，并保持便于作逆变换的分项分式形式。

（式中，$P_i(D)$、$Q_i(D)$ 为微分（或分式）算子多项式，K 为体积模量，$\hat{K}$ 表示其 Laplace 变换，其余类推）

(4) 利用弹性常(参)数之间的关系作代换,使弹性解中只含 G(或 E)或 G 与 K 可分离;当 G、K 不可分离时,可作适当简化假定,使体积模量 K 能用 G 表示。

(5) 对弹性解取 Laplace 变换,确定象空间上相应的"弹性"解,并写成便于作逆变换的分项分式(当荷载 $q(t)=q_0 I(t)$,则 $\hat{q}(t)=\frac{q_0}{S}$)。

(6) 取 Laplace 逆变换,求得黏弹性问题解答。

把"黏弹对应性原理"应用到本问题,反观式(4),由于它与材料弹性参数无关,故对于黏弹性体也适用。再看式(5),含有弹性参数,需利用三维状态下诸参数之间的关系式,作适当变换。

由 $\frac{1+\nu}{E}=\frac{1+\frac{3K+2G}{6K+2G}}{\frac{9GK}{3K+G}}=\frac{1}{2G}$ 和 $\frac{1-\nu}{1+\nu}=\frac{1}{2}+\frac{2G}{3K}$ 及 $K\approx(5/3)G$

利用以上诸关系式,式(5)中的 E 和 ν 可变换为用 G 表示,并令 $P(t)=P_0 I(t)$,然后对式(5)取 Laplace 变换,得

$$\hat{w}(s,z,r)=\frac{\hat{P}(S)}{2\pi R}\frac{1}{2\hat{G}}\left(\frac{9}{4}+\frac{z^2}{R^2}\right) \tag{20}$$

式(20)为"模量"为 $2\hat{G}$ 的"弹性体"在"力" $\hat{P}(S)$ 的作用下,在象间 (s,z,r) 上引起的"位移" $\hat{w}$。今需求"模量" $2\hat{G}$ 的表达。

回顾图 2 所示 [Bu] 体,它也可由 Maxwell 体和 Kelvin 体串连而得。

若用算子 $D=\frac{d}{dt}$ 表示,则 [Bu] 体也可用算子方程表为

$$\varepsilon=\left(\frac{\sigma}{E_1}+\frac{\sigma}{\eta_1 D}\right)+\frac{\sigma}{E_2+\eta_2 D} \tag{21}$$

或

$$\varepsilon=\left(\frac{1}{E_1}+\frac{1}{\eta_1 D}+\frac{1}{E_2+\eta_2 D}\right)\sigma \tag{22}$$

或简记为 $\varepsilon=P_1(D)\sigma$

式中 $P_1(D)=\frac{1}{E_1}+\frac{1}{\eta_1 D}+\frac{1}{E_2+\eta_2 D}$, $Q_1(D)=1$, 分别取 Laplace 变换,得

$\hat{P}_1(S)=\frac{1}{E_1}+\frac{1}{\eta_1 S}+\frac{1}{E_2+\eta_2 S}$, $\hat{Q}_1(S)=1$

推广到三维情形,象空间上的"弹性体",其"弹性常数"为

$2\hat{G}=\frac{\hat{Q}_1(S)}{\hat{P}_1(S)}$ $3\hat{K}=\frac{\hat{Q}_2(S)}{\hat{P}_2(S)}$。

对于体积应变完全弹性的黏弹性体,$\hat{P}_2(S)=1$,$\hat{Q}_2(S)=3K$,从而

$$\frac{1}{2\hat{G}}=\frac{1}{E_1}+\frac{1}{\eta_1 S}+\frac{1}{E_2+\eta_2 S} \tag{23}$$

$$3\hat{K}=3K \tag{24}$$

对于恒定集中力 P,设 $P(t)=P_0 I(t)$,可得

$$\hat{P}(s)=P_0/s \tag{25}$$

把式（25）、式（23）代入式（20），可得

$$\hat{w}(s, z, r)=\frac{P_0}{2\pi R}(\frac{9}{4}+\frac{z^2}{R^2})\frac{1}{s}(\frac{1}{E_1}+\frac{1}{\eta_1 S}+\frac{1}{E_2+\eta_2 S}) \tag{26}$$

或

$$\hat{w}(s, z, r)=\frac{P_0}{2\pi R}(\frac{9}{4}+\frac{z^2}{R^2})\left\{\left[\frac{1}{E_1 S}+\frac{1}{\eta_1 S^2}+\frac{1}{E_2}\left(\frac{1}{S}-\frac{1}{S+\frac{E_2}{\eta_2}}\right)\right]\right\} \tag{27}$$

对式（27）取 Laplace 逆变换，最终求得半空间黏弹性体竖向位移解答：

$$w(s, z, r)=\frac{P_0}{2\pi R}(\frac{9}{4}+\frac{z^2}{R^2})\left\{\left[\frac{1}{E_1}+\frac{t}{\eta_1}+\frac{1}{E_2}(1-e^{-\frac{E_2}{\eta_2}t})\right]\right\} \tag{28}$$

若采用三参量 Schwedeff 模型（图 2）模拟，则式（20）改为

$$\hat{w}(s, z, r)=\frac{P_0}{2\pi R}(\frac{9}{4}+\frac{z^2}{R^2})\frac{1}{s}(\frac{1}{E_1}+\frac{1}{E_2+\eta S})$$

或

$$\hat{w}(s, z, r)=\frac{P_0}{2\pi R}(\frac{9}{4}+\frac{z^2}{R^2})\left[\frac{1}{E_1 S}+\frac{1}{E_2}\left(\frac{1}{S}-\frac{1}{S+\frac{E_2}{\eta}}\right)\right] \tag{29}$$

对式（29）取 Laplace 逆变换，则求得半空间黏弹性体竖向位移解答为

$$w(s, z, r)=\frac{P_0}{2\pi R}(\frac{9}{4}+\frac{z^2}{R^2})\left[\frac{1}{E_1}+\frac{1}{E_2}(1-e^{-\frac{E_2}{\eta}t})\right] \tag{30}$$

比较而言，式（28）、式（30）分别适用于较高和较低应力的蠕变分析。式中的弹性模量 E_i 和黏度系数 η_i 需通过试验确定。

由以上分析，利用“黏弹对应性原理”求解过程，作为“代表”，其基本思路为：利用三维空间上已知的弹性解式（5），对式中含有的弹性参数，利用前述三维状态下诸参数之间的关系式，作适当变换。经 Laplace 变换后，得象空间（s，z，r）上的“弹性解”式（20），对其再经过变换后的“弹性解”式（27）取 Laplace 逆变换，求得原空间上（加时间 t 轴，为“四维”空间）的黏弹性解答，式（28）。

上海地区 13 座古塔（包括护珠塔），必要时现场原位测试，确定有关的流变参数。

3.3 理论结果与应用讨论

3.3.1 分布荷载与集中荷载

古塔塔身一般都取对称结构，恒载传给基础、地基的荷载是局部面积上的分（均）布荷载，但此面积和周围大地广大面积（“半无限”）相比，小巫见大巫（宇宙中，地球视为一个质点围绕太阳旋转，太阳系作为一个质点，围绕银河系中心（黑洞）旋转，等等），一切都是相对而言。从维南原理角度分析，把基础上荷载视为集中荷载，也是合理的，可以接受。由式（4）可知，地基下方任意点 M（0，0，Z）处的应力随 z 增大迅速降低，$\sigma_z \propto \frac{1}{z^2}$。它论证了前述关于荷载向周围土体扩散并迅速递减现象。此现象也为我们提供桩基、桩尖应力计算的新思路。

3.3.2 流变参数的现场测定与求解计算

文中的一个重要思路是，考虑地基土体对应力的分散作用（也涉及位移），作为黏弹性体的基土之流变参数（即式（28）、式（30）中的参数）测定，与众不同，不宜靠实验室试验确定，而需在地下一定范围内现场原位测试，这涉及测试技术和流变参数的分析、计算。

限于篇幅和测试资料，本文只能简述其思路，更详细阐释，留待下一姐妹篇。

3.3.2.1 流变参数分析与计算

本文采用四参量和三参量两个流变模型，以下简述其求解计算的思路。

1）求解矩阵方程

设已知点 k 处（σ_k（z_{0i}, t_i），ε_k（z_{0i}, t_i））的原位观测值（三组和四组值），分别代入三参量和四参量流变方程，可得两组分别含三个和四个方程的方程组，经变量置换，均可转化为线性方程组，分别含三个和四个流变参数，写成矩阵形式

$$AX=B$$

式中 X 为流变参数列向量；B 为观测值列向量；A 为系数矩阵。

可直接利用 MATLAB 软件，采用如下形式求解方程组。

先分别输入列向量 X、B 和系数矩阵 A。

再输入 $X=A\backslash B$（其中反斜线运算符代表矩阵的除法，在 MATLAB 中称为矩阵的左除），“回车”，立刻显示结果（X 为列向量数值）。

2）参数逐步优化

仅用一组观测值确定参数值，无代表性，起码需十组，几十组观测值，可采用统计或加权平均值近似确定，还可以借助曲线拟合确定流变参数。

一方面，试验数据可借助多项式回归拟合，另一方面，任何初等函数均可展开为泰勒级数（多项级数的形式），两方面的这种相关联系，有助于用多项式回归法求解岩土流变力学参数。

结合具体流变方程问题，流变模型中的应力 σ_0 是常量，流变参数也属常量，因此，流变方程中只含变量应变和时间 t，即$\epsilon=F$（t），式中含 t 的线性式的指数函数，它可展为多项式级数，合并同类项，取前 $n+1$ 项，即

$$\epsilon\approx A_0+A_1t+A_2t^2+\cdots+A_nt^n \tag{31}$$

同时，由试验数据，作多项式回归拟合，可得回归方程

$$\hat{\varepsilon}=f(t)\approx a_0+a_1t+a_2t^2+\cdots+a_nt^n \tag{32}$$

一般说，多项式回归方程是对试验数据在数学上的近似描述，只表明试验现象；流变模型相应的的流变方程是对试验在物理意义上的近似模拟，但反映试验的实质。

比较蠕变试验数据的多项式回归方程与物理模型流变方程的对应系数，可视为应有 $A_i=a_i$（$i=0$，1，2，…，n），而 A_i 中含有流变参数，于是流变参数可由 a_i 的关系式表达，问题转化为确定 a_i，并非项数越多越好，而以使二者拟合更好为原则。对蠕变试验数据进行多项式回归拟合时，不仅要求回归曲线拟合的误差较小，而且要求曲线的趋势应符合流变力学模型所描述的趋势，以此原则合理选择多项式幂次或项数的大小与多少。

对蠕变试验数据作回归曲线拟合，合理确定幂次 n，并求回归方程；可直接借助

MATLAB软件实现。并绘制出试验数据散点图、拟合曲线图和流变模型描绘的流变曲线轮廓趋势图，如图4所示。

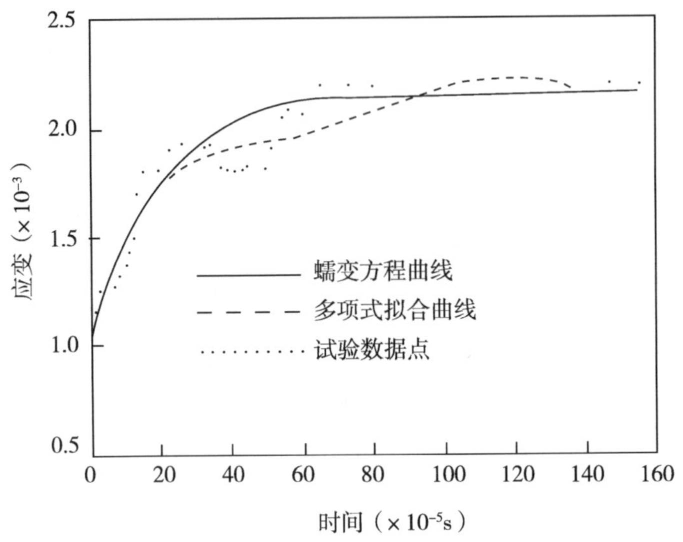

图4　散点图、回归曲线和蠕变曲线图

因此，必须优选回归多项式幂指数 N 的大小，使流变方程（曲线）与试验数据间的误差最小，可采用相关系数 R 判别，一般，R 越大越好（$0\leq R\leqq 1$）。

3）系统辨识

此名词源自控制论，在控制系统的分析和设计中，首先要建立系统的数学模型，它是描述系统内部物理量之间关系的数学表达式。

建立控制系统的数学模型的方法有分析法和实验法两种，前者，是根据对系统各部分运动机理的分析，依据控制对象的学科领域遵循的物理规律、定律进行数学建模，建立运动方程；后者，则是人为地给系统施加某种测试信号，记录其输出响应，然后选择适当的数学模型逼近和描述，这种方法称为系统辨识。

结合流变学及其应用，已有若干典型的、基本的流变力学模型，并有相应的微分方程及其解析解数学模型，本文中已采用了三参量、四参量数学模型，我们关注的是模型中参数的辨识（这两个模型也可作辨识比较，优选）。

如何辨识？从数学角度，其概念和方法都是简单的。只需建立“最小二乘”目标函数 $Q(X,\lambda_k)$，其中，X 是自变量，λ_k 是待定参数，$k=1,2,\cdots,n$ 然后按高等数学多元函数求极值的方法优选参数 λ_k。

模型辨识，包括模型结构及其参数的辨识和确定。由于前述的三参量、四参量模型已定，只需分别辨识三个和四个参数即可，以前述的三参量的模型为例，即前述公式：

$$J(t)=\frac{1}{E_1}+\frac{1}{E_2}\left(1-e^{-\frac{E_2}{\eta}t}\right)$$

$$\varepsilon=J(t)\sigma_0$$

把式（11）代入式（8），可得

$$\varepsilon=\left[\frac{1}{E_1}+\frac{1}{E_2}\left(1-e^{-\frac{E_2}{\eta}t}\right)\right]\sigma_0 \tag{33}$$

应力 σ_0 为常量。

设目标函数

$$Q = \sum_{i=1}^{N} [\varepsilon_i - f(t, \lambda_k)]^2 \tag{34}$$

式中：ε_i 为观测值，$f(t, \lambda_k)$ 是已知的流变数学模型。

式（34）分别对 λ_k 求偏导数，并令其为 0，即令：

$$\frac{\partial Q}{\partial E_1}=0, \qquad \frac{\partial Q}{\partial E_2}=0, \qquad \frac{\partial Q}{\partial \eta}=0$$

可分别求得驻点，根据 $\frac{\partial Q}{\partial \lambda_k}$ 在 λ_k 邻域内左右异号（或在 λ_k 的定义域内），则 λ_k 为“局部”（或“全局”）极点，根据实际问题，进一步可判断为极小、最佳点，即所选参数 E_1、E_2，η 为“最优值”。

这就是系统辨识在流变模型中辨识、优选参数的应用。

系统辨识的概念和思想在许多学科中得到应用，岩土/岩体学科及工程界也不甘落后，自从 1976 年约翰内斯堡的岩土勘测研讨会上由 Kirsten 提出，后经多位学者的发展，基于现场实测位移，在给定模型基础上反求岩体物理力学参数，并冠予位移反分析（Back analysis of displacement）名称，算是开岩体、岩土力学逆问题研究的先河。由于各国（包括中国）学者的努力，30 多年来，已得到长足发展，辨识方法、手段已延拓到智能辨识等，名称也出多门，位移反分析、逆向分析、参数反演、反向思维等。

系统辨识或模型及其参数的辨识，一般指的是辨识被研究对象的数学模型及其参数的优选。它不过是初等数学、高等数学中的反函数概念及高等数学中的多元函数求极值的概念和方法的延拓和应用，并无多少奥秘，但其思路、方法可取，值得进一步延拓、发展。

考虑到岩土、工程围岩是一种复杂的不确定性系统，近年，有学者提出过参数辨识的遗传算法。

由于人工神经网络具有对非线性映射函数的无限逼近能力，又具有优化计算的能力，借着智能科学的快速发展的东风，采用智能辨识也已出现。

根据系统辨识的一般原理及基本分析方法，探讨前人早已研究、提出的岩土、岩体的流变本构方程通式——n 阶线性偏微分方程时，首先就涉及其可辨识性、可观测性和可控制性，这又联系到与其状态空间方程进行相互转换的可能性；其次，借助人工神经网络的优化计算能力，探讨该类岩体流变本构模型的有关辨识算法，并利用 MATLAB 软件平台编制相关的辨识程序；最后，通过考题验证和实例应用，探讨该方法的可靠性和实用性，值得进一步探索。

将有限元计算（FEM）、均匀设计（UD）、神经网络（ANN）三者有机结合，对岩体流变的非线性本构模型进行辨识的方法也已有人在试探。

如今，已呈现百花齐放的可喜局面，通过学界、工程界，特别是年轻一代的崛起，将不断有创新思维展现。

3.3.2.2 建筑物地基下部的应力、应变测试技术

本文涉及的地基下部一定深度内的应力分布、应变和位移，如何获取信息？采取何种

测试手段和技术?

传统的岩土工程检测方法一般是采用应变片检测技术（它是电阻式传感器或振弦式应变计的核心部件）；应变片易受潮失效，为岩土工程中不可避免的地下水害，应予解决。

光纤传感技术是20世纪70年代伴随光纤通信技术的发展而迅速发展起来的，它是一种以光波为载体，光纤为媒质，感知和传输外界被测量信号的新型传感技术。可同时作为传感元件和传输媒介，并且容易实现多点和分布式测量。

一般，为了检测和处理种类繁多的信息，需要用传感器将被测量转换成便于处理易于输出的信号形式，并送往有关设备。与机电测量相比，在此过程中，采用光信号比电信号有很大的优越性。用光纤传输光信号，能量损失极小，而且光纤的化学性质稳定、灵敏度高、横截面小、体积小、耐高温、防水、防潮、损耗低，同时又具有防噪声、不受电磁干扰、安全防爆、防雷电、无电火花、无短路负载等优点。因此，20世纪70年代末光纤通信技术兴起，光纤传感器也获得迅速发展。

光纤传感器的原理是，将光源入射的光束经由光纤送入调制区，在调制区内，外界被测参数与进入调制区的光相互作用，使光的光学性质，如光的强度、波长（颜色）、频率、相位、偏振态等发生变化，成为被调制的信号光，再经光纤送入光敏器件、解调器，即获得被测参数。

目前，光纤测量技术在土木工程、航空航天、船舶运输、电力工业、石油化工、医学、核工业等领域有广泛的应用。

在岩土工程中也已开始使用，采用埋入经过特殊保护的光缆或光纤束或先采用小导管保护，在黏结剂固化之前将小导管拔出等措施。

3.3.2 竖向位移与沉陷的计算

式（28)、式（30）可用以计算竖轴点M处（一定范围内）竖向平均位移，再通过积分，求算任意点M（0，0，h）处的积分值，得沉陷函数F（t)，因时而徐变。

文献对超高层建筑（上海环球中心）变形的综合分析、现场实测基础变形的回顾、超高层建筑沉降的计算公式等有创意和详细论述，其理念、思路、实测数据，对扩大本文计算公式的应用、考验、修正，有重要意义。

3.3.3 非均布荷载

在风荷载（或可承受的中下地震等）作用时，需考虑它导致竖向荷载的不均分布。此时可把面荷载划分为一系列微分元，求任一微分荷载对M（0，0，h）点产生的竖向应力，(从有限叠加到无限叠加）求其积分。按此思路，进一步求该截面上任意点的竖向应力和位移（包括沉陷)。

4 塔身形体的抗风奥秘

塔起源于印度，最初建塔，用作埋葬佛（释迩牟尼）的舍利子。

塔是佛教建筑中重要的一项，结合当地的具体情况，在不同国家不同地区，其结构与形式又有新发展。当佛教传入我国时，塔和佛寺、石窟寺等，同属于佛教建筑，是随着佛教的传入而在我国产生的一种新建筑类型。

古塔是在我国传统建筑的基础上，吸收外来的形式与构造，再创新、创造出的成功作品。融合了外来文化和中华传统建筑艺术的精华，是古代高层建筑的杰出代表。

中国古塔的外观形体，古人从功能需要出发，后演变为美观，确切说，逐渐被后人异化理解成为美观。

古代的高层建筑—中国古塔，唐朝时，其平面布局大都为“正”多边形（逐步发展，从四到六、八边形……）直至趋于圆。多面体大大降低正面迎风水平压力，结构整体对称性，增强抗风害能力。

特别是飞檐、廊道结构的奥秘和作用，有待进一步挖掘和发挥（本课题研究的最终目标是重现护珠塔当年的风采，重现飞檐、廊道）。

前文涉及南方古塔和护珠塔的飞檐、廊道，今作若干补充。

护珠塔，1788年因火灾，毁尽木结构，外观已面目全非，如何重现木结构原形，只能联想，参照周边古塔。江南一带，多为阁楼式，特别是上海地区，如上海龙华塔，如图5所示。

图5　龙华塔

龙华塔系砖木楼阁式塔，八面七层，总高41.03m（自底层围廊地坪面算至塔尖），护珠塔（高20余米）应与它类似，可借鉴，用以分析护珠塔，非常有利。

阁楼式塔的层檐主要由角梁、出檐椽子、飞檐椽子和斗拱组成。角梁和椽子是层檐中最长的悬臂构件，也是主要的承载构件。椽子插入塔壁，起到固定椽子的作用，使其不易向外拔脱。还通过木枋将每根椽子的集中应力均匀扩散、分布，使砖砌体产生整体效应。

南方多雨水，木结构忌一干一湿，故常挑出屋檐，既保护木结构，也保护砖壁，更使各塔层的观光廊道得以实施。

古代能人发明斗拱技艺、妙招，逐级分散荷载，使屋檐挑出得以实现，特别是拐角处更神奇，如图6和图7所示。

曾有传说，历代曾有巨风袭来，到达龙华塔周边，巨风竟拐弯改向，龙华塔安然无恙！

图 6　龙华塔的屋檐

图 7　龙华塔的斗拱

其实，不是龙华塔显圣，有神助，而是飞檐、廊道具制风、抗风功能。在乾隆年间火灾烧毁木结构之前，护珠塔的屋檐、廊道对护珠塔已发挥过 500～700 年的保护作用！

斗拱结构与当今最前沿学科—分形理论的原理，不谋而合。分形理论在建筑上有用武之地，古塔的某一局部外观，都具分形，后文将再阐释。

5　结论

以上从理论上，定性或局部（近似）定量分析、探讨了中国古塔（包括护珠塔）“十倒九歪”原由与“歪而未倒”的动因。了解其缘由、动因，是古塔合理维护，采取正确技术措施的基础和依据。

最后指出：关于动态性状和上下部结构“共同作用理论”在古塔（包括护珠塔）保护研究中的进一步分析、应用，不仅需考虑时变荷载，还涉及流－固耦合、计算流体力学、数值计算、有限元分析等问题，更留待后文探讨。

参考文献

[1]　赵锡宏，陈德坤．崛起世上的中国护珠斜塔——“上海比萨斜塔”［J］．基础工程，2013（6）：107-110.

[2]　张驭寰．中国佛教建筑图解［M］．北京：当代中国出版社，2012.

[3]　佛教建筑［M］．北京：中国建筑工业出版社，2010.

[4]　Lee. E H Stress Analysis In Visco-ElasticBodies［J］．Quart，Application. Math8，1955，8（2）.

[5]　袁龙蔚．流变力学［M］．北京：科学出版社，1986.

[6]　孙钧．岩土材料流变及其工程应用［M］．北京：中国建筑工业出版社，1999.

[7]　孙钧，黄宏伟，等．岩土力学反演问题的随机理论与方法［M］．广州：汕头大学出版社，1996.

[8]　赵锡宏，龚剑，张保良，等．上海环球金融中心 101 层桩筏基础现场测试综合研究［M］．北京：中国工业出版社，2014.

[9]　杨林德．岩土工程问题的反演理论与工程实践［M］．北京：科学出版社 1999.

[10]　陈德坤．钢一混凝土组合结构的应力重分布与蠕变断裂［M］．上海：同济大学出

版社，2006.

[11] 许宏发，陈新万．多项式回归间接求解岩石流变力学参数的方法［J］．有色金属，1994 (11).

[12] Kirstcn H A D. Determination of rock mass elastic modulus by back analysis of deformation measurements［C］. Proc. Sym. On Exploration for Rock Engineering，Johan csburg，1976.

[13] 徐芝纶．弹性力学简明教程［M］．北京：人民教育出版社，1980.

[14] 吴家龙．弹性力学［M］．上海：同济大学出版社，1987.

[15] Edwand B Magrab，et al. An Engineer's Guide to MATLAB with Applications from Mechanical Aerospace，Electrical and Civil Engineering［M］. Second Edition，Spring：Cambridge University Press，2005.

[16] 胡寿松．自动控制原理［M］（第5版）．北京：科学出版社，2007.

[17] 隋海波，等．地质和岩土工程光纤传感监测技术综述［J］，工程地质学报，1004-9665，2008，16 (01-0135-09).

[18] 陈德坤．分形流变断裂：第二届江浙沪固体力学与工程应用学术研讨会暨第三届江苏省固体力学学术年会论文集［C］，常州，2007.

边坡工程

广州某超高陡边坡治理支护方案选型分析

唐 仁 林本海

（广州大学地下工程与地质灾害研究中心 广东广州 510006）

摘 要：某人工采石形成的超高陡土岩混合边坡，鉴于其成因特殊、地质条件复杂及边坡超高超陡，边坡治理支护设计需要结合工程实际条件，对边坡治理支护选型进行对比论证才能设计出安全、经济、美观的方案。本文对边坡的成因、现状地质条件及场地的特殊性进行分析，提出了四种可行的边坡治理支护方案，并对四种边坡支护方案进行了经济性对比分析，为本边坡治理支护设计提供了有效的决策支持，节省了工程总造价，具有较好的社会效益和工程应用价值。

关键词：人工边坡；高陡边坡；支护选型；经济性分析

1 引言

边坡是自然或人工形成的斜坡，是人类工程活动中最基本的地质环境之一，也是工程建设中最常见的工程形式[1]。人工边坡的产生破坏了原有岩土体中的应力平衡，可能引起边坡崩塌、滑坡，甚至泥石流等地质灾害，给坡底建（构）筑及人类活动带来严重的影响。国内外许多学者对边坡的治理提出了一系列措施，归纳起来主要有排水、支挡、减荷及改善岩土体性质等四大措施[2]。边坡的治理不仅要确保安全、施工可行，更要经济合理。对于某些特殊场地条件、特殊用途的边坡，需要结合工程实际，比选及优化方案，以提出既安全又经济合理的方案。本文对广州某人工采石作业形成的超高超陡边坡进行四种支护方案的比选及优化研究，为边坡支护设计提供了科学合理的建议，节省了工程总投资。

2 工程概况

2.1 工程介绍

广州某边坡为人工采石作业形成的超高超陡边坡，坡底为大型采石坑（现为池塘，水深约 15m），坡高为 11～105m。边坡现状超陡，倾角为 70°～85°。本超高超陡边坡顶上部为土岩混合边坡，中下部为岩质边坡。岩质坡面已经风化剥蚀，局部节理裂隙发育，露头可见岩石沿顺坡节理坍塌，部分段出现土质崩塌和岩质崩塌。

坡底拟建建筑物和大型车辆停车场，建筑物与边坡底边线的最近距离仅为 7.5m，所以一旦边坡破坏或（局部）失稳，后果严重。

此外，由于开采爆破使部分节理裂隙张开，形成卸荷裂隙，与边坡面呈不利组合，影响边坡的稳定，因此现状边坡稳定性较差。降雨易使岩体结构面软化，降低结构面强度，在重力作用下可能引起崩塌、滑坡。为此对本超高陡边坡需进行专项治理。

2.2　工程地质及水文地质状况

本场地地质和节理构造复杂，坡面已经风化剥蚀，局部节理裂隙发育，从岩层产状的露头观察发现大部分走向与坡面倾向相同，不利于坡体的整体稳定，工程活动对原有地质环境影响强烈。

据钻探揭露，本场地土层分布主要为第四系全新统人工填土（Q_4）和残积土层（Q^{el}）组成。下伏基岩为混合花岗岩（$T_3\eta\gamma$），岩土层自上而下分述如下：

第1层，素填土层（Q_4）：褐黄色、灰褐色，大部分稍压实～欠压实状，厚度为2.50～4.50m，平均厚度3.73m。标贯击数11～16击。

第2层，坚硬状砂质黏性土层：混合花岗岩残积土，棕黄色、棕红色、褐黄色等。厚度为1.70～8.00m，平均厚度3.86m。标贯击数23～28击。

第3层，强风化混合花岗岩层：呈褐黄色、棕黄色等。岩芯呈半岩半土状、碎块状，遇水易崩解。厚度为2.00～22.00m，平均厚度8.08m。标贯击数54～69击。

第4层，中风化混合花岗岩层：呈浅灰红色、青灰色、浅黄褐色等。岩芯呈碎块状、块状为主，少量短柱状。厚度为2.60～22.00m，平均厚度9.99m。

第5层，微风化混合花岗岩层：呈浅灰红色、浅灰色等。岩芯以短柱状为主，部分长柱状或块状，岩质坚硬。厚度为2.80～16.20m，平均厚度11.03m。

地下水按储存方式分为第四系松散层孔隙水（潜水或承压水），基岩风化及构造裂隙承压水。因本次勘察钻孔均位于高边坡坡顶，地下水较贫乏，钻孔内未揭露到稳定地下水位。

场地岩土层的物理力学计算参数见表1。

表1　岩土层物理力学计算参数

土层名称	重度 r（kN/m³）	凝聚力 C（kPa）	内摩擦角 φ（°）	与锚固体摩擦阻力 τ（kPa）	标贯 N（击）	厚度（m）
1素填土	17.5	10	10	15	11～16	2.50～4.50
2坚硬状砂质黏性土层	18.8	35	25	40	23～28	1.70～8.00
3强风化混合花岗岩层	21	60	30	120	54～69	2.0～22.00
4中风化混合花岗岩层	22	120	31	120	—	2.6～22.00
5微风化混合花岗岩层	23	240	32	240	—	2.8～16.20

3 边坡治理支护方案选型分析

3.1 边坡支护方案设计的原则及重点分析内容

边坡支护方案设计应根据该区的工程地质及水文地质条件，边坡高度及坡度，高程变化，坡底周边道路与建（构）筑物及边坡的关系等，经过工程技术、工程经济等分析与比选论证，确定边坡支护选型，按照有关规范和规程[4-5]进行边坡治理的分析计算和结构及排水系统设计，并辅以其他防护措施，达到安全经济的目的。

本边坡治理的设计方案应重点针对下列内容进行分析：

(1) 本场地地质和节理构造复杂，工程活动对原有地质环境影响强烈，应根据区域地质构造、地层产状走向，查明地层分布、节理岩体的破碎程度以及边坡岩体结构面、潜在的滑坡体，预测可能发生的地质灾害，采取有效预防措施，确保项目开发与利用。

(2) 对设计计算应采用理论计算和经验类比判断相结合的方法，在选用计算模型时应充分注意结构薄弱面、土与岩的交界面不仅是透水软化面，同时也是潜在可能的滑移面。注意不利（顺层）的地层产状、裂隙发育程度和节理结构面产状对工程安全性的控制和影响程度。分析计算时需按照自重作用、暴雨作用、地震作用等多种工况进行。

(3) 治理支护设计综合采用整体系统排水、削顶降坡、压脚抬坡、尽可能的自然缓坡、重点的治理阻滑等工程措施降低坡体的有效高度，增加坡体稳定性、减少工程总量、减少施工难度、节约经济费用。

(4) 边坡治理的结构设计在有空间时宜采用分级放坡和坡体治理相结合的方式进行，但分级不宜过多，并尽量减少错层设计，各层阶要自然过渡，注意美观，与整体坡形相协调。

(5) 对坡体的排水系统应给予高度重视，包括坡顶排散水、坡面排散水和跌水、坡角（底）的汇水和排散水的处理等。

3.2 边坡治理支护方案选型分析

根据边坡治理的原理及常用的几大措施，将本边坡治理支护方案分成以下四种方案：

(1) 多级放坡削顶和坡面处理方案。

多级放坡削顶就是削去边坡上部的部分岩土体以减小坡体下滑力，同时减少边坡的实际治理支护高度。剩余的岩土体按一定坡率采用分级放坡自稳。

(2) 挡土墙、挡土桩＋锚索支护形式。

常用的有重力式挡土墙和扶臂式挡土墙，不适合本边坡。桩＋锚索支护形式整体刚度大，变形小，但造价高，需要的施工作业面大。

(3) 预应力锚索（杆）＋格构梁支护形式。

该方法的最大特点是：在保持既有坡面状态下可深入坡体内部进行大范围加固；预先主动对边坡松散岩土层施加正压力，起到挤密锚固作用。结构简单、施工方便、工期短、造价低廉。

（4）主动和被动防护网形式。

主动和被动防护网方案适用于岩层较为完整的岩体，及坡底无人员活动或人员活动概率较小的公路或铁路边坡。主被动防护网仅能阻挡较大的块石，对于较小的碎石难以完全阻拦，这对于人员活动场所频繁的建筑边坡是一个安全隐患。主动和被动防护网不能阻止和治理坡体的整体滑移和垮塌，且不能阻止雨水对坡体的冲刷，对边坡的长久稳定性不利。因此，对于人员活动频繁的地区，边坡治理不能仅通过主被动防护网进行防护。

通过以上各大方案的比选分析，确定了以下四种合理可行的边坡支护方案：

方案一：分级大放坡方案

针对不同的岩土层，其放坡的坡率控制如下：硬塑残积土按 1∶2.0 坡率放坡，强风化岩按 1∶1.2 坡率放坡，中风化岩按 1∶1.0 坡率放坡，微风化岩按 1∶0.6 坡率放坡；分级坡高不大于 12m；坡面用三维植被网固土防冲刷及绿化。参考方案如图 1 所示。

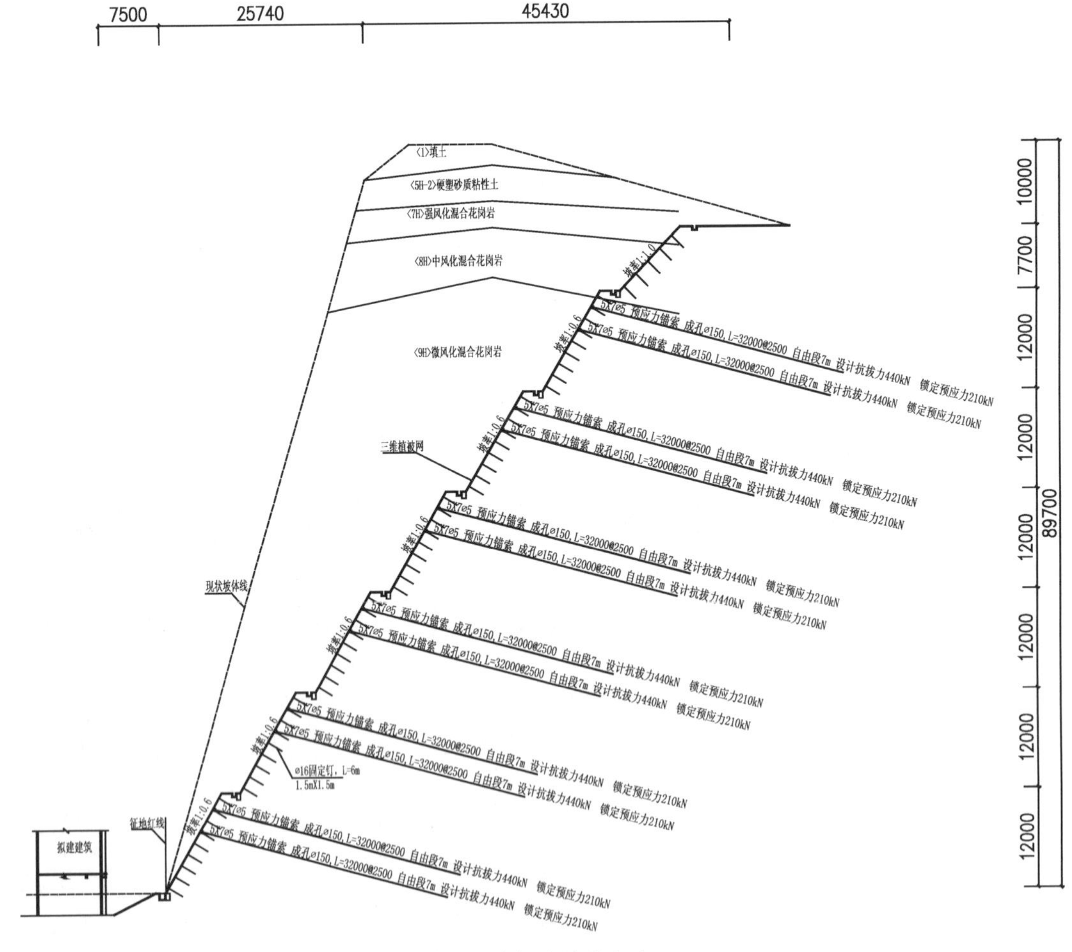

图 1　分级大放坡方案

方案二：分级小坡率放坡＋格构梁＋锚杆方案

当分级大放坡因空间或用地红线限制时，可采用分级小坡率放坡＋格构梁＋锚杆方案；针对不同的岩土层，其小坡率放坡的坡率控制如下：硬塑残积土按 1∶0.5 坡率放坡，强风化岩按 1∶0.4 坡率放坡，中风化岩按 1∶0.3 坡率放坡，微风化岩按 1∶0.2 坡率放坡；分级坡高不大于 12m；但因坡率小，总体的坡体稳定性不足，因此对坡面需用格构梁和锚杆进行进一步的稳坡治理；再用三维植被网固土防冲及绿化。参考方案如图 2 所示。

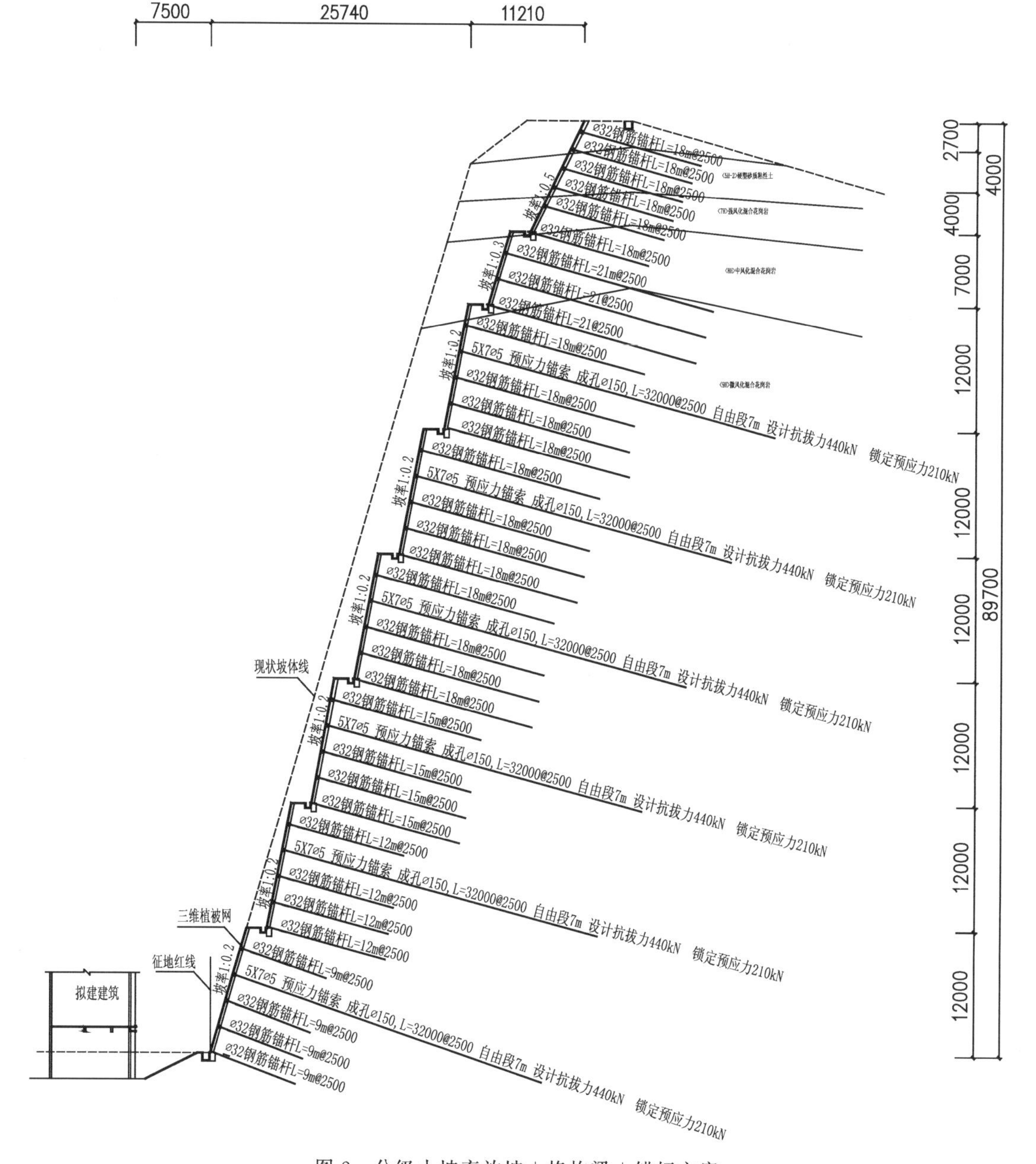

图 2　分级小坡率放坡＋格构梁＋锚杆方案

方案三：坡顶削土＋分级小坡率放坡＋格构梁＋锚杆方案

当坡体高度较大时，方案二的总体治理费用高且施工难度大，为此可先对坡顶进行削顶处理，一方面可有效降低坡体的总高度，同时将坡顶的风化残积土或强烈风化的岩土体卸除掉，留下较好的岩体，使得坡体转化为岩质边坡。

对于本坡体，建议先对坡顶削土 20m（已至中、微风化岩面），除去土质边坡，降低治理总高度。对于下部的岩质坡体则按照分级小坡率放坡＋格构梁＋锚杆方案进行治理。放坡的坡率控制为：中风化岩按 1∶0.3 坡率放坡，微风化岩按 1∶0.2 坡率放坡。分级坡高不大于 12m；通过计算分析，当总体的坡体稳定性仍然不足时，对坡面再用格构梁和锚杆进行进一步的稳坡治理；用三维植被网固土防冲及绿化坡面用三维植被网固土防冲刷及绿化。参考方案如图 3 所示。

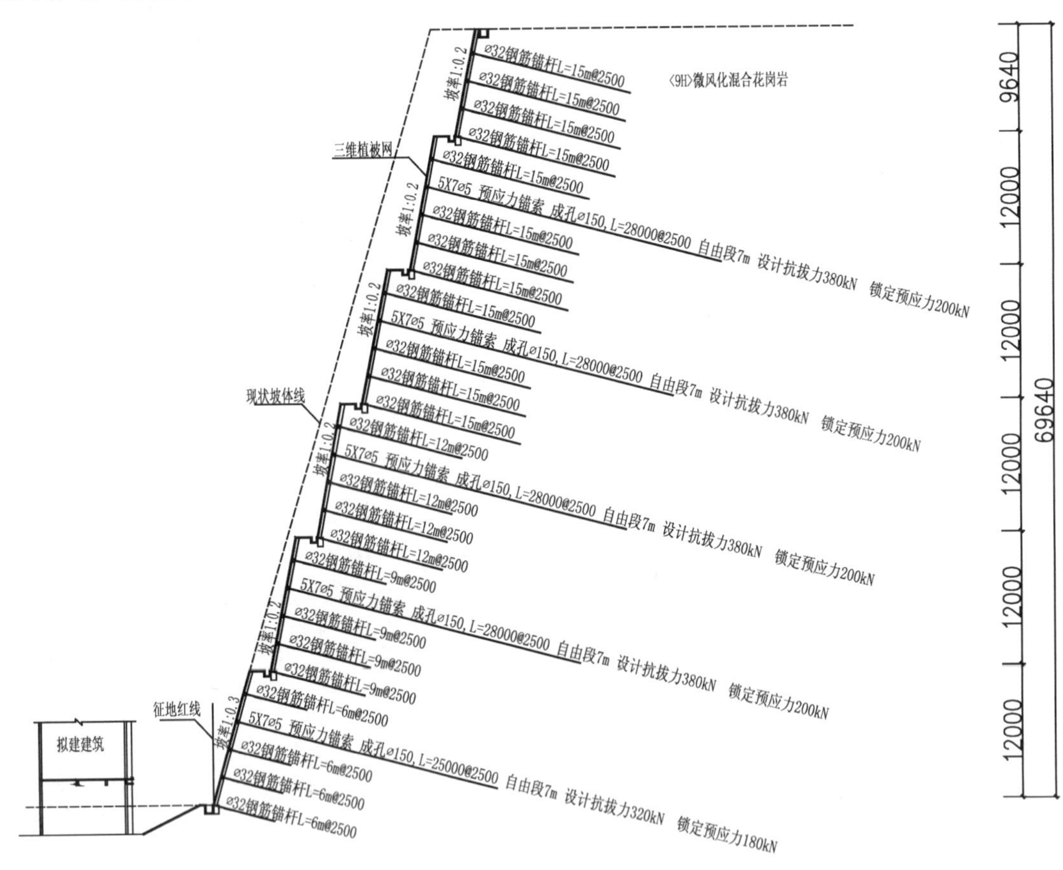

图 3　坡顶削土＋分级小坡率放坡＋格构梁＋锚杆方案

方案四：原状坡面清理＋格构梁＋锚杆＋坡底被动防护网方案

对原状坡面不进行大削坡处理，在清理不稳定的块体岩石后直接用格构梁＋锚索对原状坡体进行治理，坡面辅之以三维网植草。坡底增设被动防护网。参考方案如图 4 所示。

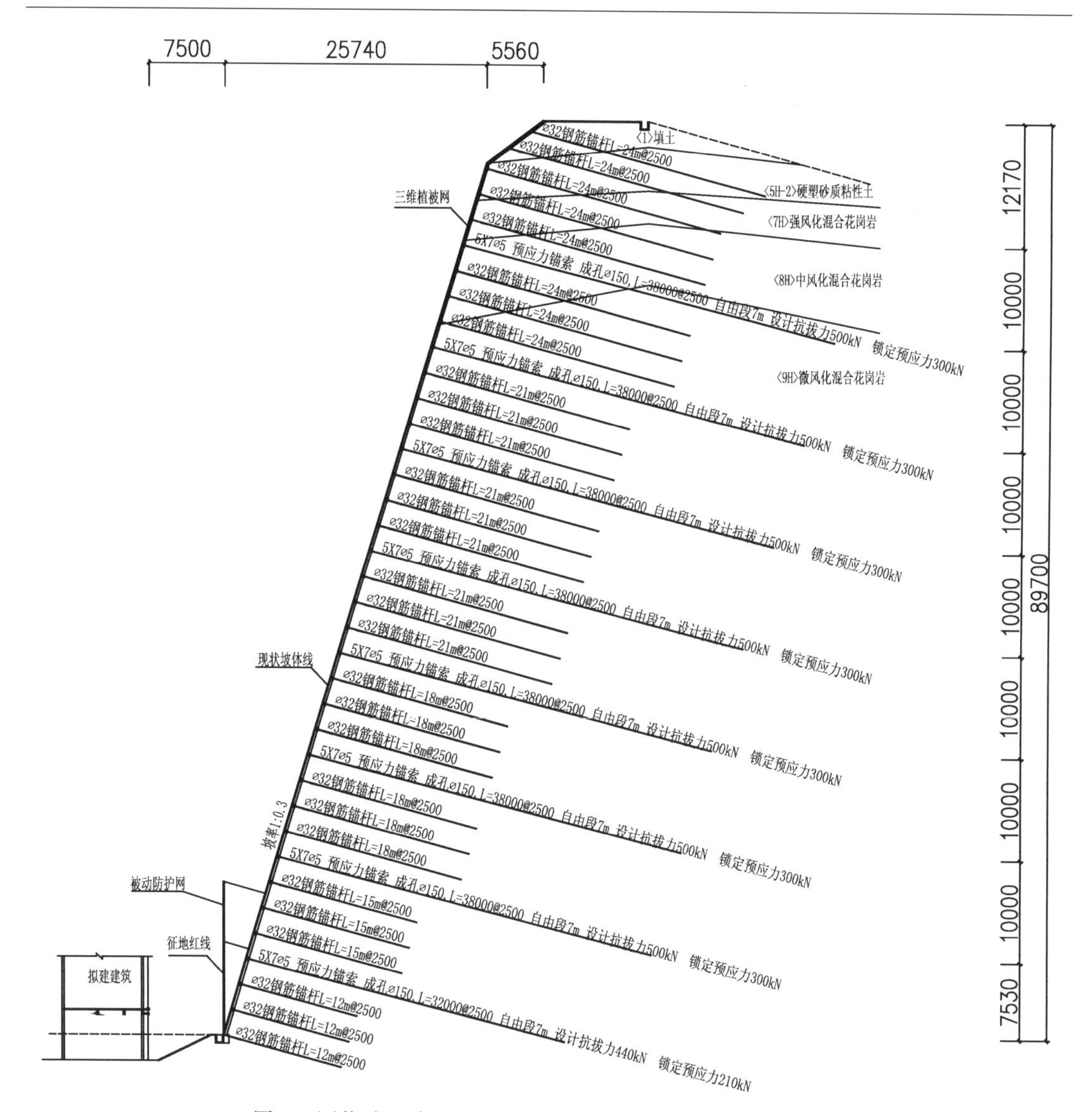

图 4　原状坡面清理＋格构梁＋锚杆＋坡底被动防护网方案

4　各方案经济性对比分析

通过选取边坡典型剖面（高度约 90m，长度取 100m）进行以上四个方案的经济性对比分析，如表 2 所示。

表 2　各方案经济性对比　　　　**单位：万元**

方案	土石方	支护结构	总造价	方案	土石方	支护结构	总造价
方案一	915	632.6	1547.6	方案三	427.0	520	947
方案二	152.2	868.3	1020.5	方案四	0	998.8	998.8

由此可以看出，各方案中土石方造价相差很大。方案一：分级大放坡方案，土石方开挖费用最大，直接导致此方案造价最高，如果需要利用土石方且移动距离较近，则将大大降低土石方的费用，可综合采用。方案三：坡顶削土＋分级小坡率放坡＋格构梁＋锚杆方案土石方开挖造价居中，但进行了削顶，边坡总高度降低，原土质边坡、土岩混合边坡及岩质边坡并全部转化为岩质边坡，支护锚杆、锚索的长度相应的减短，总体费用降低；当然如果需要利用土石方则费用还可能更低。方案四：原状坡面＋格构梁＋锚杆＋被动防护网方案，虽然几乎无土石方量，但由于边坡未进行分级治理，整体稳定性较分级放坡的差，因此相应的锚杆及锚索长度因加长，而且不进行削坡，坡面较陡立，坡下为居民楼，人员活动频繁，需要增加坡底被动防护网防护，以防落石，总费用也不是很低。方案二的小放坡＋格构梁＋锚杆方案虽土石方造价最少，但因支护高度大，相比于方案三在同一高程的锚杆、锚索长度较长，根据经济性对比分析可知，方案三总造价小于方案二。而且，本边坡坡顶多处陡立，实际总削顶土石方量可能小于本报告方案对比分析所选剖断面所参考的土石方量，这种情况下，方案三的优势性将更加明显。

5 结论与建议

通过对以上边坡治理支护方案对比分析及经济性论证，为本特殊高陡边坡治理支护设计方案的选取提供了有效的决策支持，节省了工程总造价，具有较好的社会效益和工程应用价值。在治理工作开展前，建议尽量对现状边坡减少爆破和开挖扰动，扰动后使岩块松动，节理裂隙张开，遇雨后容易坍塌。

参考文献

[1] 赵明阶，何光春，王多垠．边坡工程处治技术［M］．北京：人民交通出版社，2003.

[2] 谢定义，林本海，邵生俊．岩土工程学［M］．北京：高等教育出版社，2008.

[3] 广州大学地下工程与地质灾害研究中心．广州市轨道交通四号线南延段南沙停车场高边坡治理方案技术咨询报告［R］．广州：广州大学地下工程与地质灾害研究中心，2013.

[4] GB50330－2002 建筑边坡工程技术规范［S］.

[5] DZ/T 0219－2006 滑坡防治工程设计与施工技术规范［S］.

某高边坡桩基立柱锚拉式挡土墙设计

薛丽影[1,2]　杨文生[3]

（1. 中国建筑科学研究院地基所　北京　100013；

2. 建筑安全与环境国家重点实验室　北京　100013；

3. 北京交通职业技术学院　北京　102200）

摘　要： 结合某高边坡工程支挡结构设计实例，简述了桩基立柱锚拉式挡土墙的工程特性、设计方法和施工要点。着重讨论了该支挡结构的计算模型，分析时可将支档结构的稳定性问题转化为强度问题，提出先进行挡土墙墙顶以上边坡稳定性分析计算，然后将桩基立柱及预应力锚定拉杆按桩-锚支护体系计算，再进行挡土墙计算，最后完成托梁、锚定墙等结构的计算。该支挡结构受力明确，适用于高填方的边坡支护中，扩大了挡土墙的使用范围，减小了上部挡土墙截面，同时减少了对坡体的干扰，具有推广的价值。

关键词： 挡土墙；桩基；锚定拉杆；支挡结构

0　引言

桩基立柱锚拉式挡土墙是一种由桩基、托梁、立柱、挡土墙、预应力锚定拉杆、锚定墙等组成的复合挡土结构，如图1所示，采用该结构，桩基和锚定拉杆起到抗滑作用，墙体向前倾斜受锚定拉杆制约，墙体垂直荷载由桩基承担，该支档结构的特点是把边坡稳定性问题转化为支挡结构的强度问题，不需要计算挡土墙的稳定性，只需要计算各个构件的强度和刚度，使挡土墙的设计断面大为减小，具有较好的技术、经济效果[1]。

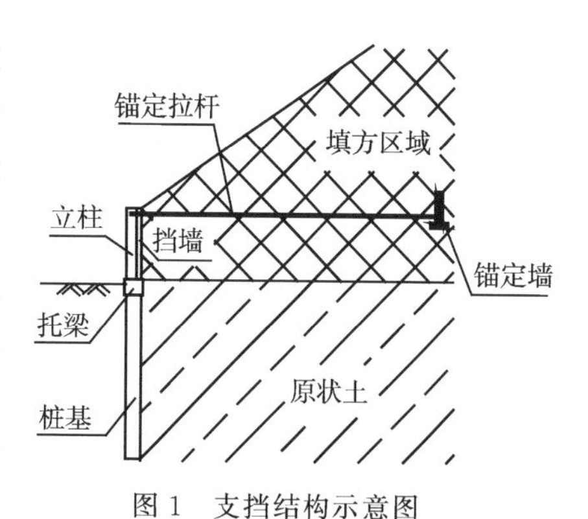

图1　支挡结构示意图

此种形式的挡土墙一般适用于高填方地段，本文以鄂尔多斯某高边坡支护实例介绍该支挡结构的设计方法。

1　工程概况

某工程位于鄂尔多斯东胜区，占地面积约28万平方米，建筑物高度51.5m。根据场区规划设计方案，场区东北侧需回填，其坡顶设计高程为 1451.00m，坡底高程为 1412.70～1414.50m，边坡高度为 36.5～38.3m，总长度约 153.3m，边坡拟采用永久性支挡结构，设计使用年限为 50 年。该边坡坡脚为道路，支挡结构轴线与道路路肩距离 10m，距场区内拟建建筑物外侧轮廓线 9.0m，边坡支护平面关系图如图 2 所示。

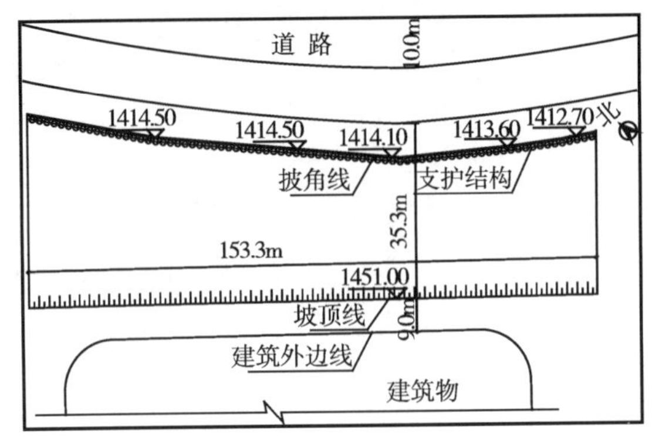

图 2　边坡支护平面关系图

2　场地概况

2.1　场地工程地质条件

该工程场地属于构造剥蚀丘陵地形，微地貌属于丘陵间侵蚀冲沟及丘陵斜坡地形，场地内主要地层为：①全风化砂岩，主要矿物成分为长石、石英，局部夹有泥岩及砾岩薄层，质量等级Ⅴ级，为极软岩，层厚 4.50～24.00m，平均层厚 16.00m；②强风化砂岩，主要矿物成分为长石、石英，局部夹有泥岩及砾岩薄层，质量等级Ⅴ级，属易软化的极软岩，层厚 10.10～32.70m，平均层厚 18.88m；③中风化砂岩，主要矿物成分为长石、石英，局部夹有泥岩及砾岩薄层，质量等级Ⅳ级，属较易软化的软岩，本次勘察深度范围内未揭穿。

2.2　场地水文地质条件

场地区域属丘陵贫水水文地质单元区。场地东北面有季节性地表径流，地下潜水属裂隙潜水，水量较贫乏，主要接受大气降水补给，水位季节性变化较大。

3　工程特点及方案选型

根据文献［2］第 3.2.1 条，该工程为一级边坡。拟支挡结构位于斜坡之上，斜坡处基岩较深，坡底为道路，坡顶为拟建建筑物外道路。从设计角度考虑，该工程的主要特点为：

（1）填方高度大，最大填方高度达 38.3m；

（2）边坡坡度较陡，坡率为 1∶1.0～1∶1.4。

可见，选择合适的支挡形式，保证边坡的安全，是本工程设计的关键。普通的桩板式挡土墙难以保证边坡的稳定性[3]，因此本工程拟将桩板式挡土墙与预应力锚定拉杆相结合，采取桩基立柱锚拉式挡土墙的支挡结构，在坡角处设置钢筋混凝土立柱及挡土墙，托梁下设置桩基，在其上部墙后土体中设置锚定墙，通过预应力锚定拉杆与立柱相连接提供锚拉力。支挡结构剖面图及立面图如图 3、图 4 所示。

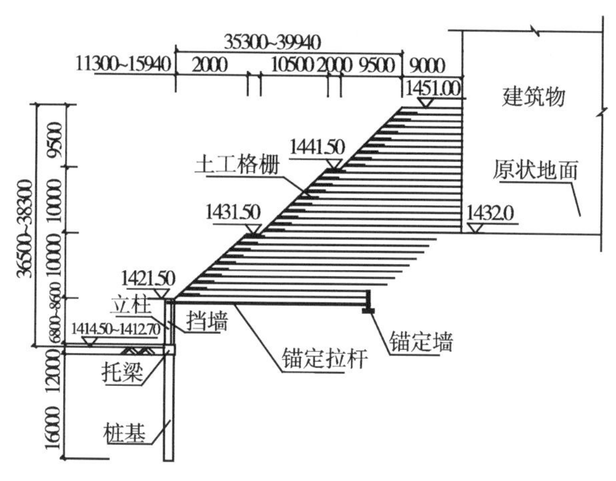

图 3　支挡结构剖面图

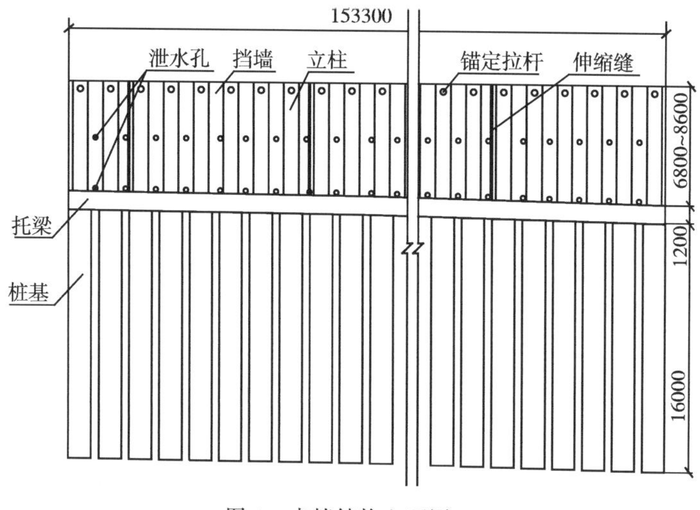

图 4　支挡结构立面图

4　支挡结构设计

4.1　支挡结构设计思路

支挡结构受土压力、水压力和上部荷载等作用。在土压力作用下，立柱与挡墙向前位移受预应力锚定拉杆限制，墙后土体可按主动土压力计算，水压力按水力学理论考虑，上部荷载可换算成假想的回填土高度，具体计算步骤如下：挡土墙墙顶以上边坡稳定性分析计算→如不满足稳定要求，计算滑坡推力→将滑坡推力作用于支挡体系上→按桩-锚支护体系对桩基立柱及锚定拉杆进行计算→挡土墙计算→托梁、锚定墙等结构计算。

4.2 支挡结构计算

（1）挡土墙墙顶以上边坡稳定性分析

该工程边坡稳定计算采用中国建筑科学研究院地基所“基坑支护设计软件 RSD”，按圆弧滑动法，计算出最不利的圆心和半径，边坡稳定安全系数应大于 1.30[2]。由于该边坡填方高度较高，为保证边坡稳定性，填方时局部掺入水泥，制备成水泥稳定土。在距坡面一定范围内的填土中铺设土工格栅，经分层碾压后与填方土体一道共同受力，形成加筋土。各土层计算参数取值见表 1。为满足排水要求[4]，在标高 1431.50m 及 1441.50m 处设置两个平台，平台宽度为 2.0m。坡顶附加荷载取 20kPa，建筑物重量折算为附加荷载 200kPa。

经计算，该边坡稳定安全系数 1.33，满足稳定性要求。

表 1　各土层计算参数取值表

序号	土　层	内摩擦角 φ（°）	黏聚力 c（kPa）
1	压实素填土	28	14
2	水泥稳定土	28	26
3	全风化砂岩	30	14
4	强风化砂岩	30	28

（2）桩基立柱及锚定拉杆[5]

桩基与立柱通过托梁连接，分析时可将其视为一体，按支护桩考虑，因此桩基立柱及锚定拉杆可按桩锚支护体系计算。计算采用中国建筑科学研究院地基所“基坑支护设计软件 RSD”。

1）结构分析模型

可将支挡结构分解为支护桩、锚杆分别进行分析，土体对支护桩的作用视作荷载或约束，采用平面杆系结构弹性支点法进行计算。分析时将支护桩按梁计算，土和锚杆对支护桩的支承简化为弹性支座，结构分析模型如图 5 所示，图中 1 为支护桩，2 为锚杆简化而成的弹性支座，3 为计算土反力的弹性支座。本工程桩锚支护计算示意图如图 6 所示。

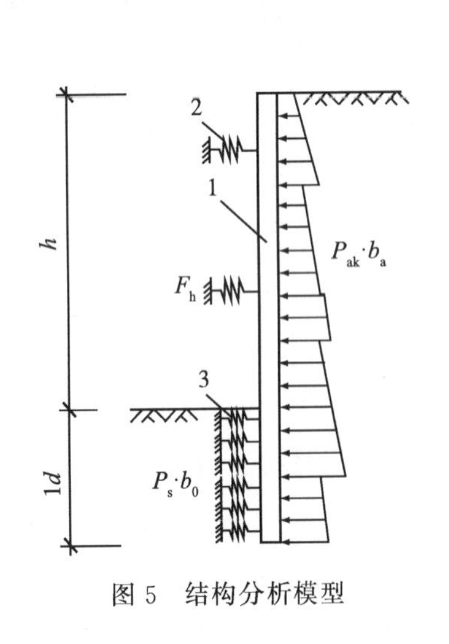

图 5　结构分析模型

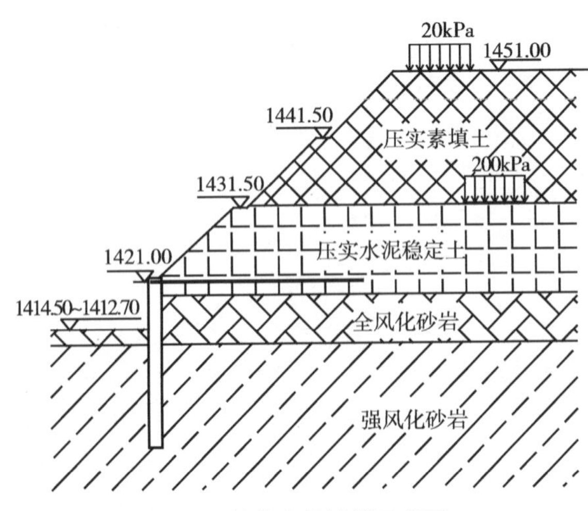

图 6　桩锚支护计算示意图

2）土压力的确定

土压力按随深度线性增长的三角形分布计算，主动土压力标准值 P_{ak} 可按文献［5］第3.4节的有关规定确定；土反力 P_s 按文献［5］第4.1.4条确定。排桩外侧土压力计算宽度 b_a 取排桩间距，土反力的计算宽度 b_0 按文献［5］第4.1.7条的规定取值。

3）m 值的确定

计算土的水平反力系数的比例系数 m 值的经验公式为

$$m=\frac{0.2\varphi^2-\varphi+c}{v_b} \tag{1}$$

式中：c、φ、v_b 分别为土的黏聚力、内摩擦角、挡土构件在坑底处的水平位移量。

4）支护桩嵌固深度计算

支护桩嵌固深度需满足整体稳定性要求。假定嵌固深度后，验算绕支点转动的整体极限平衡，如图7所示，采用式（2）计算，安全等级为一级的嵌固稳定安全系数 K_{em} 不应小于1.25。

$$\frac{E_{pk}z_{p2}}{E_{ak}z_{a2}}\geqslant K_{em} \tag{2}$$

式中 E_{ak}、E_{pk}——外侧主动土压力、内侧被动土压力合力的标准值（kN）；

z_{a1}、z_{p1}——外侧主动土压力、内侧被动土压力合力作用点至挡土构件底端的距离（m）。

5）桩基配筋计算

桩基的配筋应满足正截面和斜截面承载力要求，按文献［5］第4.3节的规定进行计算。

经计算，本工程桩基直径1.5m，嵌固深度16m，立柱高度6.8～8.6m，间距2.0m，桩身配筋为主筋36Φ25，均匀分布，箍筋Φ14@150。

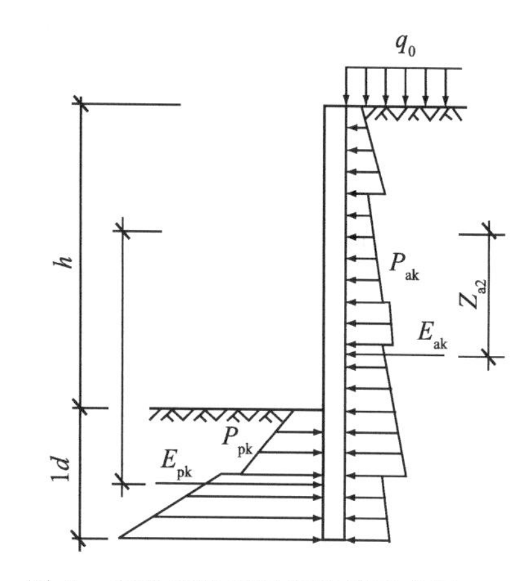

图7　支护桩嵌固深度验算示意图

6）锚定拉杆

通过对支护桩的分析，得到锚杆对支护桩的弹性支点水平反力值，由此反力值得到锚杆轴向拉力标准值，进一步计算锚杆的长度、根数及张拉荷载控制值。

经计算，本工程锚定拉杆采用3Φˢ15.2（标准强度1860MPa）无黏结预应力钢绞线，间距2.0m，长度30m，预加拉力250kN，要求施工过程中采用二次张拉的工艺。

（3）挡土墙

本工程在坡角处设置钢筋混凝土挡土墙，按库仑主动土压力理论计算挡土墙所受土压力[6]。经计算，挡土墙高度为6.8～8.6m，宽度0.5m。挡墙平面图如图8所示。

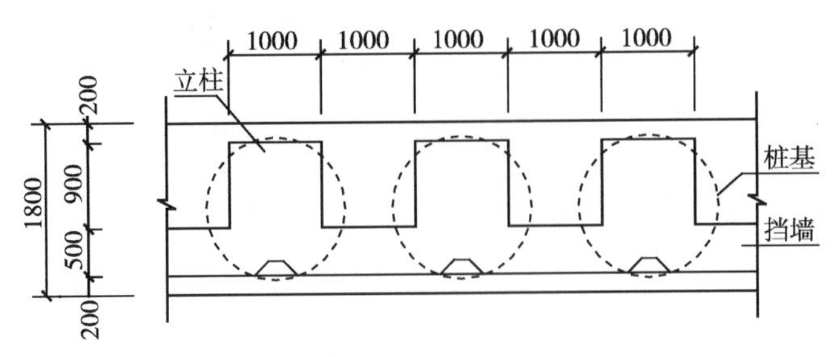

图 8　挡土墙平面图

（4）托梁

将托梁看成支承于桩基上的连续梁（局部为悬臂梁）进行计算。经计算，托梁宽度 1.8m，高度 1.2m。

（5）锚定墙

锚定墙为钢筋混凝土现浇结构，需满足强度要求，经计算，锚定墙高度 3.6m。

5　施工及监测要求

（1）桩基的施工应采取可靠的护壁措施，隔桩施工，防止窜孔。

（2）挡土墙墙背填土及上部放坡均采用分层碾压，填方材料采用全风化砂岩，要求填料最小强度 CBR 值不小于 4%，压实系数不小于 0.94。

（3）挡土墙上预留泄水孔，墙背按要求做反滤层。

（4）锚定拉杆张拉要求：填方至锚定拉杆标高以上 15cm 时，埋入钢绞线，第一次预张拉 50kN 后锁定，填方至锚定墙墙顶标高以上 3m 时，进行二次张拉，达到预加拉力 250kN 后锁定。

（5）施工中应监测桩顶、挡土墙墙顶位移及墙后土体开裂情况。

6　结论

该项目施工完成后，经过近 2 年的监测，没有出现任何异常情况，说明该支挡结构的应用是成功的，为高填方工程永久性支挡结构的设计积累了经验。

实践证明，桩基立柱锚拉式挡土墙做为一种新型的支挡结构，通过将桩基、挡土墙、锚定拉杆组合使用，结构体系受力明确，适用于高填方的边坡支护中，扩大了挡土墙的使用范围，并减小了上部挡土墙截面，节省了造价，同时减少了对坡体的干扰。桩基立柱锚拉式挡土墙具有进行大力推广的价值，在岩土工程建设中必将发挥更大的作用。

（备注：本文摘自岩土工程学报增刊。）

参考文献

［1］　姚志旺．桩基立柱锚拉式挡土墙的设计与施工［J］．江苏水利，2000，8：28-29.

[2] 中华人民共和国住房和城乡建设部.GB 50330—2002 建筑边坡工程技术规范［S］.北京：中国建筑工业出版社，2002.

[3] 张文涛.肖家岗高边坡预应力锚索桩基托梁挡土墙设计［J］.山西建筑，2011，37（25）：66-67.

[4] 中华人民共和国交通部.JTG D30—2004 公路路基设计规范［S］.北京：人民交通出版社，2004.

[5] 中华人民共和国住房和城乡建设部.JGJ120—2012 建筑基坑支护技术规程［S］.北京：中国建筑工业出版社，2012.

[6] 中华人民共和国住房和城乡建设部.04J008 挡土墙（重力式、衡重式、悬臂式）［S］.北京：中国计划出版社，2006.

其他

国际工程汇率风险管理

李方顺

（葛洲坝集团基础工程有限公司　湖北宜昌　443002）

随着经济全球化的发展，中国海外工程承包项目的规模越来越大。而在海外工程承包业务中，汇率变动是承包商经常面对而又难以准确预测的，汇率风险造成的损失有时是承包商难以承受的。本文从汇率风险管理的规划、汇率风险的识别、汇率风险的计量及汇率风险的应对措施四个方面加以论述，希望能抛砖引玉，以促使我国承包商汇率风险管理水平尽快提高，增强我国承包商的国际竞争力。

1　汇率风险管理的规划

外汇风险，又称汇率风险，指一个经济实体在对外经济活动中因汇率变动使以外币计价的资产和负债的价值发生变化而蒙受损失的可能性。汇率风险既可能带来损失，也可能带来收益。

汇率风险主要分为交易风险、会计风险和运营风险。交易风险是指汇率变化引起的、承包商已经发生但尚未结清的以外币计算的债权债务变化造成的损失。会计风险指根据企业制度规定，在一定的会计期间内，需要以某固定日的汇率牌价将外币计量合并为用本币计量而进行折算。这种折算只是一种计算上的、名义上的风险。经营风险指由于不可预见因素导致外汇汇率变化而使承包商现金流量受到的影响，这种风险具有突发性且事先无法预料。国际工程项目工期一般为1～5年，涉及的汇率风险主要为交易风险。

根据PMI颁布的PMBOK可知，风险管理的首要程序是对风险管理进行规划，主要体现形式为风险管理计划的编制。故而汇率风险管理的首要任务即是汇率风险管理计划的编制。汇率风险管理计划主要包含方法论、角色与职责、预算及时间安排四个方面。方法论即确定汇率风险管理将采用哪种方法、工具及数据来源。角色与职责指确定汇率风险管理活动的领导者、支撑者和参与者，并确定他们的职责。预算指根据分配的资源估算所需的资金，将其纳入成本基准，制定应急储备和管理储备的使用方案。时间安排具体是将汇率风险管理纳入项目总进度计划中。

汇率风险管理计划的编制应征求该领域专家和行业协会的建议。通过举行规划会议的形式，来制定汇率风险管理计划。

2 汇率风险的识别

风险识别是判断哪些风险可能影响项目并记录其特征的过程。汇率风险的识别是风险管理的第二部，也是其管理的基础。主要体现形式为汇率风险登记册的编制。汇率风险登记册主要包括已识别的汇率风险清单和潜在应对措施清单两部分组成。而汇率风险清单主要包括两个方面的内容。

2.1 业主支付的工程款货币贬值的风险

国际工程项目大多采用了 FIDIC 合同条件，FIDIC 红皮书在投标书附录中为承包商提供了多币种支付的选择，并在文本 14.2 款和 14.15 款分别规定按此选择的币种和比例支付预付款和期中工程款。一般情况下，币种的选择均是以国际金融市场上可自由兑换的货币（如欧元、美元、英镑等）加上一定比例的当地币组成。然而两者比例的确定多因项目的不同而不同。承包商应本着以实际需要进口材料、设备、人员费用和利润为基础，来预估外币与当地币比例，切忌偏激。

币种和比例确定后，因业主支付工程款带来的汇率风险的主要评估对象就相应地确定了。评估对象确定后，通过分析项目相关的外币与当地币的现金流入和流出，就可以掌握项目相关外汇敞口头寸，以便在项目执行的各个时期对暴露的外汇汇率风险采取必要的管控措施。如在项目投标阶段，承包商即可制定初步的现金流量估算表，以便确定项目各阶段的投入产出和现金需求量，同时为项目的工程款收入的保值做准备。在项目中标及工程实施的各个阶段，对现金流量表进行及时更新，以便估算项目的外汇资金需求并测算项目的外汇风险。与此同时，在上述所有阶段对相关外汇走势进行跟踪关注，以便及时地识别并预测相关的外汇风险因素，有效控制风险。

然而，FIDIC1999 版红皮书 14.15 款虽未列明汇率选择，但 1987 版 72.2 款列明了采用基准日项目所在国央行汇率。在预期当地币贬值的情况下，承包商一般会选择合同基准日项目所在国央行汇率作为固定汇率来锁定风险。然而，固定汇率并不能真正锁定汇率风险。当地币比例估计不足、进口设备所需资金估计不准等都会带来较大风险。

2.2 承包商以外币支付的部分采购款升值的风险

在国际工程承包项目中，很多项目的部分设备和材料需从国外进口。支付一般采用信用证方式，以美元、欧元结算。这部分以美元或欧元支付的采购款，在供货商正式报价至供货方交单议付信用证这段时间内，外汇头寸暴露，如果遇到美元、欧元升值，项目即面临严重损失。

3 汇率风险的计量

公司从事国际工程业务，项目往往不止一个，这样可选择金融衍生品等手段进行汇率风险控制，然而单从项目部层面进行汇率风险调控，不仅压力大，而且成本高，因此需从公司层面统筹安排。故而本部分内容主要从公司角度来谈。由于国际工程涉及的汇率风险主要为交易风险，本部分将从公司角度对交易风险的测量进行论述。

测量交易风险时，首先需要确定哪些交易项目承担着交易风险，并掌握结算日与成交日汇率变化的幅度，然后对交易风险进行计量。国际工程公司涉及的业务大多分布于多个国家，因而可采用各个项目统计上报、公司汇总分析的方法进行，具体测量方法如下：

首先，从分析单个项目的资产负债表开始，按不同币种对各项风险性资产和负债分类。从项目部的外币应收项目（应收预付款、进度款、应收票据等）中减去外币应付项目（从材料款、设备款、外籍劳务工资等）算出净额，然后再搜集该表以外的有关进出账目加以调整，最后得到各种外汇币种的净头寸，从而得到该项目部总的外汇交易风险的暴露。

国际工程公司倾向于关注短期（一年以内）的交易风险，因为短期内货币的现金流量能够合理、准确地予以预计。交易风险的计量要求按货币类型预测公司所有项目部合并的货币流入量或流出量净额，以便确认整个公司在未来期间内各外币的预计净头寸，根据整体的交易风险决定是否套期保值。因为公司定的理财目标是使整个公司价值最大化，而非某个独立项目部。就我国国际承包企业而言，单个项目部外币现金流量主要产生于下述经营业务：①现汇项目等经营业务中，以合约方式或信用方式产生的赊购或赊销，即以外币计价的应收、应付款。②在大型国际项目的融资中，以外币计价的资金借入或借出。③为了未来项目部对外币的需要，进行的人民币对外汇的远期交易。④以外币计价的债务或应得资产。综合各种业务中的外汇现金流量，就可以根据上述步骤计算各种外汇净头寸。

假定中国的一家国际工程公司，在俄罗斯和赤道几内亚都有工程项目，表 1～表 3 分别是三个经济核算单元的汇率风险计量报告表。

表 1　俄罗斯某项目汇率风险计量报告表　　等值单位：万元 CNY

项目＼货币	卢布	欧元	人民币
资产类	1700	—	555
现金	400	—	225
应收账款	800	—	—
材料库存及设备残值	325	—	200
其他暴露性资产	175	—	130
负债类	1025	450	700
应付账款及应纳税金	400	350	—
银行贷款	500	—	—
短期债务	125	—	—
未来的购货合约	—	100	700
净头寸	＋675	—450	—145

表 2　赤道几内亚某项目汇率风险计量报告表　　等值单位：万元 CNY

项目＼货币	中非法郎	欧元	人民币
资产类	1900	—	755
现金	500	—	325
应收账款	900	—	—
材料库存及设备残值	225	—	300
其他暴露性资产	275	—	130
负债类	1125	600	500
应付账款及应纳税金	500	400	300
银行贷款	400	—	—
短期债务	225	—	—
未来的购货合约	—	200	200
净头寸	＋775	—600	＋225

表 3　总公司汇率风险计量报告表　　等值单位：万元 CNY

项目＼货币	卢布	中非法郎	欧元	人民币
应收账款		＋835		
应付账款		—935	—600	—300
银行贷款（短期）	—1000			
长期债务				
远期外汇合同	＋750			
材料存货及设备残值				800
净头寸	—250	—100	—600	500

注：假设项目部无能力进行远期外汇延期保值，故而项目部报告表中无此相关项。

公司总部相关部门在得到各项目部的汇率风险计量报告表后，结合公司报告表，按照不同币种汇总，编制综合报表（如表 4 所示）。

表 4　综合报表　　等值单位：万元 CNY

外币币种	净缺头寸
卢布	＋425
中非法郎	＋675
欧元	—1650
人民币	＋580

上述所有的汇率风险计量报告并未考虑到企业经营活动的连续性，因而是静态的。为克服这一缺陷，国际工程企业可要求各项目部每月或每季度编制按币种的近期现金流量计

划表（如表 5 所示），来反映动态性质的交易风险，以便更好地实施外汇风险动态管理。动态管理优点在于：①它不仅包括了现存的合同和约定所涉及的外币金额，而且反映了预期中的外币现金流动；②报表不仅根据货币币种进行分类，而且引入了时间变量，使得汇率风险的管理能够定时定量。

表 5　某国际工程公司现金流动年度预算表　　等值单位：万元 CNY

币种	预算头寸	第一季度	第二季度	第三季度	第四季度	第五季度
卢布	预算收入					
	支出					
	净头寸					
中非法郎	预算收入					
	支出					
	净头寸					
欧元	预算收入					
	支出					
	净头寸					
人民币	预算收入					
	支出					
	净头寸					
净头寸汇总						

针对以上汇总表进行分析，公司财务部编制本年度外汇风险管理预案，交由公司领导审批执行。

4　汇率风险应对措施

对待汇率风险，有两种态度，即以“利用风险获得额外收益”为目的和以“控制风险避免损失”为目的。作为海外工程项目，虽然通过外汇操作可能获得一定的收益，但其风险太大，且工程项目以施工管理为主，因外汇操作可能带来的风险对项目的负面影响可能远大于外汇操作本身可能带来的收益，因此对国际工程项目的汇率风险控制，还是应以控制风险、避免损失为原则，坚决不能抱有侥幸心理。要时刻记得，我们的主要任务是按期保质完成任务，而不是以外币买卖来获取收益，否则将会本末倒置。本着这一原则选择汇率风险应对措施将会容易得多。汇率风险应对措施主要表现在以下两个方面。

4.1　通过合同条款控制汇率风险

4.1.1　增加保值条款

合同签订前，要对硬通结算货币与当地币的汇率长期走势做出准确评估。这种评估必须慎重，建议从知名投资银行处获得分析资料（大型投行掌握信息全面，分析专业，在汇率趋势上一般不会有太大失误）。如预期结算货币贬值，则建议增加“项目所在国央行汇率和硬通货币汇率采用合同基准日汇率作为固定汇率”条款来锁定风险。

4.1.2 增加汇率风险分担条款

合同签订前，若对汇率长期走势把握不准，则可在合同谈判阶段争取汇率风险分担条款，即“允许结算币汇率在某一区域内调整，但真正的汇率波动超过此上下限，则超出部分所引起的差额由合同双方平均分摊。”

4.1.3 以保函取代保留金

由于缺陷通知期满后工程师才会开具证书将保留金尚未支付的部分返还给承包商。而海外工程往往1～5年，因此保留金部分金额往往存在较大的汇率风险。在合同谈判阶段，应争取将质保期内的质保金扣留条款用开立银行保函取代。这样安排既控制了汇率风险，又提高了收汇时效性和安全性。

4.1.4 选择合适的结算币种和比例

在国际经济交易中，最常采用的选择货币的方法有如下几种：①选择可自由兑换的货币，主要是指美元、英镑、欧元、日元等。这样既便于资金调拨运用，也有助于转移货币的汇率风险，可以根据汇率变化的趋势，随时在外汇市场上兑换转移。②争取本币作为结算币。这样清偿时就不会发生本币与外币的兑换，外汇风险也无从发生。③收硬货币、付软货币，把汇率风险转嫁给对方。

同时，在投标期间，建议承包商对采取当地币进行的支出作出合理预计，根据当地的政治经济环境作出综合评价，审慎地确定当地币结算的比例。

4.2 通过金融衍生品和其他手段控制汇率风险

4.2.1 货币保值法

货币保值法就是选择一种或几种货币作为合同货币的保值货币，按照签约日的汇率确定与合同货币等值的保值货币的金额，到结算日，如果汇率发生变动，则按照结算日的汇率逆向确认与保值货币的金额等值的合同货币金额，并按此金额进行结算。

4.2.2 提前或推迟结算法

对外承包企业可以通过分析外汇变化趋势来调整收款或者付款时间，达到降低外汇风险、提高经济效益的目的。在不同的时间段内，外汇波动的趋向都有不同变化，企业可以通过把握这种趋向的规律来提前或者推迟结汇，以便选择适当的时间点兑换外汇。

4.2.3 借款法

借款法对于承包商而言是一种较为有效的自然避险法，即承包商在签订合同后，可先期从银行借入未来要收进的外汇金额，期限和结算外汇期限相同，并将其在现汇市场出售获得既定本币额。当借款到期时用所收外汇偿还贷款，此时不管外汇市场如何变化，对承包商都无影响。这种方法的成本为净利息支出。

4.2.4 远期结售汇法

承包商在签订合同后，如果预测结算币汇率有趋升或趋跌的可能，可以在结算额基础上做一笔买入或卖出该货币的远期买卖，以转嫁外汇风险。远期外汇买卖是转嫁外汇风险最直接也较为有效的方法。而且是将风险转嫁给市场上的风险接受者，更容易被对方接受。一般来说，承包商从签订合同到实际收付都会有一个时间差，在这段时间内，为避免汇率波动带来的损失，当事人就可以与外汇指定银行签订一个按远期汇率预选买进和卖出远期外汇，然后到期交割的合同。这样就不必担心汇率波动，并且可以事先算出成本和利润，较为准确地判断实际收益。远期外汇买卖是企业及其他外汇业务当事人避免或减轻外汇风险的一项重要的而且行之有效的措施。

期权的买方（公司）有权利在能够执行该期权的时间决定是否按期权的协议价和金额买入该货币、卖出美元。一旦期权买方决定执行，则期权的卖方（银行）有义务按协议价卖出该货币。公司买入期权后，既能规避汇率朝不利方向变动的风险，又能享有汇率向对公司有利的方向大幅变化时，公司可以选择不执行期权而在即期外汇市场用更好的汇率买入需对外支付的货币。为了享有期权的这种全面性好处，公司必须先行支付一笔期权费，如果期权费用小于汇率波动带来的风险收益，期权交易将优于远期交易。

从上述相关金融学理论的讲述中我们会很容易地发现期权较远期对企业来讲更有利。但是期权的费用也是比较高的。承包商选择此法规避汇率风险的时候需要慎重考虑成本。当然，如果承包商通过与金融机构沟通，获得了较为准确的结算币汇率走势预测，则可以大胆的选择保护性看跌期权、抛补性看涨期权、对敲、期权价格差、双限期权等投资组合应对汇率风险。

4.2.5 购买保险合同

我国承包商可以向保险公司投保汇率保险，以便在汇率波动时得到补偿，防范汇率波动损失。目前，国际上有许多保险公司提供了包括汇率波动风险在内的种类繁多的与外汇风险有关的保险险种。因此，签订保险合约，对承包商而言是一种省时省力的好办法。

4.2.6 其他方法

对比国际大型跨国公司，可以看出我国公司外汇风险管理技术的滞后性，如国际大型跨国公司普遍运用的汇率预测法，利用负责的金融衍生工具，运用 BSI（借款—即期合同—投资法）、LSI（提前收付—即期合同—投资法），资产负债表法以及利用金融工程为企业设计外汇管理系统等效果好、技术含量高的管理手段。

专利展示

发明专利技术（产品）登记表

单位名称：江苏泰信机械科技有限公司

发明专利技术（产品）名称：一种自备马达挖掘机成孔作业装置

发明人：辛鹏

专利权人：江苏泰信机械科技有限公司

专利授权号：201220347391.0

专利类型：■实用新型专利　　□发明专利

专利技术/产品简介：

在种类繁多的工程机械中，挖掘机是工程建设中最主要的机型之一，是指利用铲斗挖掘高于或低于乘机面的物料，并装入运输车辆或卸至堆料场的土方机械。如果在施工过程中需要挖掘成直径不是很大的圆孔，铲斗结构就限制了其功能，此时需要用钻机等成孔设备进行作业。不仅增加了施工成本而且施工效率也大大的降低了。所以市场急缺一种能够快速使挖掘机实现成孔作业的简易工作装置。

本实用新型专利提供了一种简易、快速安装、自带动力源的成孔工作装置。该设备能够实现快速钻孔施工，成孔质量高，受天气、地形等的不利施工环境影响能降低到最小，是浅桩钻孔施工的首选。

技术领域：

桩基础施工领域。

发明内容（包括附图）：

1. 连接装置一；2. 马达及其固定装置；3. 连接装置二；4. 钻头

如图所示：挖掘机拆除铲斗后，将连接装置一安装在铲斗安装面，再与马达固定装置连接到一起，并实现万向连接，使钻头能够始终保持垂直状态。连接装置二（通过花键套和地位销）将马达输出轴与钻头方头连接在一起，实现同步运动。钻头可选用多种形式，例如单头单螺旋钻头等；钻头与链接装置之间可以采用伸缩式的钻杆，通过销轴快速链接，实现加长钻孔深度的要求。马达的工作油口与铲斗油缸工作油管连接在一起，安装简单方便。

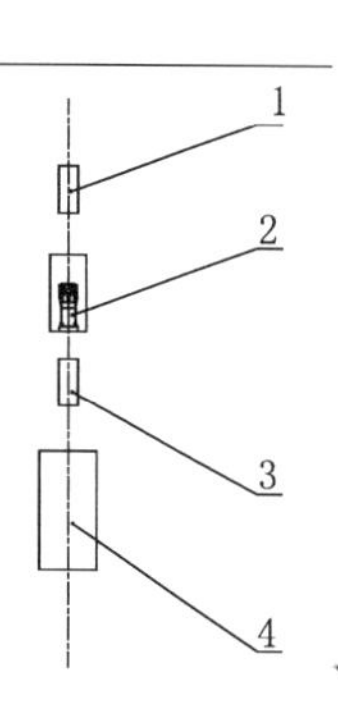

专利权人：江苏泰信机械科技有限公司
地　　址：江苏省无锡市惠山堰新路311号
联 系 人：辛鹏
联系电话：15295025088
传　　真：0510－83590757
E－mail：15295025088@126.com

发明专利技术（产品）登记表

单位名称：河海大学

发明专利技术（产品）名称：联合化学溶液注入电渗法处理软土地基及其施工方法

发明人：孔纲强

专利权人：河海大学

专利授权号：ZL201110083840.5

专利类型：□实用新型专利　　■发明专利

专利技术/产品简介：

一种联合化学溶液注入电渗法处理软土地基及其施工方法，软弱土地基处理技术领域。在软弱土地基中插入金属电极并分别在阳、阴电极中注入不同的化学溶液，然后通以直流电，在直流电场作用下，带正电荷的水及阳离子溶液向阴极流动，带负电荷的离子溶液向阳极流动，形成电渗和化学反应；同时从阴极顶部抽排水，降低土中含水率，加速地基土固结压密，提高土体强度；化学反应所产生的沉淀物对土体颗粒起到一定的胶结作用。与其他软土地基处理方法相比，本发明更加环保、低能耗，节约处理成本，无需使用大型机械设备和水泥、砂石等建筑材料。该法施工工艺简单、可操作性强，便于质量控制、检测，提高土体强度显著。

技术领域：

本发明涉及一种软弱土地基处理技术领域，尤其涉及一种联合化学溶液注入电渗法处理软土地基及其施工方法。主要适应于滨海滩涂、洼地等吹填造地软基处理等工程技术领域。

发明内容（包括附图）：

随着国民经济及基础设施建设的快速发展，围海造地是目前缓解沿海城市土地资源紧缺的有效途径之一。吹填造陆方法是航道疏浚与陆域形成一举两得的好方法，也是目前我国围海造地陆域形成的主要方法。由于地域差别，吹填土性质各有不同，但是一般含水率较高，要达到工程建设所需的处理费用相对较高。针对吹填淤泥质土、砂性土等地基，目前常用的几种加固技术方法有：深层搅拌桩、真空/堆载预压法、塑料板/碎石桩排水联合强夯法等。不同的加固方法有各自的特点和适用范围，但都需要相对大型的机械设备或者耗费大量的建筑材料。电渗法是在地基中插入金属电极并通以直流电，在直流电场作用下，土中水将从阳极流向阴极形成电渗；不让水在阳极补充而从阴极的井点抽水，使地下水位降低，土中含水率减少，提高土体有效应力。该法无需水泥、砂石等建筑材料，施工中对环境无粉尘污染、无噪音，且无需笨重的施工机械；但是普通电渗法处理周期相对较长、且处理后强度提高有限。

在本发明之前，中国专利“电化学成桩法加固软土模型试验装置”（ZL 200710052637.5）公开了一种利用电渗法提高软土强度的模型试验装置；续而在考虑上覆荷载模型试验装置改进、电极及布置形式改良上做了些工作（如中国专利申请号：200910272435.0，200910272536.8 和 200910272537.2）。该模型试验装置可以有效模拟电渗法成桩机理，但是小比尺室内模型试验装置设备及结果运用到实际工程应用尚有一段距离；普通电渗法可以有效地处理软弱土地基，但是处理周期往往相对较长。中国专利“一种软土地基的加固方法”（ZL 200810018498.9）公开了一种适用于以超细颗粒为主且固结系数极小的流泥、淤泥质土地基的软基加固组合方法：首先利用低位真空自载联合预压对场地软土一次加固；其次真空预压电渗法对场地软土二次加固；然后利用真空电渗降水对泥封层加固；最后振动碾压整平场地。该法虽然综合处理效果理想，但是多种处理技术、多次加固处理组合应用，工艺复杂且工期长。中国专利“混合吹填软土地基的预加固处理方法及其装置”（ZL 200910061919.0）公开了一种混合吹填软土地基的预加固处理方法及其装置，在混合吹填过程设置水平向排水通道，并结合采用真空预压联合电渗法施工，在吹填过程中和吹填初期即对超软土固结进行干预和预处理。该法主要应用为预处理，处理后的地基承载力仍然相对较低，工程建设时，还需要进行二次处理。

续表

本发明的目的是针对现有深层搅拌桩等处理软土地基时耗费建筑材料量大，处理成本高；普通电渗法处理周期相对较长，且处理后强度提高有限等问题，提出一种联合化学溶液注入电渗法处理软土地基的方法。本发明不仅具有普通电渗法的优点，而且可以大幅提高渗透速率、缩短工期，提高处理后土体强度。

本发明的技术方案是：

在软弱土地基中插入金属电极并分别在阳、阴电极中注入不同的化学溶液，然后通以直流电，在直流电场作用下，带正电荷的水及阳离子溶液向阴极流动，带负电荷的离子溶液向阳极流动，形成电渗和化学反应；同时从阴极顶部抽排水，降低土中含水率，加速地基土固结压密，提高土体强度；化学反应所产生的沉淀物对土体颗粒起到一定的胶结作用。

本发明的金属电极为多孔铜管（或者钢管），其外径在40～60mm之间，壁厚在2～5mm之间，铜管下部四面对称均匀分布间距在40～60mm之间、孔径在5～10mm之间的小孔，铜管上部采用绝缘涂料进行保护（避免暴雨等因素造成水位上升而使电极连通导致短路），并设置排水/排气孔；铜管下端连接锥形钢靴，铜管上端加盖绝缘皮套。阳、阴电极采用相同的铜管方便施工和电极反转；金属电极的布置间距在2～6m之间，且阳、阴电极相互交叉布置。电极的工作长度根据软土的处理深度要求来确定，绝缘段长度根据现场上部土层厚度和地下水位的情况确定，为了方便排水和连接电缆线，电极一般露出地面0.4m左右。

本发明采用直流电来形成土体电场，根据现场土性、含水率的不同确定工作电压和电流，一般电压在80～120V之间，电流在60～200 A之间。

本发明采用的加速电渗速度的化学溶液为氯化钙溶液（$CaCl_2$）和硅酸钠溶液（Na_2SiO_3），加入阳电极铜管内的化学溶液是氯化钙溶液，加入铜管后现场溶液浓度为7%～15%；加入阴电极铜管内的化学溶液是硅酸钠溶液，加入铜管后现场溶液浓度为15%～30%。

本发明技术方案的施工方法，其主要技术步骤为：

（1）场地平整，并在处理范围周边建立围栏和警示牌，制作金属电极——铜管；

（2）测量放线，并将带锥形钢靴的铜管在指定的位置就位，保证起重设备平稳、导向架与地面垂直偏角不大于1.5%；

（3）利用桩机液压沉入铜管，保证实际沉入铜管中心与设计位置偏差不大于50 mm，并在一典型相邻两铜管附近及相应深度埋设温度计；

（4）将桩机撤离场地，在铜管附近一侧土体表面挖排水沟；

（5）通过顶端向阳、阴电极铜管内分别注入氯化钙溶液和硅酸钠溶液，使阳、阴电极铜管内现场溶液浓度分别达到10%和20%左右；

（6）利用电缆线连接各个阳、阴电极，并分别与直流电电源连接，中间串联一个电流表，在电极顶端套上绝缘皮套；

（7）通以直流电进行联合化学溶液注入电渗法施工；

（8）当阴极铜管排水孔流出水量较之前明显减小且趋于零时，反转阴、阳电极，并继续通电渗透；

（9）随着通电时间的持续，阳极铜管附近周边土体将出现泛白、开裂等现象，此时核查阴极铜管流出水量是否趋于零，阳极铜管附近温度计读数是否达到100℃左右，若是，停止联合溶液注入电渗法施工，完成软基处理过程；或者也可以根据地基承载力处理要求来确定停止施工的时间。

本发明的优点和效果在于：与其他软土地基处理方法相比，本发明更加环保、低能耗，节约处理成本，无需使用大型机械设备和水泥、砂石等建筑材料；与常规电渗法相比，本发明增强了土体的电导率，提高了渗透速率，缩短了电渗处理时间与施工工期，且通过化学反应所产生的沉淀物可以增强土体强度。此外，氯化钙溶液、硅酸钠溶液以及发生化学反应后生成的盐和沉淀物对环境不造成污染，且原材料价格便宜。联合化学溶液注入电渗法处理软土地基的方法，其施工工艺简单、可操作性强，便于质量控制、检测，提高土体强度显著。

续表

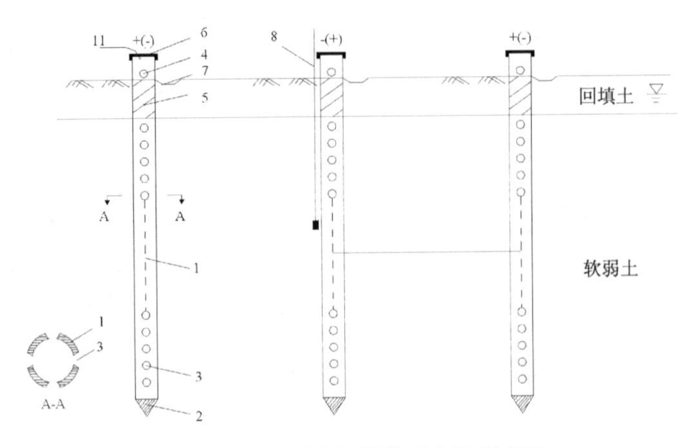

图 1　本发明的电极结构及布置示意图

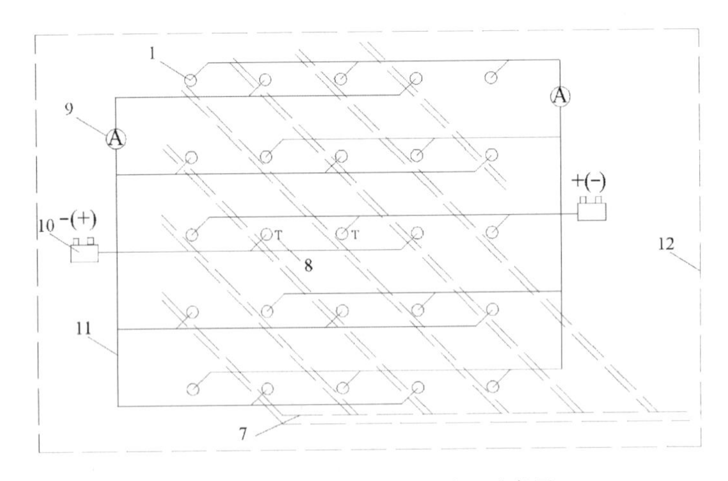

图 2　本发明的施工布置平面示意图

专利权人：河海大学　　　　　地　　址：江苏省南京市西康路 1 号
联 系 人：孔纲强　　　　　联系电话：15205168312
E－mail：gqkong1@163.com

发明专利技术（产品）登记表

单位名称：广东水电二局股份有限公司

发明专利技术（产品）名称：可回收锚筋的基坑支护锚杆

发明人：丁仕辉

专利权人：广东水电二局股份有限公司

专利授权号：ZL　200520059991.7

专利类型：■实用新型专利　　□发明专利

专利技术/产品简介：

本实用新型公开了一种可回收锚筋的基坑支护锚杆，包括锚固头、压梁、挡土结构物临空面和水泥砂浆，其特征在于还包括置于锚筋隔离套内的锚筋的末端与握裹力定值锚头连接，锚筋的首端与锚筋张拉头连接。本实用新型克服了现有技术不足，在完成基坑支护任务后可实施对锚筋进行回收再利用，大大减低工程成本，并能消除地下障碍物，不影响周边地块的正常开发。本实用新型可根据基坑支护锚固力大小需要，在一个锚杆孔内置入多根可回收的锚筋。

技术领域：

本实用新型涉及基坑支护锚杆，特别是一种可回收锚筋的基坑支护锚杆。

发明内容（包括附图）：

本实用新型的目的在于克服现有技术的不足而提供一种能在基坑支护任务完成后，可实施对锚筋进行回收再利用，减低工程成本，并能消除地下障碍物，不影响周边地块的正常开发的可回收锚筋的基坑支护锚杆。

本实用新型是这样实现的：

一种可回收锚筋的基坑支护锚杆，包括锚固头 5、压梁 6、挡土结构物临空面 7 和水泥砂浆 4，还包括置于锚筋隔离套 3 内的锚筋 2 的末端与握裹力定值锚头 1 连接，锚筋 2 的首端与锚筋张拉头 8 连接。

——所述握裹力定值锚头 1 是由金属套与锚筋挤压连接而成。

——所述锚筋 2 是钢绞线、钢筋或钢管。

本实用新型的工作原理是：基坑支护锚杆结构的锚筋末端连接有握裹力定值锚头；它是由金属套与锚筋挤压连接而成，在挤压设备的挤压力一定时，其握裹力值的大小决定于金属套的长短，握裹力值的选用可通过已试验的数值确定（握裹力定值应小于锚筋极限强度的 80%）。基坑支护锚杆的锚筋，使用锚筋隔离套（或选用无黏结锚筋）将锚筋与水泥砂浆隔离，锚筋全长无水泥砂浆包裹，使之回收拉力明确；其值等于定值锚头握裹力加锚筋与隔离套的摩阻力。基坑支护锚杆工作时的锚固力取锚头握裹力值 80%。

本实用新型可根据基坑支护锚固力大小需要，在一个锚杆孔内置入多根可回收的锚筋。

本实用新型的有益效果是大大减低工程成本，能消除地下障碍物和对锚筋进行回收再利用。

附图说明：

图 1 是本实用新型一种具体结构的示意图。

图 2 是图 1 中 1—1 位置的剖视图，说明 1 的金属套与 2 挤压连接，被包裹在水泥砂浆体 4 内。

图 3 是图 1 中 2—2 位置的剖视图，说明 3 包裹着 2，4 包裹着 3，不与 2 直接接触。

在图 1～图 3 中，1 为握裹力定值锚头，2 为锚筋，3 为钢筋隔离套，4 为水泥砂浆，5 为锚固头，6 为压梁，7 为挡土结构物临空面，8 为锚筋张拉头。

具体实施方式：

基坑支护锚杆施工时参阅图 1～图 3，先使用钻机按要求打出锚杆孔，而后将加工带有握裹力锚头 1 和锚筋隔离套 3 的锚筋 2 置入孔内，再灌注水泥砂浆 4，最后施工压梁 6。待水泥砂浆和压梁达到设计强度后实施张拉锚固；待锚杆支护任务完成后，使用穿心千斤顶卡住锚筋张拉头 8，用大于握裹力定值锚头的拉力将锚筋拉出进行回收。

续表

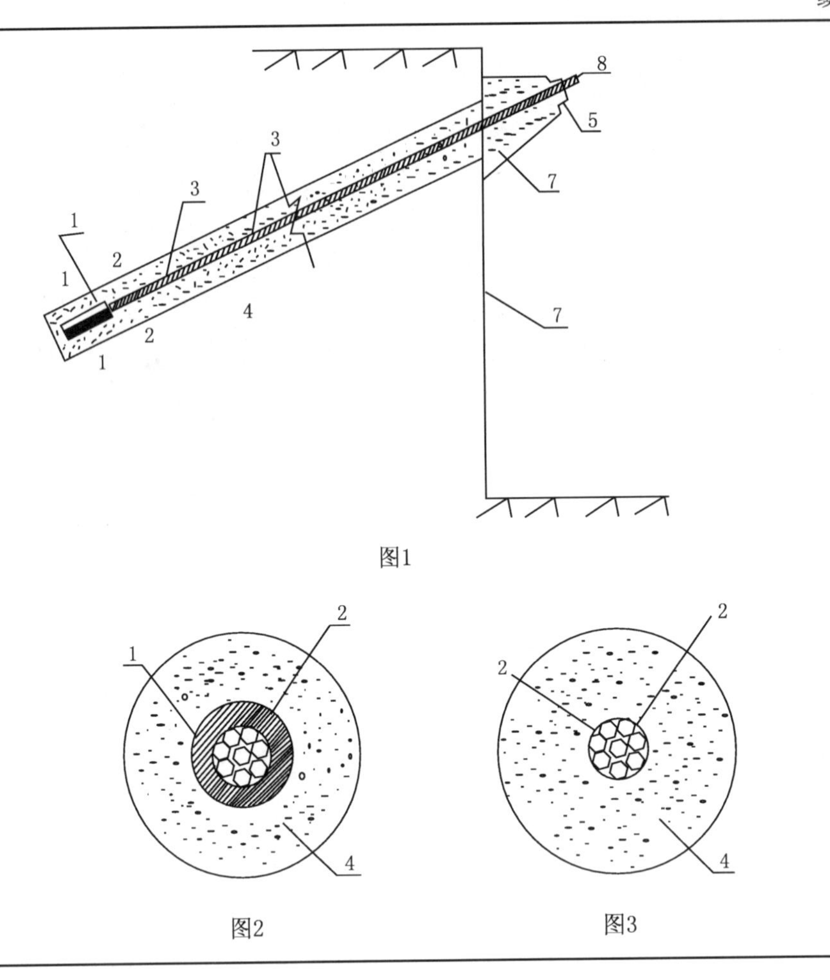

图1

图2　　图3

专利权人：广东水电二局股份有限公司　　地　　址：广东省增城市新塘镇港口大道 312 号
联 系 人：赵雅玲　　联系电话：13570285176
传　　真：202－61777333　　E － mail：shuidianzyl@163.com

发明专利技术（产品）登记表

单位名称：上海远方基础工程有限公司

发明专利技术（产品）名称：混合搅拌壁式地下连续墙施工用组合刀具

发明人：刘忠池、姚海明、黄文龙

专利权人：上海远方基础工程有限公司

专利授权号：201320516095.3

专利类型：■实用新型专利　　　□发明专利

专利技术/产品介绍：

本实用新型公开了一种混合搅拌壁式地下连续墙施工用组合刀具，包括刀具箱，所述刀具箱安装有环绕刀具箱往复运动的链条；其特征在于，所述链条上安装有四个以上不同尺寸的铣刀；所述的四个以上的不同尺寸的铣刀的排列方式为，在刀具箱的左侧或右侧，最大尺寸的铣刀设置在刀具箱上端，自上而下按照尺寸依次减小顺序设置铣刀，至最小尺寸的铣刀后，再按照尺寸依次增大的顺序设置铣刀，直至将最大尺寸的铣刀设置在刀具箱下端。本实用新型中的混合搅拌壁式地下连续墙施工用组合刀具，根据黏性土和砂土的特点，采用特殊的铣刀组合方式，可将铣槽工效由普通刀具的 3m/min 提高至 3.9m/min，缩短了施工时间，提高了施工效率。

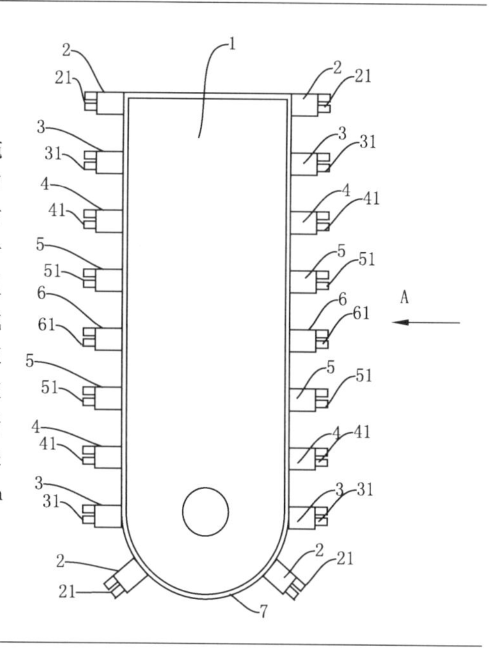

技术领域：

本实用新型涉及一种混合搅拌壁式地下连续墙施工用组合刀具。

发明内容（包括附图）：

混合搅拌壁式地下连续墙施工用组合刀具，包括刀具箱，所述刀具箱安装有环绕刀具箱往复运动的链条；其特征在于，所述链条上安装有四个以上不同尺寸的铣刀；所述的四个以上的不同尺寸的铣刀的排列方式为，在刀具箱的左侧或右侧，最大尺寸的铣刀设置在刀具箱上端，自上而下按照尺寸依次减小顺序设置铣刀，至最小尺寸的铣刀后，再按照尺寸依次增大的顺序设置铣刀，直至将最大尺寸的铣刀设置在刀具箱下端。

专利权人：上海远方基础工程有限公司　地　址：上海市闸北区江场三路 56 号 5F（市北工业园区）
联 系 人：黄文龙　联系电话：18001764188
传　真：021－56700098　E－mail：18001764188@163.com

发明专利技术（产品）登记表

单位名称：广州市新欧机械有限公司

发明专利技术（产品）名称：机械破岩试验平台

发明人：王起新、龚秋明、李真

专利权人：北京工业大学，广州市新欧机械有限公司

专利授权号（或申请号）：201310086458.9

专利类型：■实用新型专利　　■发明专利

专利技术/产品简介：

本发明涉及一种机械破岩试验平台，包括刚性框架、横向平移组件、纵向平移组件、调模机构、刀架组件及三个试样盒、液压系统、电控系统及数据采集系统。横向平移组件和纵向平移组件可以带动试样盒在横向和纵向移动，调模机构可以调整刀具切入试样的深度，刀架组件上可以安装一或两个刀具组件。试验时可以更换不同的试样盒以进行不同的试验。试验机可以足尺寸模拟掘进机或其他破岩机械在不同施工条件情况下的刀具破岩过程，评价岩石的可掘进性能。试验过程中通过三向力传感器测量作用于刀具上的力，试验结果可用于破岩机械的选型、优化运行参数及掘进速度预测，从而提高既定挖掘工程的掘进效率和合理进行施工规划。

技术领域：

本实用新型为机械破岩试验平台，它可以足尺寸模拟隧道掘进机（TBM）或其他破岩机械在不同施工条件情况下的刀具破岩过程，直接评价岩石或岩体的可掘进性能。试验结果可用于TBM选型、优化TBM的运行参数及进行TBM掘进速度预测，同样也可以用于其他破岩机械的选型、参数优化及掘进速度预测，从而提高既定挖掘工程的掘进效率。属于岩土试验机械技术领域。

发明内容（包括附图）：

见附表。

专利权人：广州市新欧机械有限公司　　地　　址：广州市萝岗区云庆路11号D栋厂房
联 系 人：王起新　　联系电话：189 8891 8897
传　　真：020－62614381　　E－mail：wqx@xinoujixie.com

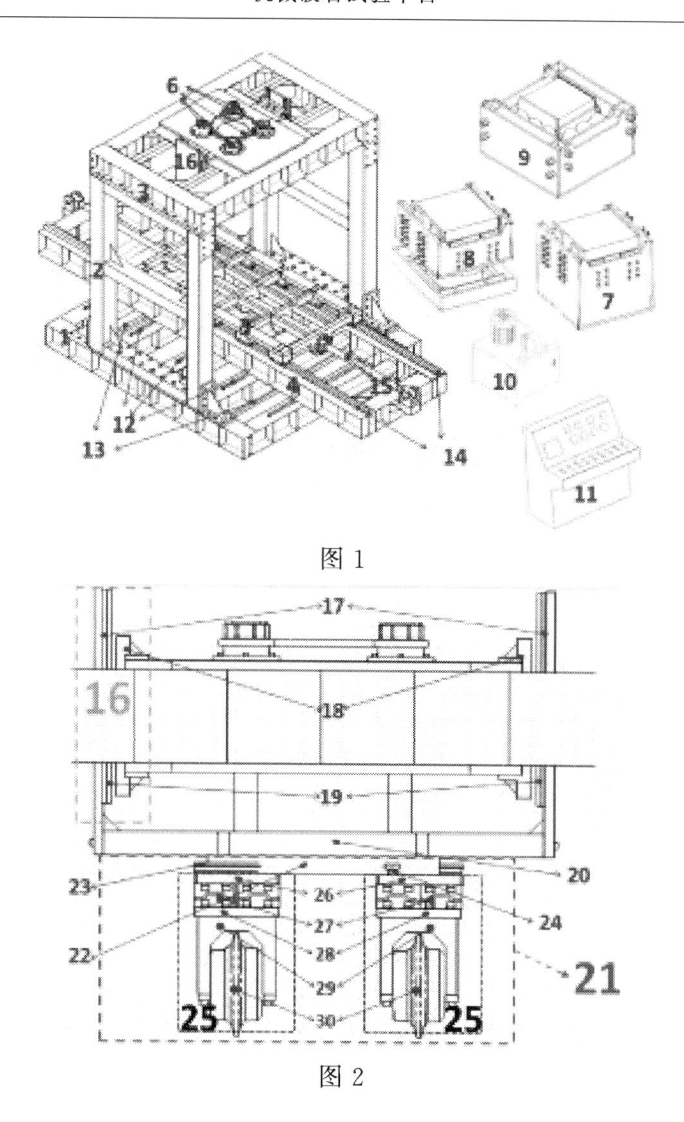
6
16
3
2
1
12
13
4
15
14
9
8
7
10
11
17
16
18
19
20
23
26
24
27
22
28
21
29
30
25
25

图 1

图 2

发明专利技术（产品）登记表

单位名称：广州市新欧机械有限公司

发明专利技术（产品）名称：机械破岩试验平台围压装置

发明人：王起新、龚秋明、李真

专利权人：广州市新欧机械有限公司，北京工业大学

专利授权号（或申请号）：201310086456.X

专利类型：■实用新型专利　　　■发明专利

专利技术/产品简介：

一种机械破岩试验平台围压装置，属于土工试验机械技术领域，此装置由三个部分组成：控制系统、液压系统及机械部分。其主体为机械部分，是一个钢制试样箱，其中放置试验用试样及液压油缸。液压系统用来对试样施加压力，包括6个液压油缸和1个液压站，控制系统用来控制液压系统对试样施加可调的压力。试验中可以更换不同岩性的试样。

技术领域：

本发明为机械破岩试验平台围压装置，属于机械破岩试验平台的组成部分，与机械破岩试验平台一起使用时它可以对试样施加双向围压，模拟破岩机械开挖时掌子面岩体受地应力的状态，既可用于隧道掘进机或其他挖掘机械的开挖研究，又可以用于单向（或双向）围压下的岩石侵入试验研究，属于岩石试验机械技术领域。

发明内容（包括附图）：

见附表。

专利权人：广州市新欧机械有限公司　　地　　址：广州市萝岗区云庆路11号D栋厂房
联 系 人：王起新　　联系电话：18988918897
传　　真：020－62614381　　E－mail：wqx@xinoujixie.com

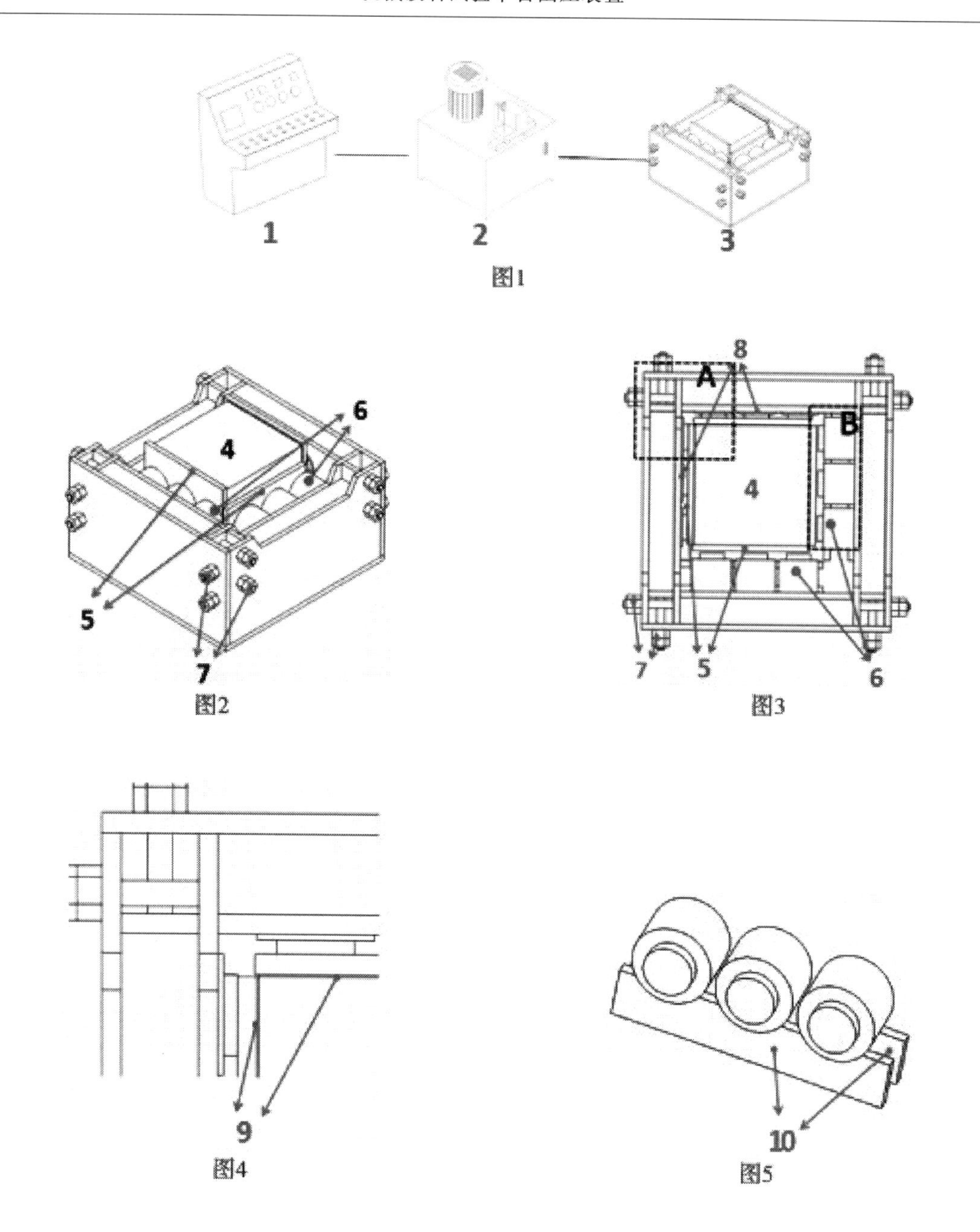
1
2
3
图1
4
6
5
7
图2
8
A
B
4
7
5
6
图3
9
图4
10
图5

发明专利技术（产品）登记表

单位名称：广州市新欧机械有限公司

发明专利技术（产品）名称：机械破岩试验平台旋转破岩装置
发明人：王起新、龚秋明、李真
专利权人：广州市新欧机械有限公司，北京工业大学
专利授权号（或申请号）：201310086456.X
专利类型：■实用新型专利　　　■发明专利
专利技术/产品简介： 机械破岩试验平台旋转破岩装置，属于土工试验机械技术领域，此装置由三个部分组成：控制系统、液压站及机械部分。其主体为机械部分，由一个钢制试样箱、扭矩传递机构及竖向力传递机构组成。液压系统用来对试样施加压力，包括1个液压马达和1个液压站，控制系统用来控制液压系统对试样施加可调的扭矩及转速。试验中可以更换尺寸、性质不同的试样。
技术领域： 本发明为机械破岩试验平台旋转破岩试验装置，属于机械破岩试验平台的组成部分，与机械破岩试验平台一起使用时该装置可以使试样以预定转速在刀具作用下旋转，以模拟隧道掘进机滚刀或者反井钻机刀具的破岩过程，可应用于隧道掘进机或者反井钻机的破岩机理、刀盘优化设计、优化施工及施工预测等，属于土工试验机械技术领域。
发明内容（包括附图）： 见附表。

专利权人：广州市新欧机械有限公司　　地　　址：广州市萝岗区云庆路11号D栋厂房
联 系 人：王起新　　联系电话：18988918897
传　　真：020－62614381　　E－mail：wqx@xinoujixie.com

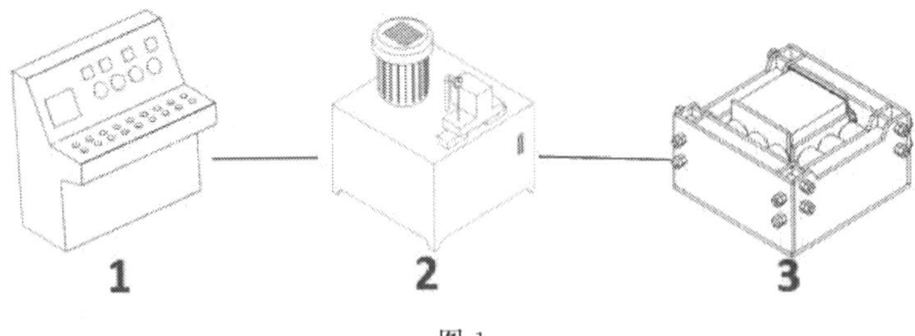

图1

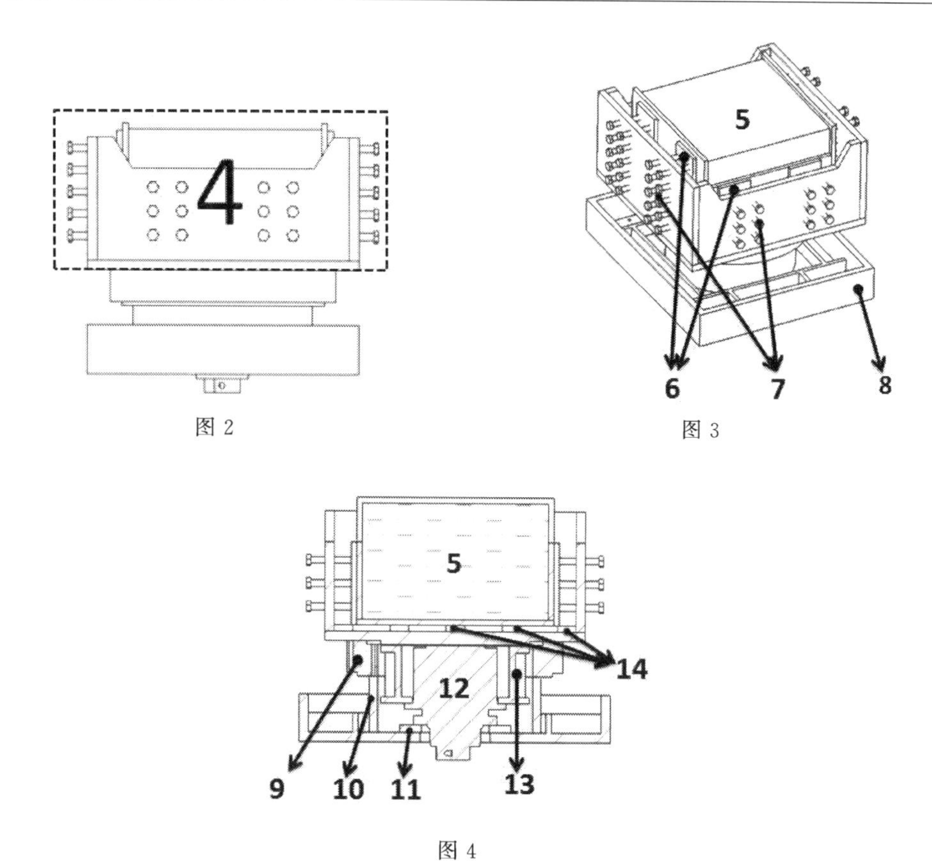

图 2

图 3

图 4

发明专利技术（产品）登记表

单位名称：江苏兴厦建筑安装有限公司

发明专利技术（产品）名称：两驱双向重管深搅地连墙机

发明人：孙刚、陈福坤、李大进、刘利花、薛玉文、徐春荣、钱冬冬、吴德源

专利权人：江苏兴厦建筑安装有限公司

专利授权号：ZL 2013 2 0062363.9

专利类型：■实用新型专利　□发明专利

专利技术/产品简介：

本实用新型涉及工程钻机领域内的一种用于建造防（截）渗地下连续墙的两驱二重管双向深搅地连墙机，包括钻杆，所述钻杆顶部设有升降器，所述钻杆包括同心设置并可相向转动的中空内钻杆和外钻杆，内钻杆和外钻钻杆可转动地连接在升降器下方，升降器上设有用于驱动内钻杆转动的项驱动机构，升降器经钢丝绳悬吊在三支点通用打桩机上，所述外钻杆中部设有用于驱动外转杆转动的中驱动机构，内钻杆从外钻杆的下端伸出，内钻杆的伸出端外周设有下搅拌叶片。外钻杆下端设有与下搅拌叶片旋向相反的搅拌叶片。本实用新型在建造地下连续墙中，搅拌均匀、防（截）渗效果好，生产效率高并有效防止泥浆沿钻杆反向冒浆，确证了工程质量。

技术领域：

本实用新型涉及一种工程钻机，特别涉及一种用于在透水地基建造防（截）渗地下连续墙的单头或多头深搅地连墙机。

发明内容（包括附图）：

本实用新型提供一种搅拌均匀、防（截）渗效果好、生产效率高并有效防止钻杆冒浆的两驱二重管双向深搅地连墙机。

本实用新型的内容是这样实现的，一种两驱二重管双向深搅地连墙机，包括钻杆，所述钻杆顶部设有升降器，所述钻杆包括同心设置并可相向转动的中空内钻杆和外钻杆，内钻杆和外钻钻杆可转动地边接在升降器下方，长降器上设有用于驱动内钻杆转动的项驱动机构，升降器经钢丝绳悬吊在三支点通用打桩机上，所述外钻杆中部设有用于驱动外转杆转动的中驱动机构，内钻杆从外钻标上页的端伸出，内钻杆的伸出端外周设有下搅拌叶片。外钻杆下端设有与下搅拌叶片旋向相反的搅拌叶片。同心的内外钻杆作相向转动，带动上搅叶片和下搅拌中片互为反向旋转，合水泥浆液被限制在两组叶片之间而作强制搅拌，阻止了水泥浆不能沿钻杆向上冒浆，从而保证了水泥浆在墙体中的掺入量，且被充分搅匀，提高了墙体质量。

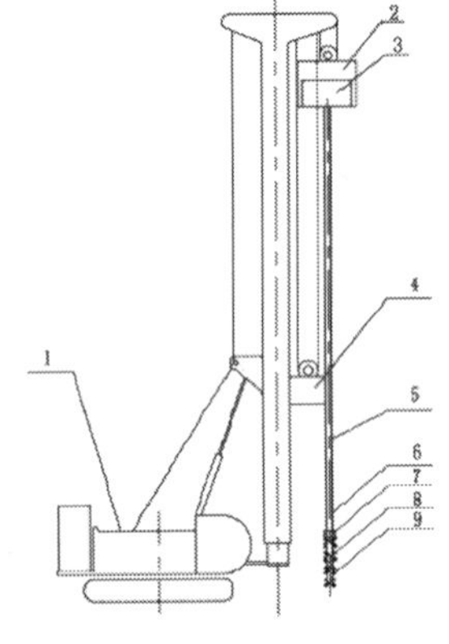

图1　连墙机示意图

为便于提高成墙速度，所述钻杆为相互平行设置的两组或两组以上，成一字型排列，各组钻杆下部分别穿过保持架。

为实现外钻杆的转动，所述中驱动机构包括齿轮箱，齿轮箱内设有经电动输出轴驱动的中间齿轮组和与中间齿轮组啮合的中空的输出齿轮组，所述外钻杆外壁设有径向突出于钻杆表面的对称键，与外钻杆组数目一一对应的中空输出齿轮上设有与键相配合的键槽。工作中，中驱动机构的电机驱动齿轮箱的各齿轮转动，输出齿轮组的各齿轮分别通过键（槽）传动带动外钻杆转动。此结构中，中驱动机构可随外钻杆作相对滑动，亦可将中驱动机构悬吊于三支点支撑机立柱挺杆上，部位可在底部或中部作任意调整，有时在钻进困难帮助加压。这样整个机械重心相对较低，外钻杆的掘力大，提高钻掘效率，并保证钻掘成墙的垂直精度。

为实现内钻杆的转动，所述的顶驱动机构包括箱体，箱体内设有通过电动驱动的齿轮减速机和传动箱，所述传动箱的输出数量与钻杆组数相同，所述输出轴轴端与内钻杆传动连接。为保证内外钻杆平稳相向转动，所述内外钻杆之间设有支撑轴承和密封元件。

专利权人：江苏兴厦建筑安装有限公司
地　　址：江苏省高邮市南环路88号弘盛大楼5楼
联 系 人：陈福坤
联系电话：13905254878
传　　真：0514—84069133
E－mail：1614240091@qq.com

发明专利技术（产品）登记表

单位名称：江苏弘盛建设工程集团有限公司

发明专利技术（产品）名称：一种多头等厚深层搅拌钻机

发明人：翟浩辉、陈福坤、吴平、孙刚、薛峰

专利权人：江苏弘盛建设工程集团有限公司

专利授权号：ZL 2007 1 0023908.4

专利类型：□实用新型专利 ■ 发明专利

专利技术/产品简介：

本发明公开了属于工程钻机技术领域内的一种多头等厚深层搅拌钻机，其由两组以上下钻杆一字型置于保持架上，保持架上设有壁面切削器，所述壁面切削器包括与保持架相铰接的箱体，箱体上设有穿过箱体并与对应下钻杆同轴固定的中空蜗轮轴，蜗轮轴上套装有蜗轮，蜗轮的一侧或两侧设有与蜗轮相啮合的蜗杆，蜗杆轴支承在箱体上并垂直于下钻杆，蜗杆轴伸出箱体外的两端安装有壁面节削刀具，壁面切削刀具的纵投影位于相邻两麻花钻头外缘回转轨迹的公共弦的延长线上。壁面切削刀具转动时，将相邻圆形挖掘孔之间间距最小的交界部位进行切削，并使挖掘孔厚度趋于一致，可获得等厚的地下连续墙，其用料少、强度大，可用于基坑支护止水，堤坝防渗漏等。

技术领域：

本发明涉及一种工程钻机，特别是对土层进行切削施工的工程钻机。

发明内容（包括附图）：

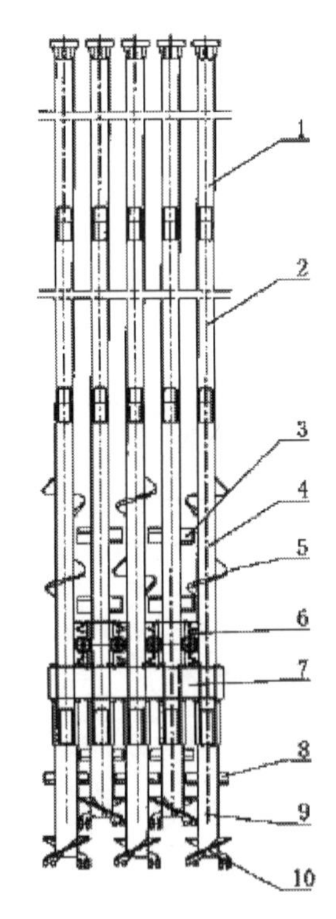

本发明是提供一种多头等厚深层搅拌防渗钻机，施工时，可以快速形成用料少、壁面平整的地下连续墙。

本发明的目的是这样实现的：一种多头等厚深层搅拌钻机，包括至少两组一字型设置的中空钻杆，每组中空钻杆从上向下依次由上钻杆杆、中钻杆和下钻杆连接组成，各下钻杆分别穿过水平设置的保持架，各下钻杆下端均安装的挖掘头，挖掘头由中空挖掘杆、麻花钻头和搅拌叶片组成，麻花钻头设置在挖掘杆的下端部，搅拌叶片设置在麻花钻头的上部的挖掘杆上，所述保持架上设有壁面切削器，所述壁面切削器包括与保持架相铰接的箱体，箱体上设有穿过箱体并与对应下钻杆同轴固定的中空蜗轮轴，蜗轮轴上装有蜗轮，蜗轮的两侧设有与蜗轮相啮合的蜗杆，蜗杆轴支承在箱体上并垂直于下钻杆，蜗杆轴伸出箱体外的两端有壁面切削刀具，壁面切削刀具的纵投影位于相邻两麻花钻头外缘回转轨迹的公共弦的延长线上。

本发明工作时，上钻杆、中钻杆和下钻杆一起转动，带动麻花钻头掘进，同时灌注水泥浆液，麻花钻头切削出若干局部相连的圆形孔洞，下钻杆转动时，带动蜗轮轴转动，蜗轮轴带动蜗杆转动，时而使得壁面切削刀具转动，壁面切削刀具转动时，将相邻圆形挖掘孔之间间距最小的交界部位进行壁面切削，使掘进出的圆形挖掘孔进一步相连，并使挖掘孔厚度趋于一致，达到设计深度完成一幅位工作，采用连接方式进行下一幅位的工作。确保了墙体的整体性、连续性。如使所述壁面切削刀具外侧至保持架中心距离与麻花钻头的回转半径相等，则可获得完全等厚的地下连墙。从而使墙体壁面挖得均匀、平滑。与现有技术相比，本发明的优点在于可形成等厚的地下连续墙，在小直径深搅时，增加了防渗墙的有效厚度，改变了掘削方式，减少了水泥浆液的用量，以较小的壁面切削面积获得了最好的防渗效果，可用于堤坝防渗截漏。

专利权人：江苏弘盛建设工程集团有限公司
地　　址：江苏省高邮市南环路88号
联 系 人：陈福坤
联系电话：13905254878
传　　真：0514－84069133
E－mail：1614240091@qq.com

发明专利技术（产品）登记表

单位名称：江苏科弘岩土工程有限公司

发明专利技术（产品）名称：一种液压铣削深搅地连墙机

发明人：孙刚、陈福坤、吴平、薛峰、李卫进、李大进

专利权人：孙刚、陈福坤、吴平、薛峰、李卫进、李大进

专利授权号：ZL 2009 1 0032673.4

专利类型：□实用新型专利 ■ 发明专利

专利技术/产品简介：

本发明公开了工程机械领域内的一种液压铣削深搅地连墙机，包括导杆，导杆内设有输气管道和输浆管道及液压管道，导杆下端左右结称设置有两块固定板，每一固定板上安装有至少一组密封铣掘机构，密封铣掘机构包括固定在固定板上的液压马达，液压马达的输出端安装有密封盖板，密封盖板包括套装在液压马达输出轴上的轴向段和径向向外延伸的径向盘，径向盘外周安装有旋转体，环布于旋转体外周设有若干挖掘搅拌齿，轴向段外套装有内罩壳体，内罩壳体外圆周与旋转体内圆周之间设有轴承，内罩壳体外圈与固定相固定，内罩壳体与轴向段、旋转体之间动密封连接。本发明可切削土层和岩石，其结构简单，密封良好，可用于构筑大深度地连墙。

技术领域：

本发明涉及一种在地下连续墙施工机械，特别涉及对土层进行铣削切削施工的工程机械。

发明内容（包括附图）：

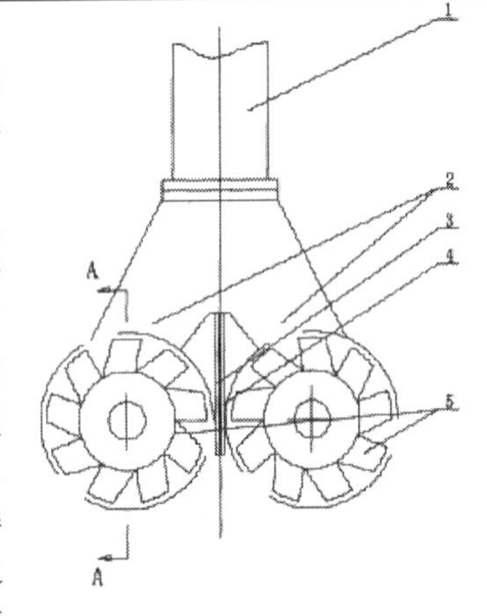

本发明是提供一种结构简单，同时适用大深度（30米），高效率、低造价，便于推广的能适用于各种土层、砂卵砾石、强风化基岩的等厚的地下连下墙施工机械。

本发明是这样实现的：一种液压铣削深搅地连墙机，包括直立设置并中空的导杆，导杆内设有上下贯穿导杆的输气管道和输浆管道及液压管道，在导杆的下端左右结称设置有两块固定板，每一固定板上安装有至少一组密封铣掘机构，密封铣掘机构包括固定在固定板上的液压马达，液压马达的输出端安装有密封盖板，密封盖板包括套装在液压马达输出轴上的轴向段和径向向外延伸的径向盘，径向盘外周安装有旋转体，环布于旋转体外周设有若干挖掘搅拌齿，轴向段外套装有内罩壳体，内罩壳体外圆周与旋转体内圆周之间设有轴承，内罩壳体外圈与固定相固定，内罩壳体与轴向段、旋转体之间动密封连接。

本发明工作时，将导杆经拉索安装在三支点桩架上，导杆可通过套辊箍连接加长，液压马达转动时，旋转体转动，旋转体外挖掘搅拌齿可以切削泥土和岩石，同时还起到搅拌作用，由输浆管道注入水泥浆液，输气管道输入压缩空气，通过高压气体的升扬置换作用，在原有位置将泥土、岩石和水泥浆液强制混合均匀搅拌，被注入的水泥浆液与土层中的水发生水解、水化反应，固化后使透水或松软的土层凝结成等厚、均匀的地下连续墙。与现有技术相比，本发明采用密封铣掘机构进行挖掘和搅拌，挖掘搅拌齿呈铣切工人状态，不仅可以将泥土切割开，同时，可以将强风化岩切割开，使装置可以适应各种土层的施工，与现有双轮铣槽机相比，本发明采用二道密封结构，使得轴承与液压马达的转轴与密封铣掘机构外的空间彻底隔离开，防止砂、岩体碎渣、水泥浆液侵入液压马达内，又能阻止液压马达内部的液压油流失，保证了转动部件能长期安全可靠运行。同时，其结构简单，制造和维护管理方便，即使泥砂侵入到外层的动密封结构内，由于有内层的动密封结构，液压马达本身的转动部件也能良好运转。

专利权人：孙刚、陈福坤、吴平、薛峰、李卫进、李大进
地　　址：江苏省高邮市南环路88号弘盛大楼5楼
联 系 人：陈福坤
联系电话：13905254878
传　　真：0514－84069133
E－mail：1614240091@qq.com

专利：具有防止旋挖钻机的钻具落入桩孔的安全保险装置

发明专利技术（产品）名称：具有防止旋挖钻机的钻具落入桩孔的安全保险装置

发明人：于庆达

专利权人：于庆达

专利授权号（或申请号）：ZL 2009 2 0250835.7

专利类型：■实用新型专利　　　　□发明专利

专利技术/产品简介：

本实用新型公开一种具有防止旋挖钻机的钻具落入桩孔的安全保险装置，有设置于旋挖钻杆最内层节杆和连接在最内层节杆下端的方头，构成最内节杆的钢管是由上部钢管和下部钢管构成，下部钢管的壁厚大于上部钢管的壁厚。下部钢管的长度为从下部钢管与方头的对接焊缝处起向上延长6米的范围。方头轴向形成有与下部钢管同轴的贯通孔，在下部钢管内和贯通孔内设置有将内节杆和方头铰连接的拉轴结构。在钻杆经常承受大的交变负荷的内节杆下部，方头附近，使用厚壁钢管，提高其抗扭、抗压、抗弯的机械强度。在最内节杆的钢管内设置了拉轴，有效地避免了由于钢管或方头扭断、开焊后造成方头连同钻具一起落入桩孔而造成事故。

本实用新型结构简单，便于制造、安装和使用，极大地提高了旋挖钻机钻打桩孔的安全性和可靠性。

技术领域：

本实用新型涉及一种旋挖钻机钻杆，特别是涉及一种具有防止旋挖钻机的钻杆方头和钻具落入桩孔的安全保险装置。

发明内容（包括附图）：

本实用新型所要解决的技术问题是，提供一种结构简单，具有防止旋挖钻机的钻具落入桩孔的安全保险装置。

本实用新型所采用的技术方案是：一种具有防止旋挖钻机的钻具落入桩孔的安全保险装置，包括有设置于旋挖钻杆芯杆下端部的芯杆下部。所述芯杆下部是由芯杆下部钢管、方头、拉轴和上挡板构成。构成芯杆的钢管是由芯杆上部钢管和芯杆下部的下部钢管构成，所述的下部钢管的壁厚大于芯杆上部钢管的壁厚。

所述下部钢管的长度为从下部钢管与方头的对接焊缝处起向上延长6米的范围。

所述芯杆下部钢管下端与方头焊接成为一体，形成芯杆下部构件。方头内轴向形成有与下部钢管同轴的贯通孔，贯通孔内有孔肩。

所述芯杆下部结构的下部钢管的上端部有台阶。所述的拉轴包括有：上端部制有螺纹，下端部焊接有挡块的轴、垫圈和螺母。

所述的拉轴通过芯杆下部构件的下部钢管上端的台阶、方头内轴向贯通孔的限位挡、挡板和螺母连接在芯杆下部构件内，形成芯杆下部。拉轴在芯杆下部内轴向无约束，其与芯杆下部构件相互可自由转动。

所述的芯杆下部通过其下部钢管的上端与芯杆上钢管焊接，形成芯杆。本实用新型具有防止旋挖钻机的钻具落入桩孔的安全保险装置，结构简单，便于安装和使用，通过增加芯杆下部钢管的壁厚，在钻杆受负载最大，最恶劣的部位提高了其钢管的抗扭、抗压、抗弯的机械强度，并在芯杆下部钢管内设置拉轴，有效地避免了由于钢管或方头扭断或开焊后造成方头连同钻具一起落入桩孔中而造成的事故。也大大地提高了生产效率和旋挖钻杆的使用寿命。

附图说明：

图1是现有技术的旋挖钻杆的结构示意图；

图2是本实用新型的旋挖钻杆的结构示意图；

图3是本发明的安全保险装置第一实施例的结构示意图；

图4是本发明的安全保险装置第二实施例的结构示意图。

续表

其中：

1. 最内节杆
2. 方头
3. 芯杆上部钢管
4. 芯杆下部钢管
5. 台阶
6. 贯通孔
7. 限位挡
8. 挡板
9. 拉轴
10. 螺母
11. 螺母
12. 最外层节杆
13. 流水盘
14. 钻杆弹簧
15. 圆板
16. 销轴
17. 钻具
19. 各节杆内键
20. 方头
21. 拉轴
22. 轴肩

A. 芯杆下部钢管与方头的对接焊缝
B. 方头易断裂处
C. 芯杆之外的各节杆的下端面
D. 芯杆上部钢管与芯杆下部的焊接点

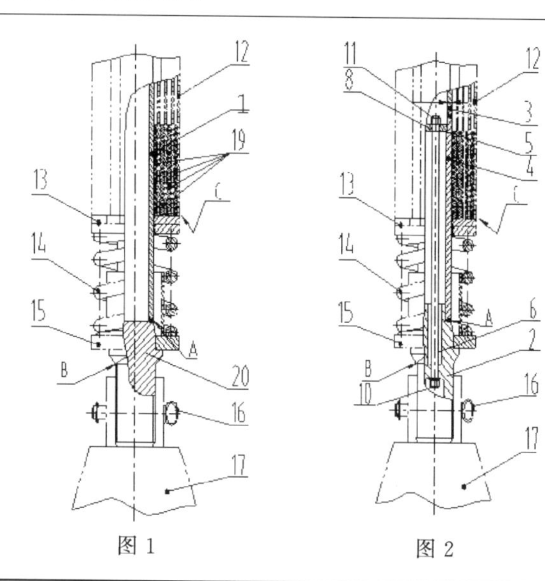

图 1　　图 2

续表

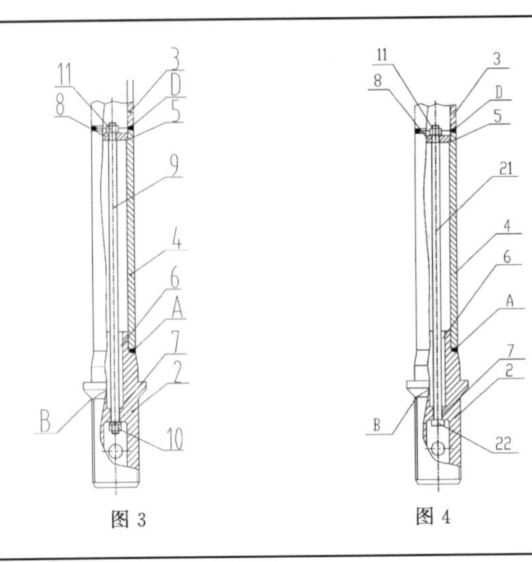

图 3　　图 4

专利权人：于庆达　　地　址：天津市津南区咸水沽镇照明北里 3 号楼 2 门 401 号
联 系 人：于庆达/李小丰　　联系电话：15122260985 / 18832400320
E－mail：yuad2010@163. com / kanijiya7@163. com

专利：可安装多种规格和型式钻杆的旋挖钻机动力头

发明专利技术（产品）名称：可安装多种规格和型式钻杆的旋挖钻机动力头

发明人：于庆达

专利权人：于庆达

专利授权号（或申请号）：ZL 2009 2 0250834.2

专利类型：■实用新型专利　　　□发明专利

专利技术/产品简介：

本实用新型公开一种可安装多种规格和型式钻杆的旋挖钻机动力头，包括有通过齿圈与液压马达和减速器的输出轴相传动连接的内键套筒，内键套筒的内圆周面上轴向开有多个内键槽，内键槽在内键套筒的内圆周面上均匀分布，内键槽内安装有传递扭矩和加压力的内键。内键套筒的内圆周面上轴向开有3～6个内键槽。内键与内键槽的安装配合关系为过渡配合。

本实用新型节省材料，结构简单，降低成本，使用方便。

使用本实用新型的旋挖钻机动力头，通过更换安装相同动力档次的大规格钻杆，钻孔深度可大幅度提高。

使用本实用新型的旋挖钻机动力头，由于可以更换安装不同动力档次，不同规格和型式的钻杆，所以在一定的动力范围内该动力头可以配置到不同动力档次的旋挖钻机上。

使用本实用新型的旋挖钻机动力头，由于其具有通过更换内键可以配装多种规格钻杆的特点，所以在较小功率旋挖钻机上可以配装相同功率的较大规格的钻杆，该较大规格钻杆具有比该钻机标配钻杆的可制造层数多的特点。在钻杆长度相同的条件下，安装该较大规格多层钻杆，可增加钻孔深度。并且该较大规格多层钻杆的抗扭强度，制造工艺和质量，可靠性都高于标配钻杆，该较大规格多层钻杆的重量等于或小于标配钻杆的重量。本实用新型的旋挖钻机动力头是用现有较小功率旋挖钻机钻打更深桩孔的利器。

技术领域：

本实用新型涉及一种旋挖钻机动力头，特别是涉及一种节省材料，结构简单，节省成本，使用方便，可安装多种规格和型式钻杆的旋挖钻机动力头。

发明内容（包括附图）：

本实用新型所要解决的技术问题是，提供一种节省材料，结构简单，降低成本，使用方便的可安装多种规格和型式钻杆的旋挖钻机动力头。

本实用新型所采用的技术方案是：一种可安装多种规格和型式钻杆的旋挖钻机动力头，包括有通过齿圈与液压马达和减速器的输出轴相传动连接的内键套筒，所述内键套筒的内圆周面上轴向开有多个内键槽，所述的内键槽在内键套筒的内圆周面上均匀分布，所述的内键槽内安装有传递扭矩和加压力的内键。

所述的内键套筒的内圆周面上轴向开有3～6个内键槽。

所述的内键与内键槽的安装配合关系为过渡配合。

所述的内键分别镶装在内键槽内，在径向通过螺栓与内键套筒固定连接，在轴向采用挡块定位固定，所述的挡块位于内键的上端，与内键套筒焊装。

所述的内键套筒的外圆周面对应于螺纹孔的位置处与各内键的紧固螺栓的螺栓头之间设置有用于密封螺纹孔的丝堵。所述的该丝堵与其螺纹孔安装后焊接。

所述的螺栓的螺纹上涂有螺纹密封胶。

所述的内键是可更换的，所述内键的径向厚度与旋挖钻杆最外层节杆钢管外直径大小成反比，所述内键的内圆弧面的弧度与旋挖钻杆最外层节杆钢管外圆周面的弧度相吻合。

本实用新型的旋挖钻机动力头，通过更换安装相同动力档次的大规格钻杆（即比该动力档次旋挖钻机配置的标准钻杆的节杆数多的钻杆）钻孔深度可大幅度提高。

使用本实用新型的旋挖钻机动力头，由于可以更换安装不同动力档次规格和型式的钻杆，所以在一定的动力范围内该动力头可以配置到不同动力档次的旋挖钻机上。

续表

附图说明：

图 1 是现有技术动力头的结构示意图；

图 2 是图 1 的俯视图；

图 3 是现有技术动力头内键套的结构示意图；

图 4 是图 3 的俯视图；

图 5 是本实用新型动力头的结构示意图；

图 6 是图 5 的俯视图；

图 7 是本实用新型动力头内键套筒的结构示意图；

图 8 是图 7 的俯视图；

图 9 是图 7 的 A—A 剖面结构示意图；

图 10 是本实用新型的动力头内键套筒的局部剖视图；

图 11 是本实用新型动力头内键的截面图；

图 12 是本实用新型的 R220 钻机的动力头可配装多种规格钻杆的安装结构示意图。

其中：

1. 内键套筒
2. 丝堵
3. 内键
4. 螺栓
5. 旋挖钻杆
6. 齿圈
7. 输入轴
8. 内键槽
9. 花键
10. 内键
11. 槽
12. 挡块
13. 内键圆弧面
14. 液压马达和减速器
15. 内键套
16. 内键下端面
17. 内键的侧面
18. 内键槽的侧面
19. Φ 508 钻杆
20. Φ 508 内键套
21. Φ 508 内键
22. Φ 470 钻杆
23. Φ 470 内键套
24. Φ 470 内键
25. Φ 440 钻杆
26. Φ 440 内键套
27. Φ 440 内键
28. Φ 406 钻杆
29. Φ 406 内键套
30. Φ 406 内键
31. Φ 394 钻杆
32. Φ 394 内键套
33. Φ 394 内键
34. Φ 377 钻杆
35. Φ 377 内键套
36. Φ 377 内键

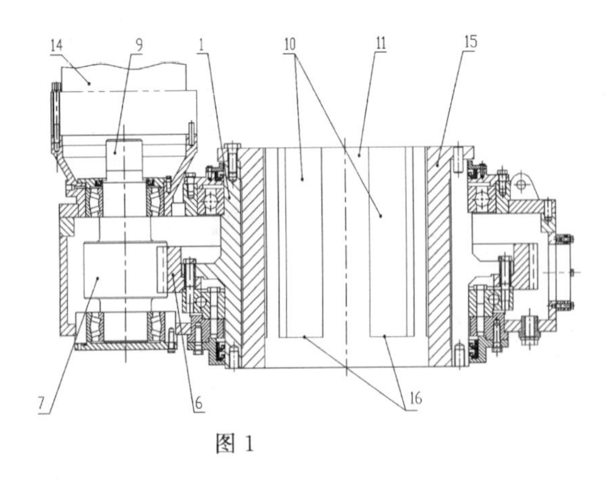

图 1

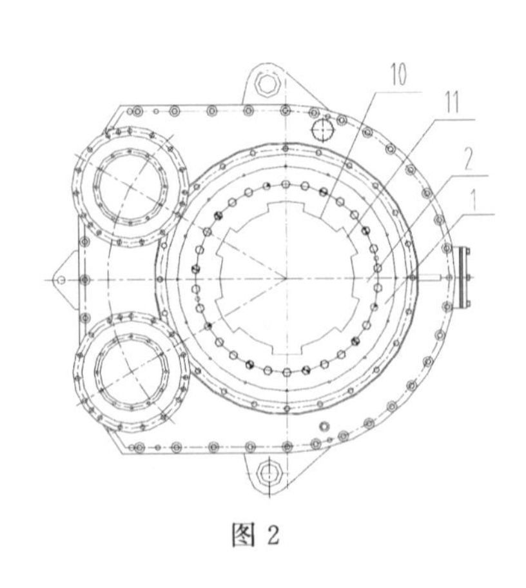

图 2

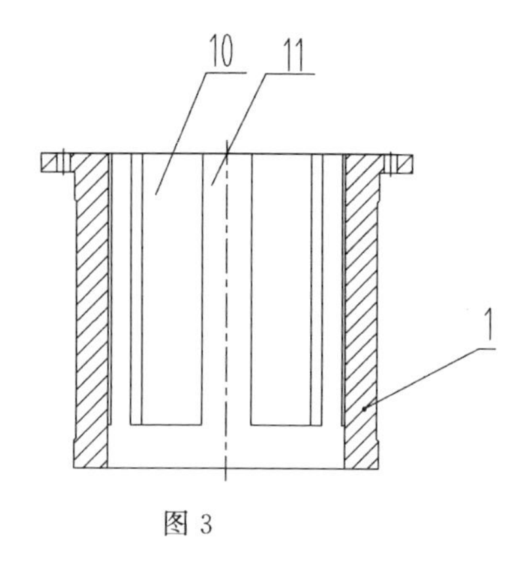

图 3

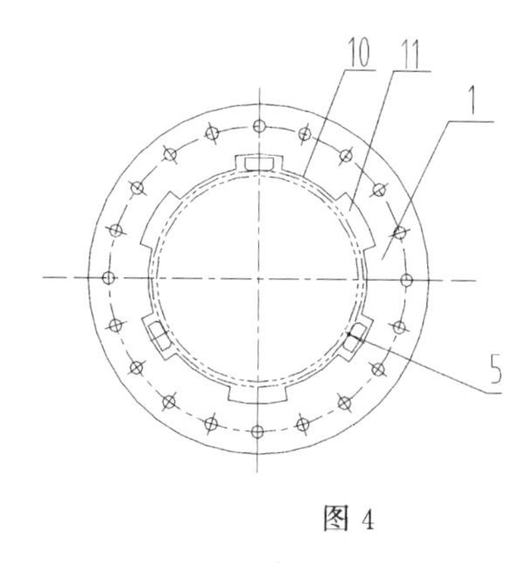

图 4

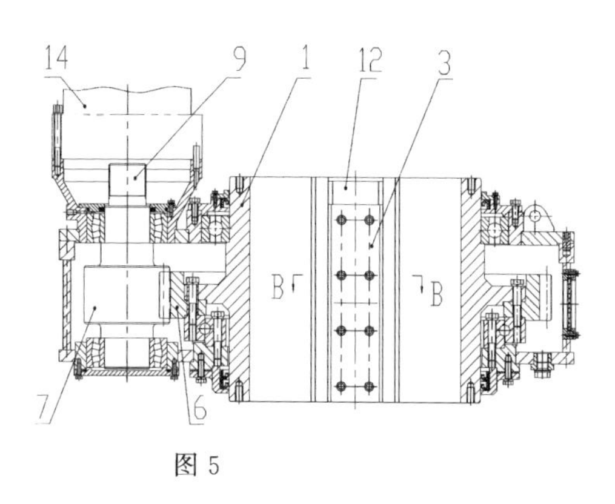

图 5

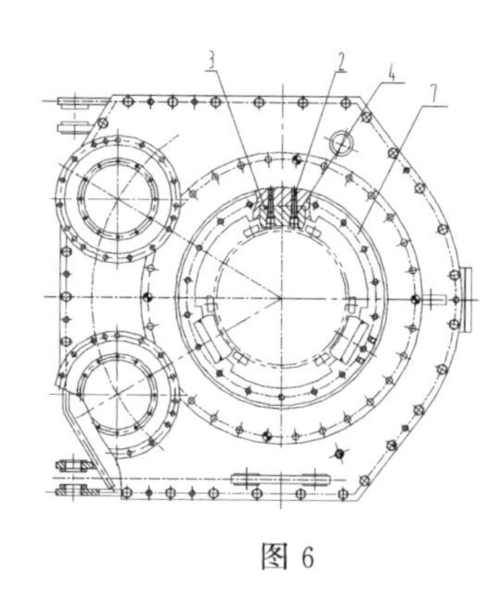

图 6

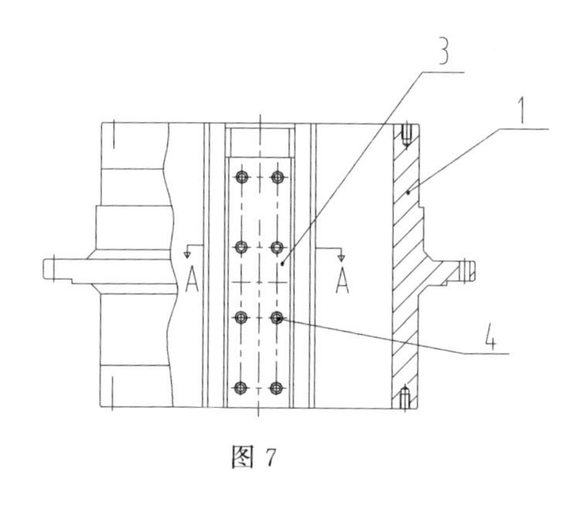

图 7

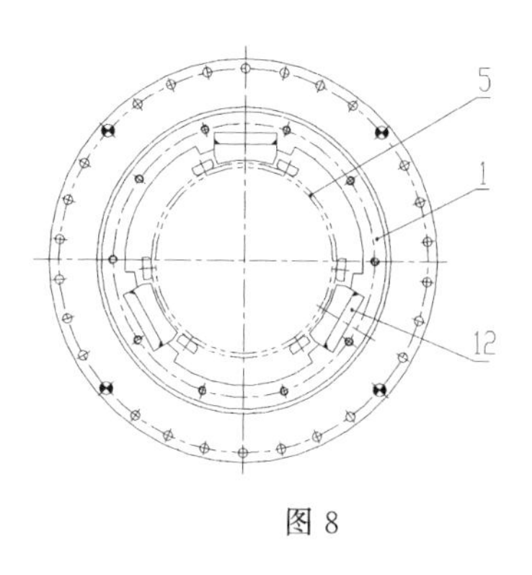

图 8

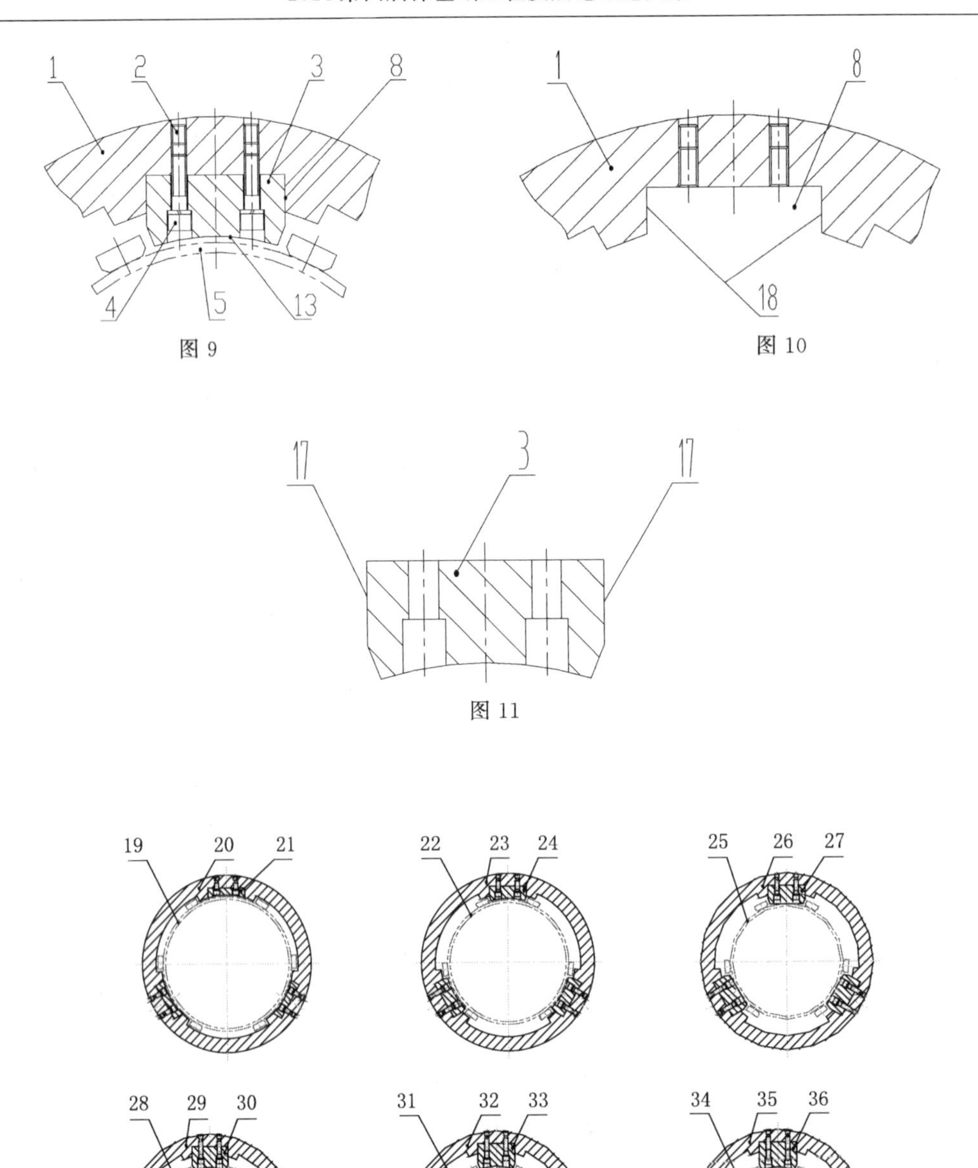

图 9

图 10

图 11

图 12

专利权人：于庆达　　　　　　　　　地　　址：天津市津南区咸水沽镇照明北里 3 号楼 2 门 401 号
联 系 人：于庆达/李小丰　　　　　联系电话：15122260985 / 18832400320
E — mail：yuad2010@163. com / kanijiya7@163. com